U0827613

普通高等学校公共基础类规划教材

基础物理学教程学习指导

主　编　胡光辉　李　明

北京邮电大学出版社
·北京·

内容简介

本书为《基础物理学教程》(上、下)的学习辅助教材，共15章，涵盖牛顿力学、电磁学、波动光学、热学和近代物理学等内容。各章分别从学习要求、内容提要、重难点分析、典型习题详解4个方面对知识进行归纳整理，力求做到对读者进行有效的指导。学习要求部分对每章的知识点从了解、理解、掌握及应用4个层次进行区分，从而使读者明确每章的基本要求。内容提要部分对每章的知识点进行梳理、归纳、总结，从而使读者对每章的内容有一个宏观的把握。重难点分析部分对每章的重点和难点进行分析说明，从而使读者知道每章的学习重点，并对需要克服的学习困难有所准备，也能帮助读者有的放矢地进行有效学习。典型习题详解部分包含单选题、填空题和计算题3种题型，对每章涉及的典型习题进行详细分析，对解题方法进行详细讲解，力图帮助读者学会分析问题和解决问题，合理地运用数学工具，有效地掌握物理学的思想和方法，并增强解题的规范性、灵活性，提高解题的正确率。

图书在版编目(CIP)数据

基础物理学教程学习指导 / 胡光辉，李明主编.
北京 ：北京邮电大学出版社，2024. -- ISBN 978-7
-5635-7481-0

Ⅰ. O4

中国国家版本馆 CIP 数据核字第 2024ZC0010 号

策划编辑：李　平　　**责任编辑**：刘国辉　　**封面设计**：七星博纳

出版发行：北京邮电大学出版社
社　　址：北京市海淀区西土城路10号(100876)
电话传真：010-82333010　62282185(发行部)　010-82333009　62283578(传真)
网　　址：www.buptpress3.com
电子邮箱：buptpress3@163.com
经　　销：各地新华书店
印　　刷：涿州汇美亿浓印刷有限公司
开　　本：787 mm×1 092 mm　1/16
印　　张：17.5
字　　数：435千字
版　　次：2024年12月第1版
印　　次：2024年12月第1次印刷

ISBN 978-7-5635-7481-0　　定价：56.00元

如有质量问题请与发行部联系

版权所有　侵权必究

前　言

物理学是研究宇宙间物质存在的基本形式，以及物质的性质、运动、相互作用、相互转化等基本规律的科学。由于其研究的对象是普遍的，研究的规律是基本的，因此物理学成为自然科学的带头学科。近代科学技术发展的历史表明，物理学是技术革命的先导，人类历史上的几次技术革命均由物理学上的突破引发。

对理工类专业（非物理专业）的低年级本科生来说，全面系统地学习物理学的基本知识，掌握物理学的基本规律和基本研究方法，将会提升其科学素养，增强其科学思维能力。因此，大学物理已成为综合性大学及高等师范院校理工类专业低年级本科生的一门重要的基础课程。

但是，学生从中学进入大学之后存在诸多的不适应：一是不适应大学课堂的大知识容量，相对于高中，大学课堂所讲的知识点多，知识容量大，学生一下子难以很好地消化吸收；二是不适应大学老师的教学方式，跟不上老师的教学节奏，总希望老师在课堂上多讲例题，而老师在课堂上讲的题目，学生好像听懂了，但一做题就容易犯错；三是习惯于用中学的那一套方法去解题，不能很好地运用微积分等高等数学工具。为了帮助学生学好大学物理课程，了解大学物理教学的基本要求，加深对基本物理概念和物理规律的理解，有效地掌握物理学的思想和方法，提高分析问题和解决问题的能力，编者在总结教学经验的基础上，编写了本书。

作为《基础物理学教程》（上、下）的学习辅助教材，本书力求做到对读者进行有效的指导。书中各章分别从学习要求、内容提要、重难点分析、典型习题详解 4 个方面对知识进行归纳整理。学习要求部分对每章的知识点从了解、理解、掌握及应用 4 个层次进行区分，从而使读者明确每章的基本要求。内容提要部分对每章的知识点进行梳理、归纳、总结，从而使读者对每章的内容有一个宏观的把握。重难点分析部分对每章的重点和难点进行分析说明，从而使读者知道每章的学习重点，并对需要克服的学习困难有所准备，也能帮助读者有的放矢地进行有效学习。典型习题详解部分对每章涉及的典型习题进行详细分析，对解题方法进行详细讲解，力图帮助读者学会分析问题和解决问题，合理地运用数学工具，有效地掌握物理学的思想和方法，并增强解题的规范性、灵活性，提高解题的正确率。

由于编者学识有限，书中难免存在疏漏、错误之处，恳请广大读者批评指正。

编者

2024 年 10 月于桂林

目　　录

第 1 章 质点运动学

§1.1 学习要求

1. 掌握速度与加速度在直角坐标系中的表示，并能按定义计算。

2. 在已知质点的运动学方程时，能利用速度及加速度的定义，找出质点运动过程中速度与加速度的变化规律。反过来，在已知质点运动过程中速度或加速度的变化规律时，能求解质点的运动学方程。

3. 掌握在自然坐标系中如何表达位置、速度与加速度，学会将各种矢量（如速度、加速度）沿轨迹曲线进行切向与法向分解，掌握自然坐标系中圆周运动的应用。

4. 正确理解角速度与角加速度矢量，掌握转动过程中质点角速度与线速度、角加速度与线加速度之间的关系，并能在实际问题中正确应用。

5. 掌握绝对运动、相对运动与牵连运动之间的关系，并能进行各种运动描述之间的相互变换。

6. 了解惯性参考系之间的伽利略变换及其意义。

§1.2 内容提要

一、质点运动的描述

位置矢量（简称位矢）： $\boldsymbol{r}=x\boldsymbol{i}+y\boldsymbol{j}+z\boldsymbol{k}$

运动学方程： $\boldsymbol{r}(t)=x(t)\boldsymbol{i}+y(t)\boldsymbol{j}+z(t)\boldsymbol{k}$

位移 $\Delta\boldsymbol{r}$ 与路程 Δs 的关系：

$$\Delta s\geqslant|\Delta\boldsymbol{r}|$$

平均速度：

$$\boldsymbol{v}=\frac{\Delta\boldsymbol{r}}{\Delta t}$$

平均速率：

$$\overline{v}=\frac{\Delta s}{\Delta t}$$

瞬时速度：

$$\boldsymbol{v}=\frac{\mathrm{d}\boldsymbol{r}}{\mathrm{d}t}$$

瞬时速率：

$$v=|\boldsymbol{v}|=\left|\frac{\mathrm{d}\boldsymbol{r}}{\mathrm{d}t}\right|=\frac{\mathrm{d}s}{\mathrm{d}t}=\sqrt{\left(\frac{\mathrm{d}x}{\mathrm{d}t}\right)^2+\left(\frac{\mathrm{d}y}{\mathrm{d}t}\right)^2+\left(\frac{\mathrm{d}z}{\mathrm{d}t}\right)^2}$$

平均加速度：

$$\boldsymbol{a}=\frac{\Delta\boldsymbol{v}}{\Delta t}$$

瞬时加速度：

$$\boldsymbol{a}=\frac{\mathrm{d}\boldsymbol{v}}{\mathrm{d}t}=\frac{\mathrm{d}^2\boldsymbol{r}}{\mathrm{d}t^2}$$

$$\boldsymbol{a}=a_x\boldsymbol{i}+a_y\boldsymbol{j}+a_z\boldsymbol{k}$$

$$a=|\boldsymbol{a}|=\sqrt{\left(\frac{\mathrm{d}^2x}{\mathrm{d}t^2}\right)^2+\left(\frac{\mathrm{d}^2y}{\mathrm{d}t^2}\right)^2+\left(\frac{\mathrm{d}^2z}{\mathrm{d}t^2}\right)^2}$$

二、曲线运动、圆周运动

切向单位矢量：$\boldsymbol{e}_\tau$。

法向单位矢量：$\boldsymbol{e}_n$，这里的 n 表示 normal(法线)。

平均角速度：

$$\overline{\boldsymbol{\omega}}=\frac{\Delta\boldsymbol{\theta}}{\Delta t}$$

瞬时角速度：

$$\boldsymbol{\omega}=\frac{\mathrm{d}\boldsymbol{\theta}}{\mathrm{d}t}$$

角速度方向遵从右手螺旋定则：右手握拳，四指指向旋转方向，拇指方向即为角速度方向。

平均角加速度：

$$\overline{\boldsymbol{\beta}}=\frac{\Delta\boldsymbol{\omega}}{\Delta t}$$

瞬时角加速度：

$$\boldsymbol{\beta}=\frac{\mathrm{d}\boldsymbol{\omega}}{\mathrm{d}t}=\frac{\mathrm{d}^2\boldsymbol{\theta}}{\mathrm{d}t^2}$$

角速度的大小与线速度的大小的关系：

$$v=\omega R$$

切向加速度的大小：

$$a_\tau=\frac{\mathrm{d}v}{\mathrm{d}t}=\frac{\mathrm{d}(\omega R)}{\mathrm{d}t}=\frac{R\,\mathrm{d}\omega}{\mathrm{d}t}=R\beta$$

法向加速度的大小：

$$a_n=\frac{v^2}{\rho}$$

其中，ρ 为该点的曲率半径。

特殊地，在圆周运动中，法向加速度的大小为

$$a_n=\frac{v^2}{\rho}=\frac{v^2}{R}=\omega^2 R$$

其中，R 为圆周运动轨迹半径。

§1.3 重难点分析

本章重点在于学好描述机械运动的方法，包括以下几个方面。

1. 速度、加速度在不同坐标系中的表示，重点放在直角坐标系与自然坐标系。

2. 角速度与角加速度的定义，角量与线量之间的换算关系。

3. 相对运动的描述方法、复杂运动的分解。

本章难点主要集中在以下几个方面。

1. 本章在高等数学的基础上引入了新的物理概念(速度、加速度、矢量表示法等)，这些概念有一定的抽象性，理解起来有一定的难度。另外，学生在中学阶段的物理课程中也培养了一些固定的思维模式，形成了一定的思维惯性，这些思维惯性也会对理解新知识有一定的阻碍作用。

2. 用微积分工具求解运动学的问题。因为这是第一次利用高等数学知识解决实际问题，面对新工具时有一个逐渐熟悉的过程，熟悉完以后才能实现学习能力上质的飞跃。

§1.4 典型习题详解

一、单选题

1. 一质点做曲线运动，在 t 时刻的位矢为 $\boldsymbol{r}$，速度为 $\boldsymbol{v}$，速率为 v，在 t 至$(t+\Delta t)$时间的位移为 $\Delta\boldsymbol{r}$，路程为 Δs，位矢大小的变化量为 Δr(或 $\Delta|\boldsymbol{r}|$)，平均速度为 $\overline{\boldsymbol{v}}$，平均速率为 $\overline{v}$。

(1)根据上述情况，则必有(　　)。

(A) $|\Delta\boldsymbol{r}|=\Delta s=\Delta r$

(B) $|\Delta\boldsymbol{r}|\neq\Delta s\neq\Delta r$，当 $\Delta t\to 0$ 时，有 $|\Delta\boldsymbol{r}|=\Delta s\neq\Delta r$

(C) $|\Delta\boldsymbol{r}|\neq\Delta s\neq\Delta r$，当 $\Delta t\to 0$ 时，有 $|\Delta\boldsymbol{r}|=\Delta r\neq\Delta s$

(D) $|\Delta\boldsymbol{r}|\neq\Delta s\neq\Delta r$，当 $\Delta t\to 0$ 时，有 $|\Delta\boldsymbol{r}|=\Delta s=\Delta r$

答案： B

(2)根据上述情况,则必有(　　)。

(A)$|\boldsymbol{v}|=v$,$|\overline{\boldsymbol{v}}|=\overline{v}$　　(B)$|\boldsymbol{v}|\neq v$,$|\overline{\boldsymbol{v}}|\neq\overline{v}$

(C)$|\boldsymbol{v}|=v$,$|\overline{\boldsymbol{v}}|\neq\overline{v}$　　(D)$|\boldsymbol{v}|\neq v$,$|\overline{\boldsymbol{v}}|=\overline{v}$

答案:C

解析:画出图形,结合图形分析各物理量的意义,注意大小的增量不等于增量的大小。

2. 某质点做直线运动的运动学方程为 $x=3t-5t^3+6$(SI),则该质点做(　　)。

(A)匀加速直线运动,加速度的方向沿 x 轴正方向

(B)匀加速直线运动,加速度的方向沿 x 轴负方向

(C)变加速直线运动,加速度的方向沿 x 轴正方向

(D)变加速直线运动,加速度的方向沿 x 轴负方向

答案:D

解析:由

$$x=3t-5t^3+6$$

得

$$v=\frac{\mathrm{d}x}{\mathrm{d}t}=3-15t^2$$

$$a=\frac{\mathrm{d}v}{\mathrm{d}t}=-30t$$

加速度随时间变化,所以是变加速运动;$t>0$ 时,$a<0$,说明加速度的方向沿 x 轴负方向。

3. 一质点在平面上运动,已知该质点位矢的表达式为 $\boldsymbol{r}=at^2\boldsymbol{i}+bt^2\boldsymbol{j}$(其中 a、b 为常量),则该质点做(　　)。

(A)匀速直线运动　　(B)变速直线运动

(C)抛物线运动　　(D)一般曲线运动

答案:B

解析:由

$$\boldsymbol{r}=at^2\boldsymbol{i}+bt^2\boldsymbol{j}$$

得

$$x=at^2,y=bt^2 \quad\Rightarrow\quad y=\frac{b}{a}x$$

$$\boldsymbol{v}=\frac{\mathrm{d}\boldsymbol{r}}{\mathrm{d}t}=2at\boldsymbol{i}+2bt\boldsymbol{j}$$

$$\boldsymbol{a}=\frac{\mathrm{d}\boldsymbol{v}}{\mathrm{d}t}=2a\boldsymbol{i}+2b\boldsymbol{j}$$

可知运动轨迹是一条直线,所以是直线运动;速度随时间变化,所以是变速运动;加速度是个恒矢量,所以是匀变速运动。综上可知,质点做匀变速直线运动。

4. 一运动质点在某瞬时位于位矢 $\boldsymbol{r}(x,y)$ 的端点处,其速度大小为(　　)。

(A)$\dfrac{\mathrm{d}r}{\mathrm{d}t}$　　(B)$\dfrac{\mathrm{d}\boldsymbol{r}}{\mathrm{d}t}$

(C)$\dfrac{\mathrm{d}|\boldsymbol{r}|}{\mathrm{d}t}$　　(D)$\sqrt{\left(\dfrac{\mathrm{d}x}{\mathrm{d}t}\right)^2+\left(\dfrac{\mathrm{d}y}{\mathrm{d}t}\right)^2}$

答案：D

解析：$r=|\boldsymbol{r}|$表示某点到坐标原点的距离；$\mathrm{d}r$表示上述距离的变化量；$\mathrm{d}\boldsymbol{r}$表示位移。所以$\dfrac{\mathrm{d}\boldsymbol{r}}{\mathrm{d}t}$是速度矢量，于是

$$\boldsymbol{r}=x\boldsymbol{i}+y\boldsymbol{j}$$

$$\boldsymbol{v}=\frac{\mathrm{d}\boldsymbol{r}}{\mathrm{d}t}=v_x\boldsymbol{i}+v_y\boldsymbol{j}=\frac{\mathrm{d}x}{\mathrm{d}t}\boldsymbol{i}+\frac{\mathrm{d}y}{\mathrm{d}t}\boldsymbol{j}$$

$$v=|\boldsymbol{v}|=\sqrt{v_x^2+v_y^2}=\sqrt{\left(\frac{\mathrm{d}x}{\mathrm{d}t}\right)^2+\left(\frac{\mathrm{d}y}{\mathrm{d}t}\right)^2}$$

$$r=|\boldsymbol{r}|=\sqrt{x^2+y^2}$$

另外，

$$\frac{\mathrm{d}r}{\mathrm{d}t}=\frac{\partial r}{\partial x}\frac{\mathrm{d}x}{\mathrm{d}t}+\frac{\partial r}{\partial y}\frac{\mathrm{d}y}{\mathrm{d}t}=\frac{x}{r}\frac{\mathrm{d}x}{\mathrm{d}t}+\frac{y}{r}\frac{\mathrm{d}y}{\mathrm{d}t}$$

所以(A)、(C)选项错误。

5. 一质点沿半径为R的圆周做匀速运动，转一圈的时间为T。在$2T$时间间隔内，质点的平均速度大小与平均速率分别为(　　)。

(A)$\dfrac{2\pi R}{T}$，$\dfrac{2\pi R}{T}$　　(B)0，$\dfrac{2\pi R}{T}$　　(C)0，0　　(D)$\dfrac{2\pi R}{T}$，0

答案：B

解析：平均速度是位移与时间的比值；平均速率是路程与时间的比值。

对于圆周运动，在$2T$时间间隔内，质点运动了两圈，位移为$\boldsymbol{0}$，路程为$2\times2\pi R=4\pi R$，所以其平均速度大小为0，平均速率为$\dfrac{4\pi R}{2T}=\dfrac{2\pi R}{T}$。

6. 以下五种运动形式中，加速度保持不变的运动是(　　)。

(A)单摆运动　　(B)匀速圆周运动

(C)行星的椭圆轨道运动　　(D)抛体运动

(E)圆锥摆运动

答案：D

解析：加速度是个矢量，既有大小，又有方向。

对于单摆运动，速度的大小一直在变化，所以向心加速度(法向加速度)的大小和方向一直在变化，切向加速度的大小和方向也一直在变化，故总加速度一直在变化。

对于匀速圆周运动，切向速度的大小保持不变，法向加速度的大小保持不变，方向一直在变化；没有切向加速度，所以总加速度一直在变化(大小不变，方向变化)。

对于行星的椭圆轨道运动，所受合力即为万有引力，大小和方向一直在变化，所以总加速度的大小和方向也一直在变化。

对于抛体运动，物体只受到重力的作用，大小和方向保持不变，所以物体的加速度也保持不变，一直都是重力加速度，大小为g，方向竖直向下。

对于圆锥摆运动，法向加速度的方向一直在变化，所以总加速度也一直在变化。

7. 对于沿曲线运动的物体，以下几种说法中正确的是（　　）。

(A)切向加速度必不为零

(B)法向加速度必不为零(拐点除外)

(C)由于速度沿切线方向，速度的法向分量必为零，因此法向加速度必为零

(D)若物体做匀速运动，其总加速度必为零

(E)若物体的加速度 $\boldsymbol{a}$ 为恒矢量，它一定做匀变速率运动

答案：B

解析：在自然坐标系中，质点的速度为

$$\boldsymbol{v}=v\boldsymbol{e}_\tau$$

加速度为

$$\boldsymbol{a}=\frac{\mathrm{d}\boldsymbol{v}}{\mathrm{d}t}=\frac{\mathrm{d}v}{\mathrm{d}t}\boldsymbol{e}_\tau+\frac{v^2}{\rho}\boldsymbol{e}_\mathrm{n}$$

$$a_\tau=\frac{\mathrm{d}v}{\mathrm{d}t},a_\mathrm{n}=\frac{v^2}{\rho}$$

式中，ρ 是曲线中该点的曲率半径。

于是，当物体做匀速曲线运动时，速率不变，切向加速度为零，(A)选项错误；但法向加速度不为零，(C)选项错误；故其总加速度不为零，(D)选项错误；因为虽然速度的大小不变，但速度的方向一直在改变，从而速度矢量在改变，所以必然有加速度。

除拐点外，物体的法向加速度永远大于零，(B)选项正确，因为法向单位矢量永远指向曲线凹的一侧。物体的速度只有切向分量，法向分量永远为零，但并不说明加速度也只有切向分量，因为加速度是与速度的变化量有关，并不是与速度有关。

若物体的加速度 $\boldsymbol{a}$ 为恒矢量，那么物体的切向加速度和法向加速度有可能都在变化，如抛体运动，其加速度为重力加速度，为恒矢量，但运动过程中的切向加速度和法向加速度是一直变化的，物体并不做匀变速率运动(匀变速率即要求切向加速度的大小为常量)，(E)选项错误。

8. 一质点做曲线运动，$\boldsymbol{r}$ 表示位矢，$\boldsymbol{v}$ 表示速度，$\boldsymbol{a}$ 表示加速度，s 表示路程，a_τ 表示切向加速度的大小，下列表达式中，(1)$\frac{\mathrm{d}v}{\mathrm{d}t}=a$，(2)$\frac{\mathrm{d}r}{\mathrm{d}t}=v$，(3)$\frac{\mathrm{d}s}{\mathrm{d}t}=v$，(4)$\left|\frac{\mathrm{d}\boldsymbol{v}}{\mathrm{d}t}\right|=a_\tau$，（　　）。

(A)只有(1)、(4)是对的　　(B)只有(2)、(4)是对的

(C)只有(2)是对的　　(D)只有(3)是对的

答案：D

解析：在自然坐标系中，质点的速度为

$$\boldsymbol{v}=v\boldsymbol{e}_\tau$$

其中，

$$v=\frac{\mathrm{d}s}{\mathrm{d}t}$$

加速度为

$$\boldsymbol{a}=\frac{\mathrm{d}\boldsymbol{v}}{\mathrm{d}t}=\frac{\mathrm{d}v}{\mathrm{d}t}\boldsymbol{e}_\tau+\frac{v^2}{\rho}\boldsymbol{e}_\mathrm{n}$$

$$a_\tau=\frac{\mathrm{d}v}{\mathrm{d}t},a_\mathrm{n}=\frac{v^2}{\rho},a=|\boldsymbol{a}|=\sqrt{a_\tau^2+a_\mathrm{n}^2}$$

其中，ρ 是曲线中该点的曲率半径。

另外，一般地

$$\boldsymbol{v}=\frac{\mathrm{d}\boldsymbol{r}}{\mathrm{d}t}$$

$$v=|\boldsymbol{v}|=\left|\frac{\mathrm{d}\boldsymbol{r}}{\mathrm{d}t}\right|\neq\frac{\mathrm{d}|\boldsymbol{r}|}{\mathrm{d}t}=\frac{\mathrm{d}r}{\mathrm{d}t}$$

于是只有(3)是对的。

9. 某物体的运动规律为$\frac{\mathrm{d}v}{\mathrm{d}t}=-kv^2t$，其中 k 为大于零的常量。当 $t=0$ 时，初速率为 v_0，则速率 v 与时间 t 的函数关系是(　　)。

(A) $v=\frac{1}{2}kt^2+v_0$　　　(B) $v=-\frac{1}{2}kt^2+v_0$

(C) $\frac{1}{v}=\frac{1}{2}kt^2+\frac{1}{v_0}$　　　(D) $\frac{1}{v}=-\frac{1}{2}kt^2+\frac{1}{v_0}$

答案： C

解析： 依题意，有

$$\frac{\mathrm{d}v}{\mathrm{d}t}=-kv^2t$$

$$-\frac{\mathrm{d}v}{v^2}=kt\,\mathrm{d}t$$

$$\int_{v_0}^{v}-\frac{\mathrm{d}v}{v^2}=\int_0^t kt\,\mathrm{d}t$$

$$\frac{1}{v}-\frac{1}{v_0}=\frac{1}{2}kt^2$$

$$\frac{1}{v}=\frac{1}{v_0}+\frac{1}{2}kt^2$$

10. 一质点做半径为 R 的变速圆周运动时的加速度大小为(v 表示任意时刻质点的速率)(　　)。

(A) $\frac{\mathrm{d}v}{\mathrm{d}t}$　　　(B) $\frac{v^2}{R}$

(C) $\frac{\mathrm{d}v}{\mathrm{d}t}+\frac{v^2}{R}$　　　(D) $\sqrt{\left(\frac{\mathrm{d}v}{\mathrm{d}t}\right)^2+\frac{v^4}{R^2}}$

答案： D

解析： 切向加速度大小为

$$a_\tau=\frac{\mathrm{d}v}{\mathrm{d}t}$$

法向加速度大小为

$$a_n=\frac{v^2}{R}$$

总加速度为

$$\boldsymbol{a}=a_\tau\boldsymbol{e}_\tau+a_n\boldsymbol{e}_n$$

其大小为
$$a=\sqrt{a_\tau^2+a_n^2}=\sqrt{\left(\frac{dv}{dt}\right)^2+\frac{v^4}{R^2}}$$

11. 下列说法中，正确的是(　　)。

(A)加速度恒定不变时，物体的运动方向也不变

(B)平均速率等于平均速度的大小

(C)不管加速度如何，平均速率的表达式总可以写成 $\bar{v}=(v_1+v_2)/2$(v_1、v_2 分别为初、末速率)

(D)运动物体的速率不变时，速度可以变化

答案：D

解析：当初速度和加速度的方向相反时，物体会先减速后反向加速，(A)选项错误。平均速率是由路程对时间求导得到的，而平均速度是由位移对时间求导得到的，(B)选项错误。对于(C)选项中的表达式，只有加速度恒定时才成立，若 v_1、v_2 均为零，但过程中不为零，则不成立，(C)选项错误。匀速圆周运动满足(D)选项的要求。

12. 某人骑自行车以速率 v 向西行驶，今有风以相同速率从北偏东 30°方向吹来，则人感到风从(　　)方向吹来。

(A)北偏东 30°　　(B)南偏东 30°

(C)北偏西 30°　　(D)西偏南 30°

答案：C

解析：以大地为静止参考系，人为运动参考系，风为研究对象，由西向东为 x 轴正方向，由南向北为 y 轴正方向，如图 1-1 所示，依题意，相对于地面人的速度为

$$\boldsymbol{v}_0=-v\boldsymbol{i}$$

风的速度为
$$\boldsymbol{v}=v(-\sin 30°\boldsymbol{i}-\cos 30°\boldsymbol{j})$$

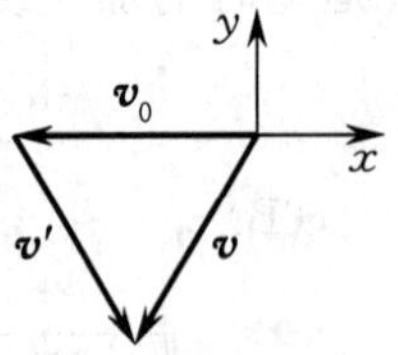

图 1-1　题 12 图

由图 1-1 可知相对于人，风的速度为 $\boldsymbol{v}=\boldsymbol{v}_0+\boldsymbol{v}'$，则

$$\boldsymbol{v}'=\boldsymbol{v}-\boldsymbol{v}_0=v(-\sin 30°\boldsymbol{i}-\cos 30°\boldsymbol{j})-(-v\boldsymbol{i})=v\left[\left(1-\frac{1}{2}\right)\boldsymbol{i}-\frac{\sqrt{3}}{2}\boldsymbol{j}\right]=v\left(\frac{1}{2}\boldsymbol{i}-\frac{\sqrt{3}}{2}\boldsymbol{j}\right)$$

所以人感到风从北偏西 30°方向吹来。

二、填空题

1. 已知一质点的运动学方程是 $\boldsymbol{r}=(0.10\cos 0.3\pi t)\boldsymbol{i}+(0.10\sin 0.3\pi t)\boldsymbol{j}$ (SI)，则它的轨迹方程是________，速率 $v=$________，法向加速度大小 $a_n=$________，切向加速度大小 $a_\tau=$________，总加速度大小 $a=$________。

答案： $x^2+y^2=0.01$，0.03π m/s，$0.009\pi^2$ m/s^2，0 m/s^2，$0.009\pi^2$ m/s^2

解析： 根据运动学方程，写出位移分量式为

$$x=0.10\cos 0.3\pi t,\quad y=0.10\sin 0.3\pi t$$

消去时间 t 得到 $x^2+y^2=0.01$。

由位移分量式，求出速度的分量为

$$v_x=-0.03\pi\sin 0.3\pi t,\quad v_y=0.03\pi\cos 0.3\pi t$$

所以，总速度的大小(速率)为 0.03π，则

$$a_\tau=\mathrm{d}v/\mathrm{d}t=0\ \mathrm{m/s^2},\quad a_n=v^2/R=0.009\pi^2\ \mathrm{m/s^2},\quad a=\sqrt{a_\tau^2+a_n^2}=0.009\pi^2\ \mathrm{m/s^2}$$

2. 一质点在 Oxy 平面内运动，其运动学方程为 $x=2t$ (SI) 和 $y=19-2t^2$ (SI)，则它在第 2 s内的平均速度大小 $|\overline{\boldsymbol{v}}|=$________，第 2 s 末的瞬时速度大小 $v_2=$________。

答案： $\sqrt{40}$ m/s≈6.32 m/s，$\sqrt{68}$ m/s≈8.25 m/s

解析： 平均速度是某个时间段内质点通过的位移与时间的比值，质点在第 2 s 内的平均速度就是质点在第 2 s 初的位置到第 2 s 末的位置之间的变化(质点在第 2 s 内的位移)与时间(1 s)的比值，所以由运动学方程可得

$$x=2t,\ y=19-2t^2$$

$$\boldsymbol{r}=x\boldsymbol{i}+y\boldsymbol{j}=2t\boldsymbol{i}+(19-2t^2)\boldsymbol{j}$$

$$\boldsymbol{r}_1=2\boldsymbol{i}+17\boldsymbol{j}$$

$$\boldsymbol{r}_2=4\boldsymbol{i}+11\boldsymbol{j}$$

$$\Delta\boldsymbol{r}=\boldsymbol{r}_2-\boldsymbol{r}_1=2\boldsymbol{i}-6\boldsymbol{j}$$

$$\overline{\boldsymbol{v}}=\frac{\Delta\boldsymbol{r}}{\Delta t}=\frac{2\boldsymbol{i}-6\boldsymbol{j}}{1}=2\boldsymbol{i}-6\boldsymbol{j}$$

$$|\overline{\boldsymbol{v}}|=\sqrt{2^2+(-6)^2}\ \mathrm{m/s}=\sqrt{40}\ \mathrm{m/s}\approx 6.32\ \mathrm{m/s}$$

而瞬时速度可以由运动学方程直接求导得到，即

$$\boldsymbol{v}=\frac{\mathrm{d}\boldsymbol{r}}{\mathrm{d}t}=2\boldsymbol{i}-4t\boldsymbol{j}$$

$$\boldsymbol{v}_2=2\boldsymbol{i}-8\boldsymbol{j}$$

$$v_{2x}=2,\ v_{2y}=-8$$

$$v_2=\sqrt{v_{2x}^2+v_{2y}^2}=\sqrt{2^2+(-8)^2}\ \mathrm{m/s}=\sqrt{68}\ \mathrm{m/s}\approx 8.25\ \mathrm{m/s}$$

3. 一质点沿 x 轴运动，已知加速度的大小为 $a=4t$ (SI)，初始条件为 $t=0$，$v_0=0$，$x_0=10$ m。则在 t 时刻，该质点的速度为________，运动学方程为________。

答案：$v=2t^2\text{(SI)}, x=\frac{2}{3}t^3+10\text{(SI)}$

解析：
$$a=\frac{\mathrm{d}v}{\mathrm{d}t} \Rightarrow \int_0^t 4t\,\mathrm{d}t=\int_{v_0}^{v}\mathrm{d}v \Rightarrow v=2t^2$$
$$v=\frac{\mathrm{d}x}{\mathrm{d}t} \Rightarrow \int_0^t 2t^2\,\mathrm{d}t=\int_{x0}^{x}\mathrm{d}x \Rightarrow x=\frac{2}{3}t^3+10$$

4. 图 1-2 所示的 v-t 图中的三条直线都表示同一类型的直线运动，从中可知(1)Ⅰ、Ⅱ、Ⅲ三条直线表示的都是________运动；(2)直线________表示的运动的加速度最大。

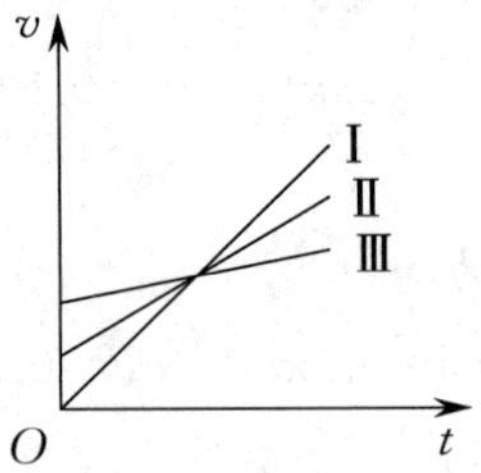

图 1-2　题 4 图

答案：匀加速直线，Ⅰ

解析：图中三条直线表示的运动的速度都随时间增加而均匀变大，都是匀加速直线运动；直线Ⅰ表示的运动在相同时间间隔内速度增加量最大，所以它表示的运动的加速度最大。

5. 一质点沿半径为 R 的圆周运动，运动学方程为 $\theta=3+2t^2\text{(SI)}$，则质点在 t 时刻的法向加速度大小 $a_n=$________，角加速度大小 $\beta=$________。

答案：$16Rt^2\ \text{m/s}^2$，$4\ \text{rad/s}^2$

解析：已知圆周运动中角坐标随时间的变化关系，通过求导可以求得角速度和角加速度的大小：

$$\theta=3+2t^2\ \text{rad}$$
$$\omega=\frac{\mathrm{d}\theta}{\mathrm{d}t}=4t\ \text{rad/s}$$
$$\beta=\frac{\mathrm{d}\omega}{\mathrm{d}t}=4\ \text{rad/s}^2$$

再根据角量与线量之间的关系，可得质点的线速度和法向加速度的大小分别为

$$v=\omega R=4Rt\ \text{m/s}$$
$$a_n=\frac{v^2}{R}=\omega^2R=16Rt^2\ \text{m/s}^2$$

6. 一质点沿半径为 R 的圆周运动，其路程 s 随时间 t 变化的规律为 $s=bt-\frac{1}{2}ct^2\text{(SI)}$，其中 b、c 为大于零的常量，且 $b^2>Rc$。则此质点运动的切向加速度大小 $a_\tau=$________；法向加速度大小 $a_n=$________。

答案：$-c\ \text{m/s}^2$，$\frac{(b-ct)^2}{R}\ \text{m/s}^2$

解析： 已知质点做圆周运动的位置随时间变化的规律，通过求导可以得到质点在任意时刻的速度和加速度大小：

$$s=bt-\frac{1}{2}ct^2$$

$$v=\frac{ds}{dt}=b-ct$$

$$a_\tau=\frac{dv}{dt}=-c\ \text{m/s}^2$$

$$a_n=\frac{v^2}{R}=\frac{(b-ct)^2}{R}\ \text{m/s}^2$$

7. 一质点沿半径为 R 的圆周运动，其速率与时间的关系为 $v=ct^2$，其中 c 为常量，则该质点从 $t=0$ 到 t 时刻走过的路程 $s(t)=$________；t 时刻的切向加速度大小 $a_\tau=$________；t 时刻的法向加速度大小 $a_n=$________。

答案： $\frac{1}{3}ct^3$，$2ct$，$\frac{c^2t^4}{R}$

解析： 已知质点的速率与时间的关系，通过积分可以求得质点走过的路程：

$$v=\frac{ds}{dt}=ct^2$$

$$ds=v\,dt=ct^2\,dt$$

$$\int_{s_0}^{s}ds=\int_{t_0}^{t}v\ dt=\int_{t_0}^{t}ct^2\,dt$$

$$s-s_0=\frac{1}{3}c(t^3-t_0^3)$$

$$s=s_0+\frac{1}{3}c(t^3-t_0^3)=\frac{1}{3}ct^3$$

而通过求导可得切向加速度的大小

$$a_\tau=\frac{dv}{dt}=2ct$$

法向加速度的大小

$$a_n=\frac{v^2}{R}=\frac{c^2t^4}{R}$$

三、计算题

1. 一质点的运动学方程为 $x=5+4t-t^2$(SI)，求：(1)从 0 到 3 s 的时间间隔内，该质点的位移大小、路程、平均速度大小和平均速率；(2)$t=3$ s 时该质点的速度和加速度的大小。

答案： (1)$v=v_x=\frac{dx}{dt}=(4-2t)$ m/s，故质点做变速直线运动。

$a=\frac{dv}{dt}=-2\ \text{m/s}^2$，故质点做匀变速直线运动。

$t=2$ s 时 $v=0$,质点改变运动方向;

$t<2$ s 时 $\boldsymbol{v}$、$\boldsymbol{a}$ 反向;

$t>2$ s 时 $\boldsymbol{v}$、$\boldsymbol{a}$ 同向。

由 $x=5+4t-t^2$ 得

$$x_{t=0}=5\ \text{m},\ x_{t=2}=9\ \text{m},\ x_{t=3}=8\ \text{m}$$

从 0 到 3 s 的时间间隔内,质点的位移大小、路程、平均速度大小和平均速率分别为

$$\Delta x=x_{t=3}-x_{t=0}=3\ \text{m}$$

$$\Delta s=(x_{t=2}-x_{t=0})+(x_{t=2}-x_{t=3})=5\ \text{m}$$

$$|\boldsymbol{v}|=\frac{\Delta x}{\Delta t}=1\ \text{m/s}$$

$$\overline{v}=\frac{\Delta s}{\Delta t}=\frac{5}{3}\ \text{m/s}$$

(2)$t=3$ s 时,质点的速度和加速度的大小分别为

$$v=\left.\frac{\mathrm{d}x}{\mathrm{d}t}\right|_{t=3}=\left.\frac{\mathrm{d}(5+4t-t^2)}{\mathrm{d}t}\right|_{t=3}=-2\ \text{m/s}$$

$$a=\left.\frac{\mathrm{d}v}{\mathrm{d}t}\right|_{t=3}=-2\ \text{m/s}^2$$

2. 一质点的运动学方程为 $x=t^2$(SI),$y=(t-1)^2$(SI),试求:(1)该质点的轨迹方程;(2)$t=2$ s时该质点的速度 $\boldsymbol{v}$ 和加速度 $\boldsymbol{a}$。

答案:(1)由 $x=t^2$,$y=(t-1)^2$ 消去时间 t 得质点的轨迹方程为 $y=(\sqrt{x}-1)^2$。

(2)由运动学方程得

$$\boldsymbol{r}=x\boldsymbol{i}+y\boldsymbol{j}=t^2\boldsymbol{i}+(t-1)^2\boldsymbol{j}$$

$$\boldsymbol{v}=\frac{\mathrm{d}\boldsymbol{r}}{\mathrm{d}t}=2t\boldsymbol{i}+(2t-2)\boldsymbol{j}$$

$t=2$ s 时,

$$\boldsymbol{v}=(4\boldsymbol{i}+2\boldsymbol{j})\text{m/s},\ \boldsymbol{a}=\frac{\mathrm{d}\boldsymbol{v}}{\mathrm{d}t}=(2\boldsymbol{i}+2\boldsymbol{j})\text{m/s}^2$$

3.一质点做直线运动,其加速度大小 $a=4+3t$(SI),开始运动时,$x=5$ m,$v=0$,求该质点在 $t=10$ s时的速率和位置。

答案:

$$a=\frac{\mathrm{d}v}{\mathrm{d}t}=4+3t\quad\Rightarrow\quad \mathrm{d}v=(4+3t)\mathrm{d}t$$

$$\int_0^v\mathrm{d}v=\int_0^t(4+3t)\mathrm{d}t\quad\Rightarrow\quad v=4t+\frac{3}{2}t^2\text{(SI)}$$

$$v=\frac{\mathrm{d}x}{\mathrm{d}t}\quad\Rightarrow\quad\int_5^x\mathrm{d}x=\int_0^t\left(4t+\frac{3}{2}t^2\right)\mathrm{d}t\quad\Rightarrow\quad x=2t^2+\frac{1}{2}t^3+5\text{(SI)}$$

所以 $t=10$ s 时,该质点的速率 $v_{10}=190$ m/s,位置 $x_{10}=705$ m。

4. 一质点做直线运动,其加速度大小 $a=-2x$(SI),设 $x=0$ 时,$v_0=4$ m/s,求该质点的速率 v 与位置 x 之间的关系。

答案：

$$a=\frac{dv}{dt}=\frac{dv}{dx}\cdot\frac{dx}{dt}=v\frac{dv}{dx}=-2x$$

$$\int_0^x -2x\,dx=\int_{v0}^{v} v\,dv$$

$$v=\sqrt{v_0^2-2x^2}=\sqrt{16-2x^2}\,(SI)$$

5. 在高于水面 h 的岸上，有人用绳子拉船靠岸，船在离岸 s 处，如图 1-3 所示，当人以 v_0 的速率收绳时，试求船运动的速度和加速度的大小。

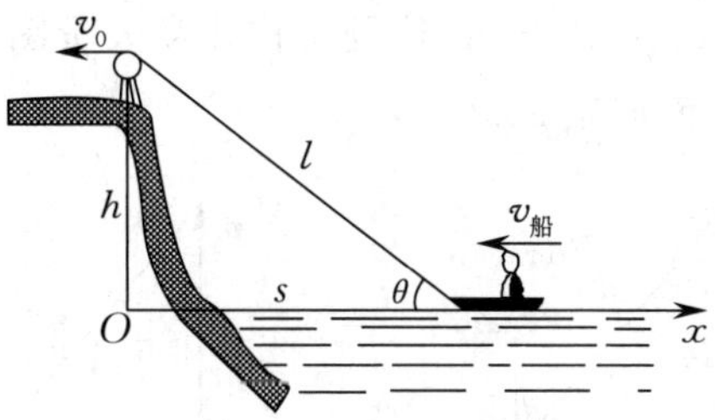

图 1-3　题 5 图

答案： 设人与船之间绳的长度为 l，此时绳与水面成 θ 角，由图 1-3 可知 $l^2=h^2+s^2$。将上式对时间 t 求导，得

$$2l\frac{dl}{dt}=2s\frac{ds}{dt}$$

根据速度的定义，并注意到 l、s 是随 t 的增大而减小的，则有

$$v_{绳}=-\frac{dl}{dt}=v_0$$

$$v_{船}=-\frac{ds}{dt}=-\frac{l}{s}\frac{dl}{dt}=\frac{l}{s}v_0=\frac{v_0\sqrt{h^2+s^2}}{s}$$

$$a_{船}=-\frac{dv_{船}}{dt}=\frac{s\dfrac{dl}{dt}-l\dfrac{ds}{dt}}{s^2}v_0=\frac{-v_0 s+lv_{船}}{s^2}v_0=\frac{\left(-s+\dfrac{l^2}{s}\right)v_0^2}{s^2}=\frac{h^2v_0^2}{s^3}$$

6. 一无风的下雨天，一列火车以 $v_1=20.0$ m/s 的速率匀速前进，在车内的旅客看见玻璃窗外的雨滴和竖直线成 75°角下落，求雨滴下落的速率 v_2。（设下落的雨滴做匀速运动。）

答案： 以地面为参考系，火车相对于地面运动的速度为 $\boldsymbol{v}_1$，雨滴相对于地面竖直下落的速度为 $\boldsymbol{v}_2$，旅客看到雨滴下落的速度 $\boldsymbol{v}_2'$ 为相对速度，它们之间的关系为 $\boldsymbol{v}_2=\boldsymbol{v}_2'+\boldsymbol{v}_1$，如图 1-4 所示，于是可得

$$v_2=\frac{v_1}{\tan 75°}=5.36\ m/s$$

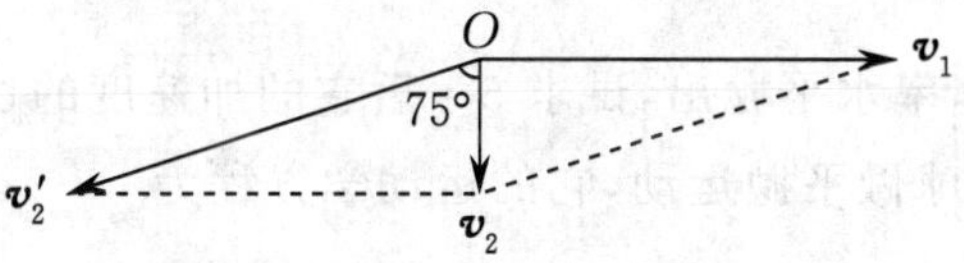

图 1-4　题 6 图

7. 一船以速率 $v_1=30$ km/h 沿直线向东行驶,另一小艇在其前方以速率 $v_2=40$ km/h 沿直线向北行驶,则在船上看小艇的速度为多少？在小艇上看船的速度又为多少？

答案:(1)在船上看小艇的速度为 $\boldsymbol{v}_{21}=\boldsymbol{v}_2-\boldsymbol{v}_1$,依题意作速度矢量图,如图 1-5(a)所示。由图可知

$$v_{21}=\sqrt{v_1^2+v_2^2}=50\ \text{km/h}$$

其方向为北偏西

$$\theta=\arctan\frac{v_1}{v_2}=36.87°$$

(2)在小艇上看船的速度 $\boldsymbol{v}_{12}=\boldsymbol{v}_1-\boldsymbol{v}_2$,依题意作速度矢量图,如图 1-5(b)所示,同(1)中的方法,得 $v_{12}=50$ km/h,方向为南偏东 36.87°。

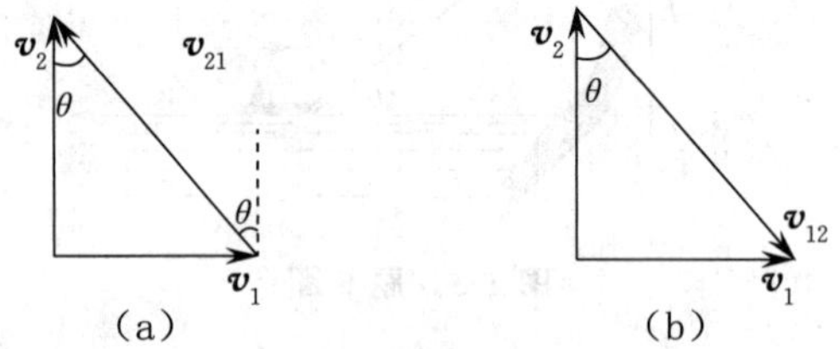

图 1-5　题 7 图

8. 一质点沿半径为 R 的圆周运动,其运动学方程为 $s=v_0t-\frac{1}{2}bt^2$,其中,s 为该质点离圆周上某点的弧长,v_0、b 都是常量,求:(1)t 时刻该质点的加速度;(2)t 为何值时,该质点的加速度在数值上等于 b。

答案:(1)

$$v=\frac{\mathrm{d}s}{\mathrm{d}t}=v_0-bt$$

$$a_\tau=\frac{\mathrm{d}v}{\mathrm{d}t}=-b,\ a_\mathrm{n}=\frac{v^2}{R}=\frac{(v_0-bt)^2}{R}$$

$$a=\sqrt{a_\tau^2+a_\mathrm{n}^2}=\sqrt{b^2+\frac{(v_0-bt)^4}{R^2}}$$

加速度与半径的夹角为

$$\varphi=\arctan\frac{a_\tau}{a_\mathrm{n}}=\frac{-Rb}{(v_0-bt)^2}$$

(2)由题意应有

$$a=b=\sqrt{b^2+\frac{(v_0-bt)^4}{R^2}}$$

即

$$b^2=b^2+\frac{(v_0-bt)^4}{R^2}\quad\Rightarrow\quad(v_0-bt)^4=0$$

故当 $t=\frac{v_0}{b}$时,$a=b$。

9. 一球以 30 m/s 的速率水平抛出,试求 5 s 后它的加速度的切向分量和法向分量。

答案:由题意可知,小球做平抛运动,它的运动学方程为

$$x=v_0t,\ y=\frac{1}{2}gt^2$$

将上式对时间求导，可得速度在坐标轴上的分量为

$$v_x=\frac{dx}{dt}=v_0,\ v_y=\frac{dy}{dt}=gt$$

因而小球在 t 时刻速度的大小为 $v=\sqrt{v_x^2+v_y^2}=\sqrt{v_0^2+(gt)^2}$，故小球在 t 时刻切向加速度的大小为

$$a_\tau=\frac{dv}{dt}=\frac{g^2t}{\sqrt{v_0^2+(gt)^2}}$$

又因为小球做加速度 $\boldsymbol{a}=\boldsymbol{g}$ 的抛体运动，所以在任意时刻，它的切向加速度与法向加速度满足 $\boldsymbol{g}=\boldsymbol{a}_n+\boldsymbol{a}_\tau$ 且互相垂直。由三角形的关系，可求得法向加速度的大小为

$$a_n=\sqrt{g^2-a_\tau^2}=\frac{gv_0}{\sqrt{v_0^2+(gt)^2}}$$

代入数据，得

$$a_\tau=8.36\ \text{m/s}^2,\ a_n=5.12\ \text{m/s}^2$$

10. 一质点沿半径 $R=0.10$ m 的圆周运动，其角位置 $\theta=2+4t^3$(SI)，问：(1)在 $t=2$ s 时，它的法向加速度和切向加速度的大小各为多少？在 $t=4$ s 时又为多少？(2)当切向加速度的大小恰是总加速度大小的一半时，θ 的值为多少？(3)在哪一时刻，切向加速度和法向加速度恰好有相等的值？

答案：(1)$t=2$ s 时，角速度为

$$\omega=\frac{d\theta}{dt}=12t^2=48\ \text{rad/s}$$

法向加速度的大小为

$$a_n=R\omega^2=230.4\ \text{m/s}^2$$

角加速度为

$$\beta=\frac{d\omega}{dt}=24t=48\ \text{rad/s}$$

切向加速度的大小为

$$a_\tau=R\beta=4.8\ \text{m/s}^2$$

同理可得 $t=4$ s 时，法向加速度大小为 3 686.4 m/s^2，切向加速度大小为 9.6 m/s^2。

(2)总加速度的大小为 $a=\sqrt{a_\tau^2+a_n^2}$。

当 $a_\tau=\frac{a}{2}$时，有 $4a_\tau^2=a_\tau^2+a_n^2$，即 $a_n=\sqrt{3}a_\tau$。由此得 $R\omega^2=\sqrt{3}R\beta$，即$(12t^2)^2=24\sqrt{3}t$，解得 $t^3=\frac{\sqrt{3}}{6}\text{s}^3$，所以 $\theta=2+4t^3=2\left(1+\frac{\sqrt{3}}{3}\right)\text{rad}=3.154\ \text{rad}$。

(3)当 $a_\tau=a_n$ 时，可得 $R\beta=R\omega^2$，即 $24t=(12t^2)^2$，解得 $t=0.55$ s。

第 2 章 质点动力学

§2.1 学习要求

1. 在更高的理论基础上重新理解牛顿运动定律，能应用简单的微积分工具来求解力学中的基本问题。

2. 了解牛顿运动定律的适用范围，对经典力学与近代物理研究的对象和范围有大致的了解。

3. 掌握抛体运动的基本规律和独立运动的叠加原理。

4. 正确理解质点和质点系的动量定理，以及质点系的动量守恒定律。能应用动量定理及动量守恒定律求解实际问题。

5. 加深理解功与功率的概念，掌握质点和质点系的动能定理，并能在实际问题中加以应用。

6. 了解常见的保守力与相应的势能函数，掌握功能原理、机械能守恒定律、能量守恒定律，并能在实际问题中应用这些原理（定律）。

§2.2 内容提要

一、基本概念

线密度：

$$\lambda=\frac{m}{l}$$

面密度：

$$\sigma=\frac{m}{S}$$

体密度：

$$\rho=\frac{m}{V}$$

二、牛顿运动定律

牛顿第一定律：物体在不受外力的情况下总保持静止或匀速直线运动状态。

牛顿第二定律：$\boldsymbol{F}=m\boldsymbol{a}$。

牛顿第三定律：作用力和反作用力，大小相等、方向相反、作用在同一直线上。

三、动量

动量是描述质点在各个时刻状态的一个重要物理量，定义为质点质量与速度的乘积，即

$$\boldsymbol{p}=m\boldsymbol{v}$$

力 $\boldsymbol{F}$ 在某段时间内的积累量，称为冲量，用 $\boldsymbol{I}$ 表示。质点的动量定理为，质点在运动过程中所受合外力的冲量等于质点动量的增量，即

$$\boldsymbol{I}=\int_{t_1}^{t_2}\boldsymbol{F}\mathrm{d}t=\int_{t_1}^{t_2}m\boldsymbol{a}\,\mathrm{d}t=m\boldsymbol{v}_2-m\boldsymbol{v}_1=\boldsymbol{p}_2-\boldsymbol{p}_1$$

平均冲力：

$$\overline{\boldsymbol{F}}\cdot\Delta t=\Delta\boldsymbol{p}$$

内力不改变质点系的动量(作用时间相同)，内力可能改变质点系的动能，只有外力才可以改变质点系的总动量。动量改变，动能不一定发生改变。动量守恒所列式子中所有速度都是相对于地面的。

四、动能

动能是力 $\boldsymbol{F}$ 对空间的积累，其单位为 J，即 N·m。

功是标量，其表达式为

$$W=\int\mathrm{d}W=\int_A^B\boldsymbol{F}\cdot\mathrm{d}\boldsymbol{r}=\int_A^B F\cos\theta\,|\mathrm{d}\boldsymbol{r}|$$

其中，θ 为 $\boldsymbol{F}$ 与 $\mathrm{d}\boldsymbol{r}$ 的夹角。

瞬时功率：

$$P=\frac{\mathrm{d}W}{\mathrm{d}t}=\frac{\boldsymbol{F}\cdot\mathrm{d}\boldsymbol{r}}{\mathrm{d}t}=\boldsymbol{F}\cdot\boldsymbol{v}=Fv\cos\theta$$

其中，θ 为 $\boldsymbol{F}$ 与 $\boldsymbol{v}$ 的夹角。

平均功率：

$$\overline{P}=\frac{W}{t}$$

功率的单位为 W。

质点的动能定理：

$$W=\int_A^B\boldsymbol{F}\cdot\mathrm{d}\boldsymbol{r}=\frac{1}{2}mv_B^2-\frac{1}{2}mv_A^2=E_{kB}-E_{kA}$$

五、保守力

如果力 $\boldsymbol{F}$ 对物体做的功只与物体始末位置有关，而与物体所经历的路程无关，则这种力称为**保守力**，否则称为**非保守力**。因此保守力满足

$$\oint_l \boldsymbol{F} \cdot \mathrm{d}\boldsymbol{l}=0$$

重力、弹力、电场力、库仑力、万有引力都属于保守力；摩擦力属于非保守力。

六、势能

势能表达式：

(1)选取无限远点为势能零点，万有引力势能为 $E_{\mathrm{p}}=-G\dfrac{m_1m_2}{r}$；

(2)选取地球表面为势能零点，重力势能为 $E_{\mathrm{p}}=mgh$；

(3)选取平衡位置为势能零点，弹簧的弹性势能为 $E_{\mathrm{p}}=\dfrac{1}{2}kx^2$。

势能是属于系统的，具有相对性，其大小与势能零点的选取有关。

七、功能原理

质点系的动能定理：质点系各个质点的合外力做的功与合内力做的功之和等于质点系动能的增量。

质点系的功能原理：质点系各个质点的合外力和非保守内力对质点系所做的功等于质点系机械能的增量。

说明：

(1)功能原理中，功不含有保守内力做的功，含有摩擦力做的功，而动能定理中，功含有保守内力做的功；

(2)功是能量变化或转化的量度；

(3)能量是系统状态的单值函数。

八、机械能守恒定律

质点系的机械能守恒定律：当作用于质点系的外力和非保守内力不做功或所做功的代数和为零时，质点系的机械能保持不变，即

$$\Delta E_{\mathrm{k}}=-\Delta E_{\mathrm{p}}$$

机械能＝动能 ＋ 势能，即

$$E=E_{\mathrm{k}}+E_{\mathrm{p}}$$

九、碰撞

完全弹性碰撞：动量守恒，机械能守恒。

完全非弹性碰撞：动量守恒（有能量损失）。

§2.3　重难点分析

本章重点包括以下几个方面。

1. 针对不同的坐标系，正确写出牛顿第二定律的分量式，并能够求解。
2. 功、势能函数、机械能等基本概念以及它们之间的关系。
3. 找出守恒量，应用能量和动量守恒定律分析实际的力学系统。

本章难点主要集中在以下几个方面。

1. 用抽象微积分思想描述的物理定义与概念。
2. 针对实际问题，建立牛顿动力学方程，并能使用简单的微积分工具求解。
3. 质点系的能量和动量守恒定律成立的内部与外部条件。

§2.4　典型习题详解

一、单选题

1. 用水平压力 $\boldsymbol{F}$ 把一个物体压着靠在粗糙的竖直墙面上保持静止。当 F 逐渐增大时，物体所受的静摩擦力大小 f(　　)。

(A)恒为零

(B)不为零，但保持不变

(C)随 F 增大而线性增大

(D)开始时随 F 增大而增大，达到某一最大值后，就保持不变

答案：B

解析：画出图形，结合图形分析各物理量的意义，竖直方向上摩擦力始终与重力等大、反向，为一对平衡力。

2. 如图 2-1 所示，将质量为 m 的物体用平行于斜面的细线连接置于光滑的斜面上，若斜面向左做加速运动，当物体开始脱离斜面时，物体的加速度大小为(　　)。

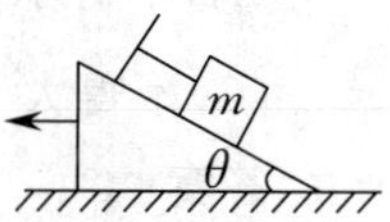

图 2-1　题 2 图

(A)$g\sin\theta$　　(B)$g\cos\theta$　　(C)$g\cot\theta$　　(D)$g\tan\theta$

答案：C

解析：脱离时，斜面的支持力为0，拉力和重力的合力提供加速度，拉力的竖直分力和重力平衡，拉力的水平分力提供加速度。

3. 两个质量相等的小球由一轻弹簧相连接，再用一细绳悬挂于天花板上，处于静止状态，如图 2-2 所示。将细绳剪断的瞬间，球 1 和球 2 的加速度大小分别为(　　)。

(A)$a_1=g, a_2=g$　　(B)$a_1=0, a_2=g$

(C)$a_1=g, a_2=0$　　(D)$a_1=2g, a_2=0$

图 2-2　题 3 图

答案：D

解析：对两个小球分别进行受力分析即可。剪断细绳时，球 1 受到自身重力和弹簧拉力(球 2 重力)作用。而球 2 受到自身重力和弹簧拉力作用，处于平衡状态。

4. 水平地面上放一物体，它与地面间的滑动摩擦系数为 μ。现加一恒力 $\boldsymbol{F}$，欲使物体有最大加速度，则恒力 $\boldsymbol{F}$ 与水平方向的夹角 θ 应满足(　　)。

(A)$\sin\theta=\mu$　　(B)$\cos\theta=\mu$　　(C)$\tan\theta=\mu$　　(D)$\cot\theta=\mu$

答案：C

解析：根据牛顿第二定律，在水平方向上，有

$$F\cos\theta-\mu(mg-F\sin\theta)=ma$$

显然，加速度大小 a 可以看作 θ 的函数，运用高等数学里求极值的方法，有

$$\frac{\mathrm{d}a}{\mathrm{d}t}=0 \quad \Rightarrow \quad \tan\theta=\mu$$

5. 如图 2-3 所示，一只质量为 m 的小猴，原来抓住一根用绳吊在天花板上的质量为 M 的直杆。后来绳突然断开，小猴则沿直杆竖直向上爬以保持它离地面的高度不变，此时直杆下落的加速度大小为(　　)。

(A)g　　(B)$\frac{m}{M}g$　　(C)$\frac{M+m}{M}g$　　(D)$\frac{M+m}{M-m}g$

(E)$\frac{M-m}{M}g$

图 2-3　题 5 图

答案：C

解析：将杆隔离可知，其受到自身重力以及小猴施加的向下的摩擦力，然后可计算加速度大小。

6. 一段路面水平的公路，转弯处轨道半径为 R，汽车轮胎与路面间的滑动摩擦系数为 μ，要使汽车不至于发生侧向打滑，汽车在该处的行驶速率(　　)。

(A)不得小于$\sqrt{\mu gR}$　　(B)必须等于$\sqrt{\mu gR}$

(C)不得大于$\sqrt{\mu gR}$　　(D)还应由汽车的质量 m 决定

答案：C

解析：对汽车进行受力分析，其受到重力 $m\boldsymbol{g}$、支持力 $\boldsymbol{F}_\mathrm{N}$、侧向静摩擦力 $\boldsymbol{f}$，其中侧向静摩擦力提供了向心力。

在竖直方向上：$F_N = mg$。

汽车不发生侧滑：$f=\mu mg \geqslant \frac{mv^2}{R} \Rightarrow v \leqslant \sqrt{\mu g R}$。

7. 在做匀速转动的水平转台上，与转轴相距 R 处有一体积很小的工件 A，如图 2-4 所示。设工件 A 与转台间的静摩擦系数为 μ_s，若使工件 A 在转台上无滑动，则转台的角速度 ω 应满足(　　)。

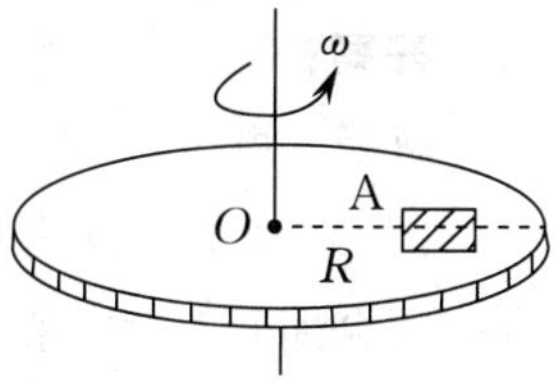

图 2-4　题 7 图

(A)$\omega \leqslant \sqrt{\frac{\mu_s g}{R}}$　　(B)$\omega \leqslant \sqrt{\frac{3\mu_s g}{2R}}$

(C)$\omega \leqslant \sqrt{\frac{3\mu_s g}{R}}$　　(D)$\omega \leqslant 2\sqrt{\frac{\mu_s g}{R}}$

答案：A

解析：摩擦力提供向心力，$m\omega^2 R \leqslant \mu_s mg \Rightarrow \omega \leqslant \sqrt{\frac{\mu_s g}{R}}$。

8. 如图 2-5 所示，一物体沿固定圆弧光滑轨道由静止下滑，在下滑过程中，(　　)。

(A)它的加速度方向永远指向圆心 O，其速率保持不变

(B)它受到的轨道的作用力不断增大

(C)它受到的合外力大小变化，但方向永远指向圆心 O

(D)它受到的合外力大小不变，其速率不断增加

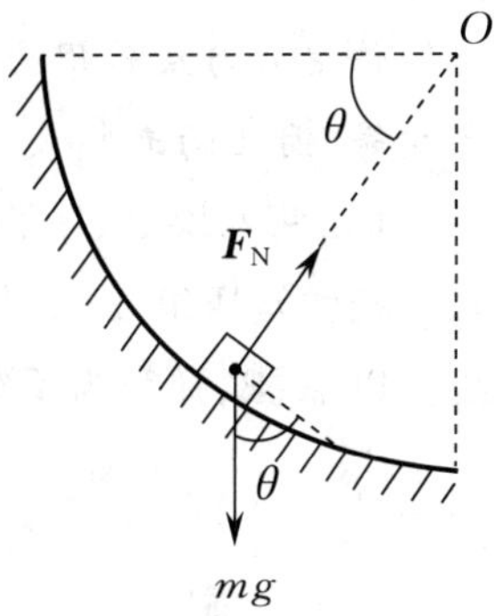

图 2-5　题 8 图

答案：B

解析：由机械能守恒定律，小球的速率不断增加，所以有切向加速度，从而合外力不会指向圆心。

物体速度越大，向心力越大，而且逐渐与重力反向，所以对轨道的作用力增大，即受到的轨道的作用力增大，合外力增大。

9. 一质点在外力作用下运动，下列说法中正确的是(　　)。

(A)该质点的动量改变时，该质点的动能也一定改变

(B)该质点的动能不变时，该质点的动量也一定不变

(C)外力所做的功为零时，外力的冲量也一定为零

(D)外力的冲量为零时，外力所做的功也一定为零

答案：D

解析：注意各物理量的定义及定理的使用条件。

10. 对一个系统来说，在(　　)的情况下系统的机械能守恒。

(A)外力为零　　(B)外力不做功

(C)外力和非保守内力都不做功　　(D)外力和保守内力都不做功

答案：C

解析：所有的力都可以分为内力、外力，也都可以分为保守力和非保守力。机械能守恒的条件是，系统不受外力，同时非保守内力做的功为零。

11. 对质点系有以下几种说法：(1)质点系总动量的改变与内力无关；(2)质点系总动能的

改变与内力无关;(3)质点系机械能的改变与保守内力无关。其中,(　　)。

(A)只有(1)是正确的　　(B)(1)、(2)是正确的

(C)(1)、(3)是正确的　　(D)(2)、(3)是正确的

答案: C

解析: 内力不可以改变质点系的动量,但可以改变质点系的动能。

12. 对功的概念有以下几种说法:(1)保守力做正功时,系统内相应的势能增大;(2)质点沿一闭合路径运动,保守力对质点做的功为零;(3)作用力和反作用力大小相等、方向相反,所以两者所做功的代数和必为零。其中,(　　)。

(A)(1)、(2)是正确的　　(B)(2)、(3)是正确的

(C)只有(2)是正确的　　(D)只有(3)是正确的

答案: C

解析: 保守力做正功,势能减小。

保守力做的功只与始末位置有关,与中间过程无关,换言之,经过任意闭合回路,保守力做的功为零。

作用力与反作用力虽然大小相等、方向相反,但两力作用在不同物体上,通过的位移不一定相等,因此两者所做的功不一定等值反号。

13. 两木块 A、B 的质量分别为 m_1 和 m_2,用一个质量不计、刚度系数为 k 的弹簧连接起来。把弹簧压缩 x_0 并用线扎住,放在光滑水平面上,A 紧靠墙壁,如图 2-6 所示,然后烧断扎线。以 A、B、弹簧为系统下列说法正确的是(　　)。

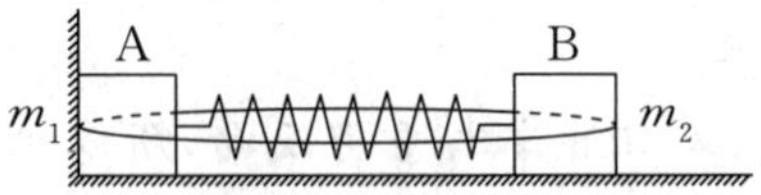

图 2-6　题 13 图

(A)弹簧由初态恢复为原长的过程中,系统的动量守恒

(B)弹簧由初态恢复为原长的过程中,系统的机械能守恒

(C)当 A 离开墙后,系统的动量守恒,机械能不守恒

(D)当 A 离开墙后,系统的机械能为$\frac{1}{2}kx_0^2$,动量为零

答案: B

解析: 弹簧由初态恢复为原长的过程中,墙壁对 A 有支持力,所以系统的动量不守恒,(A)选项错误。但这个支持力不做功,所以系统的机械能守恒,(B)选项正确。当 A 离开墙后,系统所受合外力为零,合外力做的功也为零,所以系统的动量守恒,机械能也守恒,(C)选项错误。整个过程中,系统的机械能都守恒,所以系统的机械能等于初始状态的机械能,即弹簧的弹性势能$\frac{1}{2}kx_0^2$(因为整个过程系统的重力势能保持不变,所以可取为零)。当 A 离开墙后,系统的动量守恒,离开墙的瞬间,A 的速度为零,但 B 的速度不为零,所以系统的总动量不

为零，(D)选项错误。

14. 如图 2-7 所示，质量分别为 m_1 和 m_2 的物体 A 和 B 置于光滑桌面上，A 和 B 之间连有一轻弹簧。另有质量分别为 m_1 和 m_2 的物体 C 和 D 分别置于物体 A 和 B 之上，且物体 A 和 C、B 和 D 之间的滑动摩擦系数均不为零。首先用外力沿水平方向相向推压 A 和 B，使弹簧被压缩，然后撤掉外力，则在 A 和 B 弹开的过程中，对于 A、B、C、D 及弹簧组成的系统，其(　　)。

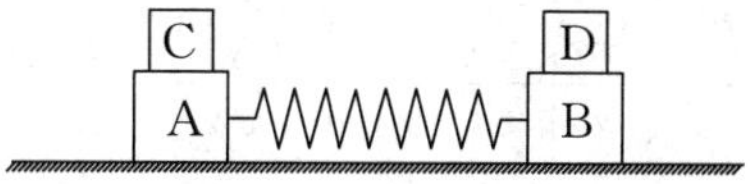

图 2-7　题 14 图

(A)动量守恒，机械能守恒　　(B)动量不守恒，机械能守恒

(C)动量不守恒，机械能不守恒　　(D)动量守恒，机械能不一定守恒

答案： D

解析： 由题意知，A 和 C、B 和 D 之间均存在摩擦力，在 A 和 B 弹开的过程中，系统不受外力作用，但存在内力。内力不能改变系统的动量，但可以改变系统的动能。所以系统的动量守恒，机械能不一定守恒。

15. 在水平冰面上以一定速度向东行驶的炮车，沿斜向上方向发射一枚炮弹，对于炮车和炮弹组成的系统，在此过程中(忽略冰面摩擦力及空气阻力)，其(　　)。

(A)动量守恒

(B)在炮车前进的方向上的动量守恒，在其他方向上的动量不守恒

(C)在水平方向上的动量守恒，在竖直方向上的动量不守恒

(D)在任何方向上的动量均不守恒

答案： C

解析： 在发射炮弹的过程中，忽略重力、冰面摩擦力及空气阻力(重力与冲击力相比可以忽略)，但冰面的支持力在这个过程中不能忽略(系统发射炮弹前只在水平方向上有动量，发射炮弹之后，炮车仍然在水平方向上运动，炮弹的速度既有水平分量又有竖直分量)，而这个支持力一定垂直于冰面，即沿竖直方向，所以系统在水平方向上的动量守恒，在竖直方向上的动量不守恒。

16. A、B 两木块的质量分别为 m_A 和 m_B，且 $m_B=2m_A$，两者用一轻弹簧连接后静止于光滑水平桌面上，如图 2-8 所示。若用外力将两木块压近使弹簧被压缩，然后将外力撤去，则此后两木块动能之比 $\dfrac{E_{kA}}{E_{kB}}$ 为(　　)。

图 2-8　题 16 图

(A) $\dfrac{1}{2}$　　(B) $\dfrac{1}{2}\sqrt{2}$　　(C) $\sqrt{2}$　　(D) 2

答案： D

解析： 由两木块和轻弹簧组成的系统，在运动过程中只受到弹簧的内力的作用，所以系统的动量守恒。开始时系统静止，假定任意时刻两木块的速率分别为 v_A 和 v_B，则有

$$0=m_A v_A+m_B v_B \Rightarrow v_A=\frac{m_B}{m_A}v_B$$

因此，两木块的动能之比为

$$\frac{E_{kA}}{E_{kB}}=\frac{\frac{1}{2}m_A v_A^2}{\frac{1}{2}m_B v_B^2}=\frac{m_A v_A^2}{m_B v_B^2}=\frac{m_A \frac{m_B^2}{m_A^2}v_B^2}{m_B v_B^2}=\frac{m_A m_B^2}{m_B m_A^2}=\frac{m_B}{m_A}=2$$

17. 一水平发射的炮弹在飞行过程中突然炸裂成两块，其中一块自由下落，则另一块的着地点(不计飞行过程中的阻力)(　　)。

(A)比原来更远　　(B)比原来更近

(C)仍和原来一样远　　(D)条件不足，不能判定

答案： A

解析： 由于炮弹在水平方向上的动量守恒，而其中一块的速度变为零，动量也变为零，则另一块获得了更大的速度，因此飞得更远。

二、填空题

1. 如图 2-9 所示，在光滑水平桌面上，有两个物体 A 和 B 紧靠在一起。它们的质量分别为 $m_A=2$ kg，$m_B=1$ kg。今用一水平力(大小为 $F=3$ N)推 B，则 B 推 A 的力的大小为________。若用同样大小的水平力从右边推 A，则 A 推 B 的力的大小为________。

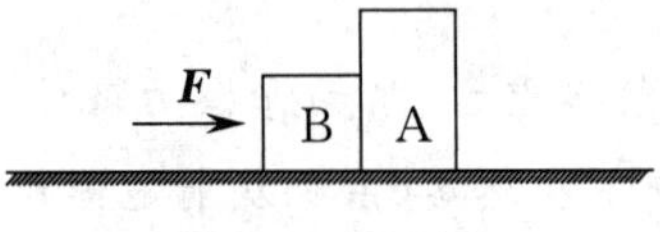

图 2-9　题 1 图

答案： 2 N，1 N

解析： 由牛顿第二定律可知 $F=(m_A+m_B)a$，A 和 B 获得相同的加速度，大小为 $a=\frac{F}{m_A+m_B}=1\ \mathrm{m/s^2}$，而 A 只受到 B 给它的推力，大小为 $F'=m_A a=2$ N。

若用同样大小的水平力从右边推 A，方法同上，则 A 推 B 的力大小为 $F''=m_B a=1$ N。

2. 如图 2-10 所示，一小球沿固定的光滑的 1/4 圆弧从点 A 处由静止开始下滑，圆弧半径为 R，则小球在点 A 处的切向加速度大小 $a_\tau=$________，在点 B 处的法向加速度大小 $a_n=$________。

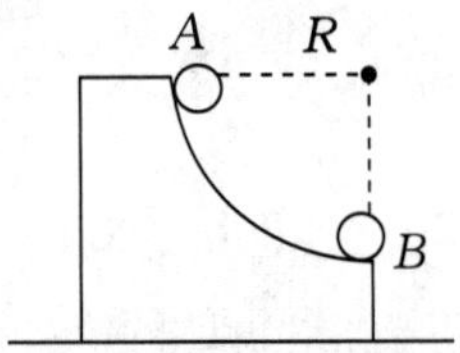

图 2-10　题 2 图

答案： g，2g

解析： 在点 A 处，小球和圆弧之间没有作用力，只受到重力的作用，

所以 $a=a_\tau=g$。圆弧对小球的支持力始终沿着法线方向，与运动方向垂直，所以小球的机械能守恒，于是 $mgR=\frac{1}{2}mv_B^2$，小球在点 B 处的法向加速度大小 $a_n=\frac{v_B^2}{R}=2g$。

3. 如图 2-11 所示，两并排的木块 A 和 B 静止地放置在光滑的水平面上，质量分别为 m_1 和 m_2，一子弹水平地穿过两木块，设子弹穿过两木块所用的时间分别为 Δt_1 和 Δt_2，木块对子弹的阻力为恒力 $\boldsymbol{F}$，则子弹穿出后，木块 A 的速度大小为________，木块 B 的速度大小为________。

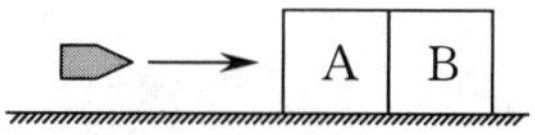

图 2-11　题 3 图

答案：$\frac{F\Delta t_1}{m_1+m_2}$，$\frac{F\Delta t_1}{m_1+m_2}+\frac{F\Delta t_2}{m_2}$

解析：子弹穿出 A 前，以 A、B 组成的系统为研究对象，在水平方向上，系统只受到子弹对 A 的作用力。因为木块对子弹的阻力为恒力 $\boldsymbol{F}$，所以根据牛顿第三定律，子弹对 A 的作用力也是恒力，大小为 F，方向水平向右，作用时间为 Δt_1，根据动量定理，子弹穿出 A 时，A、B 的速度大小 v_1 满足

$$I_1=F\Delta t_1=(m_1+m_2)v_1$$

$$v_1=\frac{F\Delta t_1}{m_1+m_2}$$

从子弹穿出 A 进入 B，到子弹穿出 B 这段时间内，以 B 为研究对象，在水平方向上，B 只受到子弹对 B 的作用力。同理，子弹对 B 的作用力也是恒力，大小为 F，方向水平向右，作用时间为 Δt_2，根据动量定理，子弹穿出 B 时，B 的速度大小 v_2 满足

$$I_2=F\Delta t_2=m_2v_2-m_2v_1$$

$$v_2=v_1+\frac{F\Delta t_2}{m_2}=\frac{F\Delta t_1}{m_1+m_2}+\frac{F\Delta t_2}{m_2}$$

4. 一质量为 10 kg 的物体做直线运动，其受力大小 $\boldsymbol{F}$ 与坐标 x 关系如图 2-12 所示。若 $x=0$ 时 $v=1$ m/s，则整个过程中力做的功 $W=$________，当 $x=16$ m 时，$v=$________。

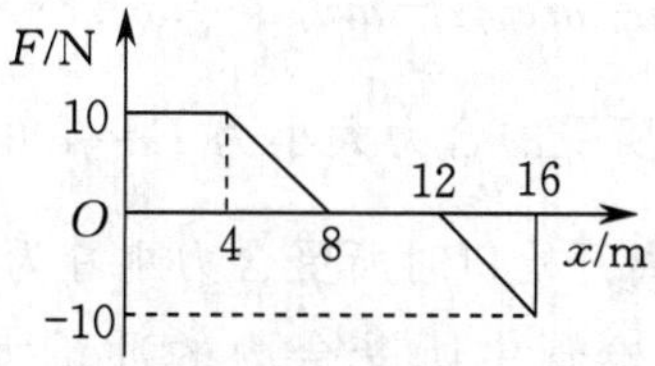

图 2-12　题 4 图

答案：40 J，3 m/s

解析：图 2-12 中 F 轴和 x 轴围成图形的面积的代数和即为力做的功，于是

$$W=S=\left[10\times4+\frac{1}{2}\times10\times(8-4)+\frac{1}{2}\times(-10)\times(16-12)\right]\mathrm{J}=40\ \mathrm{J}$$

根据功能原理,有

$$40=\frac{1}{2}\times10v^2-\frac{1}{2}\times10\times1^2 \quad\Rightarrow\quad v=3\ \mathrm{m/s}$$

5. 一质量为 m 的质点在指向圆心的力 $F=-\frac{k}{r^2}$ 的作用下,做半径为 r 的圆周运动。此质点的速度大小 $v=$________。若取距圆心无穷远处为势能零点,则此质点的机械能 $E=$________。

答案: $\sqrt{\frac{k}{mr}}$,$-\frac{k}{2r}$

解析: 质点在力 $F=-\frac{k}{r^2}$ 的作用下,做半径为 r 的圆周运动,所以有

$$\frac{k}{r^2}=\frac{mv^2}{r}$$

$$v=\sqrt{\frac{k}{mr}}$$

若取距圆心无穷远处为势能零点,则质点的势能为

$$E_p=\int_r^\infty F\ \mathrm{d}r=\int_r^\infty -\frac{k}{r^2}\ \mathrm{d}r=-\frac{k}{r}$$

所以质点的机械能为

$$E=E_k+E_p=\frac{1}{2}mv^2-\frac{k}{r}=\frac{1}{2}m\ \frac{k}{mr}-\frac{k}{r}=-\frac{k}{2r}$$

6. 一质量为 $m=2$ kg 的质点做直线运动,运动学方程为 $x=5+2t+t^3$(SI),则在 0 到 4 s 内外力对该质点做的功 $W=$________,冲量大小 $I=$________。

答案: 2 496 J,96 N·s

解析: 由运动学方程 $x=5+2t+t^3$ 可知,质点在任意时刻的速度大小为

$$v=2+3t^2$$

外力做的功
$$W=\frac{1}{2}mv_{t=4}^2-\frac{1}{2}mv_{t=0}^2=2\ 496\ \mathrm{J}$$

冲量大小
$$I=mv_{t=4}-mv_{t=0}=96\ \mathrm{N\cdot s}$$

7. 一颗子弹在枪管里前进时所受的合力大小为 $F=400-\frac{4\times10^5}{3}t$(SI),子弹从枪口射出时的速率为 300 m/s。假设子弹离开枪口时所受合力刚好为零,则(1)子弹走完枪管全长所用的时间 $t=$________,(2)子弹在枪管中所受合力的冲量大小 $I=$________,(3)子弹的质量 $m=$________。

答案: 3×10^{-3} s,0.6 N·s,2 g

解析: 依题意,子弹离开枪口时所受合力刚好为零,所以

$$F=400-\frac{4\times10^5}{3}t=0$$

$$t=\frac{400}{\frac{4\times 10^5}{3}}\text{ s}=3\times 10^{-3}\text{ s}$$

已知力随时间的变化关系，根据冲量的定义，通过积分可以求出某时间段内力的冲量：

$$I=\int_{t_0}^{t} F\,\mathrm{d}t=\int_0^t\left(400-\frac{4\times 10^5}{3}t\right)\mathrm{d}t=\left[400t-\frac{2\times 10^5}{3}t^2\right]_0^t$$

代入 $t=3\times 10^{-3}$s，得

$$I=\left[400\times 3\times 10^{-3}-\frac{2\times 10^5}{3}\times(3\times 10^{-3})^2\right]\text{N}\cdot\text{s}=0.6\text{ N}\cdot\text{s}$$

根据动量定理，可求得子弹的质量：

$$I=\Delta p=m\Delta v$$

$$m=\frac{I}{\Delta v}=\frac{0.6}{300-0}\text{kg}=0.002\text{ kg}=2\text{ g}$$

8. 一吊车底板上放一质量为 10 kg 的物体，若吊车底板加速上升，加速度大小为 $a=3+5t$(SI)，则 2 s 内吊车底板给物体的冲量大小 $I=$________；2 s 内物体动量的增量大小为________。

答案：356 N·s，160 N·s

解析：物体共受到两个力的作用，即竖直向下的重力 mg 和竖直向上的吊车底板的支持力 $\boldsymbol{F}_{\mathrm{N}}$，在这两个力的作用下，物体与吊车底板都具有向上的加速度，大小为 a。假设计时开始时 $t=0$，吊车底板的速率为 v_0，$t=2$ s 时，吊车底板的速率为 v_2。

已知加速度和物体的质量，可以求得物体所受的合力，此合力是个变力，利用积分求得该时间段内的合力的冲量，再求出重力的冲量，就可以求得支持力的冲量；当然也可以直接求得吊车底板对物体的支持力，进而求其冲量大小：

$$F=F_{\mathrm{N}}-mg=ma \quad\Rightarrow\quad F_{\mathrm{N}}=m(g+a)$$

$$I_{F_{\mathrm{N}}}=\int_{t_0}^{t}F_{\mathrm{N}}\,\mathrm{d}t=m\int_{t_0}^{t}(g+a)\mathrm{d}t=10\int_0^2(12.8+5t)\mathrm{d}t$$

$$=10\times[12.8t+2.5t^2]_0^2=10\times(12.8\times 2+2.5\times 2^2)\text{N}\cdot\text{s}=356\text{ N}\cdot\text{s}$$

而重力的冲量大小为 $I_G=mg\Delta t=2mg=2\times 10\times 9.8=196$ N·s，两个冲量的方向相反，所以合冲量为二者之差。根据动量定理，有

$$I=I_{F_{\mathrm{N}}}-I_G=\Delta p=m\Delta v=m(v_2-v_0)$$

$$\Delta p=(356-196)\text{N}\cdot\text{s}=160\text{ N}\cdot\text{s}$$

当然，本题也可以根据加速度求得该时间段内速度的增量大小：

$$a=\frac{\mathrm{d}v}{\mathrm{d}t}=3+5t$$

$$\mathrm{d}v=a\,\mathrm{d}t=(3+5t)\mathrm{d}t$$

$$\Delta v=\int_{v_0}^{v_2}\mathrm{d}v=\int_{t_0}^{t}a\ \mathrm{d}t=\int_0^2(3+5t)\mathrm{d}t=[3t+2.5t^2]_0^2=16\ \mathrm{m/s}$$

所以该时间段内物体动量的增量大小为

$$\Delta p=m\Delta v=10\times16\ \mathrm{N\cdot s}=160\ \mathrm{N\cdot s}$$

依题意，吊车底板加速上升，所以以上速度增量和动量增量的方向都是竖直向上。而在这个时间段内，重力的冲量为 $I_G=mg\Delta t=2mg=2\times10\times9.8\ \mathrm{N\cdot s}=196\ \mathrm{N\cdot s}$，它的方向是竖直向下的。根据动量定理，物体所受到的总冲量等于它的动量的增量，而总冲量为支持力冲量与重力冲量的矢量和，所以支持力的冲量大小为

$$I_{F_N}=I+I_G=\Delta p+I_G=(160+196)\mathrm{N\cdot s}=356\ \mathrm{N\cdot s}$$

三、计算题

1. 一质点在光滑的固定斜面（倾角为 α）上以初速度 $\boldsymbol{v}_0$ 运动，$\boldsymbol{v}_0$ 的方向与斜面底边的水平线 AB 平行，如图 2-13(a)所示，求质点的轨迹方程。

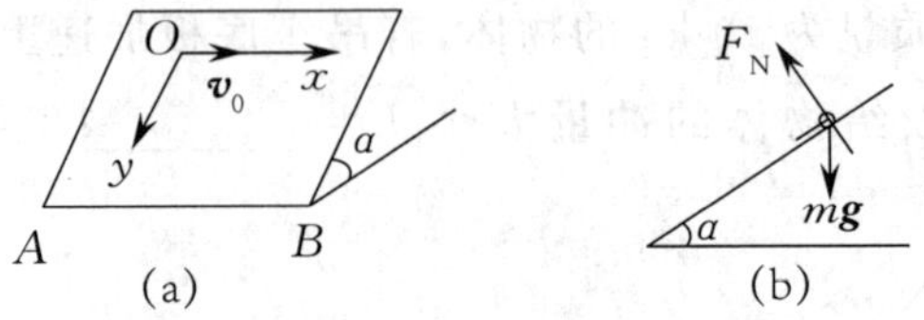

图 2-13　题 1 图

答案：如图 2-13(b)所示，物体置于斜面上，受到重力 $m\boldsymbol{g}$ 和斜面的支持力 $\boldsymbol{F}_N$ 作用。建立坐标系：取 $\boldsymbol{v}_0$ 方向为 x 轴正方向，平行于斜面向下与 x 轴垂直的方向为 y 轴正方向，如图 2-13(a)所示。

x 轴方向：　　$F_x=0,\quad x=v_0t$

y 轴方向：　　$F_y=mg\sin\alpha=ma_y$

$t=0$ 时，$y=0$，$v_y=0$，$y=\dfrac{1}{2}gt^2\sin\alpha$，消去 t，得质点的轨迹方程为 $y=\dfrac{1}{2v_0^2}g\sin\alpha\cdot x^2$。

2. 一质量为 m 的小球用轻绳 AB、BC 连接，如图 2-14 所示.试求剪断绳 AB 前后的瞬间，绳 BC 中张力之比.

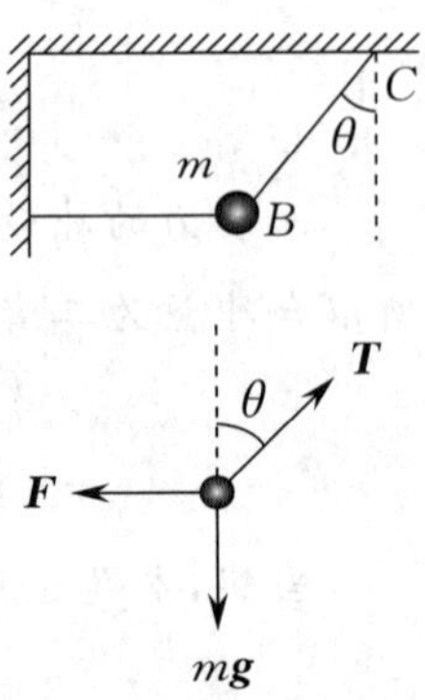

图 2-14　题 2 图

答案：剪断前小球受力如图 2-14 所示.设此时绳 BC 上张力大小为 $T=T_1$，则按物体平衡条件有

$$T_1\cos\theta=mg \quad ①$$

剪断后，$\boldsymbol{F}$ 消失，m 开始向下摆动.在剪后瞬间，m 的速度为零，因而沿 BC 方向的法向加速度为零.设此瞬间绳子张力大小 $T=T_2$，则

$$T_2-mg\cos\alpha=ma=0 \quad ②$$

由①式、②式得

$$\frac{T_1}{T_2}=\frac{1}{\cos^2\theta}$$

3. 如图 2-15 所示，有一物体放在地面上，所受重力为 $\boldsymbol{P}$，它与地面间的滑动摩擦系数为 μ。今用力 $\boldsymbol{F}$ 使物体在地面上匀速前进，则此力与水平面夹角 θ 为多大时最省力？

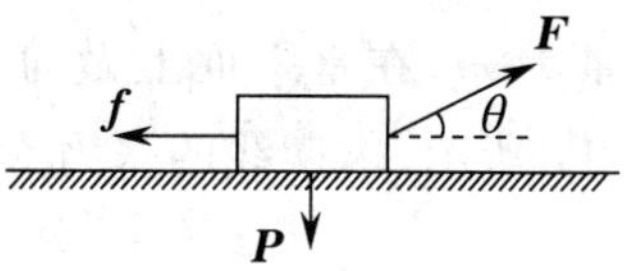

图 2-15　题 3 图

答案： 由牛顿运动定律，有

$$F\cos\theta=\mu(P-F\sin\theta)$$

即

$$F=\frac{\mu P}{\cos\theta+\mu\sin\theta}$$

设 $y=\cos\theta+\mu\sin\theta$，令

$$\frac{\mathrm{d}y}{\mathrm{d}\theta}=-\sin\theta+\mu\cos\theta=0$$

求出 $\mu=\tan\theta$，即 $\theta=\arctan\mu$，且 $0<\theta<\pi/2$。

又 $\dfrac{\mathrm{d}^2y}{\mathrm{d}\theta^2}=-\cos\theta-\mu\sin\theta<0$，故当 $\mu=\tan\theta$，即 $\theta=\arctan\mu$ 时，y 有极大值，F 有极小值，此时最省力。

4. 如图 2-16(a)所示，系统置于以大小 $a=g/4$ 的加速度上升的升降机内，A、B 两物体质量相同，均为 m，A 所在的桌面是水平的，绳和定滑轮的质量均不计，若忽略滑轮轴上和桌面上的摩擦并不计空气阻力，则绳中张力大小为多少？

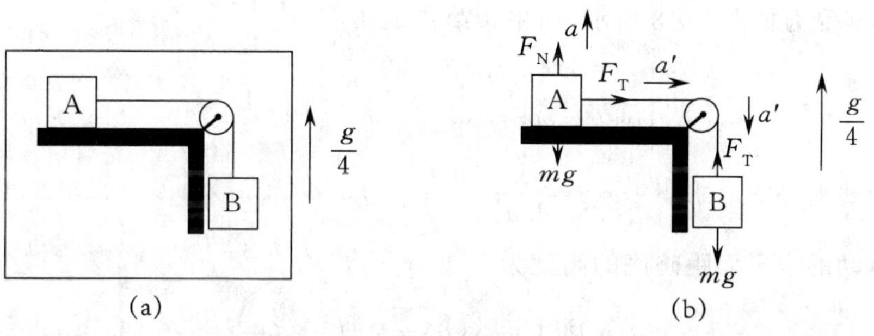

图 2-16　题 4 图

答案： 如图 2-16(b)所示，设绳中张力大小为 F_T。以 a' 表示 A 在桌面上对升降机的加速度的大小，则物体 B 对地面的加速度(向下)的大小应为 $(a'-g/4)$。

由牛顿第二定律，对 B，有

$$mg-F_T=m(a'-g/4)$$

对 A，有

$$F_T=ma',\ F_N-mg=mg/4$$

$$mg-F_T+ma=ma'$$

$$m(g+a)-F_T=F_T,\quad 2F_T=m(g+a)$$

$$F_T=\frac{m}{2}(g+a)=\frac{5}{8}mg$$

5. 一圆锥摆摆长为 l，摆锤质量为 m，在水平面上做匀速圆周运动，摆线与竖直线夹角为 θ，如图 2-17 所示，求摆线的张力大小 F_T 和摆锤的速率 v。

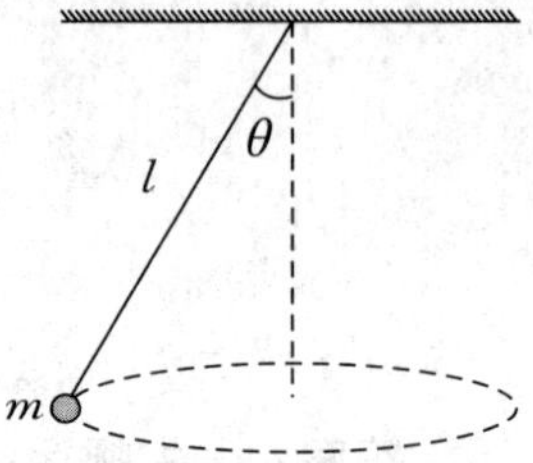

图 2-17　题 5 图

答案：对摆锤进行受力分析，其共受到两个力的作用，即竖直向下的重力 $m\boldsymbol{g}$ 和沿绳子方向的拉力 $\boldsymbol{F}_T$，在这两个力的作用下，摆锤在水平面上做匀速圆周运动，所以有

$$F_T\cos\theta=mg$$

$$F_T\sin\theta=m\,\frac{v^2}{l\sin\theta}$$

整理得

$$F_T=\frac{mg}{\cos\theta}$$

$$v^2=\frac{F_Tl\sin^2\theta}{m}=\frac{gl\sin^2\theta}{\cos\theta}$$

$$v=\sqrt{\frac{gl}{\cos\theta}}\sin\theta$$

6. 如图 2-18 所示，在一半径为 R 的半球形碗内，有一个质量为 m 的小钢球，当小钢球以角速度 ω 在水平面内沿碗内壁做匀速圆周运动时，它距碗底有多高？

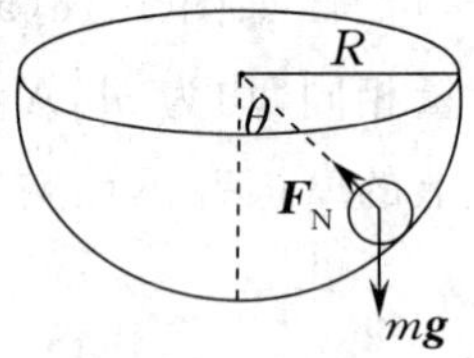

图 2-18　题 6 图

答案：小球受力如图 2-18 所示，由牛顿第二定律，有

$$F_N\sin\theta=mR\omega^2\sin\theta$$

$$F_N\cos\theta-mg=0$$

联立上两式消去 F_N，求得 $\cos\theta=\frac{g}{R\omega^2}$。

小钢球运动的水平面距碗底的高度为

$$h=R(1-\cos\theta)=R\left(1-\frac{g}{R\omega^2}\right)$$

7. 质量为 45.0 kg 的物体，由地面以初速率 60.0 m/s 竖直向上发射，物体受到的空气阻力大小为 $F=kv$，且 $k=0.03\ \mathrm{N/(m\cdot s^{-1})}$。求：(1)将物体发射到最大高度所需要的时间；(2)最大高度。

答案：(1)取竖直向上为 y 轴正方向，由牛顿第二定律，有

$$-mg-kv=m\,\frac{\mathrm{d}v}{\mathrm{d}t}$$

于是

$$\int_0^t\mathrm{d}t=\int_{v_0}^0-\frac{m}{k}\frac{\mathrm{d}v}{mg/k+v}$$

则物体发射到最大高度所需要的时间为

$$t=\frac{m}{k}\ln\left(1+\frac{kv_0}{mg}\right)=6.11\ \text{s}$$

(2)由 $-mg-kv=m\frac{\mathrm{d}v}{\mathrm{d}t}=m\frac{\mathrm{d}v}{\mathrm{d}y}\cdot\frac{\mathrm{d}y}{\mathrm{d}t}=mv\frac{\mathrm{d}v}{\mathrm{d}y}$ 分离变量并积分,得

$$\int_0^{y_{\max}}\mathrm{d}y=-\frac{m}{k}\int_{v_0}^{0}\left(1-\frac{mg/k}{mg/k+v}\right)\mathrm{d}v$$

则最大高度为

$$y_{\max}=-\frac{m}{k}\left[\frac{mg}{k}\ln\left(1+\frac{kv_0}{mg}\right)-v_0\right]=183\ \text{m}$$

8. 飞机的着地速率 $v_0=90$ km/h,滑行速度方向与地面平行,飞机与地面间的滑动摩擦系数 $\mu=0.10$,迎面空气阻力为 C_xv^2,升力大小为 C_yv^2(v 是飞机在跑道上的滑行速度大小,C_x 和 C_y 为常量)。已知飞机的升阻比 $K=C_y/C_x=5$,求飞机从着地到停止这段时间所滑行的距离。(设飞机刚着地时对地面无压力)

答案: 以飞机着地点为坐标原点、飞机滑行方向为 x 轴正方向建立坐标系。设飞机质量为 m,着地后地面对飞机的支持力为 $\boldsymbol{F}_{\mathrm{N}}$。

在竖直方向上,有

$$F_{\mathrm{N}}+C_yv^2-mg=0$$

所以

$$F_{\mathrm{N}}=mg-C_yv^2$$

飞机受到地面的摩擦力为

$$f=\mu F_{\mathrm{N}}=\mu(mg-C_yv^2)$$

在水平方向上,有

$$-\mu(mg-C_yv^2)-C_xv^2=m\frac{\mathrm{d}v}{\mathrm{d}t}=mv\frac{\mathrm{d}v}{\mathrm{d}x}$$

即

$$\frac{mv\ \mathrm{d}v}{\mu mg+(C_x-\mu C_y)v^2}=-\mathrm{d}x$$

$x=0$ 时,$v=v_0=90$ km/h$=25$ m/s;$x=s$(滑行距离)时,$v=0$,则

$$\int_{v_0}^{0}\frac{mv\ \mathrm{d}v}{\mu mg+(C_x-\mu C_y)v^2}=-\int_0^s\mathrm{d}x=-s$$

$$\frac{m/2}{C_x-\mu C_y}\int_{v_0}^{0}\frac{\mathrm{d}\left[\mu mg+(C_x-\mu C_y)v^2\right]}{\mu mg+(C_x-\mu C_y)v^2}=-s$$

解得

$$s=\frac{m/2}{C_x-\mu C_y}\ln\frac{\mu mg+(C_x-\mu C_y)v_0^2}{\mu mg}$$

由于飞机刚着地时,所受重力大小等于升力大小,即

$$mg=C_yv_0^2$$

所以

$$C_y=\frac{mg}{v_0^2},\quad C_x=\frac{C_y}{K}=\frac{mg}{5v_0^2}$$

代入 s 的表达式中并化简,然后代入数据,得

$$s=\frac{5v_0^2}{2g(1-5\mu)}\ln\frac{1}{5\mu}=221\ \text{m}$$

9. 一质量为 m 的质点在 Oxy 平面上运动，其位矢为 $\boldsymbol{r}=a\cos\omega t\boldsymbol{i}+b\sin\omega t\boldsymbol{j}$，其中 a、b、ω 是正值常量，且 $a>b$。求：(1)质点在点 $A(a,0)$ 和点 $B(0,b)$ 的动能；(2)质点所受的合外力 $\boldsymbol{F}$ 以及当质点从点 A 运动到点 B 的过程中 $\boldsymbol{F}$ 分别沿 x 轴和 y 轴的分力 $\boldsymbol{F}_x$ 和 $\boldsymbol{F}_y$ 所做的功。

答案：(1)由位矢 $\boldsymbol{r}=a\cos\omega t\boldsymbol{i}+b\sin\omega t\boldsymbol{j}$，可得 $x=a\cos\omega t$，$y=b\sin\omega t$，则

$$v_x=\frac{\mathrm{d}x}{\mathrm{d}t}=-a\omega\sin\omega t,\ v_y=\frac{\mathrm{d}y}{\mathrm{d}t}=b\omega\cos\omega t$$

在点 $A(a,0)$，$\cos\omega t=1$，$\sin\omega t=0$，于是质点在点 A 的动能为

$$E_{\mathrm{k}A}=\frac{1}{2}mv_x^2+\frac{1}{2}mv_y^2=\frac{1}{2}mb^2\omega^2$$

在点 $B(0,b)$，$\cos\omega t=0$，$\sin\omega t=1$，于是质点在点 B 的动能为

$$E_{\mathrm{k}B}=\frac{1}{2}mv_x^2+\frac{1}{2}mv_y^2=\frac{1}{2}ma^2\omega^2$$

(2)由题意得质点所受的合外力为

$$\boldsymbol{F}=ma_x\boldsymbol{i}+ma_y\boldsymbol{j}=-ma\omega^2\cos\omega t\boldsymbol{i}-mb\omega^2\sin\omega t\boldsymbol{j}$$

质点从点 A 运动到点 B 的过程中，$\boldsymbol{F}$ 的分力 $\boldsymbol{F}_x$ 和 $\boldsymbol{F}_y$ 做的功分别为

$$W_x=\int_a^0 F_x\ \mathrm{d}x=-\int_a^0 m\omega^2 a\cos\omega t\ \mathrm{d}x=-\int_a^0 m\omega^2 x\ \mathrm{d}x=\frac{1}{2}ma^2\omega^2$$

$$W_y=\int_0^b F_y\ \mathrm{d}y=-\int_0^b m\omega^2 b\sin\omega t\ \mathrm{d}y=-\int_0^b m\omega^2 y\ \mathrm{d}y=-\frac{1}{2}mb^2\omega^2$$

10. 设两个粒子之间的相互作用力是排斥力，其大小与粒子间距离 r 的函数关系为 $f=\frac{k}{r^3}$，k 为正值常量，试求这两个粒子相距 r 时的势能。(设相互作用力为零处势能为零)

答案：已知 $f=0$ 即 $r=\infty$ 处为势能零点，则这两个粒子相距 r 时的势能为

$$E_\mathrm{p}=W_{\mathrm{p}\infty}=\int_r^\infty \boldsymbol{f}\cdot\mathrm{d}\boldsymbol{r}=\int_r^\infty\frac{k}{r^3}\mathrm{d}r=\frac{k}{2r^2}$$

11. 一物体与斜面间的滑动摩擦系数 $\mu=0.20$，斜面固定，倾角 $\alpha=45°$。现给予物体以初速率 $v_0=10\ \text{m/s}$，使它沿斜面向上滑，如图 2-19 所示。求：(1)物体能够上升的最大高度 h；(2)该物体到达最高点后，沿斜面返回到原出发点时的速率 v。

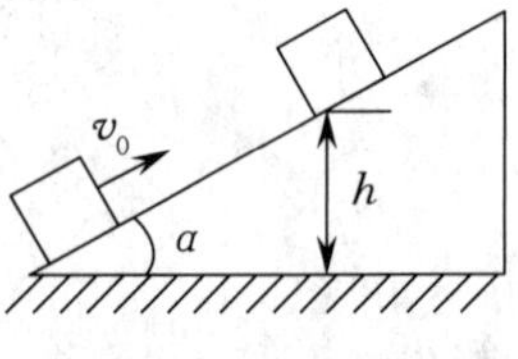

图 2-19　题 11 图

答案：(1)设物体上升到最大高度时经过的路程为 s，根据功能原理，有

$$fs=\frac{1}{2}mv_0^2-mgh$$

$$fs=\frac{\mu F_\mathrm{N}h}{\sin\alpha}=\mu mgh\ \frac{\cos\alpha}{\sin\alpha}=\mu mgh\cot\alpha=\frac{1}{2}mv_0^2-mgh$$

$$h=\frac{v_0^2}{2g(1+\mu\cot\alpha)}=4.25\ \text{m}$$

(2)根据功能原理,有

$$mgh-\frac{1}{2}mv^2=fs$$

$$\frac{1}{2}mv^2=mgh-\mu mgh\cot\alpha$$

$$v=\sqrt{2gh(1-\mu\cot\alpha)}=8.16\ \text{m/s}$$

12. 如图 2-20 所示,一物体质量为 2 kg,以初速率 $v_0=3$ m/s 从斜面上点 A 处下滑,它与斜面间的摩擦力为 8 N,到达点 B 后压缩弹簧 20 cm 后停止,然后被弹回,求弹簧的劲度系数和物体最后能回到的高度。

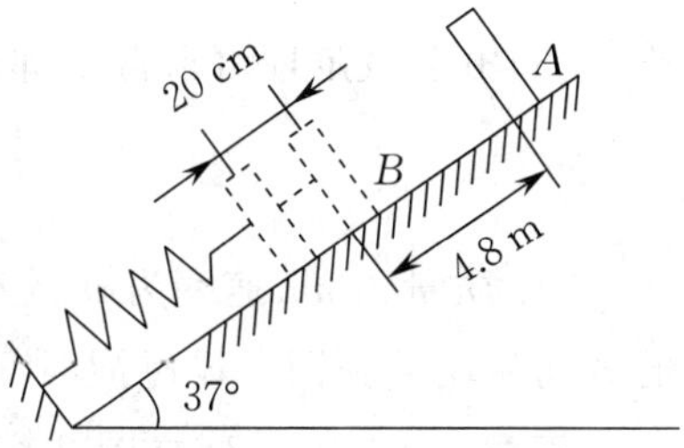

图 2-20　题 12 图

答案: 取物体压缩弹簧至最短处的位置为重力势能零点,弹簧原长处为弹性势能零点,则由功能原理,有

$$-fs=\frac{1}{2}kx^2-\left(\frac{1}{2}mv_0^2+mgs\sin 37^\circ\right)$$

$$k=\frac{\frac{1}{2}mv_0^2+mgs\sin 37^\circ-fs}{\frac{1}{2}x^2}$$

其中,$s=(4.8+0.2)\text{m}=5$ m,$x=0.2$ m。再代入有关数据,解得 $k=1\ 450$ N/m。

再次运用功能原理,求物体弹回的高度 h',有

$$-fs'=mgs'\sin 37^\circ-\frac{1}{2}kx^2$$

代入相关数据,得 $s'=1.45$ m,则物体弹回的高度 $h'=s'\sin 37^\circ=0.87$ m。

13. 一质量为 m 的质点,系在细绳的一端,细绳的另一端固定在平面上。此质点在粗糙水平面上做半径为 r 的圆周运动。设质点的初速率是 v_0。当它运动一周时,其速率为 $v_0/2$。求:(1)摩擦力做的功;(2)质点与平面间的滑动摩擦系数;(3)在静止前质点运动的圈数。

答案: (1)在质点运动的过程中,只有摩擦力做功,其做的功为

$$W_f=\frac{1}{2}m\left(\frac{v_0}{2}\right)^2-\frac{1}{2}mv_0^2=-\frac{3}{8}mv_0^2$$

(2)由 $W_f=-2\pi rmg\mu=-\frac{3}{8}mv_0^2$,得 $\mu=\frac{3v_0^2}{16\pi rg}$,即质点与平面间的滑动摩擦系数为$\frac{3v_0^2}{16\pi rg}$。

(3)由 $-2\pi rNmg\mu=-\frac{1}{2}mv_0^2$,得 $N=\frac{4}{3}$,即在静止前质点运动了$\frac{4}{3}$圈。

14. 一颗子弹由枪口射出时速率为 v_0,当子弹在枪管内被加速时,它所受的合力为 $F=a-bt$(a、b 为常数),假设子弹运动到枪口处合力刚好为零,(1)计算子弹走完枪管所需的时间;

(2)求子弹所受的冲量;(3)求子弹的质量。

答案:(1)由题意,子弹运动到枪口时,有 $F=a-bt=0$,所以 $t=a/b$,即子弹走完枪管所需的时间为 a/b。

(2)子弹所受的冲量为

$$I=\int_0^t (a-bt)\mathrm{d}t=at-\frac{1}{2}bt^2$$

将 $t=\frac{a}{b}$ 代入,得 $I=\frac{a^2}{2b}$。

(3)由动量定理可求得子弹的质量为

$$m=\frac{I}{v_0}=\frac{a^2}{2bv_0}$$

15. 质量为 m、速率为 v 的小球,以入射角 α 斜向与墙壁相碰,又以原速率沿反射角为 α 的方向从墙壁弹回。设碰撞时间为 Δt,求墙壁受到的平均冲力。

答案:(解法一)建立图 2-21(a)所示的坐标系,以 v_x、v_y 分别表示小球反射速率沿 x 轴和 y 轴的分量,则由动量定理,小球受到的冲量沿 x 轴、y 轴分量的表达式如下。

x 轴方向: $\overline{F}_x\Delta t=mv_x-(-mv_x)=2mv_x$

y 轴方向: $\overline{F}_y\Delta t=-mv_y-(-mv_y)=0$

于是墙壁对小球的平均冲力为

$$\overline{F}=\overline{F}_x=2mv_x/\Delta t$$

由 $v_x=v\cos\alpha$,得 $\overline{F}=2mv\cos\alpha/\Delta t$,方向为沿 x 轴正方向。

根据牛顿第三定律,墙壁受到的平均冲力为$\overline{F}'=\overline{F}$,方向为垂直于墙面指向墙内。

解法二:作动量的矢量图,如图 2-21(b)所示,由图知:动量变化量的大小为 $|\Delta(m\boldsymbol{v})|=2mv\cos\alpha$,方向为垂直于墙面指向墙外。

由动量定理 $\overline{F}\Delta t=|\Delta(m\boldsymbol{v})|$,得

$$\overline{F}=2mv\cos\alpha/\Delta t$$

不计小球重力,$\overline{F}$ 即为墙壁对小球的平均冲力。

由牛顿第三定律,墙壁受到的平均冲力为$\overline{F}'=\overline{F}$,方向为垂直于墙面指向墙内。

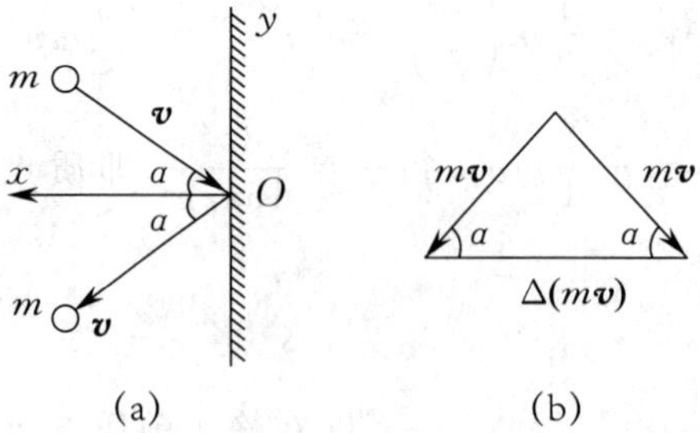

图 2-21 题 15 图

16. 如图 2-22(a)所示,用传送带 A 输送煤粉,料斗口在 A 上方高 $h=0.5$ m 处,煤粉自料

斗口自由落在 A 上。设料斗口连续卸煤的流量为 $q_m=40\ \mathrm{kg/s}$,A 以 $v=2.0\ \mathrm{m/s}$ 的水平速率匀速向右移动。求输送煤粉的过程中,煤粉对 A 的作用力的大小和方向。(不计相对于传送带静止的煤粉质量。)

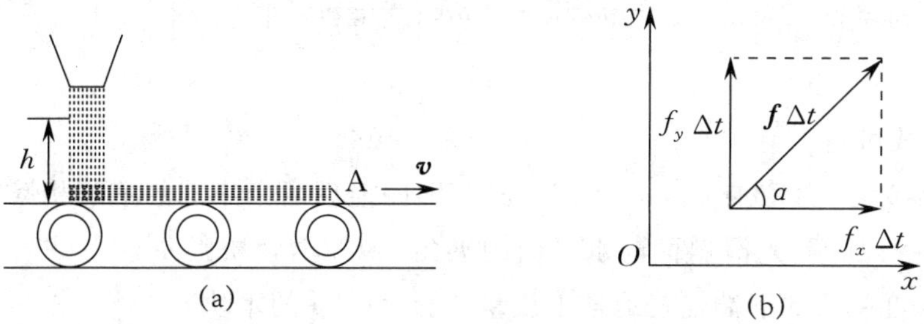

图 2-22　题 16 图

答案: 建立如图 2-22(b)所示的坐标系。煤粉自料斗口下落,接触传送带前具有竖直向下的速率

$$v_0=\sqrt{2gh}$$

煤粉与 A 相互作用的 Δt 时间内,落于 A 上的煤粉质量为

$$\Delta m=q_m\Delta t$$

设 A 对煤粉的平均作用力为 $\boldsymbol{f}$,由动量定理写分量式:

$$f_x\Delta t=\Delta mv-0$$

$$f_y\Delta t=0-(-\Delta mv_0)$$

其中负号表示 v_0 的方向与 y 轴正方向相反。将 $\Delta m=q_m\Delta t$ 代入上两式,得

$$f_x=q_mv,f_y=q_mv_0$$

则 $f=\sqrt{f_x^2+f_y^2}=149\ \mathrm{N}$。$\boldsymbol{f}$ 与 x 轴正方向的夹角为

$$\alpha=\operatorname{arccot}\frac{f_x}{f_y}=57.4°$$

由牛顿第三定律,煤粉对 A 的作用力大小 $f'=f=149\ \mathrm{N}$,方向与图 2－22(b)中 $\boldsymbol{f}$ 相反。

17. 证明两个质量相等的小球进行非对心弹性碰撞(见图 2-23)时,若其中之一原先静止,则碰撞后两个小球的速度相互垂直。

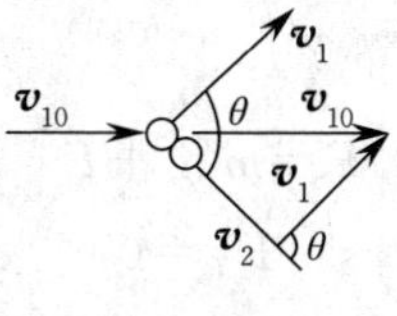

图 2-23　题 17 图

答案: 由动量守恒,有

$$m\boldsymbol{v}_{10}=m\boldsymbol{v}_1+m\boldsymbol{v}_2 \quad ①$$

$$\boldsymbol{v}_{10}=\boldsymbol{v}_1+\boldsymbol{v}_2$$

设 $\boldsymbol{v}_1$、$\boldsymbol{v}_2$ 的夹角为 θ，则有

$$v_{10}^2=v_1^2+v_2^2+2v_1v_2\cos\theta \quad ②$$

由于是弹性碰撞，机械能（此处为动能）守恒，因此

$$\frac{1}{2}mv_{10}^2=\frac{1}{2}mv_1^2+\frac{1}{2}mv_2^2 \quad ③$$

$$v_{10}^2=v_1^2+v_2^2 \quad ④$$

由②式、④式可得 $$2v_1v_2\cos\theta=0$$

因 v_1、v_2 不为零，故必有 $\cos\theta=0$，$\theta=\pi/2$，即碰撞后两个小球的速度相互垂直。

18. 如图 2-24 所示，光滑斜面与水平面的夹角 $\alpha=30°$，轻质弹簧上端固定。今在弹簧的下端轻轻地挂上质量 $M=1.0$ kg 的木块，木块沿斜面从静止开始向下滑动。当木块向下滑 $x=30$ cm 时，恰好有一质量 $m=0.01$ kg 的子弹，沿水平方向以速率 $v=200$ m/s 射中木块并嵌在其中。设弹簧的刚度系数为 $k=25$ N/m。求子弹射入木块后它们的共同速度。

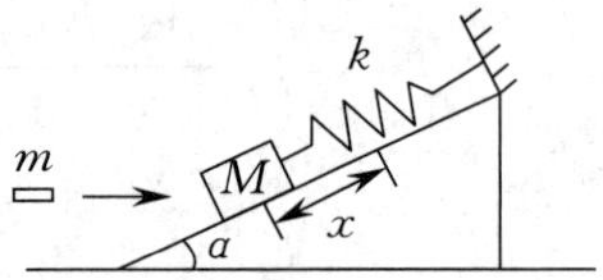

图 2-24 题 18 图

答案：由机械能守恒可得到碰撞前木块的速率 v_1，有

$$\frac{1}{2}Mv_1^2+\frac{1}{2}kx^2=Mgx\sin\alpha$$

得 $$v_1=0.83 \text{ m/s}$$

再由碰撞过程中子弹和木块沿斜面方向动量守恒，可得

$$Mv_1-mv\cos\alpha=(m+M)v' \quad \Rightarrow \quad v'=-0.89 \text{ m/s}$$

即子弹射入木块后它们的共同速度的大小为 0.89 m/s，方向为沿斜面向上。

19. 一质量为 m 的子弹，穿过如图 2-25 所示的摆锤后，速率由 v 减小到 $v/2$。已知摆锤的质量为 m'，摆线的长度为 l，如果摆锤能在竖直平面内完成一个完整的圆周运动，子弹的最小速率应为多少？

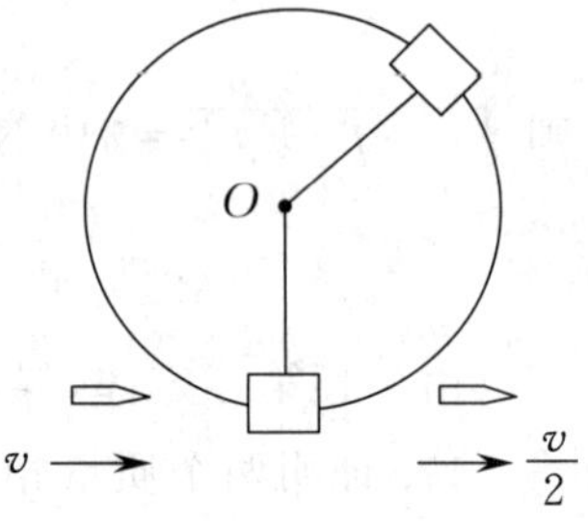

图 2-25 题 19 图

答案：设子弹的最小速率为 $v_{\min}$，子弹穿过摆锤后，摆锤在最低点和最高点的速率分别为 v' 和 v''。子弹和摆锤在最低点相互作用时满足动量守恒定律，于是

$$mv_{\min}=m\frac{v_{\min}}{2}+m'v'$$

摆锤在最高点时受到的合力为 $F=m'g+F_{\mathrm{T}}$

取临界条件 $F_T=0$

于是在最高点时，摆锤做圆周运动的向心力全部由重力提供，则有 $\frac{m'v''^2}{l}=m'g$。

摆锤从最低点运动到最高点的过程中机械能守恒，则有

$$\frac{1}{2}m'v'^2=2m'gl+\frac{1}{2}m'v''^2$$

联立以上各式得

$$v_{\min}=\frac{2m'}{m}\sqrt{5gl}$$

20. 如图 2-26 所示，在地面上固定一半径为 R 的光滑球面，球面顶点 A 处放一质量为 M 的滑块。一质量为 m 的油灰球，以水平速度 $\boldsymbol{v}_0$ 射向滑块，并附在滑块上一起沿球面下滑。问：(1) 它们滑至何处（θ 为多少）脱离球面？(2) 如欲使二者在点 A 处就脱离球面，则 v_0 至少为多少？

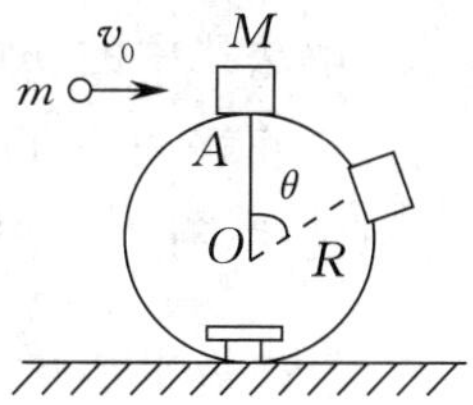

图 2-26　题 20 图

答案：设油灰球与滑块碰撞后的共同速率为 v，它们脱离球面的速率为 u。

(1) 对于碰撞过程，由动量守恒定律得

$$v=\frac{mv_0}{M+m} \quad ①$$

油灰球与滑块沿固定光滑球面滑下的过程中机械能守恒，于是在任意位置 θ 时，有

$$\frac{1}{2}(M+m)v^2+(M+m)gR(1-\cos\theta)=\frac{1}{2}(M+m)u^2 \quad ②$$

$$(M+m)g\cos\theta-F_{\mathrm{N}}=(M+m)u^2/R \quad ③$$

当二者脱离球面时，$F_{\mathrm{N}}=0$，代入③式并与①式、②式联立，可解得

$$\cos\theta=\frac{v^2+2gR}{3gR}=\frac{m^2v_0^2}{3gR(M+m)^2}+\frac{2}{3}$$

$$\theta=\arccos\left[\frac{m^2v_0^2}{3gR(M+m)^2}+\frac{2}{3}\right]$$

(2) 若要使二者在点 A 处就脱离球面，则必须满足

$$(M+m)v^2/R\geqslant(M+m)g$$

即 $v^2\geqslant Rg$，考虑到①式，有

$$\frac{m^2v_0^2}{(M+m)}\geqslant Rg \quad\Rightarrow\quad v_0\geqslant(M+m)\sqrt{Rg}/m$$

所以 v_0 至少为 $(M+m)\sqrt{Rg}/m$。

21. 质量 $M=180$ kg 的小车上有一质量 $m=60$ kg 的人，原先，人与车一起以 $v_0=1$ m/s 的速率向东行驶。如果人相对于车以 $u=5$ m/s 的速率向西走动，则关于车速 v_1' 的大小，有如下两种解法，请判断正误。如果都错误请给出正确解法和答案。

解法一：根据动量守恒定律，有

$$(M+m)v_0=Mv_1'+mu$$

代入 M,m,v_0,u，求出 $v_1'=3$ m/s。

解法二：根据动量守恒定律，有

$$(M+m)v_0=Mv_1'+m(v_0-u)$$

代入 M,m,v_0,u，求出 $v_1'=2.7$ m/s。

答案：上述解法均是错误的。因为应用动量守恒定律时，方程中各项动量必须相对于同一惯性系写出。

解法一中的$(M+m)v_0$和Mv_1'这两项动量都是相对于地面的，而mu却是相对于车的。

解法二中的$m(v_0-u)$虽然考虑到车的运动，但人走动时，车速已由v_0变为v_1'。

正确解法是：以地面为参考系，规定向东为正方向，并假定人走后车仍向东行驶，根据动量守恒定律，有

$$(M+m)v_0=Mv_1'+m(v_1'-u)$$

$$v_1'=v_0+\frac{mu}{M+m}$$

代入M,m,v_0,u，求出$v_1'=2.25\ \mathrm{m/s}$。

22. 一质量为m的小球从内壁为半球形的容器边缘无摩擦地滑下，容器放在光滑的水平面上，质量为M，内壁半径为R，如图2-27所示。开始时小球与容器都处于静止状态，有人为了求出小球自容器边缘B滑至底部时，容器对小球的作用力大小F_N，列出了如下的方程：

$$mv_1+Mv_2=0 \quad ①$$

$$\frac{1}{2}mv_1^2+\frac{1}{2}Mv_2^2=mgR \quad ②$$

$$F_N-mg=mv_1^2/R \quad ③$$

其中，v_1和v_2分别为小球到达点A时小球和容器相对于地面的速率。试指出上述方程中哪个是错的，错在何处，说明原因并改正。

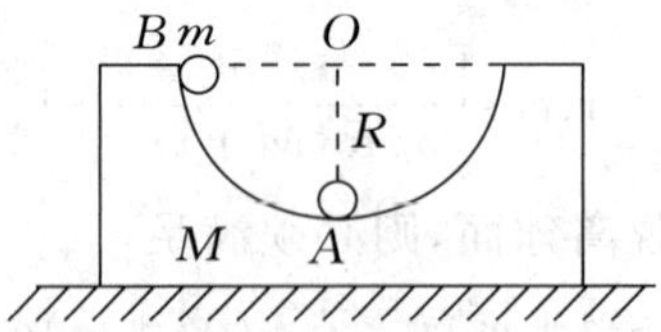

图 2-27 题 22 图

答案：前两式是正确的，而③式是错的。因为小球沿球形内壁滑下时，它相对容器做圆周运动。由于小球下滑，容器同时在桌面上滑动，因此小球相对桌面做曲线运动，轨迹不是圆周。③式$F_N-mg=mv_1^2/R$中的R应是小球的轨迹在点A时的曲率半径，而不是圆的半径R，此式错了。

正确解法是，选容器为参考系，小球相对容器做圆周运动，在小球到达点A这一时刻，容器无加速度，故可以当成惯性系。在此时刻，对小球相对于容器用牛顿第二定律，有

$$F_N-mg=mv_1'^2/R$$

其中，v_1'为此时刻小球相对于容器的速率，其值为$v_1'=v_1-v_2$。

23. 质量为M的木块A放在光滑的水平面上，现有一质量为m，速率为v_0的子弹水平地射向木块，子弹在木块内行经距离l后，相对于木块静止。此时木块在水平面上滑过距离L，而速率为v_1，如图2-28所示。设子弹在木块中受到的阻力大小F是恒定的。有人在求L时，列出了如下的方程。

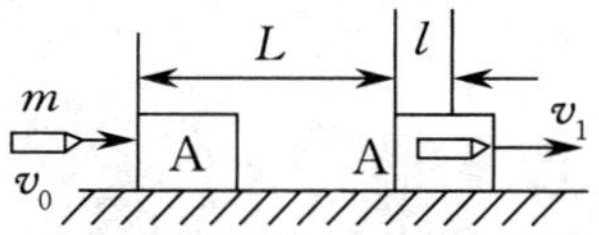

图 2-28　题 23 图

对子弹：　$$-Fl=0-\frac{1}{2}mv_0^2 \quad ①$$

对木块：　$$FL=\frac{1}{2}Mv_1^2-0 \quad ②$$

对子弹和木块组成的系统：　$$mv_0=(M+m)v_1 \quad ③$$

试指出上述方程中哪一个是错的，为什么错，正确的应如何。

答案： 上述①式是错的，$-Fl=0-\frac{1}{2}mv_0^2$ 是以木块为参考系列出的方程，而木块是非惯性系，动能定理不成立，所以①式不对。

正确的方程应是以地面为参考系列出的，为

$$-F(L+l)=\frac{1}{2}mv_1^2-\frac{1}{2}mv_0^2$$

第3章 刚体力学

§3.1 学习要求

1. 理解刚体角动量与刚体转动动能的物理意义(定轴转动)。

2. 理解转动惯量的物理意义与性质,并能计算简单刚体的转动惯量。

3. 理解定轴转动外力矩的作用,掌握转动定律,并能应用转动定律解决简单的问题。

4. 能计算定轴转动过程中力矩做的功,掌握定轴转动的动能定理。

5. 掌握定轴转动中系统角动量守恒的条件,并能应用刚体角动量守恒定律解决一些实际问题。

§3.2 内容提要

一、刚体运动的描述

刚体:在力的作用下,大小和形状都保持不变的物体。在力的作用下,组成刚体的所有质点之间的距离始终保持不变。

刚体的平动:刚体运动时,若在刚体内所作的任意一条直线都始终保持与该直线初位置平行,这种运动就称为刚体的平行移动,简称刚体的平动。

在任意时刻,平动刚体上各点的速度和加速度都相同。

刚体的定轴转动:如果转动刚体的转轴相对参考系是固定不动的,这时刚体的转动就称为刚体的定轴转动。

刚体的角坐标 θ 是时间的单值函数:

$$\theta=f(t)$$

刚体在时刻 t 的角速度 ω 是刚体角坐标对时间的一阶导数:

$$\omega=\lim_{\Delta t\to 0}\frac{\Delta\theta}{\Delta t}=\frac{\mathrm{d}\theta}{\mathrm{d}t}$$

角速度 ω 对时间的一阶导数就是绕定轴转动的刚体的角加速度 α:

$$\alpha=\lim_{\Delta t\to 0}\frac{\Delta\omega}{\Delta t}=\frac{d\omega}{dt}$$

二、转动动能和转动惯量

刚体的转动动能：

$$E_k=\frac{1}{2}J\omega^2$$

刚体的转动惯量：

$$J=\sum_i \Delta m_i r_i^2$$

特别地，对于质量连续分布的刚体，有

$$J=\int r^2\ dm$$

三、力矩与转动定律

力矩：力矩又称为转矩，是描述作用力对物体所产生的转动效果的物理量，用 $\boldsymbol{M}$ 表示，即

$$\boldsymbol{M}=\boldsymbol{r}\times\boldsymbol{F}$$

当力平行于轴或通过轴时，力对该轴的力矩为零。

转动定律即为刚体绕定轴转动的微分方程，刚体所获得的角加速度的大小与刚体所受合外力矩成正比，而与刚体的转动惯量成反比，角加速度的方向与合外力矩的方向一致，即

$$\boldsymbol{M}=J\boldsymbol{\alpha}$$

四、力矩做功　转动动能定理

力矩做功：当外力矩作用使刚体绕轴转过一定的角位移时，外力矩对刚体也做了功，即

$$W=\int M d\theta$$

转动动能定理：

$$W=\int_{\theta_0}^{\theta} M\ d\theta=\frac{1}{2}J\omega^2-\frac{1}{2}J\omega_0^2=E_k-E_{k0}$$

五、冲量矩和角动量定理

冲量矩：力矩 $\boldsymbol{M}$ 与其作用时间 dt 的乘积，即 $\boldsymbol{M}\ dt$。

角动量：刚体绕定轴转动的转动惯量 J 与角速度 $\boldsymbol{\omega}$ 的乘积，即

$$\boldsymbol{L}=J\boldsymbol{\omega}$$

特别地,对于一个质量为 m 的质点,其角动量为

$$\boldsymbol{L}=J\boldsymbol{\omega}=\boldsymbol{r}\times\boldsymbol{p}=m\boldsymbol{r}\times\boldsymbol{v}$$

角动量定理:刚体所受合外力矩的冲量矩等于刚体角动量的增量。角动量定理的数学表达式为

$$\int_{t_0}^{t}\boldsymbol{M}\mathrm{d}t=J\boldsymbol{\omega}-J\boldsymbol{\omega}_0=\boldsymbol{L}-\boldsymbol{L}_0$$

角动量守恒定律:刚体所受合外力矩为零时,刚体的角动量保持不变。

对单个刚体而言,当 $\boldsymbol{M}=\boldsymbol{0}$ 时,有

$$J\boldsymbol{\omega}=J\boldsymbol{\omega}_0$$

对多个刚体而言,当 $\sum\limits_i\boldsymbol{M}_i=\boldsymbol{0}$ 时,有

$$\sum_i J_i\boldsymbol{\omega}_i=\sum_i J_i\boldsymbol{\omega}_{i0}$$

§3.3 重难点分析

本章重点包括以下几个方面。

1. 刚体绕定轴转动的转动定律及其应用。

2. 刚体定轴转动动能、角动量,刚体定轴转动的角动量守恒定律。

本章难点主要集中在以下几个方面。

1. 刚体定轴转动时转动惯量的计算,特别是复合刚体的转动惯量。

2. 定轴转动实例中,刚体角动量守恒定律条件的分析及角动量守恒定律的应用。

§3.4 典型习题详解

一、单选题

1. 几个力同时作用在一个具有光滑固定转轴的刚体上,如果这几个力的矢量和为零,则此刚体(　　)。

(A)必然不会转动　　(B)转速必然不变

(C)转速必然改变　　(D)转速可能不变,也可能改变

答案: D

解析: 决定刚体定轴转动角加速度的物理量是刚体所受到的合外力矩,即有

$$M=\frac{\mathrm{d}L}{\mathrm{d}t}=J\frac{\mathrm{d}\omega}{\mathrm{d}t}=J\alpha$$

几个力的矢量和为零,力矩可能为零,也可能不为零,从而转速可能不变,也可能改变。

2. 一圆盘绕过盘心且与盘面垂直的光滑固定轴 O 以角速度 ω 按图 3-1 所示方向转动。若按图 3-1 的情况将两个大小相等、方向相反但不在同一条直线上的力 $\boldsymbol{F}$ 和 $\boldsymbol{F}'$ 沿盘面同时作用到圆盘上，则圆盘的角速度 ω(　　)。

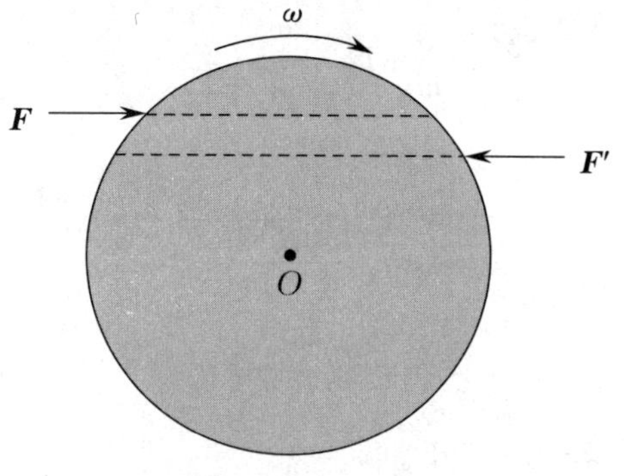

图 3-1　题 2 图

(A)必然增大　(B)必然减少

(C)不会改变　(D)如何变化不能确定

答案：A

解析：图 3-1 中向右的力到固定轴的力臂大于向左的力到固定轴的力臂，因此前者对固定轴的力矩大于后者的力矩。而前者的力矩方向与圆盘的角速度方向相同，所以圆盘所受合外力矩的方向与角速度方向相同，产生的角加速度与角速度的方向相同，从而角速度将增大。

3. 如图 3-2(a)所示，均匀细棒(两端分别为 O、A)可绕通过其一端 O 而与棒垂直的水平光滑固定轴转动。今使棒从水平位置由静止开始自由下落，在棒摆动到竖直位置的过程中，下述说法正确的是(　　)。

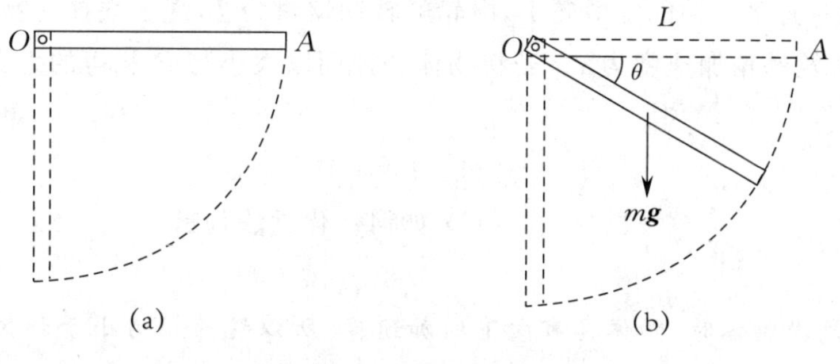

图 3-2　题 3 图

(A)角速度从小变到大，角加速度从大变到小

(B)角速度从小变到大，角加速度从小变到大

(C)角速度从大变到小，角加速度从大变到小

(D)角速度从大变到小，角加速度从小变到大

答案：A

解析：棒对转轴的转动惯量 J 是个常量，在整个过程中，棒受到两个力的作用，重力和轴

的支持力，其中支持力通过转轴且不做功，对转轴的力矩为零，所以棒的机械能守恒。而在不同位置，重力对转轴的力矩不同。如在图 3-2(b)中任意 θ 角处($0\leqslant\theta\leqslant\pi/2$)，有

$$0=\frac{1}{2}J\omega^2-mg\ \frac{L}{2}\sin\theta$$

$$mg\ \frac{L}{2}\cos\theta=J\alpha$$

所以

$$\omega=\sqrt{\frac{mgL\sin\theta}{J}}$$

$$\alpha=\frac{mgL}{2J}\cos\theta$$

因此，随着 θ 的增大，ω 增大，α 减小。

4. 关于刚体对轴的转动惯量，下列说法中正确的是(　　)。

(A)只取决于刚体的质量，与质量的空间分布和轴的位置无关

(B)取决于刚体的质量和质量的空间分布，与轴的位置无关

(C)取决于刚体的质量、质量的空间分布和轴的位置

(D)只取决于轴的位置，与刚体的质量和质量的空间分布无关

答案：C

解析：根据刚体转动惯量的定义，有

$$\mathrm{d}J=r^2\ \mathrm{d}m$$

$$J=\int r^2\ \mathrm{d}m$$

刚体对轴的转动惯量与刚体的质量、质量的空间分布及轴的位置都有关系。

5. 一轻绳绕在有水平轴的定滑轮上，滑轮的转动惯量为 J，绳下端挂一物体。物体所受的重力大小为 P，滑轮的角加速度为 α。若将物体去掉而以大小与 P 相等的力直接向下拉绳，滑轮的角加速度 α 将(　　)。

(A)不变　　(B)变小

(C)变大　　(D)如何变化无法判断

答案：C

解析：绳下端挂物体时，物体具有向下的加速度，所以绳的拉力小于物体的重力，且拉力对转轴的力臂保持不变，滑轮对转轴的转动惯量保持不变。若绳的拉力变大，则其对转轴的力矩变大，根据定轴转动的转动定律，滑轮的角加速度将变大。

6. 花样滑冰运动员绕通过自身的竖直轴转动，开始时她的两臂伸开，转动惯量为 J_0，角速度为 ω_0。然后她将两臂收回，使转动惯量减小为 $\frac{1}{3}J_0$，这时她转动的角速度变为(　　)。

(A)$\frac{1}{3}\omega_0$　　(B)$\frac{1}{\sqrt{3}}\omega_0$　　(C)$\sqrt{3}\omega_0$　　(D)$3\omega_0$

答案：D

解析： 运动员在转动的过程中角动量守恒，所以有

$$L=J_0\omega_0=J\omega$$

$$\omega=\frac{J_0\omega_0}{J}=\frac{J_0\omega_0}{\frac{1}{3}J_0}=3\omega_0$$

7. 如图 3-3 所示，一静止的均匀细棒长为 L、质量为 M，可绕通过棒的端点且垂直于棒的光滑固定轴 O 在水平面内转动，转动惯量为 $\frac{1}{3}ML^2$。一质量为 m、速率为 v 的子弹在水平面内沿与棒垂直的方向射入并穿出棒的自由端，设穿过棒后子弹的速率变为 $\frac{1}{2}v$，则此时棒的角速度应为（　　）。

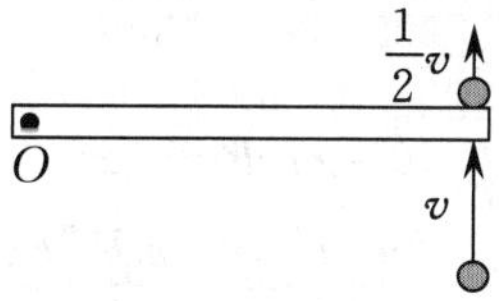

图 3-3　题 7 图

(A) $\frac{mv}{ML}$　　(B) $\frac{3mv}{2ML}$　　(C) $\frac{5mv}{3ML}$　　(D) $\frac{7mv}{4ML}$

答案： B

解析： 以子弹和棒组成的系统为研究对象，在子弹射穿棒的过程中，系统受到转轴施加的不可忽略的作用力，因此系统的动量不守恒。但这个作用力通过转轴，对转轴的力矩为零，所以系统对转轴的角动量守恒，从而有

$$mvL=m\cdot\frac{1}{2}vL+\frac{1}{3}ML^2\omega$$

$$\omega=\frac{\frac{1}{2}mvL}{\frac{1}{3}ML^2}=\frac{3mv}{2ML}$$

8. 一水平圆盘可绕通过其中心的竖直固定轴转动，圆盘上站着一个人。把人和圆盘看作一个系统，当此人在圆盘上随意走动时，若忽略转轴的摩擦，则此系统（　　）。

(A) 动量守恒　　(B) 机械能守恒

(C) 对转轴的角动量守恒　　(D) 动量、机械能和角动量都守恒

答案： C

解析： 在人在圆盘上走动的过程中，系统受到转轴施加的作用力，因此系统的动量不守恒。但这个作用力通过转轴，对转轴的力矩为零，所以系统对转轴的角动量守恒。此外，人与圆盘之间还有摩擦力存在，人与圆盘有相对位移，这对摩擦力所做功的代数和不为零，所以系统的机械能不守恒。

9. 质量为 m 的小孩站在半径为 R 的水平平台边缘上。平台可以绕通过其中心的竖直光

滑固定轴自由转动,转动惯量为 J。平台和小孩开始时均静止。当小孩突然以相对于地面为 v 的速率在平台边缘沿逆时针方向走动时,此平台相对于地面旋转的角速度和旋转方向分别为(　　)。

(A)$\omega=\frac{mR^2}{J}\left(\frac{v}{R}\right)$,顺时针　　(B)$\omega=\frac{mR^2}{J}\left(\frac{v}{R}\right)$,逆时针

(C)$\omega=\frac{mR^2}{J+mR^2}\left(\frac{v}{R}\right)$,顺时针　　(D)$\omega=\frac{mR^2}{J+mR^2}\left(\frac{v}{R}\right)$,逆时针

答案: A

解析: 以小孩和平台组成的系统为研究对象,在小孩在平台上走动的过程中,系统受到转轴施加的作用力,因此系统的动量不守恒。但这个作用力通过转轴,对转轴的力矩为零,所以系统对转轴的角动量守恒,从而小孩沿逆时针方向走动时,平台必定顺时针转动。假定平台转动的角速度为 ω,则有

$$0=mvR+J\omega$$

$$\omega=-\frac{mvR}{J}=-\frac{mR^2}{J}\left(\frac{v}{R}\right)$$

10. 刚体角动量守恒的充分必要条件是(　　)。

(A)刚体不受外力矩的作用

(B)刚体所受的合外力矩为零

(C)刚体所受的合外力和合外力矩均为零

(D)刚体的转动惯量和角速度均保持不变

答案: B

解析: 由刚体定轴转动的角动量定理,有

$$M=\frac{\mathrm{d}L}{\mathrm{d}t}$$

其中,M 为刚体所受的对转轴的合外力矩大小。当 $M=0$,即刚体所受的合外力矩为零时,刚体的角动量守恒。

二、填空题

1. 一半径为 $r=1.5$ m 的飞轮,初角速度 $\omega_0=10$ rad/s,角加速度 $\alpha=-5$ rad/s^2,则在 $t=$ ________时角位移为零(不算开始时刻),而此时边缘上点的线速度 $v=$ ________。

答案: 4 s,-15 m/s

解析: 由角加速度和初角速度,通过积分可以求得任意时刻的角速度:

$$\alpha=\frac{\mathrm{d}\omega}{\mathrm{d}t}$$

$$\mathrm{d}\omega=\alpha\,\mathrm{d}t$$

$$\int_{\omega_0}^{\omega}\mathrm{d}\omega=\int_0^t\alpha\,\mathrm{d}t$$

$$\omega=\omega_0+\alpha t=10-5t$$

继而再次积分，可以求得任意时间段的角位移：

$$\omega=\frac{\mathrm{d}\theta}{\mathrm{d}t}$$

$$\mathrm{d}\theta=\omega\,\mathrm{d}t$$

$$\int_{\theta_0}^{\theta}\mathrm{d}\theta=\int_0^t\omega\,\mathrm{d}t$$

$$\Delta\theta=\theta-\theta_0=\int_0^t(10-5t)\,\mathrm{d}t=[10t-2.5t^2]_0^t=10t-2.5t^2$$

令上述角位移等于零，即可求得时间：

$$\Delta\theta=10t-2.5t^2=0$$

$$t_1=0,t_2=4\ \mathrm{s}$$

把上述时间代入角速度表达式，可求得该时刻的角速度，再利用线速度和角速度的关系，即可求得此时刻边缘上点的线速度.

$$\omega=(10-5\times4)\mathrm{rad/s}=-10\ \mathrm{rad/s}$$

$$v=\omega R=-10\times1.5\ \mathrm{m/s}=-15\ \mathrm{m/s}$$

2. 一长为 l，质量可以忽略的直杆，可绕通过其一端的水平光滑轴在竖直平面内做定轴转动，在杆的另一端固定着一质量为 m 的小球，如图 3-4 所示。现将杆由水平位置无初转速地释放，则杆刚被释放时的角加速度 $\alpha_0=$ ________，杆与水平方向夹角为 60°时的角加速度 $\alpha=$ ________。

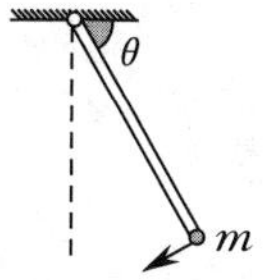

图 3-4　题 2 图

答案： $\frac{g}{l}$，$\frac{g}{2l}$

解析： 以小球为研究对象，它在运动过程中受到两个力的作用：竖直向下的重力 $m\boldsymbol{g}$ 和沿杆方向的拉力 $\boldsymbol{F}_\mathrm{T}$。其中 $\boldsymbol{F}_\mathrm{T}$ 通过转轴，所以它对转轴的力矩为零，而重力在图 3-4 所示位置时，对转轴的力矩大小为

$$M=mgl\cos\theta$$

而小球对转轴的转动惯量为 $J=ml^2$，所以根据刚体定轴转动的转动定律，有

$$M=\frac{\mathrm{d}L}{\mathrm{d}t}=J\alpha$$

于是小球（含杆）绕转轴转动的角加速度为

$$\alpha=\frac{M}{J}=\frac{mgl\cos\theta}{ml^2}=\frac{g\cos\theta}{l}$$

当 $\theta=0$ 时，

$$\alpha_0=\frac{g}{l}$$

当 $\theta=60°$时，

$$\alpha=\frac{g}{2l}$$

3. 一飞轮以 600 r/min 的转速旋转，对转轴的转动惯量为 $2.5\ \mathrm{kg\cdot m^2}$，现加一恒定的制动力矩使飞轮在 1 s 内停止转动，则该恒定制动力矩的大小 $M=$________。

答案： $50\ \pi\mathrm{N\cdot m}$

解析： 根据角动量定理的积分形式，有

$$\int M\ \mathrm{d}t=\int \mathrm{d}L$$

$$M\Delta t=\Delta L$$

$$M=\frac{\Delta L}{\Delta t}=\frac{J\Delta\omega}{\Delta t}=2.5\times\frac{10\times 2\pi}{1}\ \mathrm{N\cdot m}=50\pi\ \mathrm{N\cdot m}$$

4. 一做定轴转动的物体，对转轴的转动惯量 $J=3.0\ \mathrm{kg\cdot m^2}$，角速度 $\omega_0=6.0\ \mathrm{rad/s}$。现对该物体加一恒定的制动力矩大小为 $M=-12\ \mathrm{N\cdot m}$，当物体的角速度减慢到 $\omega=2.0\ \mathrm{rad/s}$ 时，物体转过的角度 $\Delta\theta=$________。

答案： 4 rad

解析： 根据角动量定理，有

$$M=\frac{\mathrm{d}L}{\mathrm{d}t}=J\ \frac{\mathrm{d}\omega}{\mathrm{d}t}$$

$$\frac{\mathrm{d}\omega}{\mathrm{d}t}=\frac{M}{J}=\frac{\mathrm{d}\omega}{\mathrm{d}\theta}\times\frac{\mathrm{d}\theta}{\mathrm{d}t}=\omega\ \frac{\mathrm{d}\omega}{\mathrm{d}\theta}$$

$$\omega\,\mathrm{d}\omega=\frac{M}{J}\mathrm{d}\theta$$

$$\int_{\omega_0}^{\omega}\omega\,\mathrm{d}\omega=\int_{\theta_0}^{\theta}\frac{M}{J}\ \mathrm{d}\theta$$

$$\frac{1}{2}(\omega^2-\omega_0^2)=\frac{M}{J}\Delta\theta$$

$$\Delta\theta=\frac{J(\omega^2-\omega_0^2)}{2M}=\frac{3\times(2^2-6^2)}{2\times(-12)}\mathrm{rad}=4\ \mathrm{rad}$$

这题也可以根据转动动能定理来求解。力矩所做的功等于动能的变化量，则

$$W=\int M\ \mathrm{d}\theta=M\Delta\theta=\Delta E_\mathrm{k}=\frac{1}{2}J(\omega^2-\omega_0^2)$$

$$\Delta\theta=\frac{J(\omega^2-\omega_0^2)}{2M}$$

因为这里力矩是恒定力矩，所以可以直接提到积分号外。

5. 一飞轮以角速度 ω_0 绕光滑固定轴转动，飞轮对转轴的转动惯量为 J_1；另一静止飞轮突然和上述转动的飞轮啮合，绕同一转轴转动，该飞轮对转轴的转动惯量为前者的两倍。啮合后整个系统的角速度 $\omega=$________。

答案： $\frac{1}{3}\omega_0$

解析： 以两个飞轮所组成的系统为研究对象，系统在啮合过程中对转轴的角动量守恒，所以有

$$L = J_1\omega_0 = (J_1 + J_2)\omega$$

$$\omega = \frac{J_1\omega_0}{J_1 + J_2} = \frac{J_1\omega_0}{J_1 + 2J_1} = \frac{1}{3}\omega_0$$

6. 有一半径为 R 的匀质圆形水平转台，可绕通过其中心 O 且垂直于转台的竖直固定轴 OO' 转动，转台对该转轴的转动惯量为 J。转台上有一人，质量为 m。当他站在离转轴 r 处时($r<R$)，转台和人一起以角速度 ω_1 转动，如图 3-5 所示。若转轴处摩擦可以忽略，则当人走到转台边缘时，转台和人一起转动的角速度 ω_2＝________。

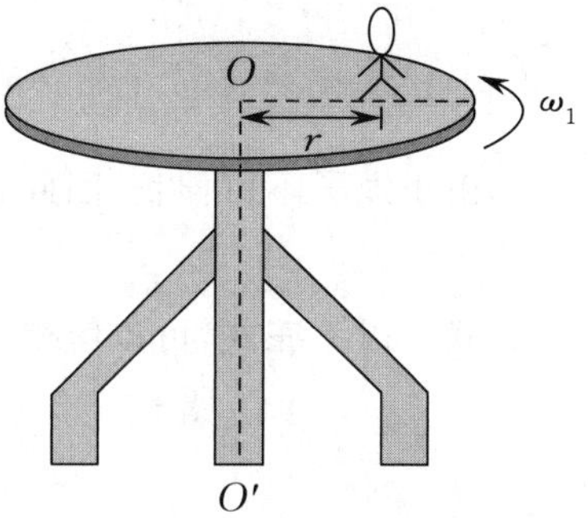

图 3-5　题 6 图

答案： $\dfrac{J + mr^2}{J + mR^2}\omega_1$

解析： 以人和转台组成的系统为研究对象，在人走动的过程中，系统对转轴的角动量守恒，所以有

$$L = (J + mr^2)\omega_1 = (J + mR^2)\omega_2$$

$$\omega_2 = \frac{J + mr^2}{J + mR^2}\omega_1$$

三、计算题

1. 一轴承光滑的定滑轮，质量为 $M=2.00$ kg，半径为 $R=0.100$ m。一根不能伸长的轻绳，一端固定在定滑轮上，另一端系有一质量为 $m=5.00$ kg 的物体，如图 3-6(a)所示。已知定滑轮对转轴(中心轴)的转动惯量为 $J=\frac{1}{2}MR^2$，其初角速度为 $\omega_0=10.0$ rad/s，方向为垂直于纸面向里。求：(1)定滑轮的角加速度的大小和方向；(2)定滑轮的角速度变化到 $\omega=0$ 时，物体上升的高度；(3)当物体回到原来的位置时，定滑轮的角速度的大小和方向。

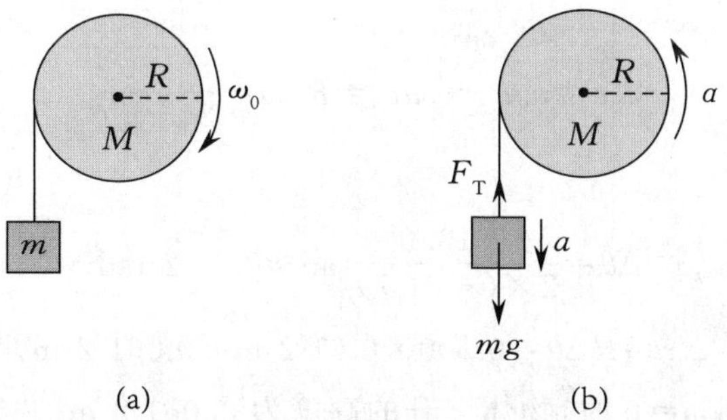

图 3-6　题 1 图

答案： 分别对物体和定滑轮进行受力分析，如图 3-6(b)所示。

(1)物体共受到两个力的作用：竖直向下的重力 $m\boldsymbol{g}$，竖直向上的绳子的拉力 $\boldsymbol{F}_T$。在这两个力的作用下，物体具有向下的加速度 $\boldsymbol{a}$。定滑轮则受到三个力的作用：竖直向下的重力 $M\boldsymbol{g}$，竖直向下的绳子的拉力 $\boldsymbol{F}_T$，竖直向上的轴承的支持力 $\boldsymbol{F}_N$。其中 $M\boldsymbol{g}$ 和 $\boldsymbol{F}_N$ 都通过转轴，所以对转轴没有力矩，只有绳子的拉力 $\boldsymbol{F}_T$ 对转轴有力矩，在这个力矩的作用下，定滑轮具有垂直于纸面向外的角加速度 α。因此，根据牛顿第二定律和定轴转动的角动量定理，有

$$mg-F_T=ma$$

$$F_TR=J\alpha$$

由于绳子不可伸长，因此物体的加速度和定滑轮的角加速度之间存在关系

$$a=R\alpha$$

联立以上三式，可以解得

$$F_T=mg-ma=mg-mR\alpha$$

$$(mg-mR\alpha)R=mgR-mR^2\alpha=J\alpha$$

$$\alpha=\frac{mgR}{J+mR^2}=\frac{mgR}{\frac{1}{2}MR^2+mR^2}=\frac{2mg}{(M+2m)R}=\frac{2\times5\times9.8}{(2+2\times5)\times0.1}\text{rad/s}^2=81.7\ \text{rad/s}^2$$

则定滑轮的角加速度的大小为 81.7 rad/s^2，方向为垂直于纸面向外。所以，定滑轮做的是角加速度恒定的匀变速转动（因为角加速度的方向与初始角速度的方向相反，所以定滑轮刚开始做匀减速转动，到静止之后开始做匀加速转动），物体做的是匀变速直线运动（类似于竖直上抛运动，只是加速度不是重力加速度而已）。

(2)以顺时针方向为转动的正方向，则竖直向上为物体移动的正方向，依题意，定滑轮的初角速度为 ω_0，则物体的初速度大小为 $v_0=R\omega_0$，所以在任意时刻，定滑轮的角速度为

$$\omega=\omega_0-\alpha t$$

物体的速度大小为

$$v=v_0-at=R\omega_0-R\alpha t=R\omega$$

所以定滑轮的角位移为

$$\Delta\theta=\omega_0t-\frac{1}{2}\alpha t^2=\frac{\omega^2-\omega_0^2}{2(-\alpha)}$$

物体的位移为

$$\Delta x=v_0t-\frac{1}{2}at^2=R\Delta\theta=\frac{v^2-v_0^2}{2(-a)}$$

所以，当 $\omega=0$ 时，

$$\Delta\theta=\frac{0-10.0^2}{2\times(-81.7)}\text{rad}\approx0.612\ \text{rad}$$

$$\Delta x=R\Delta\theta=0.100\times0.612\ \text{m}=0.0612\ \text{m}$$

则定滑轮的角速度变化到 $\omega=0$ 时，物体上升的高度为 0.061 2 m。

(3)由于整个过程中只有重力做功，因此由物体和定滑轮所组成的系统的机械能守恒，于是当物体回到原来的位置时，物体的速度与初速度等值反向，定滑轮的角速度也与初角速度等值反向。当然，也可以通过上面的速度和角速度的表达式求出这个结论，即

$$\alpha=\frac{d\omega}{dt}=\frac{d\omega}{d\theta}\frac{d\theta}{dt}=\omega\frac{d\omega}{d\theta}\Rightarrow\omega d\omega=\alpha d\theta$$

$$a=\frac{\mathrm{d}v}{\mathrm{d}t}=\frac{\mathrm{d}v}{\mathrm{d}x}\frac{\mathrm{d}x}{\mathrm{d}t}=v\ \frac{\mathrm{d}v}{\mathrm{d}x}\quad\Rightarrow\quad v\mathrm{d}v=a\,\mathrm{d}x$$

物体回到原来的位置时，$\Delta x=0$，可求出时间 t，代入速度与时间的表达式求出该时刻的速度：

$$\Delta x=v_0t-\frac{1}{2}at^2=0\quad\Rightarrow\quad t=\frac{2v_0}{a}$$

$$v=v_0-at=v_0-a\ \frac{2v_0}{a}=-v_0$$

$$\Delta\theta=\omega_0t-\frac{1}{2}\alpha t^2=0\quad\Rightarrow\quad t=\frac{2\omega_0}{\alpha}$$

$$\omega=\omega_0-\alpha t=\omega_0-\alpha\ \frac{2\omega_0}{\alpha}=-\omega_0$$

2. 质量分别为 m 和 $2m$、半径分别为 r 和 $2r$ 的两个均匀圆盘，同轴地粘在一起成为合体圆盘，可以绕通过盘心且垂直于盘面的水平光滑固定轴转动，对转轴的转动惯量为 $\frac{9}{2}mr^2$，大、小圆盘边缘都绕有绳子，绳子下端都挂一质量为 m 的物体，如图 3-7(a)所示。求合体圆盘的角加速度的大小。

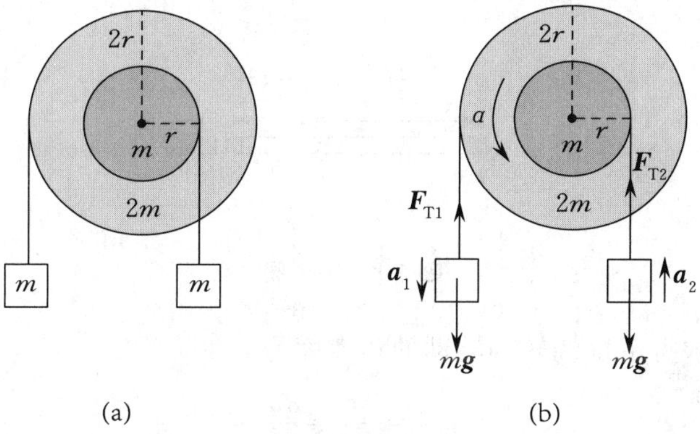

图 3-7　题 2 图

答案：分别对物体和合体圆盘进行受力分析，如图 3-7(b)所示。

左边物体共受到两个力的作用：竖直向下的重力 $m\boldsymbol{g}$，竖直向上的绳子的拉力 $\boldsymbol{F}_{T1}$。在这两个力的作用下，左边物体具有向下的加速度 $\boldsymbol{a}_1$。右边物体共受到两个力的作用：竖直向下的重力 $m\boldsymbol{g}$，竖直向上的绳子的拉力 $\boldsymbol{F}_{T2}$。在这两个力的作用下，右边物体具有向上的加速度 $\boldsymbol{a}_2$。合体圆盘则受到五个力的作用：竖直向下的重力 $m\boldsymbol{g}$ 和 $2m\boldsymbol{g}$，竖直向上的轴承的支持力 $\boldsymbol{F}_N$，竖直向下的绳子的拉力 $\boldsymbol{F}_{T1}$ 和 $\boldsymbol{F}_{T2}$，其中 $m\boldsymbol{g}$、$2m\boldsymbol{g}$ 和 $\boldsymbol{F}_N$ 都通过转轴，所以对转轴没有力矩，只有绳子的拉力 $\boldsymbol{F}_{T1}$ 和 $\boldsymbol{F}_{T2}$ 对转轴有力矩，在这些力矩的作用下，合体圆盘具有垂直于纸面向外的角加速度 α。因此，根据牛顿第二定律和定轴转动的转动定律，有

$$mg-F_{T1}=ma_1$$
$$F_{T2}-mg=ma_2$$
$$F_{T1}(2r)-F_{T2}r=J\alpha$$

由于绳子不可伸长，因此物体的加速度和合体圆盘的角加速度之间存在关系：

$$a_1=2r\alpha$$

$$a_2=r\alpha$$

联立以上五式，可以解得

$$F_{T1}=mg-ma_1=mg-2mr\alpha$$

$$F_{T2}=mg+ma_2=mg+mr\alpha$$

$$2(mg-2mr\alpha)r-(mg+mr\alpha)r=mgr-5mr^2\alpha=J\alpha$$

$$\alpha=\frac{mgr}{J+5mr^2}=\frac{mgr}{\frac{9}{2}mr^2+5mr^2}=\frac{2g}{19r}$$

则合体圆盘的角加速度的大小为$\frac{2g}{19r}$，方向为垂直于纸面向外。

3. 如图 3-8 所示，质量分别为 m 和 $2m$ 的两物体(都可视为质点)，用一长为 l 的轻质刚性细杆相连。将两物体与杆视为一个系统，系统绕通过杆且与杆垂直的竖直固定轴 O 转动，已知转轴 O 到质量为 $2m$ 的质点的距离为$\frac{1}{3}l$，质量为 m 的质点的线速度的大小为 v 且与杆垂直，则该系统对转轴的角动量的大小为多少？

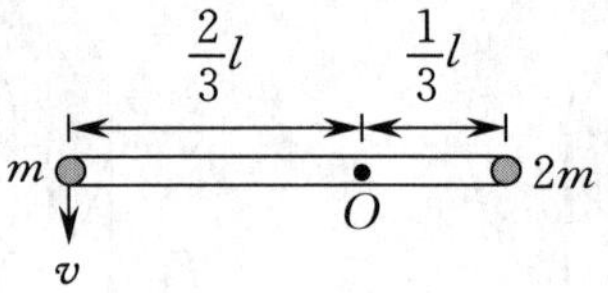

图 3-8　题 3 图

答案：由题意可求得系统绕转轴转动的角速度为

$$\omega=\frac{v}{\frac{2}{3}l}=\frac{3v}{2l}$$

而系统对转轴的转动惯量为

$$J=m\left(\frac{2}{3}l\right)^2+2m\left(\frac{1}{3}l\right)^2=\frac{2}{3}ml^2$$

所以系统对转轴的角动量的大小为

$$L=J\omega=\frac{2}{3}ml^2\cdot\frac{3v}{2l}=mvl$$

本题还可以先分别求出两个物体对转轴的角动量，再求系统对转轴的角动量：

$$L_1=m_1v_1r_1=mv\cdot\frac{2}{3}l=\frac{2}{3}mvl$$

$$L_2=m_2v_2r_2=2m\cdot\frac{1}{2}v\cdot\frac{1}{3}l=\frac{1}{3}mvl$$

$$L=L_1+L_2=mvl$$

4. 一质量为 $M=0.03$ kg、长为 $l=0.2$ m 的均匀细棒，在一水平面内绕通过棒中心并与棒垂直的光滑固定轴自由转动。棒上套有两个可沿棒滑动的小物体，每个质量都为 $m=0.02$ kg。开始时，两个小物体分别被固定在棒中心的两侧且与棒中心距离各为 $r_0=0.05$ m，将棒与这两个小物体视为一个系统，此系统以 $n_1=15$ r/min 的转速转动。若将小物体松开，设它们在滑动过程中受到的阻力正比于它们相对于棒的速度$\left(\text{已知棒对中心轴的转动惯量为}\frac{1}{12}Ml^2\right)$，求：(1)当两个小物体到达棒端时，系统的角速度；(2)当两个小物体飞离棒端时，棒的角速度。

答案：(1)系统在整个运动过程中，所受合外力矩为零，所以系统的角动量守恒，在任意时刻，有

$$L=(J+2mr_0^2)\omega_0=(J+2mr^2)\omega$$

$$\omega=\frac{J+2mr_0^2}{J+2mr^2}\omega_0=\frac{\frac{1}{12}Ml^2+2m\left(\frac{l}{4}\right)^2}{\frac{1}{12}Ml^2+2m\left(\frac{l}{2}\right)^2}\omega_0=\frac{2M+3m}{2M+12m}\omega_0$$

$$=\frac{2\times0.03+3\times0.02}{2\times0.03+12\times0.02}\times\frac{15}{60}\times2\pi\ \text{rad/s}=0.2\pi\ \text{rad/s}$$

则两个小物体到达棒端时，系统的角速度为 0.2π rad/s。

(2)在小物体飞离棒端的过程中，小物体对棒的作用力沿着棒的方向，通过转轴，对棒的力矩为零，因此并不会改变棒本身的角动量，从而棒的角速度不会发生变化，仍然是小物体在棒端时的角速度，为 0.2π rad/s。

5. 质量分别为 m 和 $2m$、半径分别为 r 和 $2r$ 的两个均匀圆盘，同轴地粘在一起，其可以绕通过盘心且垂直于盘面的水平光滑固定轴 O 转动，对转轴 O 的转动惯量 $J=9mr^2/2$。两圆盘边缘上分别绕有轻质细绳，绳下端各悬挂质量为 m 的物体 A 和 B，如图 3-9(a)所示. 这一系统从静止开始运动，绳与圆盘无相对滑动，绳的长度不变。已知 $r=10$ cm。求：(1)组合圆盘的角加速度 α；(2)当物体 A 上升 $h=40$ cm 时，组合圆盘的角速度 ω。

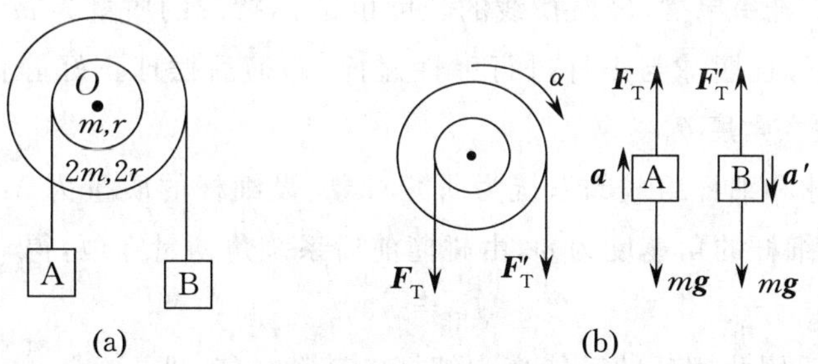

图 3-9　题 5 图

答案：(1)各物体的受力情况如图 3-9(b)所示。则

$$F_T-mg=ma$$

$$mg-F'_T=ma'$$

$$F'_T(2r)-F_Tr=9mr^2\alpha/2$$

$$a = r\alpha$$

$$a' = (2r)\alpha$$

联立上述方程解得

$$\alpha = \frac{2g}{19r} = 10.3\ \text{rad/s}^2$$

则组合圆盘的角加速度为 10.3 rad/s^2。

(2)设 θ 为组合圆盘转过的角度,则

$$\theta = h/r$$

$$\omega^2 = 2\alpha\theta$$

所以

$$\omega = (2\alpha h/r)^{1/2} = 9.08\ \text{rad/s}$$

则组合圆盘的角速度为 9.08 rad/s。

6. 一飞轮以恒定角加速度 2 rad/s^2 转动,在某时刻以后的 5 s 内飞轮转过了 100 rad。若此飞轮是由静止开始转动的,则在上述时刻之前飞轮转动了多长时间?

答案:设在某时刻之前,飞轮已转动了 t_1 时间,由于初角速度 $\omega_0 = 0$,则

$$\omega_1 = \alpha t_1 \qquad ①$$

而在该时刻后至 $t_2 = 5$ s 的时间内,飞轮转过的角位移为

$$\theta = \omega_1 t_2 + \frac{1}{2}\alpha t_2^2 \qquad ②$$

将已知量 $\theta = 100$ rad,$t_2 = 5$ s,$\alpha = 2$ rad/s^2 代入②式,得

$$\omega_1 = 15\ \text{rad/s}$$

从而 $t_1 = \omega_1/\alpha = 7.5$ s。

由此可知,在该时刻之前飞轮转动了 7.5 s。

7. 一长为 l 的匀质细杆,可绕过细杆的一端点 O 的水平光滑固定轴转动,开始时静止于竖直位置。紧挨点 O 悬一单摆,轻质摆线的长度也是 l,摆球的质量为 m。若摆球从水平位置由静止开始自由摆下,且摆球与细杆进行弹性碰撞,碰撞后摆球正好静止。求:(1)细杆的质量;(2)细杆摆起的最大角度 θ。

答案:(1)以摆球和细杆组成的系统为研究对象,设细杆的质量为 M,摆球与细杆碰撞时的速率为 v_0,碰撞后细杆的角速度为 ω,由碰撞前后系统角动量守恒,得

$$J\omega = mv_0 l$$

由于是弹性碰撞,因此摆球的动能变为细杆的转动动能,即

$$\frac{1}{2}mv_0^2 = \frac{1}{2}J\omega^2$$

代入 $J = Ml^2/3$,由上述两式可得 $M = 3m$。

(2)由机械能守恒定律,有

$$\frac{1}{2}mv_0^2 = mgl \quad \frac{1}{2}J\omega^2 = \frac{1}{2}Mgl(1-\cos\theta)$$

再利用(1)中所求得的关系可得 $\theta=\arccos\dfrac{1}{3}$。

8. 有一质量为 M、长度为 l 的均匀细棒,其一端固结一个质量也为 M 的小球,可绕通过细棒另一端且垂直于细棒的水平光滑固定轴自由转动。最初细棒自然下垂。现有一质量为 m 的子弹,在垂直于轴的平面内以水平速度 $\boldsymbol{v}$ 射穿小球,子弹穿过小球时速率减为 $v/2$,要使细棒能绕轴转动完整的一周,子弹入射时的速率至少为多大?

答案:细棒与小球对轴的转动惯量为

$$J=Ml^2/3+Ml^2=4Ml^2/3$$

将细棒、小球和子弹视为一个系统,在子弹穿过小球时,系统所受外力对轴的合力矩为零,则系统对轴的角动量守恒。设子弹刚穿出小球后,细棒的角速度为 ω_0,则有

$$mvl=m\cdot\frac{1}{2}vl+J\omega_0$$

由此可解得

$$\omega_0=\frac{3mv}{8Ml} \qquad ①$$

要使细棒能转动完整的一周,小球必须能摆至最高点,且这时细棒的角速度 $\omega\geqslant0$。小球从最低点到最高点的过程中,细棒、小球与地球组成的系统的机械能守恒。取小球在最低点时的重力势能为零,则

$$\frac{1}{2}J\omega_0^2+\frac{Mgl}{2}=Mg\cdot2l+Mg\,\frac{3}{2}l+\frac{1}{2}J\omega^2 \qquad ②$$

由①式、②式并利用 $\omega\geqslant0$ 的条件,可解得子弹的最小入射速率为

$$v_{\min}=\frac{4M}{m}\sqrt{2gl}$$

9. 一质量 $m=6.00$ kg、长 $l=1.00$ m 的匀质棒放在水平桌面上,可绕通过其中心的竖直固定轴转动,棒对轴的转动惯量 $J=ml^2/12$。$t=0$ 时棒的角速度 $\omega_0=10.0$ rad/s。由于受到恒定的阻力矩的作用,$t=20$ s 时,棒停止运动。求:(1)棒的角加速度的大小;(2)棒所受阻力矩的大小;(3)从 $t=0$ 到 $t=10$ s 时间内棒转过的角度。

答案:(1)由题意可知

$$0=\omega_0+\alpha t$$

$$\alpha=-\omega_0/t=-0.50\ \text{rad/s}^2$$

故棒的角加速度的大小为 0.50 rad/s^2。

(2)棒所受阻力矩的大小为

$$M=ml^2\alpha/12=0.25\ \text{N}\cdot\text{m}$$

(3)从 $t=0$ 到 $t=10$ s 时间内棒转过的角度为

$$\theta_{10}=\omega_0t+\frac{1}{2}\alpha t^2=75\ \text{rad}$$

10. 有一质量为 m_1、长为 l 的均匀细棒,静止平放在滑动摩擦系数为 μ 的水平桌面上,它可绕通过其端点 O 且与桌面垂直的光滑固定轴转动。另有一水平运动的质量为 m_2 的小滑

块,从侧面垂直于棒与棒的另一端 A 相碰撞,设碰撞时间极短。已知小滑块在碰撞前后的速度分别为 $\boldsymbol{v}_1$ 和 $\boldsymbol{v}_2$,如图 3-10 所示。求碰撞后棒从开始转动到停止转动所需的时间。(已知棒对点 O 的转动惯量 $J=m_1l^2/3$)

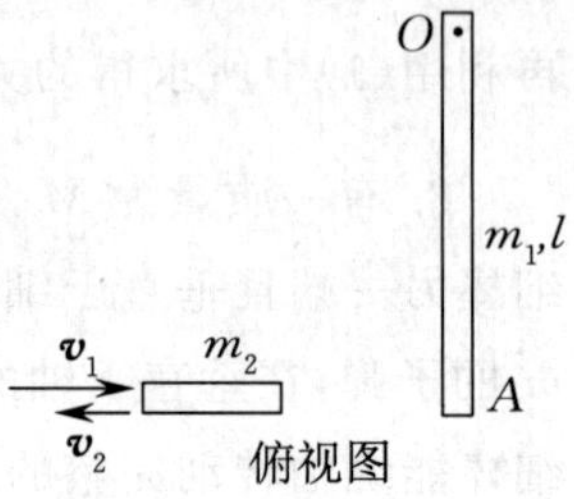

图 3-10　题 10 图

答案:对于由棒和小滑块组成的系统,在碰撞过程中,由于碰撞时间极短,棒所受的摩擦力矩远小于小滑块的冲力矩,因此可认为合外力矩为零,从而系统的角动量守恒。设碰撞后棒的角速度为 ω,则有

$$m_2v_1l=-m_2v_2l+m_1l^2\omega/3 \quad ①$$

碰撞后棒在转动过程中所受的摩擦力矩大小为

$$M_f=\int_0^l -\mu g\frac{m_1}{l}x\cdot \mathrm{d}x=-\frac{1}{2}\mu m_1gl \quad ②$$

由角动量定理可得

$$\int_0^t M_f\ \mathrm{d}t=0-\frac{1}{3}m_1l^2\omega \quad ③$$

由①式、②式和③式解得

$$t=2m_2\frac{v_1+v_2}{\mu m_1g}$$

故碰撞后棒从开始转动到停止转动所需的时间为 $2m_2\dfrac{v_1+v_2}{\mu m_1g}$。

11. 为求一半径 $R=50$ cm 的飞轮对通过其中心且与轮面垂直的水平固定转轴的转动惯量(以下简称飞轮的转动惯量),在飞轮上绕以细绳,绳末端悬一质量 $m_1=8$ kg 的重锤。让重锤从高 $h=2$ m 处由静止落下,测得下落时间 $t_1=16$ s。再用另一质量 $m_2=4$ kg 的重锤进行同样的测量,测得下落时间 $t_2=25$ s。假定摩擦力矩是一个常量,求飞轮的转动惯量 J。

答案:根据牛顿运动定律和转动定律,对飞轮和重锤列方程,得

$$F_TR-M_f=Ja/R \quad ①$$

$$mg-F_T=ma \quad ②$$

$$h=at^2/2 \quad ③$$

将 m_1、t_1 代入上述方程,得

$$a_1=2h/t_1^2=0.015\ 6\ \mathrm{m/s^2}$$

$$F_{T1}=m_1(g-a_1)=78.3\ \mathrm{N}$$

$$J=(F_{T1}R-M_f)R/a_1 \quad ④$$

将 m_2、t_2 代入①式、②式、③式,得

$$a_2=2h/t_2^2=6.4\times10^{-3}\ \mathrm{m/s^2}$$

$$F_{T2}=m_2(g-a_2)=39.2\ \mathrm{N}$$

$$J=(F_{T2}R-M_f)R/a_2 \quad ⑤$$

联立④式、⑤式,得

$$J=\frac{R^2(F_{T1}-F_{T2})}{a_1-a_2}=1.06\times10^3\ \text{kg}\cdot\text{m}^2$$

12. 如图 3-11 所示，一质量为 m、长为 L 的均匀细棒，可绕通过其一端的水平光滑固定轴在竖直平面内自由转动，现使细棒以某个初角速度从竖直位置向上摆，求能使棒恰好摆至水平位置的初角速度 ω_0。

答案： 对于棒与地球组成的系统，因仅有保守内力做功，没有外力和非保守内力做功，故机械能守恒，则有

$$\frac{1}{2}J\omega_0^2=\frac{1}{2}mgL$$

$$J=\frac{1}{3}mL^2$$

$$\omega_0=\sqrt{3g/L}$$

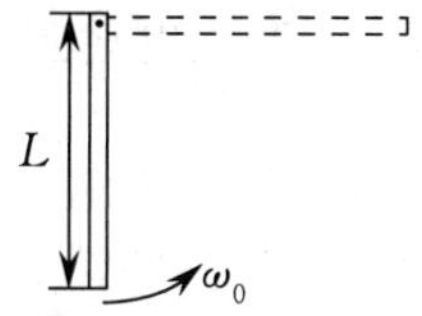

图 3-11　题 12 图

13. 一质量为 m、长为 l 的匀质杆，可绕通过其下端的水平光滑固定轴 O 在竖直平面内自由转动，设它从竖直位置由静止倒下(至水平位置)。求该过程中杆与水平面成 θ 角时的角速度 ω 与角加速度 α。

答案： 对于杆与地球组成的系统，机械能守恒。则有

$$\frac{1}{2}J\omega^2=\frac{1}{2}mgl(1-\sin\theta)$$

$$\frac{1}{2}\times\frac{1}{3}ml^2\omega^2=\frac{1}{2}mgl(1-\sin\theta)$$

$$\omega=\sqrt{3(1-\sin\theta)g/l}$$

由定轴转动的转动定律可知 $M=J\alpha$。

在 θ 角位置杆受到的重力矩大小为

$$M=\frac{1}{2}mgl\cos\theta$$

故这时有

$$\frac{1}{2}mgl\cos\theta=\frac{1}{3}ml^2\alpha$$

$$\alpha=\frac{3g}{2l}\cos\theta$$

14. 一质量为 M、长为 l 的均匀直棒，可绕垂直于棒的一端的水平固定轴 O 自由转动，棒对转轴的转动惯量 $J=\frac{1}{3}Ml^2$。棒原来静止在平衡位置上，如图 3-12 所示，纸面垂直于转轴 O。现有一质量为 m 的弹性小球从左边飞来，正好在棒的下端与棒垂直碰撞。碰撞后使棒从平衡位置摆动到最大角度 $\theta=60°$处，(1)设碰撞为弹性，试计算小球碰撞前瞬时速度的大小 v_0；(2)碰撞时，小球受到的冲量为多少？

图 3-12　题 14 图

答案： (1)设小球与棒碰撞后，小球速度的大小为 v，方向与 $\boldsymbol{v}_0$ 相同，棒的角速度为 ω。在碰撞过程中，小球和棒组成的系统所受外力对转轴 O 的合力矩为零，故系统的角动量守恒，即

$$mv_0l=mvl+J\omega \qquad ①$$

因是弹性碰撞,故碰撞前后总动能相等,有

$$\frac{1}{2}mv_0^2=\frac{1}{2}mv^2+\frac{1}{2}J\omega^2 \qquad ②$$

将棒和地球视为一个系统,棒摆动的过程中系统的机械能守恒,则

$$\frac{1}{2}J\omega^2=Mg\cdot\frac{1}{2}l(1-\cos\theta) \qquad ③$$

联立上述三个方程,可求得

$$v_0=\frac{1}{2}\left(1+\frac{1}{3}\frac{M}{m}\right)\sqrt{3gl(1-\cos\theta)}$$

当 $\theta=60°$时,$v_0=\dfrac{3m+M}{6m}\sqrt{\dfrac{3}{2}gl}$。

(2)碰撞时,小球受到的冲量为

$$\boldsymbol{I}=\int\boldsymbol{F}\,\mathrm{d}t=m\boldsymbol{v}-m\boldsymbol{v}_0$$

又由①式有 $\qquad m(v_0-v)=J\omega/l$

可求得冲量的大小为

$$I=\int F\,\mathrm{d}t=m(v_0-v)=\frac{1}{3}Ml\omega=\frac{1}{3}M\sqrt{3gl/2}$$

冲量的方向与 $\boldsymbol{v}_0$ 的方向相反。

第 4 章　真空静电场

§4.1　学习要求

1. 掌握库仑定律的内容及物理意义，能够应用库仑定律求解问题。

2. 理解电场强度、电势的概念和物理意义，以及点电荷的电场强度公式、电势分布。

3. 理解电场强度通量（简称电通量）的概念及物理意义，能求解几种特殊静电场中特殊面积的电通量。

4. 理解电势能、电势及电势差的概念及物理意义，能根据不同情况计算静电场中电势的分布及电荷在静电场中的电势能。

5. 掌握电场强度、电势的叠加原理，能够根据相应的叠加原理计算几种特殊电场中的电场强度、电势分布。

6. 理解电势梯度的概念，掌握电场强度和电势之间的关系。

7. 掌握真空中静电场高斯定理的内容及物理意义，能应用高斯定理求解某些电荷分布具有对称性的电场的电场强度。

8. 理解真空中静电场环路定理的内容及物理意义，明确静电力做功的特点及静电场的保守性质。

§4.2　内容提要

一、电荷

原子由一个带正电的原子核和若干个绕原子核运动的带负电的电子组成，原子核由带正电的质子和不带电的中子组成。整个原子呈电中性，物体通常表现为不带电。

用丝绢摩擦玻璃棒之后，失去电子的玻璃棒带正电，获得电子的丝绢带负电。

电荷的量子化：电子的荷质比（比荷）为$\frac{e}{m}$，带电体的电量是电子电量的整数倍，以 e 为电子的电量的绝对值，则带电体的电量为 $q=\pm ne$，n 为整数。

电荷守恒定律：在一个孤立的带电系统中，没有静电荷通过系统界面，无论发生怎样的物理过程与化学过程,系统所具有的正、负电荷的代数和总是保持不变。

二、库仑定律

点电荷:带电体的线度与其他有关长度相比可忽略不计,即带电体可以看作带有电荷的几何点。点电荷为物理理想模型,实际上不存在。

库仑定律:同号电荷相斥,异号电荷相吸。静止电荷之间的作用力称为库仑力,其计算公式为

$$\boldsymbol{F}=\frac{1}{4\pi\varepsilon_0}\frac{q_1q_2}{r^2}\boldsymbol{e}_r$$

其中,$\boldsymbol{e}_r$ 为单位矢量,沿径向;ε_0 为真空介电常量(也称为真空电容率),其值为

$$\varepsilon_0=8.85\times10^{-12}\ \mathrm{C^2\cdot N^{-1}\cdot m^{-2}}$$

此外,有

$$\frac{1}{4\pi\varepsilon_0}=9.0\times10^{9}\ \mathrm{C^{-2}\cdot N\cdot m^2}$$

当两个以上的点电荷相互作用时,可利用静电力的叠加原理,对静电力进行矢量计算。

三、电场强度

由静止电荷所激发的电场称为静电场,该电荷称为场源电荷。静电场是电磁场的一种特殊形态,电磁场与实物物质一样具有能量、质量、动量等。

试验电荷:需要满足两个条件,即电量足够小以及几何线度足够小。

电场强度:$\boldsymbol{E}=\dfrac{\boldsymbol{F}}{q_0}$,单位为 $\mathrm{N\cdot C^{-1}}$或 $\mathrm{V\cdot m^{-1}}$。

只要有电荷存在,就有电场存在,电场是客观存在的。电场强度是空间位置的函数,对于点电荷系的电场强度,可利用矢量求和的办法来求出它,即

$$\boldsymbol{E}=\sum_{i=1}^{n}\boldsymbol{E}_i$$

设真空中有一电量为 Q 的点电荷(为方便,本书也用电荷的电量表示该电荷),在离该点电荷 r 处的点 P 的电场强度为 $\boldsymbol{E}=\dfrac{Q}{4\pi\varepsilon_0 r^2}\boldsymbol{e}_r$。

对于连续带电体的电场强度,可利用积分求和的办法来求出它。针对不同题型,电荷微元可利用下述三式中的某一个表示:

$$\mathrm{d}q=\lambda\,\mathrm{d}l$$

$$\mathrm{d}q=\sigma\,\mathrm{d}S$$

$$\mathrm{d}q=\rho\,\mathrm{d}V$$

其中,λ、σ、ρ 分别表示带电体的线电荷密度、面电荷密度、体电荷密度。

四、电场线、电通量

电场线为假想曲线，其上每一点的切线方向都与该点的电场强度方向一致。电场线起始于正电荷或无穷远处，终止于无穷远处或负电荷，且任意两条电场线不会相交。电场线越密处，电场强度越大。

电场线数密度：$\frac{n}{\mathrm{d}S}$。

电通量(标量)：Φ_e。

五、高斯定理

在真空中，通过任意闭合曲面(称为高斯面)的电通量，等于该曲面内包围的所有电荷的代数和除以 ε_0(为了写法简洁清晰，写为一重积分号)：

$$\Phi_e = \oiint_S \boldsymbol{E} \cdot \mathrm{d}\boldsymbol{S} = \oint_S \boldsymbol{E} \cdot \mathrm{d}\boldsymbol{S} = \frac{1}{\varepsilon_0}\sum_{内} q_i$$

若高斯面内无点电荷，则必有穿入高斯面的电场线数量等于穿出高斯面的电场线数量。

电通量 Φ_e 只与高斯面内的电荷有关，与高斯面外的电荷无关。

$\boldsymbol{E}$ 为高斯面上某点的电场强度，由空间所有电荷产生，与高斯面内、外的电荷均有关。

$\Phi_e=0$ 时，高斯面内不一定无电荷，有可能高斯面内的电荷等量异号。

$\Phi_e=0$ 时，高斯面上各点的电场强度不一定均为 0。

高斯定理说明电场是有源场，也是无旋场。

根据闭合曲面法线方向的约定，穿出高斯面的电通量为正，穿入高斯面的电通量为负。

六、静电场的环路定理

试验电荷 q_0 在静电场中从一点沿任意路径运动到另一点时，静电力对它所做的功，仅与试验电荷 q_0 及路径的起点和终点位置有关，而与该路径的形状无关。

静电力是保守力，静电场是保守场、无旋场。无旋场一定是保守场。

静电场的环路定理：在静电场中，电场强度沿任意闭合路径的线积分为零，即

$$\oint_l \boldsymbol{E} \cdot \mathrm{d}\boldsymbol{l} = 0$$

七、电势

电势能是一个相对的量，描述电势能时需要选择一个电势能零点。对于有限带电体，一般选择无穷远处为电势能零点。

$$W_{ab}=q_0\int_a^b \boldsymbol{E}\cdot \mathrm{d}\boldsymbol{l}=-(E_{pb}-E_{pa})=E_{pa}-E_{pb}$$

上式表明:试验电荷 q_0 在电场中的点 a 处的电势能等于将 q_0 由点 a 移至电势能零点时,电场力所做的功。

电势(标量):

$$V_a=\frac{E_{pa}}{q_0}$$

单位为 $\mathrm{J}\cdot\mathrm{C}^{-1}$,以 V 表示。

对于有限带电体,通常取无穷远处的电势为零(称为电势零点),则上式写为

$$V_a=\int_a^{\infty}\boldsymbol{E}\cdot \mathrm{d}\boldsymbol{l}$$

电势差:V_a-V_b 为 a、b 两点之间的电势差,以 U_{ab} 表示,有

$$U_{ab}=V_a-V_b=\int_a^{\infty}\boldsymbol{E}\cdot \mathrm{d}\boldsymbol{l}-\int_b^{\infty}\boldsymbol{E}\cdot \mathrm{d}\boldsymbol{l}=\int_a^b\boldsymbol{E}\cdot \mathrm{d}\boldsymbol{l}$$

$$W_{ab}=q_0U_{ab}=q_0(V_a-V_b)$$

点电荷电场的电势分布:

$$V_A=\int_A^{\infty}\boldsymbol{E}\cdot \mathrm{d}\boldsymbol{l}=\int_r^{\infty}\frac{q}{4\pi\varepsilon_0 r^2}\boldsymbol{e}_r\cdot \mathrm{d}\boldsymbol{r}=\int_r^{\infty}\frac{q}{4\pi\varepsilon_0 r^2}\,\mathrm{d}r=\frac{q}{4\pi\varepsilon_0 r}$$

连续带电体的电势分布:

$$\mathrm{d}V=\frac{\mathrm{d}q}{4\pi\varepsilon_0 r}$$

$$V=\int \mathrm{d}V=\int\frac{\mathrm{d}q}{4\pi\varepsilon_0 r}$$

八、等势面

等势面:静电场中电势相等的点组成的曲面。

电荷沿等势面运动时,静电力不做功,即 $q\boldsymbol{E}\cdot \mathrm{d}\boldsymbol{l}=0 \Rightarrow \boldsymbol{E}\cdot \mathrm{d}\boldsymbol{l}=0$,因此 $\boldsymbol{E}$ 与 $\mathrm{d}\boldsymbol{l}$ 垂直,即等势面处处与电场线垂直。

§4.3 重难点分析

本章重点包括以下几个方面。

1. 对描述静电场性质的两个基本物理量(电场强度和电势)的理解。
2. 电场强度和电势的计算。
3. 真空中静电场高斯定理的理解及应用。
4. 真空中静电场环路定理的理解及应用。

本章难点主要集中在以下几个方面。

1. 用库仑定律与叠加原理求电荷连续分布带电体的电场强度。

2. 对高斯定理意义的理解及定理的应用范围与应用技巧。

§4.4　典型习题详解

一、单选题

1. 电子的质量为 m_e，电量为 $-e$，绕静止的氢原子核(即质子)做半径为 r 的匀速圆周运动，则电子的速率为(　　)$\left(式中\ k=\dfrac{1}{4\pi\varepsilon_0}\right)$。

(A)$e\sqrt{\dfrac{m_e r}{k}}$　　(B)$e\sqrt{\dfrac{k}{m_e r}}$　　(C)$e\sqrt{\dfrac{k}{2m_e r}}$　　(D)$e\sqrt{\dfrac{2k}{m_e r}}$

答案：B

解析：电子与质子之间的静电力提供电子绕质子做圆周运动的向心力，所以有

$$\frac{ke^2}{r^2}=\frac{m_e v^2}{r}$$

$$v^2=\frac{ke^2}{m_e r}$$

$$v=e\sqrt{\frac{k}{m_e r}}$$

2. 真空中有两个点电荷 M、N，两者的相互作用力为 $\boldsymbol{F}$，当另一点电荷 Q 移近这两个点电荷时，M、N 两个点电荷之间的相互作用力(　　)。

(A)大小不变，方向改变　　(B)大小改变，方向不变

(C)大小和方向都不变　　(D)大小和方向都改变

答案：C

解析：两个点电荷之间的相互作用力只与这两个点电荷所带的电量和它们的位置有关，与其他电荷没有关系。

3. 一个带负电荷的质点，在电场力作用下从点 A 经点 C 运动到点 B。已知质点运动的速率是递减的，下列关于点 C 处电场强度方向的四个图中正确的是(　　)。

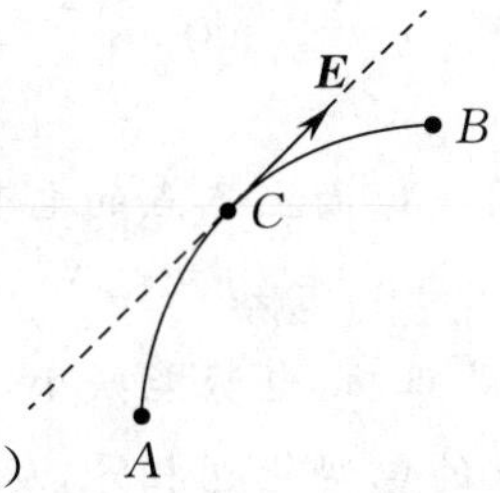

(A)

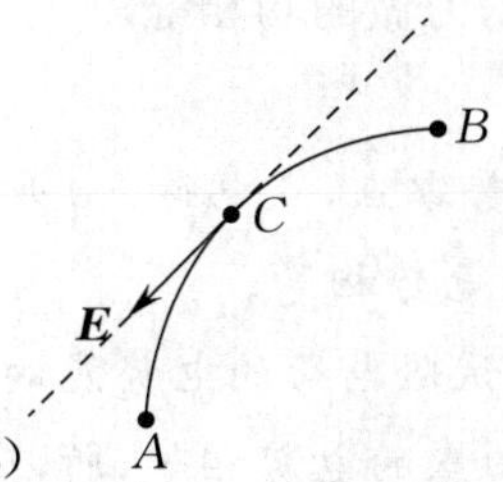

(B)

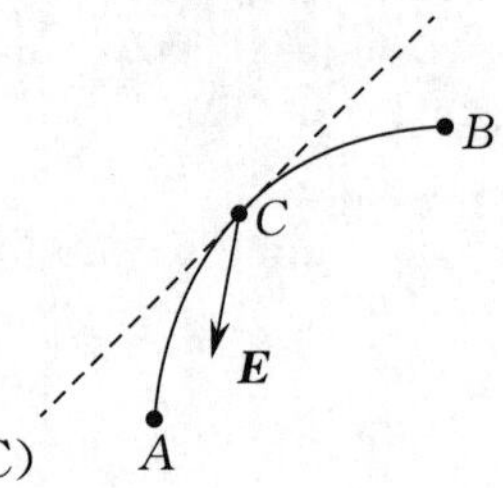

(C)

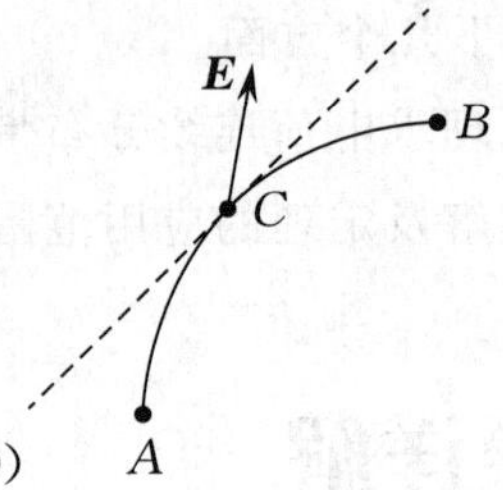

(D)

答案: D

解析: 依题意,质点做曲线运动,速率递减,所以切向加速度与运动的方向相反,而法向加速度一定指向凹侧。因此,质点在点 C 的总加速度沿(C)选项中箭头方向,质点受到的力的方向与加速度的方向一致。又因为质点带负电荷,所以电场力的方向与电场强度的方向相反,因此(D)选项正确。

4. 关于静电场中某点电势值的正负,下列说法中正确的是(　　)。

(A)电势值的正负取决于置于该点的试验电荷的正负

(B)电势值的正负取决于静电力对试验电荷做的功的正负

(C)电势值的正负取决于电势零点的选取

(D)电势值的正负取决于产生电场的电荷的正负

答案: C

解析: 电势值的大小、正负均和电势零点的选取有关。

5. 下列说法中正确的是(　　)。

(A)等势面上各点处的电场强度的大小一定相等

(B)电势高处,电势能一定高

(C)电场强度大处,电势一定高

(D)电场强度的方向总是从电势高处指向低处

答案: D

解析: 电势的大小、正负和电势零点的选取有关,电势能的大小、正负和电势能零点的选取有关,故(B)、(C)选项错误。电场强度的方向总是从电势高处指向低处,(D)选项正确。

6. 点电荷 $-q$ 位于圆心 O 处,A、B、C、D 为同一圆周上的四点,如图 4-1所示。现将一试验电荷从点 A 分别移动到 B、C、D 各点,则(　　)。

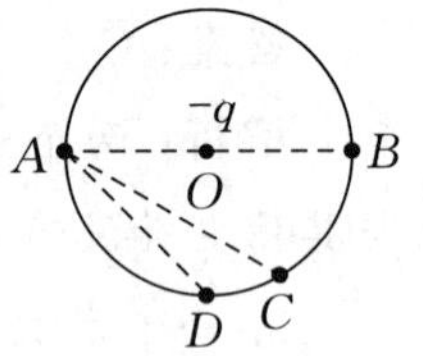

图 4-1　题 6 图

(A)从点 A 到点 B,电场力做的功最大

(B)从点 A 到点 C,电场力做的功最大

(C)从点 A 到点 D,电场力做的功最大

(D)从点 A 到各点,电场力做的功相等

答案: D

解析: 以无穷远处为电势零点,点电荷 $-q$ 所激发的电场在同一球面上各点的电势相等。所以图中 A、B、C、D 四点的电势相等。

而电场力做的功就等于试验电荷的电势能的改变量,电场力做正功,电势能减小,电场力做负功,电势能增加。因为四点的电势相等,所以试验电荷在四点的电势能也相等,从而试验

电荷从点 A 分别移动到 B、C、D 各点的过程中，电场力做的功相等，均为零。

7. 若均匀电场的电场强度为 $\boldsymbol{E}$，其方向平行于半径为 R 的半球面的轴，如图 4-2 所示，则通过此半球面的电通量 Φ_e 为(　　)。

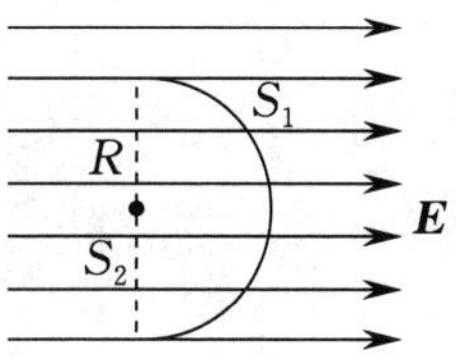

图 4-2　题 7 图

(A) $\pi R^2 E$　　　(B) $2\pi R^2 E$

(C) $\frac{1}{2}\pi R^2 E$　　　(D) $\sqrt{2}\pi R^2 E$

(E) $\frac{\sqrt{2}}{2}\pi R^2 E$

答案： A

解析： 以半球面 S_1 与圆面 S_2 为高斯面，则高斯面所包围的空间中电荷为零，因此通过整个高斯面的电通量为零，从而有

$$\oint_S \boldsymbol{E}\cdot \mathrm{d}\boldsymbol{S}=\frac{q}{\varepsilon_0}=0$$

$$\int_{S_1} \boldsymbol{E}\cdot \mathrm{d}\boldsymbol{S}+\int_{S_2} \boldsymbol{E}\cdot \mathrm{d}\boldsymbol{S}=0$$

$$\int_{S_1} \boldsymbol{E}\cdot \mathrm{d}\boldsymbol{S}=-\int_{S_2} \boldsymbol{E}\cdot \mathrm{d}\boldsymbol{S}=-(-E\cdot \pi R^2)=\pi R^2 E$$

本题将不容易积分的半球面上的电通量换成比较容易计算的圆面上的电通量。而对于圆面上各面元，因为电场强度的方向与面元的法向刚好相反，所以电场强度有一负号。

8. 有两个电量都是 $+q$ 的点电荷，相距 $2a$。今以左边的点电荷所在处为球心、a 为半径作一球形高斯面，在球面上取两块相等的小面积 S_1 和 S_2，其位置如图 4-3 所示。设通过 S_1 和 S_2 的电通量分别为 Φ_1 和 Φ_2，通过整个球面的电通量为 Φ_S，则(　　)。

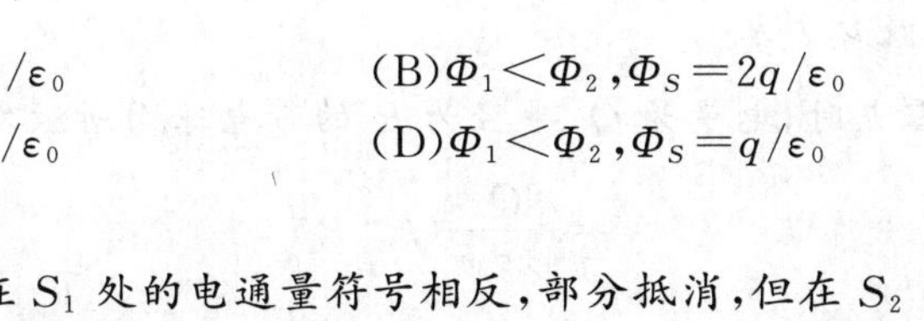

图 4-3　题 8 图

(A) $\Phi_1>\Phi_2$，$\Phi_S=q/\varepsilon_0$　　　(B) $\Phi_1<\Phi_2$，$\Phi_S=2q/\varepsilon_0$

(C) $\Phi_1=\Phi_2$，$\Phi_S=q/\varepsilon_0$　　　(D) $\Phi_1<\Phi_2$，$\Phi_S=q/\varepsilon_0$

答案： D

解析： 两个点电荷在 S_1 处的电通量符号相反，部分抵消，但在 S_2 处的电通量符号相同(均为正)，所以 $\Phi_1<\Phi_2$；整个球面为闭合曲面，其电通量只和曲面所包围的电荷有关，所以 $\Phi_S=q/\varepsilon_0$。

9. 如图 4-4 所示，两个同心的均匀带电球面，内球面带电量 Q_1，外球面带电量 Q_2，则在两球面之间、距离球心 r 的点 P 的电场强度大小 E 为(　　)。

(A) $\frac{Q_1}{4\pi\varepsilon_0 r^2}$　　(B) $\frac{Q_1+Q_2}{4\pi\varepsilon_0 r^2}$　　(C) $\frac{Q_2}{4\pi\varepsilon_0 r^2}$　　(D) $\frac{Q_2-Q_1}{4\pi\varepsilon_0 r^2}$

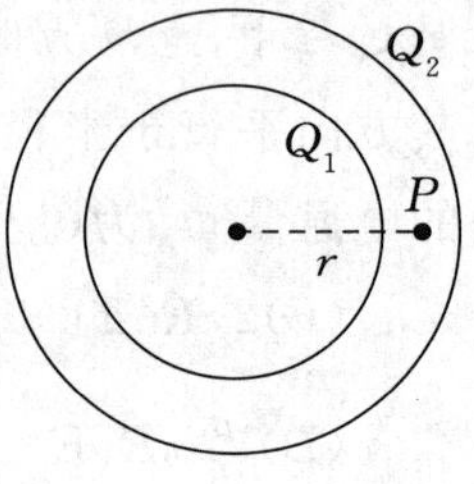

图 4-4 题 9 图

答案：A

解析：由于电荷分布具有球对称性，因此电场分布也具有球对称性，从而在与球面同心的任意一个球面上，各点的电场强度的大小相等，方向沿半径方向。所以，以与带电球面同心的球面为高斯面，运用高斯定理，很容易知道，对于 $R_1<r<R_2$ 的球面，所包围的电荷为 Q_1，于是由高斯定理可得

$$\oint_S \boldsymbol{E}\cdot \mathrm{d}\boldsymbol{S}=\frac{Q_1}{\varepsilon_0}$$

$$E\cdot 4\pi r^2=\frac{Q_1}{\varepsilon_0}$$

$$E=\frac{Q_1}{4\pi\varepsilon_0 r^2}$$

10. 如图 4-5 所示，在真空中有半径分别为 R 和 $2R$ 的两个同心球面，其上分别均匀地带有电量 $+q$ 和 $-3q$。今将一电量为 $+Q$ 的带电粒子从内球面处由静止释放，则该粒子到达外球面时的动能为（　　）。

(A) $\dfrac{Qq}{4\pi\varepsilon_0 R}$　　(B) $\dfrac{Qq}{2\pi\varepsilon_0 R}$

(C) $\dfrac{Qq}{8\pi\varepsilon_0 R}$　　(D) $\dfrac{3Qq}{8\pi\varepsilon_0 R}$

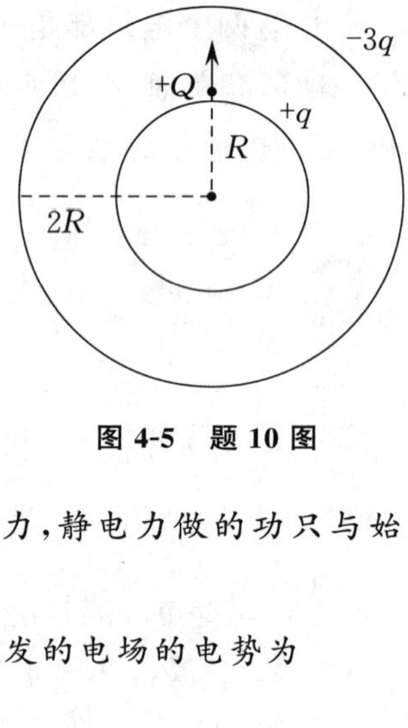

图 4-5 题 10 图

答案：C

解析：电场力做的功等于电荷电势能的减少量。静电力为保守力，静电力做的功只与始末位置有关，与中间具体路径无关。

以无穷远处为电势零点时，电量为 Q、半径为 R 的带电球面所激发的电场的电势为

$$V=\frac{Q}{4\pi\varepsilon_0 r}(r>R)$$

$$V=\frac{Q}{4\pi\varepsilon_0 R}(r<R)$$

所以两个带电球面在外球面处产生的电势分别为

$$V_{12}=\frac{q}{4\pi\varepsilon_0\cdot 2R},\quad V_{22}=\frac{-3q}{4\pi\varepsilon_0\cdot 2R}$$

两个带电球面在内球面处产生的电势分别为

$$V_{11}=\frac{q}{4\pi\varepsilon_0\cdot R},\quad V_{21}=\frac{-3q}{4\pi\varepsilon_0\cdot 2R}$$

于是内、外球面处的电势分别为

$$V_1=V_{11}+V_{21}=\frac{q}{4\pi\varepsilon_0 R}+\frac{-3q}{4\pi\varepsilon_0\cdot 2R}$$

$$V_2=V_{12}+V_{22}=\frac{q}{4\pi\varepsilon_0\cdot 2R}+\frac{-3q}{4\pi\varepsilon_0\cdot 2R}$$

因此，电量为 $+Q$ 的带电粒子在内、外球面处的电势能分别为

$$E_{p1}=QV_1=\frac{qQ}{4\pi\varepsilon_0 R}+\frac{-3qQ}{4\pi\varepsilon_0\cdot 2R}$$

$$E_{p2}=QV_2=\frac{qQ}{4\pi\varepsilon_0\cdot 2R}+\frac{-3qQ}{4\pi\varepsilon_0\cdot 2R}$$

在带电粒子从内球面到外球面的过程中电场力做的功为

$$W=E_{p1}-E_{p2}=\left(\frac{qQ}{4\pi\varepsilon_0 R}+\frac{-3qQ}{4\pi\varepsilon_0\cdot 2R}\right)-\left(\frac{qQ}{4\pi\varepsilon_0\cdot 2R}+\frac{-3qQ}{4\pi\varepsilon_0\cdot 2R}\right)=\frac{qQ}{8\pi\varepsilon_0 R}$$

根据动能定理，电场力对电荷所做的功就等于电荷动能的增量，电荷从静止开始释放，所以电荷末态的动能就是

$$E_k=W=\frac{qQ}{8\pi\varepsilon_0 R}$$

二、填空题

1. 由一根绝缘细线围成的边长为 l 的正方形线框，使它均匀带电，其线电荷密度为 λ，则在正方形中心处的电场强度的大小 $E=$________。

答案： 0

解析： 由电荷分布的对称性，很容易得到中心处的电场强度为零。

2. 电量分别为 q_1、q_2、q_3 的三个点电荷分别位于同一圆周的三个点上，如图 4-6 所示。设无穷远处为电势零点，圆半径为 R，则点 b 处的电势$V=$________。

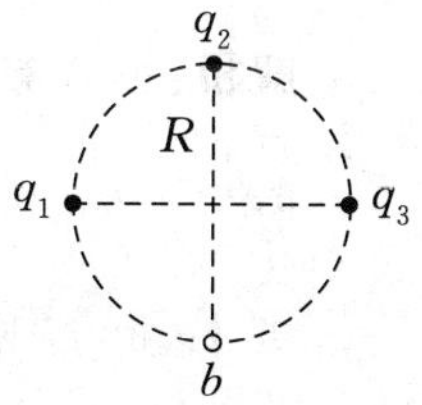

图 4-6　题 2 图

答案： $\dfrac{\sqrt{2}(q_1+q_3)+q_2}{8\pi\varepsilon_0 R}$

解析： 设无穷远处为电势零点，电量为 Q 的点电荷在离它 r 处产生的电势为

$$V=\frac{Q}{4\pi\varepsilon_0 r}$$

依题意，三个点电荷到点 b 的距离分别为 $r_1=\sqrt{2}R=r_3$，$r_2=2R$，所以点 b 处的总电势为

$$V=V_1+V_2+V_3=\frac{1}{4\pi\varepsilon_0}\left(\frac{q_1}{r_1}+\frac{q_2}{r_2}+\frac{q_3}{r_3}\right)=\frac{1}{4\pi\varepsilon_0}\frac{\sqrt{2}(q_1+q_3)+q_2}{2R}=\frac{\sqrt{2}(q_1+q_3)+q_2}{8\pi\varepsilon_0 R}$$

3. 如图 4-7 所示，试验电荷 q 在点电荷 $+Q$ 产生的电场中，在试验电荷沿半径为 R 的 $\frac{3}{4}$ 圆弧轨道由点 a 移到点 d 的过程中，电场力做的功为________；从点 d 移到无穷远处的过程中，电场力做的功为________。

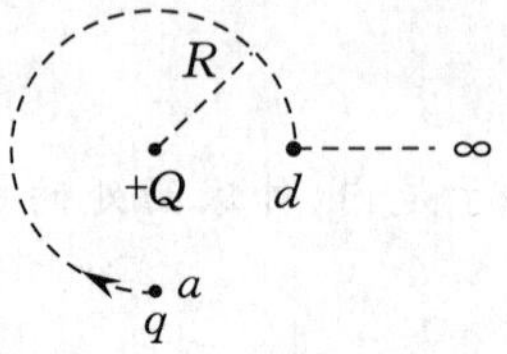

图 4-7　题 3 图

答案： $0, \frac{Qq}{4\pi\varepsilon_0 R}$

解析： 当以无穷远处为电势零点时，点电荷 Q 在离它 r 处产生的电势为

$$V=\frac{Q}{4\pi\varepsilon_0 r}$$

所以点电荷 q 在该处的电势能为

$$E_p=qV=\frac{Qq}{4\pi\varepsilon_0 r}$$

依题意，试验电荷在点 a 和点 d 的电势均为

$$V=\frac{Q}{4\pi\varepsilon_0 R}$$

所以其在从点 a 移到点 d 的过程中，电场力做的功为零。也可以这样理解：当试验电荷沿圆形轨道运动时，电场力沿径向方向，元位移沿轨道切线方向，二者一直垂直，所以做的功为零。

在试验电荷从点 d 移到无穷远处的过程中，电场力做正功，电势能减小为零，所以

$$W=qV=\frac{Qq}{4\pi\varepsilon_0 R}$$

4. 电量分别为 q_1 和 q_2 的两个点电荷单独在空间各点产生的电场强度分别为 $\boldsymbol{E}_1$ 和 $\boldsymbol{E}_2$，空间各点总电场强度为 $\boldsymbol{E}=\boldsymbol{E}_1+\boldsymbol{E}_2$。现在作一闭合曲面 S，如图 4-8 所示，则以下两式分别给出不同情况下通过 S 的电通量：$\oint_S \boldsymbol{E}_1 \cdot \mathrm{d}\boldsymbol{S}=$________，$\oint_S \boldsymbol{E} \cdot \mathrm{d}\boldsymbol{S}=$________。

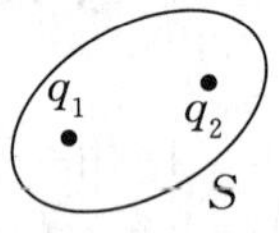

图 4-8　题 4 图

答案： $\frac{q_1}{\varepsilon_0}, \frac{q_1+q_2}{\varepsilon_0}$

解析： 当只有 q_1 存在时，空间的电场分布为 $\boldsymbol{E}_1$，所以由高斯定理有

$$\oint_S \boldsymbol{E}_1 \cdot \mathrm{d}\boldsymbol{S}=\frac{q_1}{\varepsilon_0}$$

当 q_1 和 q_2 同时存在时，空间的电场分布为 $\boldsymbol{E}=\boldsymbol{E}_1+\boldsymbol{E}_2$，由高斯定理有

$$\oint_S \boldsymbol{E} \cdot \mathrm{d}\boldsymbol{S}=\frac{q_1+q_2}{\varepsilon_0}$$

注意，这里 q_2 处在高斯面内，所以上式右边的 $q=q_1+q_2$；如果 q_2 处在高斯面之外，则 $q=q_1$。

5. 一质量为 m、电量为 q 的粒子，从电势为 V_A 的点 A，在电场力作用下运动到电势为 V_B 的点 B。若粒子到达点 B 时的速率为 v_B，则它在点 A 时的速率 $v_A=$________。

答案： $\sqrt{\frac{2q(V_B-V_A)}{m}+v_B^2}$

解析： 题中没有涉及高度，所以不考虑重力势能的变化，粒子的能量就只考虑电势能和动

能，有

$$qV_A+\frac{1}{2}mv_A^2=qV_B+\frac{1}{2}mv_B^2$$

$$v_A=\sqrt{\frac{2q(V_B-V_A)}{m}+v_B^2}$$

三、计算题

1. 电量为 $+q$ 和 $-2q$ 的两个点电荷分别置于 $x=1$ m 和 $x=-1$ m 处。一试验电荷置于 x 轴上何处，它受到的合力等于零？

答案： 设试验电荷置于 x 处所受合力为零，即该点电场强度为零，由

$$\frac{q}{4\pi\varepsilon_0(x-1)^2}+\frac{-2q}{4\pi\varepsilon_0(x+1)^2}=0$$

得

$$x^2-6x+1=0 \quad\Rightarrow\quad x=(3\pm2\sqrt{2})\mathrm{m}$$

因点 $x=3-\sqrt{2}$ 处于 $+q$、$-2q$ 两个点电荷之间，该点的电场强度不可能为零，故舍去。于是

$$x=(3+2\sqrt{2})\mathrm{m}$$

2. 如图 4-9 所示，两个点电荷 $+q$ 和 $-3q$ 相距 d。(1)在它们的连线上电场强度 $\boldsymbol{E}=\mathbf{0}$ 的点与点电荷 $+q$ 相距多远？(2)若选无穷远处为电势零点，则两个点电荷之间电势 $V=0$ 的点与点电荷 $+q$ 相距多远？

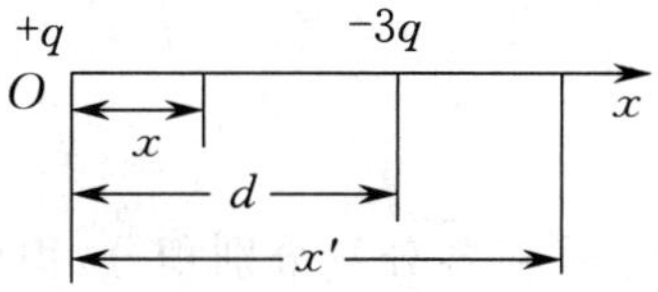

图 4-9　题 2 图

答案： 设点电荷 $+q$ 所在处为坐标原点 O，x 轴沿两点电荷的连线。

(1)设 $\boldsymbol{E}=\mathbf{0}$ 的点的坐标为 x'，则

$$\boldsymbol{E}=\frac{q}{4\pi\varepsilon_0 x'^2}\boldsymbol{i}-\frac{3q}{4\pi\varepsilon_0(x'-d)^2}\boldsymbol{i}=\mathbf{0}$$

$$2x'^2+2\mathrm{d}x'-d^2=0$$

$$x'=-\frac{1}{2}(1+\sqrt{3})d$$

另有一解 $x'=\frac{1}{2}(-1+\sqrt{3})d$ 不符合题意，舍去。

(2)设坐标 x 处 $V=0$，则

$$V=\frac{q}{4\pi\varepsilon_0 x}-\frac{3q}{4\pi\varepsilon_0(d-x)}=\frac{q}{4\pi\varepsilon_0}\left[\frac{d-4x}{x(d-x)}\right]=0$$

$$x=\frac{d}{4}$$

则两个点电荷之间电势为零的点与点电荷 $+q$ 相距 $\frac{d}{4}$。

3. 一细玻璃棒被弯成半径为 R 的半圆形，沿其上半部分均匀分布有电荷 $+Q$，沿其下半

部分均匀分布有电荷$-Q$,如图 4-10(a)所示。试求圆心 O 处的电场强度和电势。

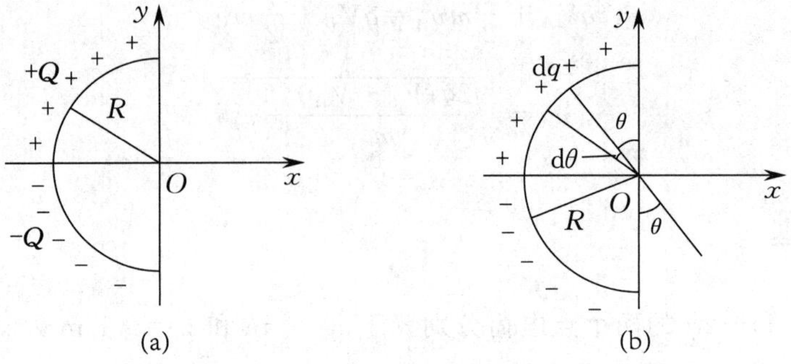

图 4-10　题 3 图

答案: 把所有电荷都当作正电荷处理。如图 4-10(b)所示,在 θ 处取电荷元 $dq=\lambda dl=2Q\ d\theta/\pi$,它在点 O 处产生的电场强度大小

$$dE=\frac{dq}{4\pi\varepsilon_0 R^2}=\frac{Q}{2\pi^2\varepsilon_0 R^2}\ d\theta$$

不变,方向随 θ 角变化。将 d$\boldsymbol{E}$ 分解成两个分量:

$$dE_x=dE\sin\theta=\frac{Q}{2\pi^2\varepsilon_0 R^2}\sin\theta d\theta$$

$$dE_y=-dE\cos\theta=-\frac{Q}{2\pi^2\varepsilon_0 R^2}\cos\theta d\theta$$

对各分量分别积分,积分时考虑到一半是负电荷,得

$$E_x=\frac{Q}{2\pi^2\varepsilon_0 R^2}\left(\int_0^{\pi/2}\sin\theta d\theta-\int_{\pi/2}^{\pi}\sin\theta d\theta\right)=0$$

$$E_y=\frac{-Q}{2\pi^2\varepsilon_0 R^2}\left(\int_0^{\pi/2}\cos\theta d\theta-\int_{\pi/2}^{\pi}\cos\theta d\theta\right)=-\frac{Q}{\pi^2\varepsilon_0 R^2}$$

所以

$$\boldsymbol{E}=E_x\boldsymbol{i}+E_y\boldsymbol{j}=-\frac{Q}{\pi^2\varepsilon_0 R^2}\boldsymbol{j}$$

电荷元 dq 在点 O 处产生的电势为

$$dV=\frac{dq}{4\pi\varepsilon_0 R}$$

关于 x 轴上下对称的电荷元所带电量符号相反,在点 O 处产生的电势之和为 0,所以该半圆形细玻璃棒在点 O 处产生的总电势为 0。

4. 带电细线弯成半径为 R 的半圆形,线电荷密度为 $\lambda=\lambda_0\sin\varphi$,其中 λ_0 为一常数,φ 为半径 R 与 x 轴的夹角,如图 4-11(a)所示。试求圆心 O 处的电场强度。

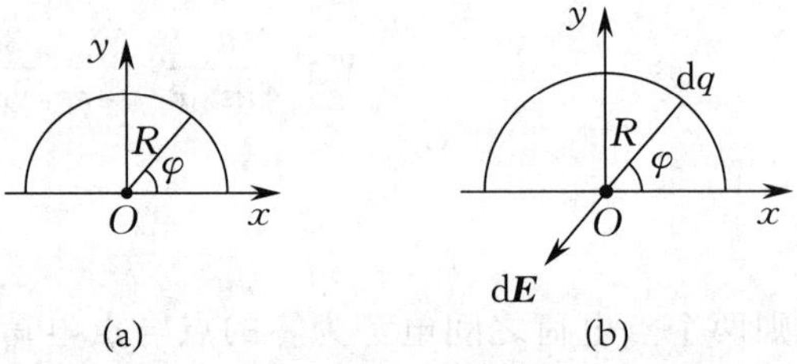

图 4-11　题 4 图

答案: 如图 4-11(b)所示,取电荷元 $dq=\lambda dl=\lambda_0\sin\varphi R d\varphi=R\lambda_0\sin\varphi d\varphi$,则它在圆心 O 处产生

的电场强度为

$$\begin{aligned} d\boldsymbol{E} &= \frac{dq}{4\pi\varepsilon_0 R^2}(-\cos\varphi\boldsymbol{i} - \sin\varphi\boldsymbol{j}) \\ &= -\frac{R\lambda_0\sin\varphi d\varphi}{4\pi\varepsilon_0 R^2}(\cos\varphi\boldsymbol{i} + \sin\varphi\boldsymbol{j}) \\ &= dE_x\boldsymbol{i} + dE_y\boldsymbol{j} \end{aligned}$$

其沿 x 轴和 y 轴的分量分别为

$$dE_x = -\frac{\lambda_0}{4\pi\varepsilon_0 R}\cos\varphi\sin\varphi d\varphi$$

$$dE_y = -\frac{\lambda_0}{4\pi\varepsilon_0 R}\sin^2\varphi d\varphi$$

所以总的电场强度计算如下：

$$E_x = \int_0^\pi -\frac{\lambda_0}{4\pi\varepsilon_0 R}\cos\varphi\sin\varphi d\varphi = -\frac{\lambda_0}{4\pi\varepsilon_0 R}\left[\frac{1}{2}\sin^2\varphi\right]_0^\pi = 0$$

$$\begin{aligned} E_y &= \int_0^\pi -\frac{\lambda_0}{4\pi\varepsilon_0 R}\sin^2\varphi d\varphi = \int_0^\pi -\frac{\lambda_0}{4\pi\varepsilon_0 R}\frac{1}{2}(1-\cos 2\varphi)d\varphi \\ &= -\frac{\lambda_0}{8\pi\varepsilon_0 R}\left[\varphi - \frac{1}{2}\sin 2\varphi\right]_0^\pi = -\frac{\lambda_0}{8\varepsilon_0 R} \end{aligned}$$

$$\boldsymbol{E} = -\frac{\lambda_0}{8\varepsilon_0 R}\boldsymbol{j}$$

5. 如图 4-12(a)所示，在长为 L 的直导线(两端为 A 和 B)上均匀分布有电荷 $+Q$，求在直导线的延长线上与直导线一端点 B 的距离为 d 的点 P 处的电场强度和电势。

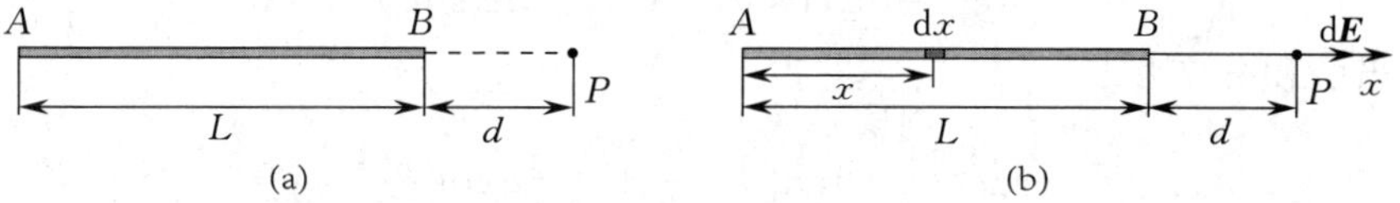

图 4-12　题 5 图

答案：①求电场强度：根据点电荷的电场强度公式

$$E = \frac{q}{4\pi\varepsilon_0 r^2}$$

和电场强度的叠加原理，将带电直导线分割成一个个电荷元，以 A 为原点，沿直导线向右为 x 轴正方向，如图 4-12(b)所示，则对于 $x \sim x+dx$ 段的电荷元，其电量为 $dq = \frac{Q}{L}dx$，它到点 P 的距离为 $r = L+d-x$，所以它在点 P 处产生的电场强度大小为

$$dE = \frac{dq}{4\pi\varepsilon_0(L+d-x)^2}$$

于是点 P 处的总电场强度大小为

$$\begin{aligned} E &= \int_0^L \frac{Q\,dx}{4\pi\varepsilon_0 L(L+d-x)^2} = \frac{Q}{4\pi\varepsilon_0 L}\left(\frac{1}{d} - \frac{1}{L+d}\right) \\ &= \frac{Q}{4\pi\varepsilon_0 d(L+d)} \end{aligned}$$

则直导线上的电荷在点 P 处产生的电场强度为

$$\boldsymbol{E}=\frac{Q}{4\pi\varepsilon_0 d(L+d)}\boldsymbol{i}$$

②求电势：根据点电荷的电势公式（以无穷远处为电势零点）

$$V=\frac{q}{4\pi\varepsilon_0 r}$$

和电势的叠加原理，$\mathrm{d}q$ 在点 P 处产生的电势为

$$\mathrm{d}V=\frac{\mathrm{d}q}{4\pi\varepsilon_0 r}=\frac{Q\,\mathrm{d}x}{4\pi\varepsilon_0 L(L+d-x)}$$

则直导线上的电荷在点 P 处产生的电势为

$$V=\int_0^L\frac{Q\,\mathrm{d}x}{4\pi\varepsilon_0 L(L+d-x)}=\frac{Q}{4\pi\varepsilon_0 L}\left[-\ln(L+d-x)\right]_0^L=\frac{Q}{4\pi\varepsilon_0 L}\ln\frac{L+d}{d}$$

6. 如图 4-13(a)所示，电荷 q 均匀分布在长为 $2l$ 的细杆上。求杆的中垂线上与杆中心距离为 a 的点 P 处的电场强度和电势。

答案：①求电场强度：设坐标原点位于杆中心点 O，沿杆向右为 x 轴正方向，如图 4-13(b)所示。杆的线电荷密度 $\lambda=\dfrac{q}{2l}$。在 x 处取电荷元 $\mathrm{d}q$，$\mathrm{d}q=\lambda\,\mathrm{d}x=\dfrac{q\,\mathrm{d}x}{2l}$，它在点 P 处产生的电场强度大小为

$$\mathrm{d}E=\frac{1}{4\pi\varepsilon_0}\cdot\frac{\lambda\,\mathrm{d}x}{a^2+x^2}$$

其沿 x 轴和 y 轴的分量分别为

$$\mathrm{d}E_x=\mathrm{d}E\cos\theta,\quad \mathrm{d}E_y=\mathrm{d}E\sin\theta$$

选择适当的积分变量

$$x=a\cdot\tan\left(\theta-\frac{\pi}{2}\right)=-a\cot\theta$$

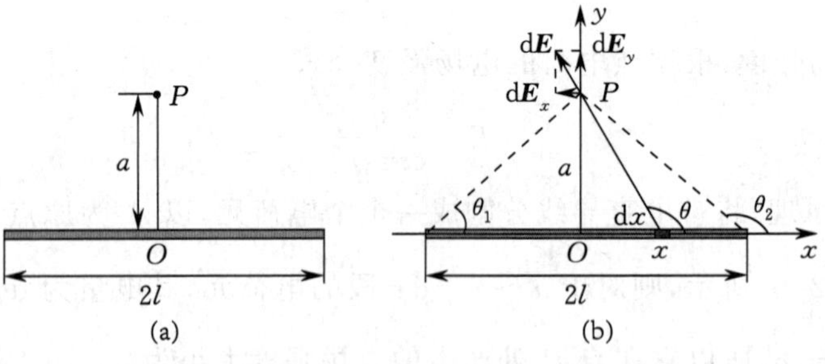

图 4-13　题 6 图

于是，

$$\mathrm{d}x=a\frac{\mathrm{d}\theta}{\sin^2\theta},\quad \mathrm{d}E_x=\frac{\lambda}{4\pi\varepsilon_0 a}\cos\theta\mathrm{d}\theta,\quad \mathrm{d}E_y=\frac{\lambda}{4\pi\varepsilon_0 a}\sin\theta\mathrm{d}\theta$$

$$E_x=\int_L\mathrm{d}E_x=\frac{\lambda}{4\pi\varepsilon_0 a}\int_{\theta_1}^{\theta_2}\cos\theta\mathrm{d}\theta=\frac{\lambda}{4\pi\varepsilon_0 a}(\sin\theta_2-\sin\theta_1)=0$$

$$E_y=\int_L dE_y=\frac{\lambda}{4\pi\varepsilon_0 a}\int_{\theta_1}^{\theta_2}\sin\theta d\theta=\frac{\lambda}{4\pi\varepsilon_0 a}(\cos\theta_1-\cos\theta_2)=\frac{q}{4\pi\varepsilon_0 a\sqrt{a^2+l^2}}$$

则整根杆上的电荷在点 P 处产生的电场强度为

$$\boldsymbol{E}=\frac{q}{4\pi\varepsilon_0 a\sqrt{a^2+l^2}}\boldsymbol{j}$$

②求电势：dq 在点 P 处产生的电势为

$$dV=\frac{dq}{4\pi\varepsilon_0\sqrt{a^2+x^2}}=\frac{q\,dx}{8\pi\varepsilon_0 l\sqrt{a^2+x^2}}$$

则整根杆上的电荷在点 P 处产生的电势为

$$V=\frac{q}{8\pi\varepsilon_0 l}\int_{-l}^{l}\frac{dx}{\sqrt{a^2+x^2}}=\frac{q}{8\pi\varepsilon_0 l}\left[\ln\left(x+\sqrt{a^2+x^2}\right)\right]_{-l}^{l}$$

$$=\frac{q}{8\pi\varepsilon_0 l}\ln\left(\frac{l+\sqrt{a^2+l^2}}{a}\right)^2=\frac{q}{4\pi\varepsilon_0 l}\ln\frac{l+\sqrt{a^2+l^2}}{a}$$

7. 设空间中存在一均匀静电场，其电场强度 $\boldsymbol{E}=(400\boldsymbol{i}+600\boldsymbol{j})$ V/m，空间中有两点 $a(3,2)$ 和 $b(1,0)$（x、y 的单位为 m）。求 a、b 两点之间的电势差 U_{ab}。

答案：设空间某点的位矢表示为 $\boldsymbol{r}=x\boldsymbol{i}+y\boldsymbol{j}$，则

$$U_{ab}=V_a-V_b=\int_a^b\boldsymbol{E}\cdot d\boldsymbol{r}=\int_a^b(400\boldsymbol{i}+600\boldsymbol{j})\cdot(\boldsymbol{i}\ dx+\boldsymbol{j}\ dy)$$

$$=\int_a^b(400\ dx+600\ dy)=\int_3^1 400\ dx+\int_2^0 600\ dy=-2\ 000\ \text{V}$$

8. 已知某静电场的电势函数 $V=-\sqrt{x^2+y^2}+\ln x$（SI）。求点 $(4,3,0)$（x、y、z 的单位为 m）处的电场强度的各分量值。

答案：由电场强度与电势梯度的关系，并代入 $x=4$ m，$y=3$ m，$z=0$ m，得

$$E_x=-\frac{\partial V}{\partial x}=-\frac{x}{\sqrt{x^2+y^2}}+\frac{1}{x}=0.55\ \text{V/m}$$

$$E_y=-\frac{\partial V}{\partial y}=-\frac{y}{\sqrt{x^2+y^2}}=-0.6\ \text{V/m}$$

$$E_z=-\frac{\partial V}{\partial z}=0$$

9. 真空中有一立方体形的高斯面，边长 $a=0.1$ m，位于图 4-14(a)所示位置。已知空间的电场强度分布为 $E_x=bx$，$E_y=0$，$E_z=0$，其中常量 $b=1\ 000$ N/(C·m)。试求该高斯面中包围的净电荷的电量。

答案：如图 4-14(b)所示，通过 $x=a$ 处平面 1 的电通量为

$$\Phi_1=-E_1S_1=-ba^3$$

通过 $x=2a$ 处平面 2 的电通量为

$$\Phi_2=E_2S_2=2ba^3$$

通过其他平面的电通量都为零。因而通过该高斯面的总电通量为

$$\Phi=\Phi_1+\Phi_2=2ba^3-ba^3=ba^3=1\ \mathrm{N\cdot m^2/C}$$

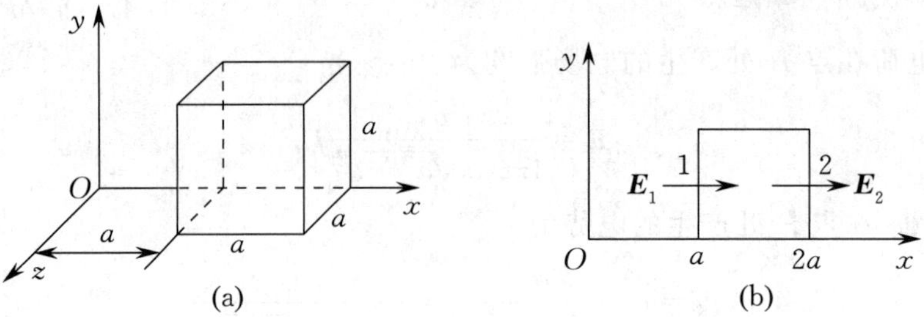

图 4-14　题 9 图

由高斯定理 $\Phi=\frac{q}{\varepsilon_0}$，得 $q=\Phi\varepsilon_0\approx8.85\times10^{-12}$ C，即该高斯面包围的净电荷的电量为 8.85×10^{-12} C。

10. 如图 4-15 所示，有一带电球壳，内、外半径分别为 a、b，体电荷密度为 $\rho=A/r$，其中 r 为到球心的距离，在球心处有一点电荷 Q。证明：当 $A=Q/(2\pi a^2)$ 时，球壳区域内电场强度 $\boldsymbol{E}$ 的大小与 r 无关。

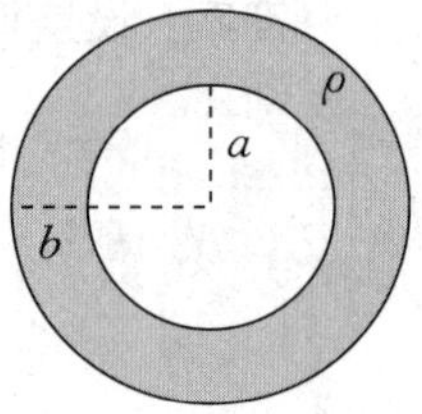

图 4-15　题 10 图

答案： 用高斯定理求球壳内的电场强度：

$$\oint_S \boldsymbol{E}\cdot \mathrm{d}\boldsymbol{S}=E\cdot 4\pi r^2=\frac{Q+\int_V\rho\mathrm{d}V}{\varepsilon_0}$$

$$\int_V\rho\mathrm{d}V=\int_a^r\frac{A}{r}\cdot4\pi r^2\ \mathrm{d}r=4\pi A\int_a^r r\mathrm{d}r=2\pi A(r^2-a^2)$$

$$E=\frac{Q}{4\pi\varepsilon_0r^2}+\frac{2\pi A(r^2-a^2)}{4\pi\varepsilon_0r^2}=\frac{Q}{4\pi\varepsilon_0r^2}+\frac{A}{2\varepsilon_0}-\frac{Aa^2}{2\varepsilon_0r^2}$$

要使 $\boldsymbol{E}$ 的大小与 r 无关，则应有

$$\frac{Q}{4\pi\varepsilon_0r^2}-\frac{Aa^2}{2\varepsilon_0r^2}=0\quad\Rightarrow\quad A=\frac{Q}{2\pi a^2}$$

11. 一半径为 R 的带电球体，其体电荷密度为 $\rho=\begin{cases}\frac{qr}{\pi R^4}, & r\leqslant R\\ 0, & r>R\end{cases}$，其中 r 为到球心的距离，q 为一正的常量。试求：(1)带电球体的总电荷；(2)球内、外各点的电场强度；(3)球内、外各点的电势。

答案： (1)带电球体的总电荷为

$$Q=\int\rho\mathrm{d}V=\int_0^R\frac{qr}{\pi R^4}\cdot4\pi r^2\ \mathrm{d}r=\frac{4q}{R^4}\int_0^R r^3\ \mathrm{d}r=\frac{4q}{R^4}\times\frac{1}{4}R^4=q$$

(2)虽然电荷不是均匀分布的，但体电荷密度只与到球心的距离有关，所以电荷分布仍然具有球对称性，可以使用高斯定理求解电场强度。

选择半径为 r 的同心球面为高斯面，则在同一个高斯面上各点的电场强度的大小相等，方向都沿径向向外，所以由高斯定理可得：

当 $r<R$ 时，

$$E_1 \cdot 4\pi r^2=\frac{1}{\varepsilon_0}\int\rho \mathrm{d}V=\frac{1}{\varepsilon_0}\int_0^r \frac{qr}{\pi R^4}\cdot 4\pi r^2\ \mathrm{d}r=\frac{1}{\varepsilon_0}\cdot\frac{4q}{R^4}\int_0^r r^3\ \mathrm{d}r=\frac{1}{\varepsilon_0}\cdot\frac{4q}{R^4}\cdot\frac{1}{4}r^4=\frac{qr^4}{\varepsilon_0 R^4}$$

$$E_1=\frac{qr^4}{4\pi\varepsilon_0 R^4 r^2}=\frac{qr^2}{4\pi\varepsilon_0 R^4}$$

当 $r>R$ 时，

$$E_2\cdot 4\pi r^2=\frac{1}{\varepsilon_0}\int\rho \mathrm{d}V=\frac{q}{\varepsilon_0}$$

$$E_2=\frac{q}{4\pi\varepsilon_0 r^2}$$

(3)因为电荷分布在有限区域，所以通常选择无穷远处为电势零点，于是球外各点的电势为

$$V_2=\int_r^\infty \boldsymbol{E}\cdot \mathrm{d}\boldsymbol{r}=\int_r^\infty E_2\ \mathrm{d}r=\int_r^\infty \frac{q}{4\pi\varepsilon_0 r^2}\ \mathrm{d}r=\frac{q}{4\pi\varepsilon_0 r}\quad (r>R)$$

球内各点的电势为

$$V_1=\int_r^\infty \boldsymbol{E}\cdot \mathrm{d}\boldsymbol{r}=\int_r^R E_1\ \mathrm{d}r+\int_R^\infty E_2\ \mathrm{d}r=\int_r^R \frac{qr^2}{4\pi\varepsilon_0 R^4}\ \mathrm{d}r+\frac{q}{4\pi\varepsilon_0 R}$$

$$=\frac{q(R^3-r^3)}{12\pi\varepsilon_0 R^4}+\frac{q}{4\pi\varepsilon_0 R}=\frac{q}{3\pi\varepsilon_0 R}-\frac{qr^3}{12\pi\varepsilon_0 R^4}\quad (r>R)$$

12. 一球体内均匀分布着体电荷密度为 ρ 的正电荷，若保持电荷分布不变，在该球体内挖去半径为 r 的一个小球体，球心为 O'，两球心间距离 $OO'=d$，如图 4-16(a)所示。求：(1)在球形空腔内，球心 O' 处的电场强度 $\boldsymbol{E}_{O'}$；(2)在球体内点 P 处的电场强度 $\boldsymbol{E}_{P'}$。设 O'、O、P 三点在同一直径上，且 $OP=d$。

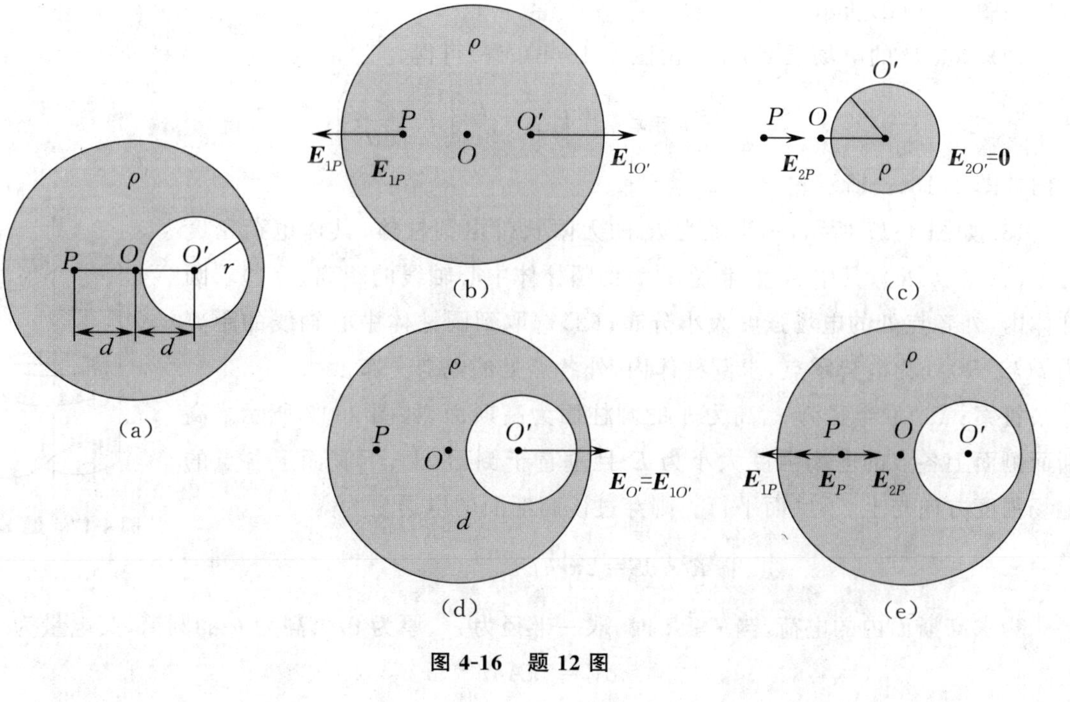

图 4-16　题 12 图

答案：对于挖去体电荷密度为 ρ 的小球，形成球形空腔时的求电场问题，可在不挖时求出任意点的电场强度$\boldsymbol{E}_1$，而另在挖去处放上体电荷密度为$-\rho$ 的同样大小的球体，求出该球体在任意点产生的电场强度$\boldsymbol{E}_2$，并令任意点的电场强度为这两者的叠加，即可得

$$\boldsymbol{E}_0=\boldsymbol{E}_1+\boldsymbol{E}_2$$

在图 4-16(b)中，以点 O 为球心、d 为半径作球面为高斯面 S，则可求出点 O'与点 P 处电场强度的大小：

$$\oint_S \boldsymbol{E}_1\cdot \mathrm{d}\boldsymbol{S}=E_1\cdot 4\pi d^2=\frac{1}{\varepsilon_0}\cdot\frac{4\pi}{3}d^3\rho$$

有

$$E_{1O'}=E_{1P}=E_1=\frac{\rho}{3\varepsilon_0}d$$

方向如图 4-16(b)所示。

在图 4-16(c)中，以点 O'为小球体的球心，可知在点 O'有 $E_{2O'}=0$。又以点 O'为球心、$2d$ 为半径作球面为高斯面 S'，可求得点 P 处的电场强度的大小 E_{2P}：

$$\oint_{S'} \boldsymbol{E}_2\cdot \mathrm{d}\boldsymbol{S}'=E_2\cdot 4\pi(2d)^2=4\pi r^3\ \frac{-\rho}{3\varepsilon_0}$$

$$E_{2P}=E_2=\frac{-r^3\rho}{12\varepsilon_0 d^2}$$

方向如图 4-16(c)所示。

(1)求点 O'的电场强度 $\boldsymbol{E}_{O'}$。由图 4-16(b)、(c)可得

$$E_{O'}=E_{1O'}+E_{2O'}=\frac{\rho d}{3\varepsilon_0}+0=\frac{\rho d}{3\varepsilon_0}$$

方向如图 4-16(d)所示。

(2)求点 P 的电场强度 $\boldsymbol{E}_P$。由图 4-16(b)、(c)可得

$$E_P=E_{1P}+E_{2P}=\frac{\rho}{3\varepsilon_0}\left(d-\frac{r^3}{4d^2}\right)$$

方向如图 4-16(e)所示。

13. 如图 4-17 所示，一半径为 R 的无限长带电圆柱体，其体电荷密度为 $\rho=Ar(r\leqslant R)$，其中 A 为常量，r 为到圆柱体中心轴线的距离。(1)求圆柱体内、外各点处的电场强度大小分布；(2)选取到圆柱体中心轴线的距离为 $l(l>R)$处为电势零点，求圆柱体内、外各点处的电势分布。

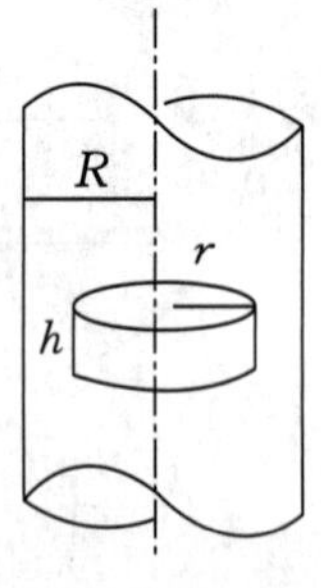

图 4-17 题 13 图

答案：(1)取半径为 r、高为 h 的圆柱面为高斯面，如图 4-17 所示。高斯面侧面上各点的电场强度大小为 E 且垂直于侧面，上、下底面上各点的电场强度方向与上、下底面平行。则穿过该高斯面的电通量为

$$\oint_S \boldsymbol{E}\cdot \mathrm{d}\boldsymbol{S}=2\pi rhE$$

为求高斯面内的电荷，当 $r\leqslant R$ 时，取一半径为 r'、厚为 $\mathrm{d}r'$、高为 h 的圆筒，其电量为

$$\rho\mathrm{d}V=2\pi Ahr'^2\,\mathrm{d}r'$$

则包围在高斯面内的总电量为

$$\int_V \rho \mathrm{d}V = \int_0^r 2\pi A h r'^2 \, \mathrm{d}r' = 2\pi A h \frac{r^3}{3}$$

由高斯定理得

$$2\pi r h E = 2\pi A h \frac{r^3}{3\varepsilon_0} \quad \Rightarrow \quad E = \frac{A r^2}{3\varepsilon_0} \quad (r \leqslant R)$$

当 $r>R$ 时,包围在高斯面内的总电量为

$$\int_V \rho \mathrm{d}V = \int_0^R 2\pi A h r'^2 \, \mathrm{d}r' = 2\pi A h \frac{R^3}{3}$$

由高斯定理得

$$2\pi r h E = 2\pi A h \frac{R^3}{3\varepsilon_0} \quad \Rightarrow \quad E = \frac{A R^3}{3\varepsilon_0 r} \quad (r>R)$$

(2)计算电势分布。

当 $r\leqslant R$ 时,各点的电势为

$$V = \int_r^l E \, \mathrm{d}r = \int_r^R \frac{A}{3\varepsilon_0} r^2 \, \mathrm{d}r + \int_R^l \frac{AR^3}{3\varepsilon_0} \frac{\mathrm{d}r}{r} = \frac{A(R^3 - r^3)}{9\varepsilon_0} + \frac{AR^3}{3\varepsilon_0} \ln \frac{l}{R}$$

当 $r>R$ 时,各点的电势为

$$V = \int_r^l E \, \mathrm{d}r = \int_R^l \frac{AR^3}{3\varepsilon_0} \frac{\mathrm{d}r}{r} = \frac{AR^3}{3\varepsilon_0} \ln \frac{l}{R}$$

14. 两个带等量异号电荷的均匀带电同心球面,半径分别为 $R_1=0.03$ m 和 $R_2=0.10$ m。已知两者的电势差为 450 V,求内球面上所带的电量。

答案:设内球面上所带电量为 Q,则两球面间的电场强度的大小为

$$E = \frac{Q}{4\pi\varepsilon_0 r^2} (R_1 < r < R_2)$$

两球面的电势差为

$$U_{12} = \int_{R_1}^{R_2} E \, \mathrm{d}r = \frac{Q}{4\pi\varepsilon_0} \int_{R_1}^{R_2} \frac{\mathrm{d}r}{r^2} = \frac{Q}{4\pi\varepsilon_0} \left(\frac{1}{R_1} - \frac{1}{R_2} \right)$$

于是内球面上所带电量为 $$Q = \frac{4\pi\varepsilon_0 R_1 R_2 U_{12}}{R_2 - R_1} = 2.14 \times 10^{-9} \text{ C}$$

15. 电荷以相同的面密度 σ 分布在半径分别为 $r_1=10$ cm 和 $r_2=20$ cm 的两个同心球面上。设无穷远处的电势为零,球心处的电势为 $V_0=300$ V。(1)求面电荷密度 σ;(2)若要使球心处的电势也为零,外球面上应放掉多少电荷?[$\varepsilon_0=8.85\times10^{-12}$ $\mathrm{C^2/(N\cdot m^2)}$]

答案:(1)球心处的电势为两个同心带电球面各自在球心处产生的电势的叠加,即

$$V_0 = \frac{1}{4\pi\varepsilon_0} \left(\frac{q_1}{r_1} + \frac{q_2}{r_2} \right) = \frac{1}{4\pi\varepsilon_0} \left(\frac{4\pi r_1^2 \sigma}{r_1} - \frac{4\pi r_2^2 \sigma}{r_2} \right) = \frac{\sigma}{\varepsilon_0} (r_1 + r_2)$$

$$\sigma = \frac{V_0 \varepsilon_0}{r_1 + r_2} = 8.85 \times 10^{-9} \text{ C/m}^2$$

(2)设外球面上放电后面电荷密度为 σ',则应有

$$V_0'=\frac{1}{\varepsilon_0}(\sigma r_1+\sigma' r_2)=0$$

即 $\sigma'=-\frac{r_1}{r_2}\sigma$，外球面上应变成带负电，则应放掉的电荷为

$$q'=4\pi r_2^2(\sigma-\sigma')=4\pi r_2^2\sigma\left(1+\frac{r_1}{r_2}\right)=4\pi\sigma r_2(r_1+r_2)=4\pi\varepsilon_0 V_0 r_2=6.67\times10^{-9}\ \text{C}$$

16. 一真空二极管的主要构件是一个半径 $R_1=5\times10^{-4}$ m 的圆柱形阴极 A 和一个套在阴极外的半径 $R_2=4.5\times10^{-3}$ m 的同轴圆筒形阳极 B，如图 4-18 所示。阳极电势比阴极高 300 V，忽略边缘效应，求电子刚从阴极射出时所受的电场力（基本电荷 $e=1.6\times10^{-19}$ C）。

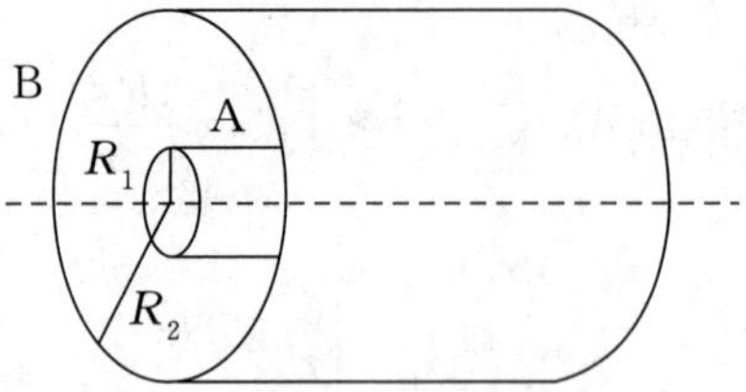

图 4-18　题 16 图

答案： 作与阴极同轴的半径为 $r(R_1<r<R_2)$ 的单位长度的圆柱形高斯面，设阴极上线电荷密度为 λ。根据电场强度分布的轴对称性，由高斯定理得

$$2\pi rE=\frac{\lambda}{\varepsilon_0}$$

即两极间的电场强度的大小可表示为

$$E=\frac{\lambda}{2\pi\varepsilon_0 r}(R_1<r<R_2)$$

其方向沿半径指向轴线。两极之间的电势差为

$$V_A-V_B=\int_A^B \boldsymbol{E}\cdot d\boldsymbol{r}=-\frac{\lambda}{2\pi\varepsilon_0}\int_{R_1}^{R_2}\frac{dr}{r}=-\frac{\lambda}{2\pi\varepsilon_0}\ln\frac{R_2}{R_1}$$

$$\frac{\lambda}{2\pi\varepsilon_0}=\frac{V_A-V_B}{\ln(R_2/R_1)}$$

所以，两极间的电场强度为

$$E=\frac{V_A-V_B}{\ln(R_2/R_1)}\cdot\frac{1}{r}$$

在阴极表面处电子所受电场力的大小为

$$F=eE(R_1)=e\cdot\frac{V_A-V_B}{\ln(R_2/R_1)}\cdot\frac{1}{R_1}=4.37\times10^{-14}\ \text{N}$$

方向沿半径指向阳极。

第 5 章　导体与电流

§5.1　学习要求

1. 掌握物质按照导电性质的分类。

2. 掌握导体静电平衡的条件，能应用静电平衡条件分析导体的静电性质（电势分布、电荷分布及电场分布）。

3. 了解空腔导体的特殊静电性质，能分析处理静电屏蔽的相关问题。

4. 理解电容器的定义及物理意义，掌握常见电容器的电容、电量及能量的计算方法。

5. 理解电流密度、电流和电动势的概念。

6. 掌握各种情形下的欧姆定律的内容，能应用欧姆定律计算并解决部分电路、闭合电路和一段含源电路等各种简单电路的问题。

7. 理解电流的功和功率，掌握焦耳定律的内容且能应用焦耳定律解决问题。

8. 掌握电流的稳恒条件，理解稳恒电流的连续性方程。

§5.2　内容提要

一、静电场中的导体

静电感应：加入外电场时，自由电子在电场力作用下做定向运动，形成感应电荷。

静电平衡：感应电荷产生电场强度为 $\boldsymbol{E}'$ 的附加电场（为方便，本书也用电场的电场强度表示该电场），与电场强度为 $\boldsymbol{E}_0$ 的外电场抵消，即

$$\boldsymbol{E}_{内}=\boldsymbol{E}_0+\boldsymbol{E}'=\boldsymbol{0}$$

处于静电平衡状态的导体的性质如下。

1. 导体内部任意一点的电场强度为零。

2. 导体表面上任意一点的电场强度方向与该处表面垂直。因为若不垂直，则在表面有电场强度分量，会促使自由电子运动，直至到达平衡点。

3. 导体是等势体，导体表面是等势面。

(1)导体内部任意两点的电势差为零,因为导体内部没有电场。

(2)导体表面任意两点的电势差为零,因为电场与导体表面垂直。

(3)导体表面任意两点的电势差为零,所以其是等势面。

4. 导体内部处处没有未被抵消的净电荷,净电荷只分布在导体表面。因为导体内部电场强度为零,根据高斯定理,取无限小闭合曲面为高斯面,其包围的电荷仍为零,即导体内部的体电荷密度 ρ 处处为 0 。写成表达式为

$$\oint_S \boldsymbol{E} \cdot \mathrm{d}\boldsymbol{S} = \frac{\sum q_i}{\varepsilon_0} = \frac{\int_V \rho \mathrm{d}V}{\varepsilon_0} = 0 \rightarrow \rho = 0$$

5. 导体以外,靠近导体表面附近处的电场强度大小与导体表面在该处的面电荷密度 σ 的关系为

$$E = \frac{\sigma}{\varepsilon_0}$$

利用高斯定理、静电场中导体内部电场强度为零和导体表面与电场强度方向垂直,可以轻松证明上式。

二、电容、电容器

电容:导体的电量 q 与电势 V 的比值,即

$$C = \frac{q}{V}$$

其单位是法拉(F),反映的是导体储存电荷和电能的能力。

电容器:导体壳 B 与其腔内的导体 A 组成的导体系。其电容为

$$C = \frac{q}{U_{\mathrm{AB}}}$$

其中,q 是导体 A 所带的电量,U_{AB}为导体 A 和导体壳 B 间的电势差。

三、电流与电动势

电流密度:矢量,用 $\boldsymbol{j}$ 表示,方向沿该点电场强度 $\boldsymbol{E}$ 的方向,大小等于通过与该点电场强度方向垂直的单位面积的电流,即

$$\boldsymbol{j} = \frac{\mathrm{d}I}{\mathrm{d}S_{\perp}} \boldsymbol{n}$$

其中,$\boldsymbol{n}$ 为单位面积的法向单位点量。电流密度的单位为 $\mathrm{A/m^2}$ 。

通过导体中任意面积的电流为

$$I = \int_S j \cos\theta \mathrm{d}S = \int_S \boldsymbol{j} \cdot \mathrm{d}\boldsymbol{S}$$

电流的连续性方程:$\oint_S \boldsymbol{j} \cdot \mathrm{d}\boldsymbol{S} = -\frac{\mathrm{d}q_{内}}{\mathrm{d}t}$

稳恒电流的条件：$\oint_S \boldsymbol{j} \cdot \mathrm{d}\boldsymbol{S} = 0$

欧姆定律的微分形式：

$$\boldsymbol{j} = \sigma \boldsymbol{E}$$

其中，σ 为导体的电导率，其值为该导体电阻率 ρ 的倒数，即 $\sigma = 1/\rho$。

电动势：非静电力把单位正电荷经电源内部从负极移动到正极所做的功，用 E 表示，其计算公式为

$$E = \int_{-}^{+} \boldsymbol{E}_{\mathrm{k}} \cdot \mathrm{d}\boldsymbol{l}$$

其中，$\boldsymbol{E}_{\mathrm{k}}$ 为非静电场的电场强度，即 $\boldsymbol{E}_{\mathrm{k}} = \dfrac{\boldsymbol{F}_{\mathrm{k}}}{q}$。

§5.3　重难点分析

本章重点包括以下几个方面。

1. 导体的静电平衡条件。
2. 电容的定义及典型电容器电容的计算。
3. 电流密度、电源电动势的计算。

本章难点主要集中在以下几个方面。

1. 静电平衡条件下导体静电性质的分析与计算。
2. 电容器电容的计算。
3. 电源电动势的计算。

§5.4　典型习题详解

一、单选题

1. 一无限大均匀带电平面 A，其附近放一与它平行的有一定厚度的无限大平面导体板 B，如图 5-1 所示。已知 A 上的面电荷密度为 $+\sigma$，则在导体板 B 的两个表面 1 和 2 上的感生电荷的面密度分别为（　　）。

(A) $\sigma_1 = -\sigma, \sigma_2 = +\sigma$　　(B) $\sigma_1 = -\frac{1}{2}\sigma, \sigma_2 = +\frac{1}{2}\sigma$

(C) $\sigma_1 = +\frac{1}{2}\sigma, \sigma_2 = -\frac{1}{2}\sigma$　　(D) $\sigma_1 = -\sigma, \sigma_2 = 0$

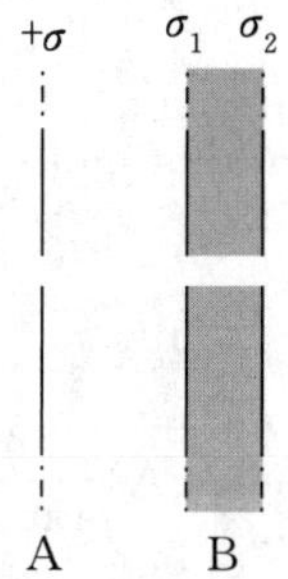

图 5-1　题 1 图

答案： B

解析： 静电平衡时，导体板内的电场强度为零，即 B 中任意一点的电场强

度为零，而B中电场强度可视为三个无限大带电平面所激发的电场强度的矢量和。

另由于B原来不带电，因此两个表面的感应电荷必定等量异号，即有$\sigma_1=-\sigma_2$。

而无限大带电平面的电场强度很容易由高斯定理求得，取一底面与带电平面平行、侧面与带电平面垂直的圆柱面为高斯面，并设底面积为S，由于电场强度方向与侧面平行，因此通过侧面的电通量为零，则有

$$\oint_S \boldsymbol{E}\cdot \mathrm{d}\boldsymbol{S}=\frac{q}{\varepsilon_0}$$

$$E\cdot 2S=\frac{\sigma S}{\varepsilon_0}$$

$$E=\frac{\sigma}{2\varepsilon_0}$$

所以B内任意一点的电场强度为

$$\frac{\sigma}{2\varepsilon_0}+\frac{\sigma_1}{2\varepsilon_0}-\frac{\sigma_2}{2\varepsilon_0}=0$$

可得

$$\sigma+\sigma_1-\sigma_2=0=\sigma+\sigma_1+\sigma_1=\sigma+2\sigma_1$$

$$\sigma_1=-\frac{\sigma}{2},\sigma_2=-\sigma_1=\frac{\sigma}{2}$$

2. 当一个带电导体达到静电平衡时，(　　)。

(A)其表面上面电荷密度较大处电势较高

(B)其表面曲率较大处电势较高

(C)其内部的电势比导体表面的电势高

(D)其内任意一点与其表面上任意一点的电势差等于零

答案： D

解析： 静电平衡时，导体内部电场强度为零，导体是个等势体，导体内各点的电势均相等。

3. 一空心导体球壳，其内、外半径分别为R_1和R_2，带电量为q，如图5-2所示。当在球壳中心处放一电量为q的点电荷时，导体球壳的电势(设无穷远处为电势零点)为(　　)。

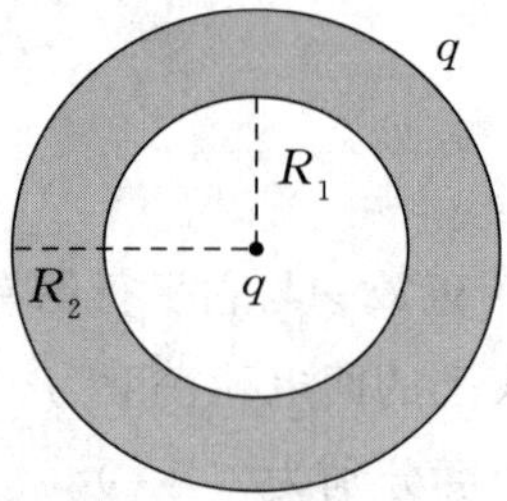

图5-2　题3图

(A)$\dfrac{q}{4\pi\varepsilon_0 R_1}$　(B)$\dfrac{q}{4\pi\varepsilon_0 R_2}$　(C)$\dfrac{q}{2\pi\varepsilon_0 R_1}$　(D)$\dfrac{q}{2\pi\varepsilon_0 R_2}$

答案： D

解析： 依题意，静电平衡后，球壳内表面带电量$-q$，外表面带电量$2q$。由于带电的球壳

具有对称性，因此很容易由高斯定理求得空间各处的电场分布，有

$$E_1=\frac{q}{4\pi\varepsilon_0 r^2}\quad (r<R_1)$$

$$E_2=0\quad (R_1<r<R_2)$$

$$E_3=\frac{q}{2\pi\varepsilon_0 r^2}\quad (r>R_2)$$

设无穷远处为电势零点，则导体球壳的电势为

$$V=\int_{R_2}^{\infty}E\ \mathrm{d}r=\frac{q}{2\pi\varepsilon_0 R_2}$$

4. A、B 为两块导体大平板，面积均为 S，平行放置，如图 5-3(a)所示。A 板带电量 $+Q_1$，B 板带电量 $+Q_2$，如果使 B 板接地，则 A、B 间电场强度的大小 E 为(　　)。

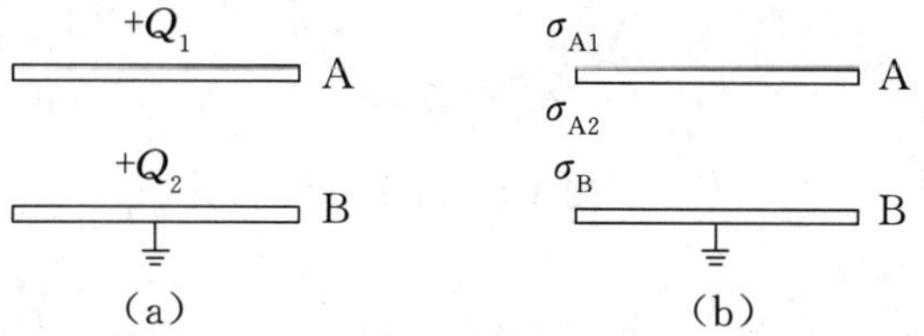

图 5-3　题 4 图

(A) $\frac{Q_1}{2\varepsilon_0 S}$　　(B) $\frac{Q_1-Q_2}{2\varepsilon_0 S}$　　(C) $\frac{Q_1}{\varepsilon_0 S}$　　(D) $\frac{Q_1+Q_2}{2\varepsilon_0 S}$

答案： C

解析： 依题意，在两块板静电平衡且 B 板接地后，设两块板的四个面的面电荷密度分别为 σ_{A1}、σ_{A2}、σ_B 和 0，如图 5-3(b)所示。

由于 A 板的电量 Q_1 不变，因此有

$$(\sigma_{A1}+\sigma_{A2})S=Q_1$$

根据无限大带电平面的电场分布

$$E=\frac{\sigma}{2\varepsilon_0}$$

且静电平衡时导体内部电场强度为零，很容易得到 A 板内电场强度为零，则有

$$\frac{\sigma_{A1}}{2\varepsilon_0}-\frac{\sigma_{A2}}{2\varepsilon_0}-\frac{\sigma_B}{2\varepsilon_0}=0$$

$$\sigma_{A1}-\sigma_{A2}-\sigma_B=0$$

又 B 板内电场强度为零，故有

$$\frac{\sigma_{A1}}{2\varepsilon_0}+\frac{\sigma_{A2}}{2\varepsilon_0}+\frac{\sigma_B}{2\varepsilon_0}=0$$

$$\sigma_{A1}+\sigma_{A2}+\sigma_B=0$$

综合以上方程，可得

$$\sigma_{A1}+\sigma_{A2}=\frac{Q_1}{S}$$

$$\sigma_{A1}=0,\sigma_{A2}=-\sigma_B=\frac{Q_1}{S}$$

所以A、B间电场强度的大小为

$$\frac{\sigma_{A1}}{2\varepsilon_0}+\frac{\sigma_{A2}}{2\varepsilon_0}-\frac{\sigma_B}{2\varepsilon_0}=\frac{\sigma_{A1}+\sigma_{A2}-\sigma_B}{2\varepsilon_0}=\frac{2\sigma_{A2}}{2\varepsilon_0}=\frac{Q_1}{\varepsilon_0 S}$$

5. 一个未带电的空腔导体球壳，内半径为 R。在腔内到球心的距离为 d 处($d<R$)，固定一点电荷 $+q$，如图 5-4 所示。用导线把球壳接地后，再把导线撤去。选无穷远处为电势零点，则球心 O 处的电势为(　　)。

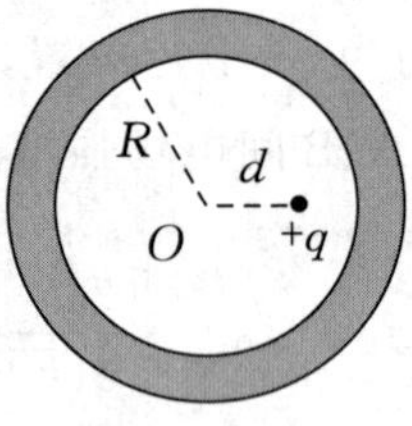

图 5-4　题 5 图

(A)0　　(B)$\frac{q}{4\pi\varepsilon_0 d}$　　(C)$-\frac{q}{4\pi\varepsilon_0 d}$　　(D)$\frac{q}{4\pi\varepsilon_0}\left(\frac{1}{d}-\frac{1}{R}\right)$

答案： D

解析： 依题意，在球壳静电平衡后，接地前，球壳内表面带电量为 $-q$，外表面带电量为 q。接地后，球壳内表面带电量为 $-q$，外表面带电量为 0。所以球心处的电势为点电荷 $+q$ 产生的电势与球壳内表面电荷产生的电势的叠加。当选无穷远处为电势零点时，点电荷 $+q$ 在点 O 处产生的电势为

$$V_1=\frac{q}{4\pi\varepsilon_0 d}$$

球壳内表面电荷 $-q$ 在点 O 处产生的电势为

$$V_2=\frac{-q}{4\pi\varepsilon_0 R}$$

所以点 O 处的总电势为

$$V=V_1+V_2=\frac{q}{4\pi\varepsilon_0 d}+\frac{-q}{4\pi\varepsilon_0 R}=\frac{q}{4\pi\varepsilon_0}\left(\frac{1}{d}-\frac{1}{R}\right)$$

6. 三块相互平行的导体板，相互之间的距离 d_1 和 d_2 比板面积线度小得多，左右两块板用导线连接。中间板上带电，设其左右两面上的面电荷密度分别为 σ_1 和 σ_2，如图 5-5(a)所示。则比值 $\frac{\sigma_1}{\sigma_2}$ 为(　　)。

(A)$\frac{d_1}{d_2}$　　(B)$\frac{d_2}{d_1}$　　(C)1　　(D)$\frac{d_2^2}{d_1^2}$

答案： B

解析： 两块板用导线连接，一则连接处变成导体内部，不带电，二则整个导体是等势体，所

以左右两块板的电势相等，从而左右两块板与中间板之间的电势差相等。又因为静电平衡时，导体内电场强度为零，所以由图 5-5(b)中两个高斯面很容易求得 $\sigma_3=-\sigma_1$，$\sigma_4=-\sigma_2$。

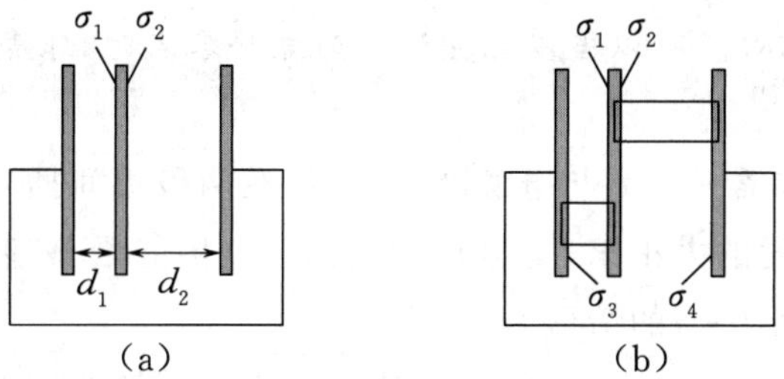

图 5-5　题 6 图

于是，中间板两侧的电场强度分别为

$$E_1=\frac{\sigma_1}{\varepsilon_0}$$

$$E_2=\frac{\sigma_2}{\varepsilon_0}$$

方向分别为从中间板指向左右两块板，于是左右两块板与中间板之间的电势差分别为

$$U_1=E_1d_1,\quad U_2=E_2d_2$$

又由

$$U_1=U_2$$

可得

$$\frac{\sigma_1}{\varepsilon_0}d_1=\frac{\sigma_2}{\varepsilon_0}d_2$$

$$\sigma_1d_1=\sigma_2d_2$$

$$\frac{\sigma_1}{\sigma_2}=\frac{d_2}{d_1}$$

7. 如图 5-6 所示，一带负电荷的金属球，外面同心地罩一不带电的金属球壳，则在球壳中一点 P 处的电场强度大小与电势(设无穷远处为电势零点)分别满足(　　)。

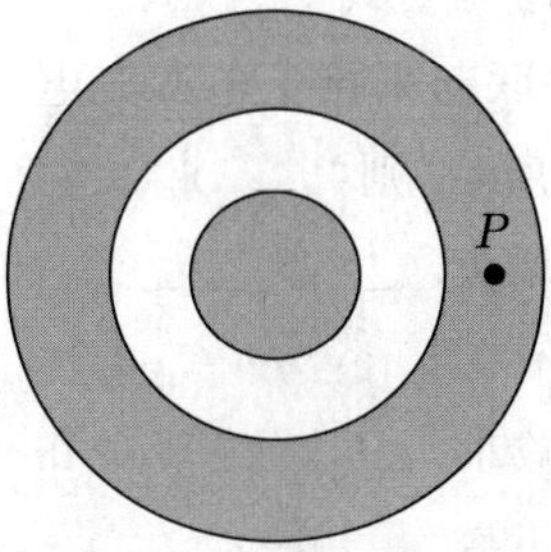

图 5-6　题 7 图

(A)$E=0,V>0$　(B)$E=0,V<0$　(C)$E=0,V=0$　(D)$E>0,V<0$

答案： B

解析： 假定金属球带电量为 $-q$，则静电平衡时，球壳内表面带正电荷 $+q$，外表面带负电荷 $-q$，而导体内部电场强度为零，所以点 P 处电场强度的大小 $E=0$。但球壳外到球心距离

为 r 处的电场强度的大小为

$$E=\frac{-q}{4\pi\varepsilon_0 r^2}$$

方向为从无穷远处指向球心。所以当以无穷远处为电势零点时，球壳外的电势小于零，从而球壳的电势也小于零。

8. 一空气平行板电容器充电后与电源断开，然后在两极板间插入某种各向同性的均匀电介质，则电容器的电场强度的大小 E、电容 C、电压 U、电场能量 W 四个量各自与插入电介质前相比较，增大(↑)或减小(↓)的情形为(　　)。

(A)$E\uparrow, C\uparrow, U\uparrow, W\uparrow$　　(B)$E\downarrow, C\uparrow, U\downarrow, W\downarrow$

(C)$E\downarrow, C\uparrow, U\uparrow, W\downarrow$　　(D)$E\uparrow, C\downarrow, U\downarrow, W\uparrow$

答案：B

解析：平行板电容器的电容为

$$C=\frac{\varepsilon S}{d}=\frac{Q}{U}$$

充电后电容器与电源断开，极板上所带电量 Q 保持不变，插入电介质，ε 增大，所以电容增大，电压 U 减小，极板间距不变，所以电场强度减小。

当然也可以由有电介质时的高斯定理，电量不变，电位移矢量不变，介电常量增大，所以电场强度减小，间距不变，从而电压减小。

而电场能量密度为

$$w=\frac{1}{2}\varepsilon E^2=\frac{1}{2}DE$$

因为电位移矢量不变，电场强度减小，所以电场能量密度减小，电场能量减小。

也可以由电场能量的公式

$$W=\frac{1}{2}CU^2=\frac{1}{2}QU=\frac{1}{2C}Q^2$$

得电量保持不变，电容增大，所以电场能量减小。

9. 将两空气电容器 C_1 和 C_2 串联起来接上电源充电，然后将电源断开，再把一电介质板插入 C_1 中，如图 5-7 所示，则(　　)。

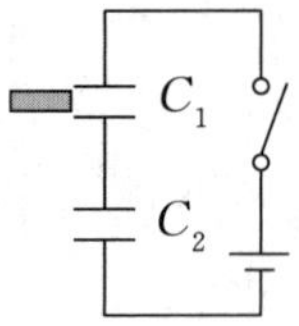

图 5-7　题 9 图

(A)C_1 的电压减小，C_2 的电压增大

(B)C_1 的电压减小，C_2 的电压不变

(C)C_1 的电压增大，C_2 的电压减小

(D)C_1 的电压增大，C_2 的电压不变

答案：B

解析：电容器充电后与电源断开，极板上所带电荷不会发生变化。电容器的电容为

$$C=\frac{\varepsilon S}{d}=\frac{Q}{U}$$

当电容器中插入电介质时，电容器的电容增大，所以电容器的电压减小。

因此，对于 C_1，电容增大，电荷不变，电压减小；对于 C_2，电容不变，电荷不变，电压不变。

10. 将一空气平行板电容器接到电源上充电到一定电压后，断开电源。再将一块与极板面积相同的金属板平行地插入两极板之间，如图 5-8 所示，则由于金属板的插入及其所放位置的不同，对电容器储能的影响为(　　)。

图 5-8 题 10 图

(A)储能减少，但与金属板相对于极板的位置无关

(B)储能减少，且与金属板相对于极板的位置有关

(C)储能增加，但与金属板相对于极板的位置无关

(D)储能增加，且与金属板相对于极板的位置有关

答案： A

解析： 平行板电容器的电容为

$$C=\frac{\varepsilon S}{d}=\frac{Q}{U}$$

充电后电容器与电源断开，极板上所带电量 Q 保持不变，插入金属板，d 减小，所以电容 C 增大，电压 U 减小。因为电量不变，所以由高斯定理可得，电场强度 E 不变。而电场能量密度为

$$w=\frac{1}{2}\varepsilon E^2=\frac{1}{2}DE$$

所以电场能量密度不变，但电场存在的区域变小，从而电场能量减小。

也可以由电场能量公式

$$W=\frac{1}{2}CU^2=\frac{1}{2}QU=\frac{1}{2C}Q^2$$

得电量保持不变，电容增大，所以电场能量减小。

二、填空题

1. 如图 5-9 所示，将一负电荷从无穷远处移到一个不带电的导体附近，则导体内的电场强度________，导体的电势________。(填“增大”、“不变”或“减小”)

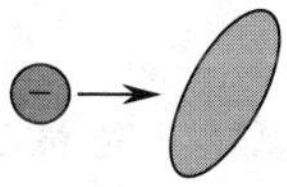

图 5-9 题 1 图

答案： 不变，减小

解析： 静电平衡时，导体内的电场强度为零，所以在负电荷移动的过程中，导体内的电场强度保持为零，不变。

而以无穷远处为电势零点时，负电荷(设其电量为 $-Q$)的电势为

$$V=\frac{-Q}{4\pi\varepsilon_0 r}$$

所以负电荷的电势分布为空间电势为负，且越靠近负电荷，电势越低。因此当负电荷靠近导体时，导体的电势减小。

2. 一金属球壳的内、外半径分别为 R_1 和 R_2，带电量为 Q。在球心处有一电量为 q 的点电荷，则球壳内表面上的面电荷密度 $\sigma=$________。

答案：$-\dfrac{q}{4\pi R_1^2}$

解析：静电平衡时，导体内电场强度为零，所以球壳内表面所带的电量为$-q$，外表面所带的电量为$Q+q$，于是球壳内表面的面电荷密度为

$$\sigma=\frac{-q}{4\pi R_1^2}$$

3. 如图 5-10 所示，把一块原来不带电的金属板 B，移近一块已带有正电荷 Q 的金属板 A，两板平行放置。设两板面积都是 S，板间距离是 d，忽略边缘效应。当 B 板不接地时，两板间电压 $U_{AB}=$________；当 B 板接地时，两板间电压 $U'_{AB}=$________。

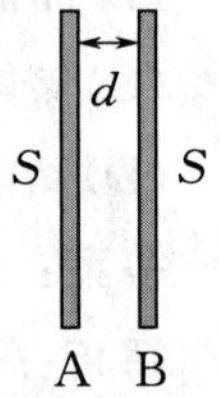

图 5-10　题 3 图

答案：$\dfrac{Qd}{2\varepsilon_0 S}$，$\dfrac{Qd}{\varepsilon_0 S}$

解析：静电平衡时，设从左到右四个面的面电荷密度分别为σ_1、σ_2、σ_3、σ_4，由静电平衡时导体内电场强度为零，可得

$$\frac{\sigma_1}{2\varepsilon_0}-\frac{\sigma_2}{2\varepsilon_0}-\frac{\sigma_3}{2\varepsilon_0}-\frac{\sigma_4}{2\varepsilon_0}=0 \quad\Rightarrow\quad \sigma_1-\sigma_2-\sigma_3-\sigma_4=0$$

$$\frac{\sigma_1}{2\varepsilon_0}+\frac{\sigma_2}{2\varepsilon_0}+\frac{\sigma_3}{2\varepsilon_0}-\frac{\sigma_4}{2\varepsilon_0}=0 \quad\Rightarrow\quad \sigma_1+\sigma_2+\sigma_3-\sigma_4=0$$

$$\sigma_2+\sigma_3=0,\sigma_1-\sigma_4=0$$

又因为 A 板带的总电量为 Q，B 板不带电，所以有

$$\sigma_1+\sigma_2=\frac{Q}{S},\sigma_3=-\sigma_4$$

$$\sigma_4=\frac{Q}{2S}=\sigma_1=\sigma_2=-\sigma_3$$

从而极板间的电场强度为

$$E=\frac{\sigma_1}{2\varepsilon_0}+\frac{\sigma_2}{2\varepsilon_0}-\frac{\sigma_3}{2\varepsilon_0}-\frac{\sigma_4}{2\varepsilon_0}=\frac{\sigma_1+\sigma_2-\sigma_3-\sigma_4}{2\varepsilon_0}=\frac{\sigma_1}{\varepsilon_0}=\frac{Q}{2\varepsilon_0 S}$$

于是极板间电压为

$$U_{AB}=Ed=\frac{Qd}{2\varepsilon_0 S}$$

当 B 板接地时，有

$$\sigma'_2+\sigma'_3=0,\sigma'_1-\sigma'_4=0$$

$$\sigma'_1+\sigma'_2=\frac{Q}{S},\sigma'_4=0$$

$$\sigma'_1=\sigma'_4=0,\sigma'_2=\frac{Q}{S}=-\sigma'_3$$

$$E'=\frac{\sigma'_1+\sigma'_2-\sigma'_3-\sigma'_4}{2\varepsilon_0}=\frac{\sigma'_2}{\varepsilon_0}=\frac{Q}{\varepsilon_0 S}$$

$$U'_{AB}=E'd=\frac{Qd}{\varepsilon_0 S}$$

4. 一空气平行板电容器，两极板间距为 d，充电后极板间电压为 U，此时将电源断开，在两极板间平行地插入一厚度为 $\frac{1}{3}d$ 的金属板，则极板间电压变为 $U'=$________。

答案： $\frac{2}{3}U$

解析： 电容器充电后断开电源，极板上的电量保持不变。根据平行板电容器的电容公式及其与电压和电量之间的关系，有

$$C=\frac{\varepsilon_0 S}{d}=\frac{Q}{U}$$

$$U=\frac{Qd}{\varepsilon_0 S}$$

插入金属板之后，等效电容的极板间距 $d'=d-\frac{1}{3}d=\frac{2}{3}d$，所以极板间电压变为

$$U'=\frac{Qd'}{\varepsilon_0 S}=\frac{2}{3}\frac{Qd}{\varepsilon_0 S}=\frac{2}{3}U$$

5. 如图 5-11 所示，电容器 C_1、C_2、C_3 的电容已知，电容器 C 可调，当调节到 A、B 两点的电势相等时，$C=$________。

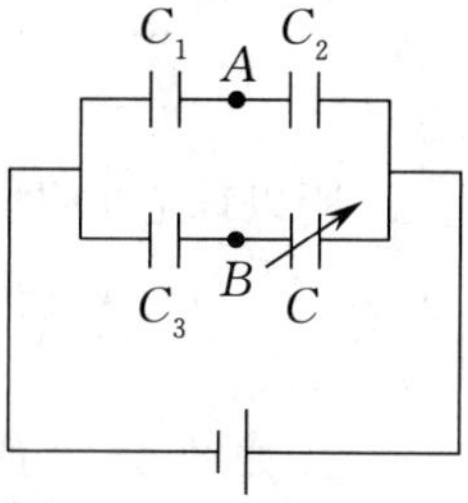

图 5-11　题 5 图

答案： $\frac{C_2C_3}{C_1}$

解析： 依题意，A、B 两点的电势相等，则说明 C_1 和 C_3 的电压相等，C_2 和 C 的电压相等；而 C_1 和 C_2 串联，C_3 和 C 串联，则说明 C_1 和 C_2 的电荷相等，C_3 和 C 的电荷相等，即有

$$U_1=U_3,\quad U_2=U,\quad Q_1=Q_2,\quad Q_3=Q$$

$$C_1U_1=C_2U_2,\quad C_3U_3=CU$$

$$C=\frac{U_3}{U}C_3=\frac{U_1}{U_2}C_3=\frac{C_2}{C_1}C_3=\frac{C_2C_3}{C_1}$$

三、计算题

1. 如图 5-12 所示，一内半径为 a、外半径为 b 的金属球壳，带有电量 Q，在球壳空腔内距离球心 r 处有一点电荷 q。设无穷远处为电势零点，试求：(1)球壳内、外表面上的电荷；(2)球心 O 处，由球壳内表面上电荷产生的电势；(3)球心 O 处的总电势。

图 5-12　题 1 图

答案：(1)静电平衡时，导体内部的电场强度为零，所以很容易得到，球壳内表面上的电量为 $-q$，外表面上的电量为 $Q+q$。注意，此时，由于点电荷 q 不在球心，因此球壳内表面上的电荷不是均匀分布的，而是在距离点电荷 q 近的地方，面电荷密度较大，距离点电荷 q 远的地方，面电荷密度较小。但球壳外表面上的电荷仍然是均匀分布的。

(2)根据点电荷的电势公式

$$V=\frac{q}{4\pi\varepsilon_0 r}$$

和电势的叠加原理，将球壳内表面分割成一个个电荷元。注意，任意一个电荷元到球心的距离都是a，所以虽然电荷不是均匀分布的，但计算电势时没有影响，于是球壳内表面上的电荷在球心O处产生的电势为

$$\mathrm{d}V=\frac{\mathrm{d}q}{4\pi\varepsilon_0 a}$$

$$V_a=\int\frac{\mathrm{d}q}{4\pi\varepsilon_0 a}=\frac{1}{4\pi\varepsilon_0 a}\int\mathrm{d}q=\frac{-q}{4\pi\varepsilon_0 a}$$

(3)同理，球壳外表面上的电荷在球心O处产生的电势为

$$V_b=\frac{Q+q}{4\pi\varepsilon_0 b}$$

而点电荷q在球心O处产生的电势为

$$V_q=\frac{q}{4\pi\varepsilon_0 r}$$

所以球心O处的总电势为

$$V=V_a+V_b+V_q=\frac{-q}{4\pi\varepsilon_0 a}+\frac{Q+q}{4\pi\varepsilon_0 b}+\frac{q}{4\pi\varepsilon_0 r}=\frac{1}{4\pi\varepsilon_0}\left(\frac{-q}{a}+\frac{Q+q}{b}+\frac{q}{r}\right)$$

2. 如图5-13所示，中性金属球A的半径为R，它离地球很远。在与球心O距离分别为a与b的B、C两点，分别放上电荷为q_B和q_C的点电荷，达到静电平衡后，问：(1)A内及表面有电荷分布吗？(2)A中的点P处电势为多大？（选无穷远处为电势零点）

答案：(1)静电平衡后，金属球A内无电荷，其表面有正、负电荷分布，净电荷为零。

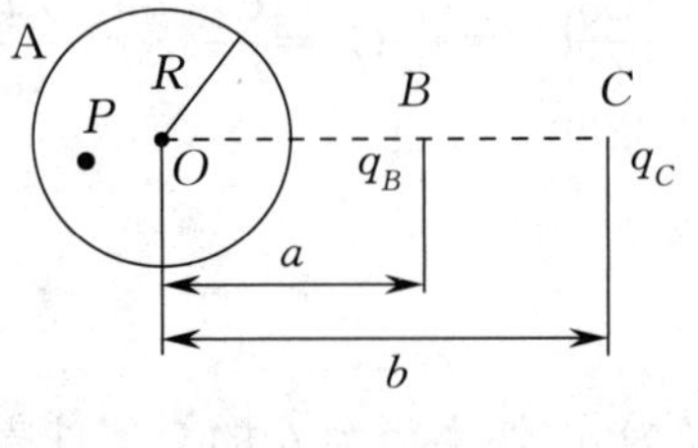

图5-13　题2图

(2)金属球为等势体，设金属球表面面电荷密度为σ，则点P处的电势为

$$V_P=V_O=\oint_{S_A}\frac{\sigma}{4\pi\varepsilon_0 R}\cdot\mathrm{d}S+\frac{q_A}{4\pi\varepsilon_0 a}+\frac{q_B}{4\pi\varepsilon_0 b}$$

由于

$$\oint_{S_A}\sigma\cdot\mathrm{d}S=0$$

所以

$$V_P=\frac{1}{4\pi\varepsilon_0}\left(\frac{q_A}{a}+\frac{q_B}{b}\right)$$

3. 如图 5-14 所示，设有一球形电容器，在外球壳的半径 b 及内球与外球壳间的电势差 U 维持恒定的条件下，内球半径 a 为多大时才能使内球表面附近的电场强度最小？求这个最小电场强度的大小。

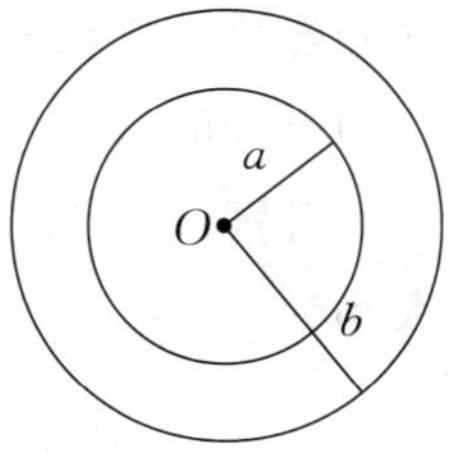

图 5-14 题 3 图

答案：由题意，有

$$E=\frac{Q}{4\pi\varepsilon_0 r^2}$$

$$U=\int_a^b \boldsymbol{E}\cdot \mathrm{d}\boldsymbol{r}=\int_a^b \frac{Q}{4\pi\varepsilon_0 r^2}\mathrm{d}r=\frac{Q}{4\pi\varepsilon_0}\frac{b-a}{ab}$$

$$Q=\frac{4\pi\varepsilon_0 Uab}{b-a}$$

$$E=\frac{Uab}{(b-a)r^2}$$

要使内球表面附近($r=a$)的电场强度最小，必须满足$\frac{\mathrm{d}E}{\mathrm{d}a}=0$，则

$$a=\frac{b}{2},\quad E=\frac{4U}{b}$$

4. 三个电容器按图 5-15 所示的方式连接，其中 $C_1=10\times 10^{-6}$ F，$C_2=5\times 10^{-6}$ F，$C_3=4\times 10^{-6}$ F，当 A、B 间电压 $U=100$ V 时，(1)求 A、B 之间的电容；(2)若电容器 C_3 被击穿，则电容器 C_1 的电量和电压各变为多少？

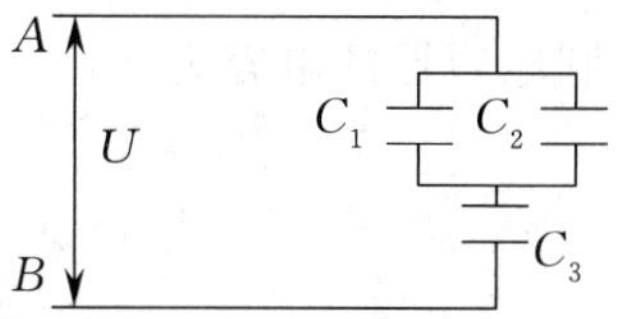

图 5-15 题 14 图

答案：(1)A、B 之间的电容为

$$C=\frac{(C_1+C_2)C_3}{C_1+C_2+C_3}=3.16\times 10^{-6}\ \text{F}$$

(2)当电容器 C_3 被击穿时，电容器 C_1 的电压上升到 $U=100$ V，电量增加到

$$Q_1=C_1U=1\times 10^{-3}\ \text{C}$$

5. 如图 5-16 所示，一空气平行板电容器的极板面积为 S，两极板之间的距离为 d，其中平行地放有一层厚度为 $t(t<d)$的相对介电常量为 ε_r 的各向同性的均匀电介质。略去边缘效应，试求该电容器的电容。

图 5-16 题 5 图

答案：将该电容器看成两个电容器串联，则

$$C_1=\frac{\varepsilon_0 S}{d-t},\quad C_2=\frac{\varepsilon_0\varepsilon_r S}{t}$$

$$C=\frac{C_1C_2}{C_1+C_2}=\frac{\varepsilon_0\varepsilon_r S}{\varepsilon_r d+(1-\varepsilon_r)t}$$

即该电容器的电容为$\frac{\varepsilon_0\varepsilon_r S}{\varepsilon_r d+(1-\varepsilon_r)t}$。

6. 如图 5-17 所示，一电容器由两个同轴圆筒组成，内筒半径为 a，外筒半径为 b，筒长都是 L，内、外筒之间充满相对介电常量为 ε_r 的各向同性的均匀电介质。内、外筒分别带有等量

异号电荷$+Q$和$-Q$。设$b-a\ll a$，$L\gg b$，忽略边缘效应，求：(1)电容器的电容；(2)电容器储存的电场能量。

答案：由题设$b-a\ll a$，$L\gg b$，忽略边缘效应，应用高斯定理可求出两筒之间的电场强度大小为

$$E=\frac{Q}{2\pi\varepsilon_0\varepsilon_r Lr}$$

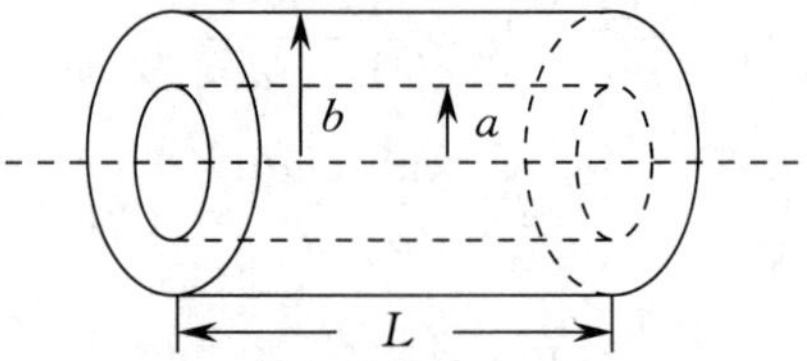

图 5-17　题 6 图

两筒之间的电势差为

$$U=\int_a^b \frac{Q}{2\pi\varepsilon_0\varepsilon_r Lr}\mathrm{d}r=\frac{Q}{2\pi\varepsilon_0\varepsilon_r L}\ln\frac{b}{a}$$

则电容器的电容为

$$C=\frac{Q}{U}=\frac{2\pi\varepsilon_0\varepsilon_r L}{\ln\frac{b}{a}}$$

(2)电容器储存的电场能量为

$$W=\frac{1}{2}CU^2=\frac{Q^2}{4\pi\varepsilon_0\varepsilon_r L}\ln\frac{b}{a}$$

7. 两个相同的空气电容器，电容都是$C=9\times10^{-10}$ F，同时充电到电压为$U=900$ V后断开电源，然后把其中之一浸入煤油($\varepsilon_r=2$)中，再把两个电容器并联，求：(1)电容器浸入煤油过程中损失的电场能量；(2)两个电容器并联过程中损失的电场能量。

答案：(1)电容器浸入煤油前的电场能量为

$$W_1=\frac{1}{2}CU^2=\frac{1}{2}\times9\times10^{-10}\times900^2\ \mathrm{J}=3.65\times10^{-4}\ \mathrm{J}$$

浸入煤油后，电容器的能量

$$W_1'=\frac{W_1}{\varepsilon_r}=1.82\times10^{-4}\ \mathrm{J}$$

在此过程中损失的电场能量为

$$W_1-W_1'=1.83\times10^{-4}\ \mathrm{J}$$

(2)并联前，两个电容器的总电场能量为

$$W_2=W_1+W_1'=5.48\times10^{-4}\ \mathrm{J}$$

并联后的总电容$C'=C+\varepsilon_r C=(1+\varepsilon_r)C$，并联后电容器的总电量$Q'=2CU$，并联后电容器的总电场能量为

$$W_2'=\frac{Q'^2}{2C'}=\frac{2CU^2}{1+\varepsilon_r}=\frac{4}{1+\varepsilon_r}W_1=\frac{4}{3}W_1=4.87\times10^{-4}\ \text{J}$$

并联过程中损失的电场能量为

$$W_2-W_2'=0.61\times10^{-4}\ \text{J}$$

8. 电容 $C_1=4\ \mu F$ 的电容器在 800 V 的电压下充电，然后切断电源，并将此电容器的两个极板与原来不带电且电容 $C_2=6\ \mu\text{F}$ 的电容器的两极板相连，求：(1)每个电容器极板所带的电量；(2)两个电容器连接前后的电场能量。

答案：(1)电容器的总电量为

$$Q=C_1U=4\times10^{-6}\times800\ \text{C}=3.2\times10^{-3}\ \text{C}$$

设两个电容器极板所带的电量分别为 Q_1 和 Q_2，则由

$$Q_1+Q_2=Q,\quad \frac{Q_1}{C_1}=\frac{Q_2}{C_2}$$

得

$$Q_1=\frac{C_1}{C_1+C_2}Q=1.28\times10^{-3}\ \text{C}$$

$$Q_2=Q-Q_1=1.92\times10^{-3}\ \text{C}$$

(2)连接前的电场能量就是连接前电容器 C_1 的能量，即

$$W_1=\frac{1}{2}C_1U^2=\frac{1}{2}\times4\times10^{-6}\times800^2\ \text{J}=1.28\ \text{J}$$

连接后的电场能量就是并联后电容器的能量，即

$$W_2=\frac{Q^2}{2(C_1+C_2)}=0.512\ \text{J}$$

9. 一平行板电容器的极板面积为 $S=1\ \text{m}^2$，两极板夹着一块 $d=5$ mm 厚的同样面积的玻璃板。已知玻璃的相对介电常量为 $\varepsilon_r=5$。电容器充电到电压 $U=12$ V 以后切断电源。要把玻璃板从电容器中抽出来，外力需做多少功？

答案：抽出玻璃板前后电容器电场能量的变化即外力做的功。抽出玻璃板前、后的电容分别为

$$C=\frac{\varepsilon_r\varepsilon_0 S}{d},\quad C'=\frac{\varepsilon_0 S}{d}$$

切断电源后再抽出玻璃板。极板上电量不变，但电压改变，即

$$Q=CU=C'U',\ U'=\frac{CU}{C'}=\varepsilon_r U$$

抽出玻璃板前、后电容器的电场能量分别为

$$W=\frac{1}{2}CU^2=\frac{1}{2}\frac{\varepsilon_0\varepsilon_r S}{d}U^2$$

$$W'=\frac{1}{2}C'U'^2=\frac{1}{2}\frac{\varepsilon_0\varepsilon_r^2 S}{d}U^2$$

则外力做的功为

$$A=W'-W=\frac{1}{2}\frac{\varepsilon_0\varepsilon_r SU^2}{d}(\varepsilon_r-1)=2.55\times10^{-6}\ \text{J}$$

10. 一平行板电容器的极板面积为 S，两极板之间的距离为 d，中间充满相对介电常量为 ε_r 的各向同性的均匀电介质。设极板之间的电压为 U。在维持电压 U 不变的条件下将电介质取出，外力需做多少功？

答案：在两极板之间的电压 U 不变的条件下，有电介质时电容器的电场能量为

$$W_1=\frac{1}{2}C_1U^2=\frac{1}{2}\varepsilon_0\varepsilon_r\frac{U^2}{d}S$$

取出电介质后电容器的电场能量为

$$W_2=\frac{1}{2}C_2U^2=\frac{1}{2}\varepsilon_0\frac{U^2}{d}S$$

在两极板之间的电压 U 不变的条件下，由于电容改变，极板上的电量发生变化，变化值为

$$\Delta Q=Q_2-Q_1=C_2U-C_1U=\varepsilon_0(1-\varepsilon_r)\frac{US}{d}$$

电源做的功为

$$A_1=U\Delta Q=\varepsilon_0(1-\varepsilon_r)\frac{U^2S}{d}$$

设外力做的功为 A_2，则根据功能原理，有

$$A_1+A_2=\Delta W=W_2-W_1$$

故外力做的功为

$$A_2=\Delta W-A_1=\frac{1}{2}\varepsilon_0(\varepsilon_r-1)\frac{U^2S}{d}$$

11. 已知导线中的电流按 $I=t^2-0.5t+6$ 的规律随时间变化，其中各量均采用 SI 单位。计算在 $t_1=1$ s 到 $t_2=3$ s 的时间内通过导线横截面的电荷。

答案：在 $t_1=1$ s 到 $t_2=3$ s 的时间内通过导线横截面的电荷为

$$Q=\int I\,\mathrm{d}t=\int_1^3(t^2-0.5t+6)\,\mathrm{d}t=18.7\ \text{C}$$

第 6 章　真空静磁场

§6.1　学习要求

1. 理解磁感应强度、磁感应强度通量(简称磁通量)的概念及物理意义,能计算简单问题中的磁通量。

2. 掌握毕奥-萨伐尔定律的内容及物理意义,能应用该定律计算典型问题中的磁感应强度。

3. 理解磁场的叠加原理的内容与含义,并能够应用磁场的叠加原理进行计算。

4. 掌握稳恒磁场的高斯定理和安培环路定理,能熟练应用安培环路定理计算磁感应强度。

5. 理解洛伦兹力的定义与性质,能应用洛伦兹力公式进行计算。

6. 理解安培力的概念,掌握安培定律的内容与物理意义,能应用安培定律求解载流导线和载流线圈在磁场中所受的力和力矩。

§6.2　内容提要

一、磁场

奥斯特实验:奥斯特发现通电直导线附近的小磁针会发生偏转,这表明电流可以对磁体施加作用力。

磁感应强度:

(1)方向。将小磁针 N 极所指的方向规定为磁场中该点的磁感应强度 $\boldsymbol{B}$ 的方向。

(2)大小。当运动试验电荷 q 以速率 v 垂直于特定方向运动时,该电荷受到磁场力最大,其大小记为 $F_{\max}$,则有

$$B=\frac{F_{\max}}{qv}$$

(3)单位。在国际单位制中,为 T,1 T=1 N/(A・m)。

二、毕奥-萨伐尔定律

毕奥-萨伐尔定律：在真空中，电流元 $I\mathrm{d}\boldsymbol{l}$ 在空间任意点 P 处所产生的磁感应强度为

$$\mathrm{d}\boldsymbol{B}=\frac{\mu_0}{4\pi}\frac{I\ \mathrm{d}\boldsymbol{l}\times\boldsymbol{e}_r}{r^2}$$

其大小为

$$\mathrm{d}B=\frac{\mu_0}{4\pi}\frac{I\ \mathrm{d}l\cdot\sin\theta}{r^2}$$

其中，θ 为 $I\mathrm{d}\boldsymbol{l}$ 与 $\boldsymbol{e}_r$ 的夹角，$\mathrm{d}\boldsymbol{B}$ 的方向由 $I\mathrm{d}\boldsymbol{l}$ 与 $\boldsymbol{e}_r$ 的矢积确定，可见 $\mathrm{d}\boldsymbol{B}$ 垂直于 $I\mathrm{d}\boldsymbol{l}$ 与 $\boldsymbol{e}_r$ 所确定的平面；μ_0 为真空磁导率，其值为

$$\mu_0=4\pi\times10^{-7}\ \mathrm{N/A^2}$$

又有

$$\frac{\mu_0}{4\pi}=1.0\times10^{-7}\ \mathrm{N/A^2}$$

由于磁感应强度 $\boldsymbol{B}$ 遵从磁场的叠加原理，因此有

$$\boldsymbol{B}=\int\mathrm{d}\boldsymbol{B}=\int\frac{\mu_0}{4\pi}\frac{I\mathrm{d}\boldsymbol{l}\times\boldsymbol{e}_r}{r^2}$$

运动电荷产生的磁场：设电流元 $I\mathrm{d}\boldsymbol{l}$ 的横截面面积为 S，载流子（正电荷）的电量为 q，单位体积内有 n 个做定向运动的载流子，它们的运动速度均为常矢量 $\boldsymbol{v}$，则单位时间内通过横截面 S 的电量为 $qnvS$，即电流为 $I=qnvS$，电流元中共有 $N=nS\mathrm{d}l$ 个载流子。忽略电流元内各载流子到点 P 的位矢 $\boldsymbol{r}$ 的差异，于是每个运动载流子在点 P 产生的磁感应强度为

$$\boldsymbol{B}=\frac{\mathrm{d}\boldsymbol{B}}{N}=\frac{1}{nS\mathrm{d}l}\frac{\mu_0}{4\pi}\frac{qnS\ \mathrm{d}l\boldsymbol{v}\times\boldsymbol{e}_r}{r^2}$$

即有

$$\boldsymbol{B}=\frac{\mu_0}{4\pi}\frac{q\boldsymbol{v}\times\boldsymbol{e}_r}{r^2}$$

电流产生的磁场：

（1）载流直导线周围的磁场。设载流直导线长为 L，通有电流 I，导线旁任意一点 P 与导线的距离为 r，如图 6-1 所示，则点 P 处的磁感应强度的大小为

$$B=\frac{\mu_0 I}{4\pi r}(\cos\theta_1-\cos\theta_2)$$

若载流直导线无限长，此时有 $\theta_1=0,\theta_2=\pi$，则点 P 处的磁感应强度的大小为

$$B=\frac{\mu_0 I}{2\pi r}$$

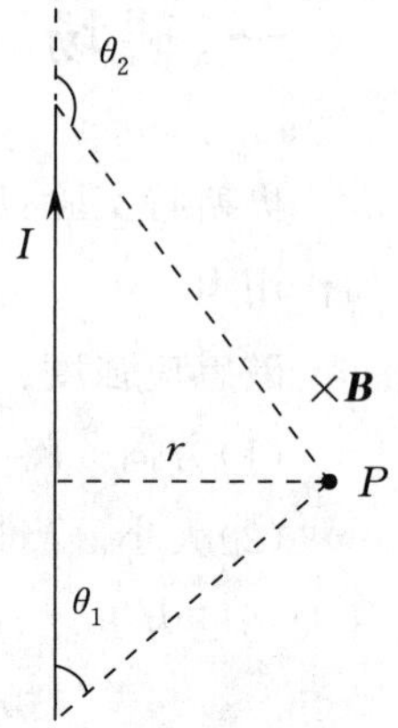

图 6-1 载流直导线周围的磁场

（2）载流圆线圈轴线上的磁场。设载流圆线圈的半径为 R，通有电流

I，点 P 为其轴线上任意一点，它与圆心的距离为 x，如图 6-2 所示，则点 P 处的磁感应强度的大小为

$$B=\frac{\mu_0 IR^2}{2(R^2+x^2)^{\frac{3}{2}}}$$

当 $x=0$ 时，圆线圈中心 O 处的磁感应强度的大小为

$$B=\frac{\mu_0 I}{2R}$$

一般地，一段载流圆弧在圆心处的磁感应强度的大小为

$$B=\frac{\mu_0 I}{2R}\frac{\varphi}{2\pi}$$

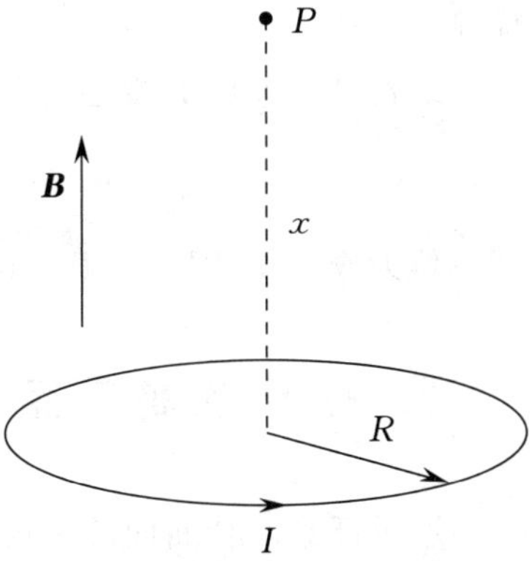

图 6-2　载流圆线圈轴线上的磁场

其中，φ 为圆弧的弧度制角度。

(3)载流直螺线管轴线上的磁场。设螺线管长为 L，半径为 R，线圈是密绕的，总匝数为 N，定义匝密度为 $n=\frac{N}{L}$，即单位长度上绕有的线圈匝数，同时线圈中通有电流 I，点 P 为其轴线上任意一点，如图 6-3 所示，则点 P 处的磁感应强度的大小为

$$B=\frac{\mu_0 nI}{2}(\cos\beta_1-\cos\beta_2)$$

若载流直螺线管无限长，此时有 $\beta_1=0$，$\beta_2=\pi$，则轴线上的磁感应强度的大小为

$$B=\mu_0 nI$$

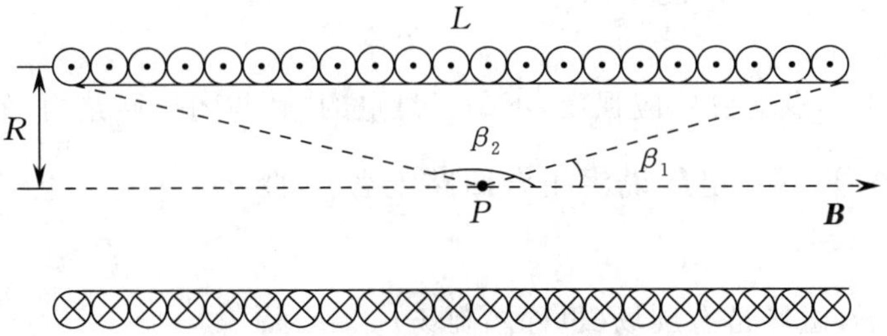

图 6-3　载流直螺线管轴线上的磁场

若载流直螺线管为半无限长，此时有 $\beta_1=0$，$\beta_2=\frac{\pi}{2}$ 或 $\beta_1=\frac{\pi}{2}$，$\beta_2=\pi$，则轴线上的磁感应强度的大小为

$$B=\frac{1}{2}\mu_0 nI$$

三、磁通量

磁感线(也称为磁力线)是一些有方向的曲线，磁感线上任意一点的切线方向与该点磁感应强度的方向相同；磁感线的密度，即通过磁场中某点处垂直于磁场方向的单位面积的磁感线数目，等于该点磁感应强度的大小。因此，磁场较强的地方，磁感线较密集，反之，磁感线较

稀疏。

通过某一曲面的磁感线数目称为通过该曲面的磁通量，用 Φ_m 表示，即

$$\Phi_m = \int_S \boldsymbol{B} \cdot d\boldsymbol{S}$$

其单位为 Wb，1 Wb=1 T·m²。

四、磁场的高斯定理

通过任意闭合曲面的磁通量必为零，即

$$\oint_S \boldsymbol{B} \cdot d\boldsymbol{S} = 0$$

静电场是有源场，而磁场是无源场。

五、安培环路定理

在真空的稳恒磁场中，磁感应强度 $\boldsymbol{B}$ 沿任意闭合回路 l 的线积分（环流），等于该闭合回路所围住的电流的代数和的 μ_0 倍，即

$$\oint_l \boldsymbol{B} \cdot d\boldsymbol{l} = \mu_0 \sum I_i$$

若有多根直载流导线穿过闭合回路，上式同样成立；上式右端的 $\sum I_i$ 只包括闭合回路 l 围住的电流。

$\boldsymbol{B}$ 为闭合回路上一点的磁感应强度，不是任意点的，其与闭合回路内、外的电流均有关。

若 $\oint_l \boldsymbol{B} \cdot d\boldsymbol{l} = 0$，并不一定能说明闭合回路上各点的 $B=0$，也不能说明闭合回路内无电流。

静电场是保守场，磁场是有旋场（也称涡旋场）。

六、磁场对运动电荷的作用

洛伦兹力：设电量为 $+q$ 的点电荷，以与磁感应强度 $\boldsymbol{B}$ 成 θ 角的速度 $\boldsymbol{v}$ 通过某点，其运动时所受的磁场力为

$$F = qvB\sin\theta$$

写为矢量式为

$$\boldsymbol{F} = q\boldsymbol{v} \times \boldsymbol{B}$$

$\boldsymbol{F}$ 称为洛伦兹力，其方向垂直于运动电荷的速度 $\boldsymbol{v}$ 和磁感应强度 $\boldsymbol{B}$ 所确定的平面，符合右手螺旋定则：以右手四指由 $\boldsymbol{v}$ 经小于 π 的角弯向 $\boldsymbol{B}$，此时，拇指的指向就是正电荷所受洛伦兹力的方向。

带电粒子在磁场中的运动：

(1)圆周运动。设电量为 q、质量为 m 的带电粒子,则其荷质比为$\frac{q}{m}$。该带电粒子以初速度 $\boldsymbol{v}$ 垂直进入磁感应强度大小为 $\boldsymbol{B}$ 的均匀磁场中,有

$$qvB=m\ \frac{v^2}{R}$$

因此

$$R=\frac{mv}{qB}$$

$$T=\frac{2\pi R}{v}=\frac{2\pi m}{qB}$$

$$f=\frac{1}{T}=\frac{qB}{2\pi m}$$

(2)螺旋运动。设电量为 q、质量为 m 的带电粒子,以与磁感应强度 $\boldsymbol{B}$ 成 θ 角的初速度 $\boldsymbol{v}$ 进入均匀磁场,则粒子的合运动的轨迹为一条螺旋线,螺旋线的半径为

$$R=\frac{mv_{\perp}}{qB}=\frac{mv\sin\theta}{qB}$$

回旋周期为

$$T=\frac{2\pi R}{v_{\perp}}=\frac{2\pi m}{qB}$$

将粒子回旋一周所前进的距离称为螺距,其值为

$$d=v_{//}T=\frac{2\pi mv\cos\theta}{qB}$$

(3)霍尔效应。如图 6-4 所示,将一载流导体板放在磁场中,若磁场方向垂直于导体板并与电流方向垂直,则在导体板的上下两侧面之间会产生一定的电势差,这种现象称为霍尔效应,所产生的电势差称为霍尔电压。由平衡时 $F_{\mathrm{m}}=F_{\mathrm{e}}$,有

$$qvB=qE_{\mathrm{H}}$$

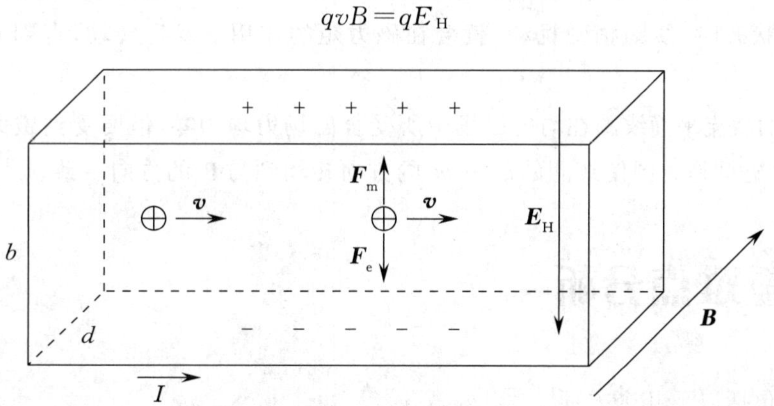

图 6-4　霍尔效应

因此有

$$E_{\mathrm{H}}=vB$$

则

$$U_H = E_H b = vBb$$

又导体中电流为 $I=qnvbd$，则

$$v = \frac{I}{qnbd}$$

因此

$$U_H = \frac{I}{qnbd}Bb = \frac{1}{nq} \cdot \frac{IB}{d} = K\,\frac{IB}{d}$$

其中，$K=\frac{1}{nq}$ 为霍尔系数，仅与导体板的材料有关。

七、磁场对载流导体的作用

安培力：运动电荷在磁场中受到洛伦兹力的作用，但这些电荷还会受到导体的约束，将这个力传递给导体，宏观上表现为载流导体受到一个磁场力，称为安培力，其矢量表达式为

$$\boldsymbol{F} = \int \mathrm{d}\boldsymbol{F} = \int I\,\mathrm{d}\boldsymbol{l} \times \boldsymbol{B}$$

在均匀磁场中，任意形状的平面载流导线所受的磁场力等于连接导线起点与终点的载流直导线受到的磁场力，即要计算有效长度。

磁场作用于载流线圈的磁力矩：定义 $\boldsymbol{m}=IS\boldsymbol{e}_n$ 为线圈的磁矩，即其大小为 IS，方向为线圈的正法向单位矢量 $\boldsymbol{e}_n$ 的方向，因此磁力矩写为矢量形式为

$$\boldsymbol{M} = \boldsymbol{m} \times \boldsymbol{B}$$

当 $\boldsymbol{m}$ 与 $\boldsymbol{B}$ 之间的夹角为 $\theta=\frac{\pi}{2}$ 时，线圈受到的磁力矩最大；当 $\theta=0$ 或 π 时，线圈受到的磁力矩为零。但当 $\theta=0$ 时，线圈处于稳定平衡状态；当 $\theta=\pi$ 时，线圈处于非稳定平衡状态。处于非稳定平衡状态时，线圈稍受扰动，就会在磁力矩的作用下发生转动，直到 $\boldsymbol{m}$ 与 $\boldsymbol{B}$ 的方向一致。

任意形状的载流平面线圈在均匀磁场中所受合磁场力均为零，但要受到磁力矩 $\boldsymbol{M}=\boldsymbol{m}\times\boldsymbol{B}$ 的作用，该磁力矩总是力图使线圈的磁矩 $\boldsymbol{m}$ 的方向转动到与 $\boldsymbol{B}$ 的方向一致。

§ 6.3　重难点分析

本章重点包括以下几个方面。

1. 用毕奥-萨伐尔定律和安培环路定理计算磁感应强度。

2. 磁场对电荷的作用及电荷在磁场中的运动规律。

3. 用安培定律计算载流导线和载流线圈在磁场中所受的力及力矩。

本章难点主要集中在以下几个方面。

1. 用毕奥-萨伐尔定律计算磁感应强度。

2. 磁场力做功的分析。

§6.4 典型习题详解

一、单选题

1. 电流 I 由长直导线1沿垂直 bc 边方向经点 a 流入由电阻均匀的导线构成的正三角形线框，再由点 b 流出，经长直导线2沿 cb 延长线方向返回电源(见图6-5)。若载流直导线1、2和正三角形线框中的电流在线框中心点 O 产生的磁感应强度分别用 $\boldsymbol{B}_1$、$\boldsymbol{B}_2$ 和 $\boldsymbol{B}_3$ 表示，则点 O 的磁感应强度的大小为(　　)。

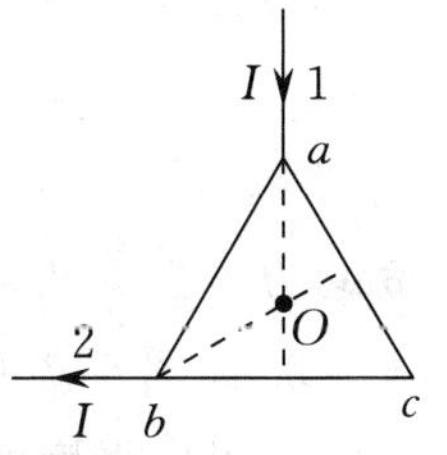

图6-5 题1图

(A)$B=0$,因为 $B_1=B_2=B_3=0$

(B)$B=0$,因为虽然 $B_1\neq0$、$B_2\neq0$,但 $\boldsymbol{B}_1+\boldsymbol{B}_2=\boldsymbol{0}$,$B_3=0$

(C)$B\neq0$,因为虽然 $B_3=0$、$B_1=0$,但 $B_2\neq0$

(D)$B\neq0$,因为虽然 $\boldsymbol{B}_1+\boldsymbol{B}_2=\boldsymbol{0}$,但 $B_3\neq0$

答案： C

解析： 根据毕奥-萨伐尔定律

$$\mathrm{d}\boldsymbol{B}=\frac{\mu_0}{4\pi}\frac{I\mathrm{d}\boldsymbol{l}\times\boldsymbol{r}}{r^3}$$

因为直导线1通过点 O，所以 $B_1=0$。

正三角形线框的电阻均匀，有 $R_{acb}=2R_{ab}$，所以通过两条支路的电流的关系为 $I_{ab}=2I_{acb}$。ac 段和 cb 段在点 O 产生的磁感应强度的大小相等，方向都为垂直于纸面向里。

ab 段在点 O 产生的磁感应强度的方向为垂直于纸面向外，大小为 ac 段的两倍(因为电流是两倍)，所以正三角形线框在点 O 产生的总磁感应强度的大小 $B_3=0$。

对于直导线2，每一个电流元在点 O 所产生的磁场的方向都为垂直于纸面向里，所以 $B_2\neq0$。

2. 边长为 l 的正方形线圈中通有电流 I，此线圈在点 A(见图6-6)产生的磁感应强度的大小 B 为(　　)。

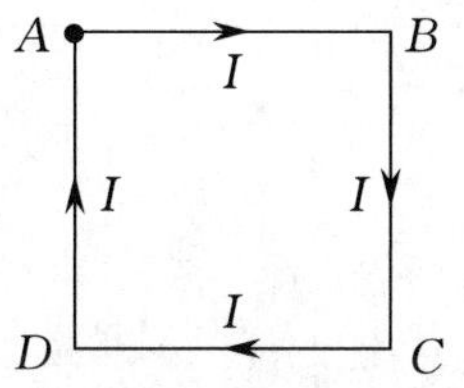

图6-6 题2图

(A)$\dfrac{\sqrt{2}\mu_0 I}{4\pi l}$　　(B)$\dfrac{\sqrt{2}\mu_0 I}{2\pi l}$

(C)$\dfrac{\sqrt{2}\mu_0 I}{\pi l}$　　(D)无法计算

答案： A

解析： 由于点 A 在 AB、DA 的延长线上，因此导线 AB、DA 段在点 A 产生的磁感应强度为零。

根据一段导线在周围产生的磁感应强度的公式

$$B=\frac{\mu_0}{4\pi a}(\cos\theta_1-\cos\theta_2)$$

BC 段在点 A 产生的磁感应强度的方向为垂直于纸面向里，大小为

$$dB_1=\frac{\mu_0}{4\pi l}(\cos 90°-\cos 135°)=\frac{\sqrt{2}\mu_0 I}{8\pi l}$$

同理，可以求得 CD 段在点 A 产生的磁感应强度，方向也为垂直于纸面向里，大小为

$$dB_2=\frac{\mu_0}{4\pi l}(\cos 45°-\cos 90°)=\frac{\sqrt{2}\mu_0 I}{8\pi l}$$

所以点 A 的总磁感应强度的大小为

$$B=B_1+B_2=\frac{\sqrt{2}\mu_0 I}{4\pi l}$$

方向为垂直于纸面向里。

3. 如图 6-7 所示，无限长直导线在点 P 处弯成半径为 R 的圆，当通以电流 I 时，圆心 O 处的磁感应强度的大小为(　　)。

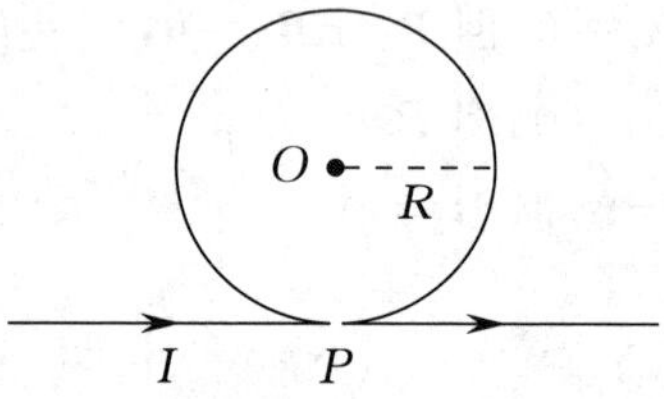

图 6-7　题 3 图

(A) $\frac{\mu_0 I}{2\pi R}$　　(B) $\frac{\mu_0 I}{4\pi R}$　　(C) $\frac{\mu_0 I}{4R}\left(1+\frac{1}{\pi}\right)$　　(D) $\frac{\mu_0 I}{2R}\left(1-\frac{1}{\pi}\right)$

答案： D

解析： 题目要求的圆心的磁感应强度可以看成一根无限长直导线和一个圆形线圈分别产生的磁感应强度之和。无限长直导线产生的磁感应强度可以通过安培环路定理求得(大小设为 B_1，方向垂直于纸面向外)，圆形线圈产生的磁感应强度可以利用磁场的叠加原理求得(大小设为 B_2，方向垂直于纸面向里)。于是有

$$\oint_L \boldsymbol{B}\cdot d\boldsymbol{l}=\mu_0 I$$

$$B_1(2\pi R)=\mu_0 I$$

$$B_1=\frac{\mu_0 I}{2\pi R}$$

$$B_2=\int\frac{\mu_0}{4\pi}\frac{I\,dl}{R^2}=\frac{\mu_0 I}{4\pi R^2}\int dl=\frac{\mu_0 I}{4\pi R^2}\times(2\pi R)=\frac{\mu_0 I}{2R}$$

$$B=B_2-B_1=\frac{\mu_0 I}{2R}-\frac{\mu_0 I}{2\pi R}=\frac{\mu_0 I}{2R}\left(1-\frac{1}{\pi}\right)$$

4. 如图 6-8 所示，在磁感应强度为 $\boldsymbol{B}$ 的均匀磁场中作一半径为 r 的半球面 S，S 边线所在平面的法向单位矢量 $\boldsymbol{e}_n$ 与 $\boldsymbol{B}$ 的夹角为 α，则通过半球面 S 的磁通量(取弯面向外为正)为(　　)。

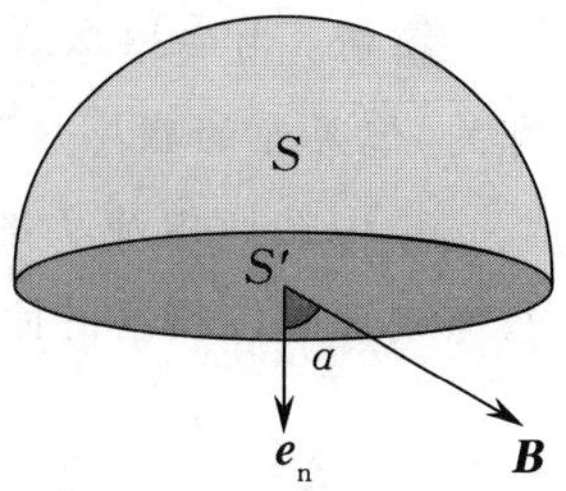

图 6-8　题 4 图

(A)$\pi r^2 B$　　(B)$2\pi r^2 B$

(C)$-\pi r^2 B\sin\alpha$　　(D)$-\pi r^2 B\cos\alpha$

答案：D

解析：因为磁感线一定是封闭曲线，所以通过任意一个闭合曲面的磁通量一定恒为零。因此，以半球面和边线所在的平面的圆面(记为 S')组成的闭合曲面为高斯面，运用磁场的高斯定理，得

$$\int_S \boldsymbol{B}\cdot d\boldsymbol{S}+\int_{S'}\boldsymbol{B}\cdot d\boldsymbol{S}=0$$

$$\int_S \boldsymbol{B}\cdot d\boldsymbol{S}=-\int_{S'}\boldsymbol{B}\cdot d\boldsymbol{S}=-\boldsymbol{B}\cdot\int_{S'}d\boldsymbol{S}=-\boldsymbol{B}\cdot\boldsymbol{S}'=-BS'\cos\alpha=-B\pi r^2\cos\alpha$$

5. 在图 6-9(a)和(b)中各有一半径相同的圆形闭合回路 L_1、L_2，回路内均有电流 I_1、I_2，其分布相同，且均在真空中，但在 L_2 外有电流 I_3，P_1、P_2 为两圆形闭合回路上的对应点，则(　　)。

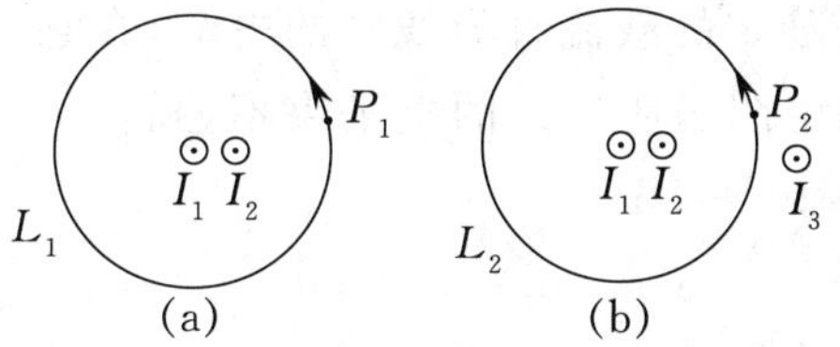

图 6-9　题 5 图

(A)$\oint_{L_1}\boldsymbol{B}\cdot d\boldsymbol{l}=\oint_{L_2}\boldsymbol{B}\cdot d\boldsymbol{l}$，$\boldsymbol{B}_{P_1}=\boldsymbol{B}_{P_2}$　　(B)$\oint_{L_1}\boldsymbol{B}\cdot d\boldsymbol{l}\neq\oint_{L_2}\boldsymbol{B}\cdot d\boldsymbol{l}$，$\boldsymbol{B}_{P_1}=\boldsymbol{B}_{P_2}$

(C)$\oint_{L_1}\boldsymbol{B}\cdot d\boldsymbol{l}=\oint_{L_2}\boldsymbol{B}\cdot d\boldsymbol{l}$，$\boldsymbol{B}_{P_1}\neq\boldsymbol{B}_{P_2}$　　(D)$\oint_{L_1}\boldsymbol{B}\cdot d\boldsymbol{l}\neq\oint_{L_2}\boldsymbol{B}\cdot d\boldsymbol{l}$，$\boldsymbol{B}_{P_1}\neq\boldsymbol{B}_{P_2}$

答案：C

解析：由安培环路定理可知，磁感应强度对闭合回路的积分只和闭合回路所包围的电流有关，但某点的磁感应强度却是所有电流产生的磁感应强度的叠加。

6. 取一闭合积分回路 L，使三根载流导线穿过它所围成的面。现改变三根导线之间的相互间隔，但不越出 L，则(　　)。

(A)L 内的 $\sum I_i$ 不变，L 上各点的 B 不变

(B)L 内的 $\sum I_i$ 不变，L 上各点的 B 改变

(C)L 内的 $\sum I_i$ 改变，L 上各点的 B 不变

(D)L 内的 $\sum I_i$ 改变，L 上各点的 B 改变

答案：B

解析： 由安培环路定理可知，磁感应强度对闭合回路的积分只和闭合回路所包围的电流有关，但某点的磁感应强度却是所有电流产生的磁感应强度的叠加。

7. 一载有电流 I 的细导线分别均匀密绕在半径为 R 和 r 的长直圆筒上形成两个螺线管，两螺线管单位长度的匝数相等。设 $R=2r$，则两螺线管中的磁感应强度的大小 B_R 和 B_r 应满足(　　)。

(A) $B_R=2B_r$　　(B) $B_R=B_r$　　(C) $2B_R=B_r$　　(D) $B_R=4B_r$

答案： B

解析： 对于密绕长直螺线管，可认为其内部是一个均匀磁场，螺线管外靠近螺线管的地方，磁感应强度近似为零。这个作为默认的已知条件。

所以，螺线管内部的磁感应强度可以用安培环路定理来求：

$$\oint_L \boldsymbol{B}\cdot \mathrm{d}\boldsymbol{l}=\mu_0 \sum I_i$$

$$BL=\mu_0 LnI$$

$$B=\mu_0 nI$$

其中，n 为螺线管单位长度的匝数。由此可见，螺线管内部的磁场与螺线管的半径无关。因此有 $B_R=B_r$。

8. 如图 6-10 所示，I 是稳定的载流直导线中的电流，在它下方有一电子射线管。欲使图中阴极所发射的电子束不偏转，可加上一电场。该电场的方向应是(　　)。

(A)竖直向上

(B)竖直向下

(C)垂直于纸面向里

(D)垂直于纸面向外

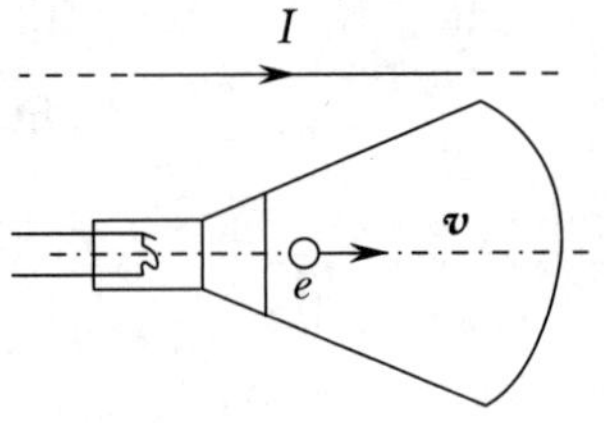

图 6-10　题 8 图

答案： B

解析： 电流产生的磁场在射线管内是垂直于纸面向里的，由 $\boldsymbol{F}=-e\boldsymbol{v}\times\boldsymbol{B}$ 知，阴极射线(即电子束)将向下偏转。欲使图中阴极所发射的电子束不偏转，需要提供竖直向上的电场力，电子束带负电，由 $\boldsymbol{F}=-e\boldsymbol{E}$ 可知电场方向应该和所受电场力方向相反，为竖直向下。

9. 一铜条置于均匀磁场中，铜条中电子流的方向如图 6-11 所示，则下列情况中，将会发生的是(　　)。

(A)在铜条上的 a、b 两点产生一小电势差，且 $V_a>V_b$

(B)在铜条上的 a、b 两点产生一小电势差，且 $V_a<V_b$

(C)在铜条上产生涡流

(D)电子受到洛伦兹力而减速

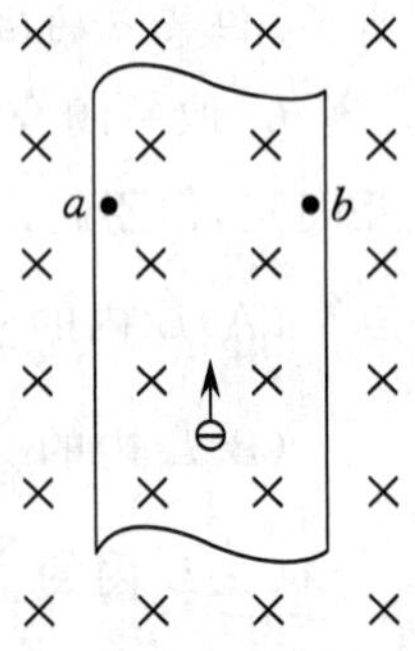

图 6-11　题 9 图

答案： A

解析： 由洛伦兹力公式

$$\boldsymbol{F}_{\mathrm{m}}=q\boldsymbol{v}\times\boldsymbol{B}$$

可知,电子在磁场中受到的洛伦兹力的方向为向右,所以电子将汇集到右侧,铜条右侧带负电,左侧带正电,从而左侧电势比右侧高。洛伦兹力一定与运动方向垂直,不会改变速度的大小,但会改变速度的方向。

10. α粒子与质子以同一速率垂直于磁场方向入射到均匀磁场中,它们各自做圆周运动的半径比$\frac{R_\alpha}{R_p}$和周期比$\frac{T_\alpha}{T_p}$分别为(　　)。

(A)1和2　　(B)1和1　　(C)2和2　　(D)2和1

答案: C

解析: 洛伦兹力公式为

$$\boldsymbol{F}_m = q\boldsymbol{v} \times \boldsymbol{B}$$

α粒子即为氦原子核,由两个质子和两个中子所构成,质量约为质子的四倍,电荷为质子的两倍。依题意,$\boldsymbol{v}$垂直于$\boldsymbol{B}$,所以洛伦兹力的大小为$F = qvB$,它提供粒子做圆周运动的向心力,于是有

$$qvB = m\frac{v^2}{R}$$

$$R = \frac{mv^2}{qvB} = \frac{mv}{qB}$$

$$T = \frac{2\pi R}{v} = \frac{2\pi mv}{qBv} = \frac{2\pi m}{qB}$$

因此

$$\frac{R_\alpha}{R_p} = \frac{\frac{m_\alpha v_\alpha}{q_\alpha B}}{\frac{m_p v_p}{q_p B}} = \frac{\frac{4m_p v_p}{2q_p}}{\frac{m_p v_p}{q_p}} = 2$$

$$\frac{T_\alpha}{T_p} = \frac{\frac{2\pi m_\alpha}{q_\alpha B}}{\frac{2\pi m_p}{q_p B}} = \frac{\frac{m_\alpha}{q_\alpha}}{\frac{m_p}{q_p}} = \frac{\frac{4m_p}{2q_p}}{\frac{m_p}{q_p}} = 2$$

二、填空题

1. 若把氢原子的基态电子轨道看作圆轨道,已知电子轨道半径$r = 0.53 \times 10^{-10}$ m,绕核运动速度的大小$v = 2.18 \times 10^6$ m/s,则氢原子的基态电子在原子核处产生的磁感应强度$\boldsymbol{B}$的大小为________。

答案: 12.4 T

解析: 运动电荷产生的磁感应强度的公式为

$$\boldsymbol{B} = \frac{\mu_0 q\boldsymbol{v} \times \boldsymbol{r}}{4\pi r^3}$$

因为电子做圆周运动,$\boldsymbol{v} \perp \boldsymbol{r}$,所以原子核处磁感应强度的大小为

$$B=\frac{\mu_0 qv}{4\pi r^2}=\frac{10^{-7}\times 1.6\times 10^{-19}\times 2.18\times 10^6}{(0.53\times 10^{-10})^2}\text{T}\approx 12.4\ \text{T}$$

2. 在真空中，将一根无限长载流导线在一平面内弯成图 6-12 所示的形状，并通以电流 I，则圆心 O 处的磁感应强度的大小 B 为________。

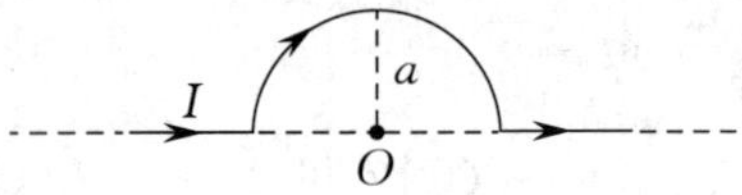

图 6-12　题 2 图

答案： $\frac{\mu_0 I}{4a}$

解析： 电流元产生的磁感应强度的公式为

$$\mathrm{d}\boldsymbol{B}=\frac{\mu_0 I\ \mathrm{d}\boldsymbol{l}\times\boldsymbol{r}}{4\pi r^3}$$

左右两段沿径向的电流在圆心 O 处产生的磁感应强度为零，所以只要计算半圆电流产生的磁感应强度即可。

半圆电流产生的磁感应强度的方向垂直于纸面向里，大小为

$$B=\frac{\mu_0 I}{4\pi a^2}\int_L \mathrm{d}l=\frac{\mu_0 I}{4\pi a^2}\cdot \pi a=\frac{\mu_0 I}{4a}$$

3. 一个密绕的细长螺线管，每厘米绕有 10 匝细导线，螺线管的横截面面积为 10 cm^2。当在螺线管中通入 10 A 的电流时，通过它的横截面的磁通量为________。

答案： 1.256×10^{-5} Wb

解析： 螺线管内的磁场视为均匀磁场，螺线管外的磁场的磁感应强度视为零，可以由安培环路定理求螺线管内的磁感应强度：

$$\oint_L \boldsymbol{B}\cdot \mathrm{d}\boldsymbol{l}=\mu_0\sum I_i$$

$$BL=\mu_0 nLI$$

$$B=\mu_0 nI$$

所以通过横截面的磁通量为

$$\Phi=\boldsymbol{B}\cdot\boldsymbol{S}=BS=\mu_0 nIS=4\times 3.14\times 10^{-7}\times 1\ 000\times 10\times 10\times 10^{-4}\ \text{Wb}=1.256\times 10^{-5}\ \text{Wb}$$

注意，题目中给的是每厘米绕有 10 匝，计算时要换算成每米 1 000 匝，即 n 要用 1 000 代替。

4. 在磁场空间分别取两个闭合回路，若两个闭合回路各自包围载流导线的根数不同，但电流的代数和相同，则磁感应强度沿各闭合回路的线积分________；两个闭合回路上的磁场分布________。(填“相同”或“不相同”)

答案： 相同，不相同

解析： 由安培环路定理

$$\oint_L \boldsymbol{B}\cdot \mathrm{d}\boldsymbol{l}=\mu_0\sum I_i$$

可知，当闭合回路包围的电流代数和相同时，上式中的 $\sum I_i$ 相同，因此两个闭合回路的磁感应强度沿各自闭合回路的线积分(环流)相同。但因为两种情况下电流分布不相同，所以空间各点的磁感应强度在一般情况下并不相同。

5. 带电粒子穿过过饱和蒸汽时，在它走过的路径上，过饱和蒸汽会凝结成小液滴，从而显示出粒子的运动轨迹，这就是云室的原理。今在云室中有磁感应强度大小为 $B=1$ T 的均匀磁场，观测到一个质子的轨迹是半径 $r=20$ cm 的圆弧。已知质子的电量为 $q=1.6\times10^{-19}$ C，静止质量 $m=1.67\times10^{-27}$ kg，则该质子的动能为________。

答案： 3.07×10^{-13} J

解析： 运动电荷在磁场中所受的洛伦兹力为

$$\boldsymbol{F}_{\mathrm{m}}=q\boldsymbol{v}\times\boldsymbol{B}$$

这里显然默认 $\boldsymbol{v}\perp\boldsymbol{B}$，而这个力提供粒子做圆周运动的向心力，所以有

$$qvB=\frac{mv^2}{r}$$

$$v=\frac{qBr}{m}$$

$$E_{\mathrm{k}}=\frac{1}{2}mv^2=\frac{(qBr)^2}{2m}=\frac{(1.6\times10^{-19}\times1\times0.2)^2}{2\times1.67\times10^{-27}}\mathrm{J}=3.07\times10^{-13}\ \mathrm{J}$$

三、计算题

1. 电子在 $B=70\times10^{-4}$ T 的均匀磁场中做圆周运动，圆周半径 $r=3.0$ cm。已知 $\boldsymbol{B}$ 垂直于纸面向外，在纸面上用均匀的黑点表示 $\boldsymbol{B}$ 的方向，某时刻电子的速度 $\boldsymbol{v}$ 垂直于 $\boldsymbol{B}$ 向上。(1)试画出该电子运动的轨迹；(2)求该电子速度 $\boldsymbol{v}$ 的大小；(3)求该电子的动能 E_{k}。

答案： (1)轨迹如图 6-13 所示。

(2)由 $evB=m\dfrac{v^2}{r}$ 得

$$v=\frac{eBr}{m}=3.7\times10^{7}\ \mathrm{m/s}$$

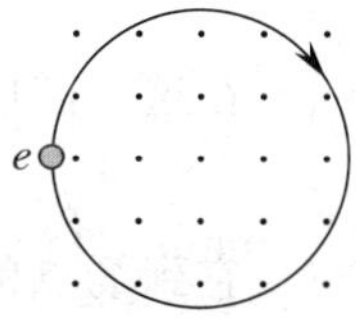

图 6-13　题 1 图

(3)电子的动能为　$E_{\mathrm{k}}=\dfrac{1}{2}mv^2=6.2\times10^{-16}$ J

2. 半径为 R 的薄圆盘均匀带电，总电量为 q。令此盘绕通过盘心且垂直于盘面的轴线匀速转动，角速度为 ω，求轴线上距盘心 x 处的磁感应强度$\left[\text{积分公式}\displaystyle\int\frac{x^3}{(a^2+x^2)^{3/2}}\mathrm{d}x=\frac{x^2+2a^2}{(a^2+x^2)^{1/2}}+C\right]$。

答案： 以盘心为坐标原点，转轴为 x 轴，盘面所在平面为 Oyz 平面，建立直角坐标系。假定 $\boldsymbol{\omega}=\omega\boldsymbol{i}$，待求场点坐标为$(x,0,0)$，在盘面上 $r\to r+\mathrm{d}r$、$\theta\to\theta+\mathrm{d}\theta$ 处的电荷元的电量为

$$\mathrm{d}q=\frac{q}{\pi R^2}\mathrm{d}r(r\,\mathrm{d}\theta)$$

该电荷元到场点的位矢为

$$\boldsymbol{r}=(x,0,0)-(0,r\cos\theta,r\sin\theta)=x\boldsymbol{i}-r\cos\theta\boldsymbol{j}-r\sin\theta\boldsymbol{k}$$

它的速度为

$$\boldsymbol{v}=\boldsymbol{\omega}\times(0,r\cos\theta,r\sin\theta)=-\omega r\sin\theta\boldsymbol{j}+\omega r\cos\theta\boldsymbol{k}=\omega r(-\sin\theta\boldsymbol{j}+\cos\theta\boldsymbol{k})$$

所以该电荷元在场点产生的磁感应强度为

$$\mathrm{d}\boldsymbol{B}=\frac{\mu_0}{4\pi}\frac{(\mathrm{d}q)\boldsymbol{v}\times\boldsymbol{r}}{r^3}=\frac{\mu_0}{4\pi}\frac{\frac{q}{\pi R^2}\mathrm{d}r(r\mathrm{d}\theta)[\omega r(-\sin\theta\boldsymbol{j}+\cos\theta\boldsymbol{k})]\times(x\boldsymbol{i}-r\cos\theta\boldsymbol{j}-r\sin\theta\boldsymbol{k})}{(x^2+r^2)^{3/2}}$$

$$=\frac{\mu_0 q\omega}{4\pi^2R^2}\frac{[\boldsymbol{i}(r\sin^2\theta+r\cos^2\theta)+\boldsymbol{j}(x\cos\theta)+\boldsymbol{k}(x\sin\theta)]}{(x^2+r^2)^{3/2}}r^2\,\mathrm{d}r\mathrm{d}\theta$$

$$=\frac{\mu_0 q\omega}{4\pi^2R^2}\frac{[\boldsymbol{i}(r)+\boldsymbol{j}(x\cos\theta)+\boldsymbol{k}(x\sin\theta)]}{(x^2+r^2)^{3/2}}r^2\,\mathrm{d}r\mathrm{d}\theta$$

对 θ 从 0 到 2π 进行积分，则得圆盘上 $r\to r+\mathrm{d}r$ 的一个小圆环的电荷运动时在场点产生的磁感应强度为

$$\mathrm{d}\boldsymbol{B}=\frac{\mu_0 q\omega}{4\pi^2R^2}\frac{r\boldsymbol{i}}{(x^2+r^2)^{3/2}}r^2\,\mathrm{d}r\times2\pi=\frac{\mu_0 q\omega}{2\pi R^2}\frac{r^3\,\mathrm{d}r}{(x^2+r^2)^{3/2}}\boldsymbol{i}$$

对 r 从 0 到 R 进行积分，则得整个圆盘在场点产生的磁感应强度为（这里利用题目所给的积分公式）

$$\boldsymbol{B}=\frac{\mu_0 q\omega}{2\pi R^2}\int_0^R\frac{r^3\,\mathrm{d}r}{(x^2+r^2)^{3/2}}\boldsymbol{i}=\frac{\mu_0 q\omega}{2\pi R^2}\left[\frac{r^2+2x^2}{(x^2+r^2)^{1/2}}\right]_0^R\boldsymbol{i}=\frac{\mu_0 q\omega}{2\pi R^2}\left[\frac{R^2+2x^2}{(x^2+R^2)^{1/2}}-2x\right]\boldsymbol{i}$$

以上用运动电荷产生的磁场计算得到了结果，下面用圆电流产生的磁场的方法重新计算一遍。

$r\to r+\mathrm{d}r$ 处的带电圆环转动时的等效圆电流为

$$\mathrm{d}I=\frac{\mathrm{d}q}{T}=\frac{\frac{q}{\pi R^2}\times2\pi r\,\mathrm{d}r}{\frac{2\pi}{\omega}}=\frac{q\omega r\,\mathrm{d}r}{\pi R^2}$$

在这个圆电流上取 $\theta\to\theta+\mathrm{d}\theta$ 段的电流元，则

$$\mathrm{d}\boldsymbol{l}=r\,\mathrm{d}\theta\boldsymbol{e}_\theta=r\,\mathrm{d}\theta(-\sin\theta\boldsymbol{j}+\cos\theta\boldsymbol{k})$$

它到场点的位矢为

$$\boldsymbol{r}=(x,0,0)-(0,r\cos\theta,r\sin\theta)=x\boldsymbol{i}-r\cos\theta\boldsymbol{j}-r\sin\theta\boldsymbol{k}$$

所以该电流元在场点产生的磁感应强度为

$$\mathrm{d}\boldsymbol{B}=\frac{\mu_0}{4\pi}\frac{(\mathrm{d}I)\mathrm{d}\boldsymbol{l}\times\boldsymbol{r}}{r^3}=\frac{\mu_0}{4\pi}\frac{q\omega r\,\mathrm{d}r}{\pi R^2}\frac{[r\,\mathrm{d}\theta(-\sin\theta\boldsymbol{j}+\cos\theta\boldsymbol{k})]\times(x\boldsymbol{i}-r\cos\theta\boldsymbol{j}-r\sin\theta\boldsymbol{k})}{(x^2+r^2)^{3/2}}$$

$$=\frac{\mu_0 q\omega}{4\pi^2R^2}\frac{(-\sin\theta\boldsymbol{j}+\cos\theta\boldsymbol{k})\times(x\boldsymbol{i}-r\cos\theta\boldsymbol{j}-r\sin\theta\boldsymbol{k})}{(x^2+r^2)^{3/2}}r^2\,\mathrm{d}r\mathrm{d}\theta$$

剩下的计算和前面的方法相同。

3. 如图 6-14 所示，AB、CD 为长直导线，BC 为圆心在点 O 处的一段圆弧导线，其半径为 R。若通以电流 I，求点 O 处的磁感应强度。

答案： 点 O 处的磁感应强度由 AB、BC、CD 三部分电流产生。其中：

AB 产生的 $\boldsymbol{B}_1=\mathbf{0}$。

BC 产生的 $B_2=\frac{\mu_0 I}{12R}$，方向为垂直于纸面向里。

CD 产生的 $B_3=\frac{\mu_0 I}{4\pi}\frac{2}{R}(\cos 150°-\cos 180°)=\frac{\mu_0 I}{2\pi R}\left(1-\frac{\sqrt{3}}{2}\right)$，方向为垂直于纸面向里。

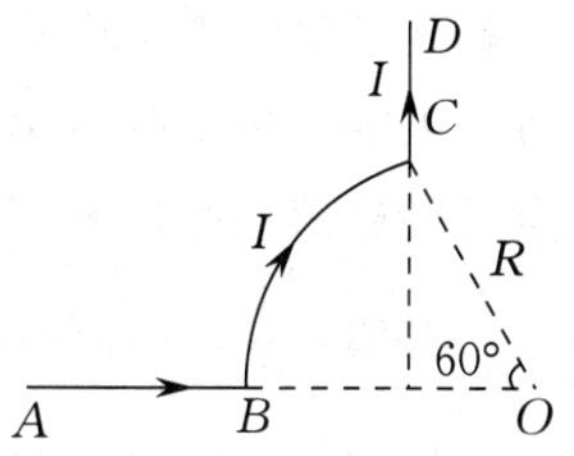

图 6-14　题 3 图

于是点 O 处的磁感应强度的大小为 $B_0=B_1+B_2+B_3=\frac{\mu_0 I}{2\pi R}\left(1-\frac{\sqrt{3}}{2}+\frac{\pi}{6}\right)$，方向为垂直于纸面向里。

4. 如图 6-15 所示，两根导线沿半径方向分别引向铁环上的 A、B 两点，并在很远处与电源相连。已知铁环的粗细均匀，求铁环中心 O 处的磁感应强度。

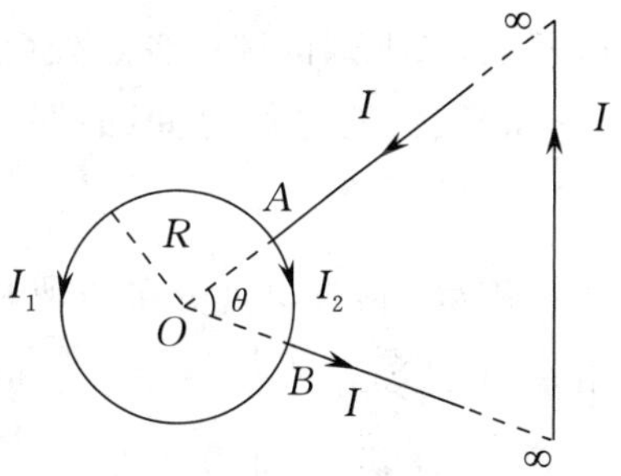

图 6-15　题 4 图

答案： 如图 6-15 所示，点 O 处的磁感应强度由直电流 ∞A 和 B∞ 及两段圆弧上电流 I_1 与 I_2 所产生，但 ∞A 和 B∞ 在点 O 处产生的磁感应强度为零，且

$$\frac{I_1}{I_2}=\frac{R_2}{R_1}=\frac{\theta}{2\pi-\theta}$$

I_1 在点 O 处产生的磁感应强度为 $\boldsymbol{B}_1$，方向为垂直于纸面向外且

$$B_1=\frac{\mu_0 I_1}{2R}\frac{2\pi-\theta}{2\pi}$$

I_2 在点 O 处产生的磁感应强度为 $\boldsymbol{B}_2$，方向为垂直于纸面向里且

$$B_2=\frac{\mu_0 I_2}{2R}\frac{\theta}{2\pi}$$

因为

$$\frac{B_1}{B_2}=\frac{I_1(2\pi-\theta)}{I_2\theta}=1$$

所以 $\boldsymbol{B}_0=\boldsymbol{B}_1+\boldsymbol{B}_2=\mathbf{0}$，即铁环中心 O 处的磁感应强度为零。

5. 已知磁感应强度大小 $B=2\ \mathrm{Wb/m^2}$ 的均匀磁场，方向沿 x 轴正方向，如图 6-16 所示，试求：(1)通过图中 abcd 面的磁通量；(2)通过图中 befc 面的磁通量；(3)通过图中 aefd 面的磁通量。

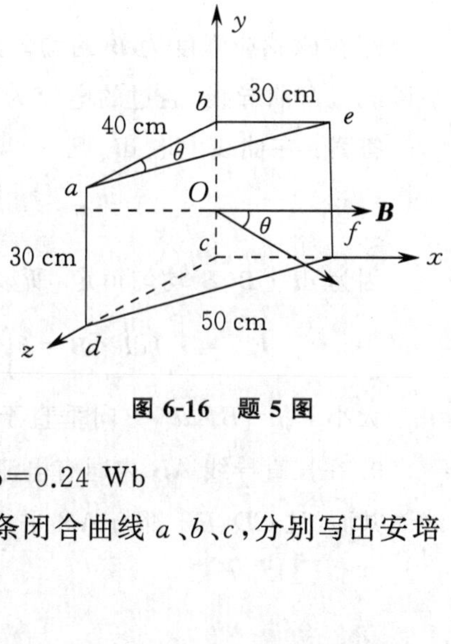

图 6-16　题 5 图

答案：(1)通过 abcd 面 S_1 的磁通量为

$$\Phi_1=\boldsymbol{B}\cdot\boldsymbol{S}_1=2\times0.3\times0.4\cos 180°\mathrm{Wb}=-0.24\ \mathrm{Wb}$$

(2)通过 befc 面 S_2 的磁通量为

$$\Phi_2=\boldsymbol{B}\cdot\boldsymbol{S}_2=0$$

(3)通过 aefd 面 S_3 的磁通量为

$$\Phi_3=\boldsymbol{B}_1\cdot\boldsymbol{S}_3=2\times0.3\times0.5\times\cos\theta\mathrm{Wb}=0.24\ \mathrm{Wb}$$

6. 设图 6-17 的两导线中的电流均为 8 A，对图示的三条闭合曲线 a、b、c，分别写出安培

环路定理等式右边电流的代数和,并讨论:(1)在各条闭合曲线上,各点处的磁感应强度 $\boldsymbol{B}$ 的大小是否相等?(2)在闭合曲线 c 上各点处的磁感应强度 $\boldsymbol{B}$ 是否为零?为什么?

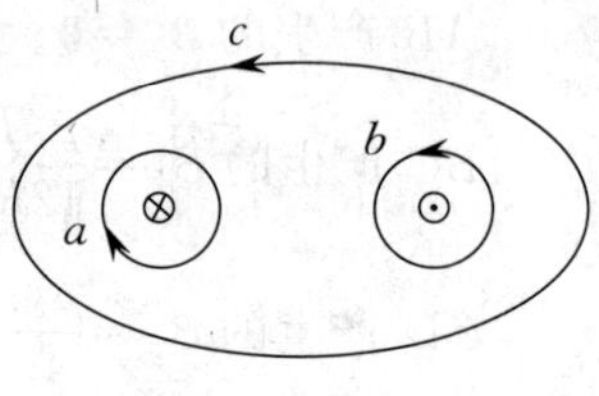

图 6-17　题 6 图

答案: $\oint_a \boldsymbol{B}\cdot \mathrm{d}\boldsymbol{l}=8\mu_0$,$\oint_b \boldsymbol{B}\cdot \mathrm{d}\boldsymbol{l}=8\mu_0$,$\oint_c \boldsymbol{B}\cdot \mathrm{d}\boldsymbol{l}=0$

(1)在各条闭合曲线上,各点 $\boldsymbol{B}$ 的大小不相等。

(2)在闭合曲线 c 上各点处的 $\boldsymbol{B}$ 不为零,只是 $\boldsymbol{B}$ 的环流为零。

7. 如图 6-18 所示一根很长的同轴电缆,由一圆柱导体(半径为 a)和一同轴的圆筒导体(内、外半径分别为 b、c)构成。使用时,电流 I 从一导体流出,从另一导体流回。设电流都均匀地分布在导体的横截面上,求下列区域中各点处磁感应强度的大小:(1)圆柱导体内($r<a$);(2)两导体之间($a<r<b$);(3)圆筒导体内($b<r<c$);(4)电缆外($r>c$)。

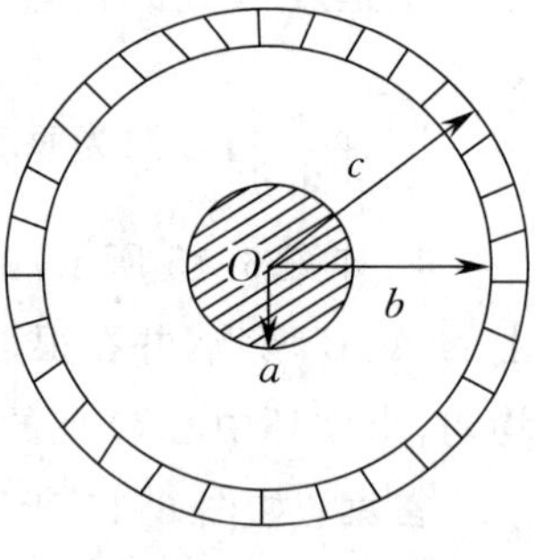

图 6-18　题 7 图

答案: 根据电流分布的轴对称性,应用 $\oint_L \boldsymbol{B}\cdot \mathrm{d}\boldsymbol{l}=\mu_0\sum I_i$ 可得如下结论。

(1)当 $r<a$ 时,

$$B\cdot 2\pi r=\mu_0\frac{Ir^2}{a^2}\quad\Rightarrow\quad B=\frac{\mu_0 Ir}{2\pi a^2}$$

(2)当 $a<r<b$ 时,

$$B\cdot 2\pi r=\mu_0 I\quad\Rightarrow\quad B=\frac{\mu_0 I}{2\pi r}$$

(3)当 $b<r<c$ 时,

$$B\cdot 2\pi r=-\mu_0 I\frac{r^2-b^2}{c^2-b^2}+\mu_0 I\quad\Rightarrow\quad B=\frac{\mu_0 I(c^2-r^2)}{2\pi r(c^2-b^2)}$$

(4)当 $r>c$ 时,

$$B\cdot 2\pi r=0\quad\Rightarrow\quad B=0$$

8. 在磁感应强度为 $\boldsymbol{B}$ 的均匀磁场中,垂直于磁场方向的平面内有一段载流弯曲导线,通过的电流为 I。求导线所受的安培力。

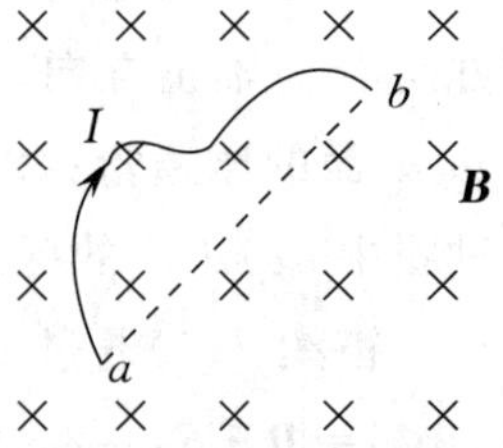

图 6-19　题 8 图

答案: 在曲线上取 $\mathrm{d}\boldsymbol{l}$,则

$$\boldsymbol{F}_{ab}=\int_a^b I\,\mathrm{d}\boldsymbol{l}\times\boldsymbol{B}$$

因为 $\mathrm{d}\boldsymbol{l}\perp\boldsymbol{B}$,$\boldsymbol{B}$ 均匀恒定,所以

$$\boldsymbol{F}_{ab}=\int_a^b I\,\mathrm{d}\boldsymbol{l}\times\boldsymbol{B}=I\left(\int_a^b \mathrm{d}\boldsymbol{l}\right)\times\boldsymbol{B}=BI\,\overrightarrow{ab}\times\boldsymbol{B}$$

大小 $F_{ab}=BI\,\overline{ab}$,方向垂直于 ab 斜向上。

9. 在长直导线 AB 内通有电流 $I_1=20$ A,在矩形线圈 $CDEF$ 中通有电流 $I_2=10$ A,AB 与线圈共面,且 CD、EF 都与 AB 平行,如图 6-20 所示。已知 $a=9.0$ cm,$b=20.0$ cm,$d=1.0$ cm,

求：(1)导线 AB 产生的磁场对线圈每边所作用的力；(2)线圈所受的合力和合力矩。

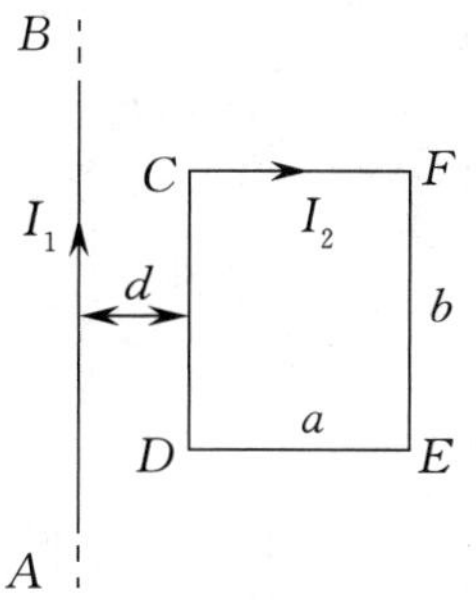

图 6-20　题 9 图

答案：(1)$\boldsymbol{F}_{CD}$ 的方向垂直于 CD 向左，大小为

$$F_{CD}=I_2b\frac{\mu_0I_1}{2\pi d}=8.0\times10^{-4}\ \mathrm{N}$$

同理，$\boldsymbol{F}_{FE}$ 的方向垂直于 FE 向右，大小为

$$F_{FE}=I_2b\frac{\mu_0I_1}{2\pi(d+a)}=8.0\times10^{-5}\ \mathrm{N}$$

$\boldsymbol{F}_{CF}$ 的方向垂直于 CF 向上，大小为

$$F_{CF}=\int_d^{d+a}\frac{\mu_0I_1I_2}{2\pi r}\,\mathrm{d}r=\frac{\mu_0I_1I_2}{2\pi}\ln\frac{d+a}{d}=9.2\times10^{-5}\ \mathrm{N}$$

$\boldsymbol{F}_{ED}$ 的方向垂直于 ED 向下，大小为

$$F_{ED}=F_{CF}=9.2\times10^{-5}\ \mathrm{N}$$

(2)合力 $\boldsymbol{F}=\boldsymbol{F}_{CD}+\boldsymbol{F}_{FE}+\boldsymbol{F}_{CF}+\boldsymbol{F}_{ED}$，方向向左，大小为 $F=7.2\times10^{-4}$ N。合力矩为

$$\boldsymbol{M}=\boldsymbol{m}\times\boldsymbol{B}$$

由于线圈和导线共面，因此 $\boldsymbol{m}/\!/\boldsymbol{B}$，即 $\boldsymbol{M}=\boldsymbol{0}$。

10. 一长直导线通有电流 $I_1=20$ A，旁边放一导线 ab，其中通有电流 $I_2=10$ A，且两者共面，如图 6-21 所示。求 ab 所受作用力对点 O 的力矩。

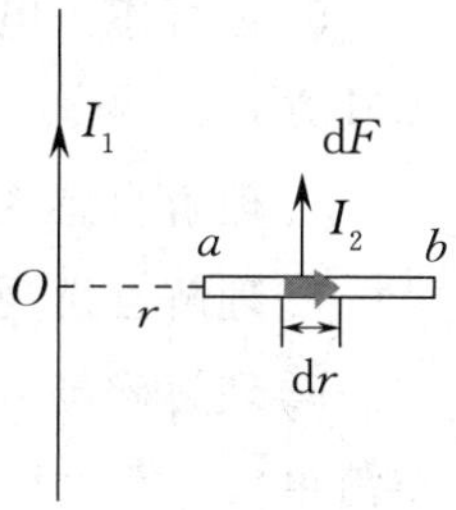

图 6-21　题 10 图

答案：在 ab 上取微元 $\mathrm{d}r$，它受的力 $\mathrm{d}\boldsymbol{F}$ 垂直于 ab 向上，大小为

$$\mathrm{d}\boldsymbol{F}=I_2\,\mathrm{d}r\frac{\mu_0I_1}{2\pi r}$$

$\mathrm{d}\boldsymbol{F}$ 对点 O 的力矩为

$$\mathrm{d}\boldsymbol{M}=\boldsymbol{r}\times\mathrm{d}\boldsymbol{F}$$

$\mathrm{d}\boldsymbol{M}$ 垂直于纸面向外，大小为

$$\mathrm{d}M=r\,\mathrm{d}F=\frac{\mu_0I_1I_2}{2\pi}\mathrm{d}r$$

$$M=\int_a^b\mathrm{d}M=\frac{\mu_0I_1I_2}{2\pi}\int_a^b\mathrm{d}r=3.6\times10^{-6}\ \mathrm{N\cdot m}$$

第7章 电磁感应

§7.1 学习要求

1. 理解电磁感应现象、感应电动势和感应电流的概念。

2. 掌握法拉第电磁感应定律的内容与物理意义，能应用该定律求解感应电动势。

3. 掌握楞次定律的内容与两种不同表述，能应用该定律正确判定感应电动势的方向。

4. 理解动生电动势的概念，能应用其定义式计算动生电动势并进行方向判断。

5. 理解感生电场(涡旋电场)和感生电动势的概念，能应用相关方程计算感生电动势并判断其方向。

6. 理解自感现象的物理含义，能计算自感电动势与自感系数。

7. 理解互感现象的物理含义，能计算互感电动势与互感系数。

8. 理解磁场能量与磁场能量密度的概念，掌握自感磁场能量的公式，能在对称情况下(分布简单)，计算磁场中储存的能量。

§7.2 内容提要

一、电磁感应定律

电磁感应现象：随时间变化的磁场会在邻近闭合导体回路中产生电流。

不管什么原因使穿过闭合导体回路所包围面积的磁通量发生改变，回路中都会出现电流，这种电流称为感应电流，从而该回路中必定存在某种电动势，这种由磁通量变化所引起的电动势称为感应电动势。

法拉第电磁感应定律：对单匝回路而言，回路中的感应电动势为

$$E_i = -\frac{d\Phi_m}{dt}$$

单位为V。

对于N匝密绕线圈，记磁链为$\Psi = N\Phi_m$，线圈中的感应电动势为

$$E_i=-\frac{d\Psi}{dt}=-N\frac{d\Phi_m}{dt}$$

若导体回路是闭合的，则感应电动势会在回路中产生感应电流；若导体回路不闭合，则回路中仍然有感应电动势，但是不会形成电流。

若 $E_i>0$，则感应电动势的方向与回路绕行的正方向相同；若 $E_i<0$，则感应电动势的方向与回路绕行的正方向相反。

回路所围曲面 S 的正法向 $\boldsymbol{e}_n$ 取回路绕行正方向的右手螺旋方向。

楞次定律：闭合回路中所产生的感应电流，总是使它自己所激发的磁场去阻碍引起感应电动势的磁通量的变化，即增反减同、增缩减扩、来拒去留。

θ 或 S 发生变化，使得磁通量发生变化，产生的感应电动势称为动生电动势。

B 发生变化，使得磁通量发生变化，产生的感应电动势称为感生电动势。

二、动生电动势

将磁场不随时间变化，仅由导体或导体回路相对于磁场运动所产生的感应电动势称为动生电动势，其表达式为

$$E_i=\left|-\frac{d\Phi_m}{dt}\right|=\frac{d}{dt}(Blx)=Bl\frac{dx}{dt}=Blv$$

一般表达式为

$$E_i=\int_a^b \boldsymbol{E}_k\cdot d\boldsymbol{l}=\int_a^b(\boldsymbol{v}\times\boldsymbol{B})\cdot d\boldsymbol{l}$$

$$dE_i=(\boldsymbol{v}\times\boldsymbol{B})\cdot d\boldsymbol{l}$$

动生电动势提供的电能是由外力做功所消耗的机械能转化而来的。

三、感生电动势

将处于静止状态的导体或导体回路，由于内部磁场变化而产生的感应电动势称为感生电动势，其表达式为

$$\begin{aligned}E_i&=\oint_l \boldsymbol{E}_k\cdot d\boldsymbol{l}=-\frac{d\Phi_m}{dt}\\&=-\frac{d}{dt}\int_S\boldsymbol{B}\cdot d\boldsymbol{S}\\&=-\int_S\frac{d\boldsymbol{B}}{dt}\cdot d\boldsymbol{S}\end{aligned}$$

静电场是保守场，感生电场的电场线是闭合的，为有旋场。

四、自感与互感

(1)自感：当回路中通有电流时，这一回路周围就有磁场存在，当回路中的电流发生变化

时，通过回路自身的磁通量也将发生变化，从而在自身回路中产生感应电动势。这种由于回路中的电流发生变化，而在自身回路中产生感应电动势的现象，称为自感现象，这样产生的感应电动势，称为自感电动势，用 E_L 表示。通过回路的磁链为

$$\Psi=LI$$

其中，L 为自感系数，简称自感，自感系数与回路的几何形状、大小、匝数、周围介质的磁导率等有关，其单位为 H。

由法拉第电磁感应定律，回路中所产生的自感电动势为

$$E_L=-\frac{\mathrm{d}\Psi}{\mathrm{d}t}=-\frac{\mathrm{d}(LI)}{\mathrm{d}t}=-\left(L\frac{\mathrm{d}I}{\mathrm{d}t}+I\frac{\mathrm{d}L}{\mathrm{d}t}\right)$$

上式的负号表示自感电动势的方向总是反抗回路中的电流的变化。

当 L 为常数时，有 $\frac{\mathrm{d}L}{\mathrm{d}t}=0$，因此

$$E_L=-L\frac{\mathrm{d}I}{\mathrm{d}t}$$

上式表明，当电流的变化率相同时，自感系数 L 越大的回路，其自感电动势也越大。

任何回路中只要有电流的改变，就必将在回路中产生自感电动势，以反抗回路中电流的改变。

(2)互感：当一个线圈中的电流发生变化时，必定在邻近的另一个线圈中产生感应电动势，反之亦然，这种现象称为互感现象，由此产生的感应电动势称为互感电动势。

设有两个邻近的线圈 1 与线圈 2，分别通有电流 I_1 与 I_2，当线圈 1 中的电流发生变化时，线圈 2 中就会产生互感电动势，反之亦然。当线圈 1 中的电流发生变化时，由毕奥-萨伐尔定律可以确定它在线圈 2 中所激发的磁感应强度 $\boldsymbol{B}_1$ 与 I_1 成正比，因此通过线圈 2 的磁链 Ψ_{21} 也与 I_1 成正比，即

$$\Psi_{21}=M_{21}I_1$$

同理，通过线圈 1 的磁链 Ψ_{12} 也与 I_2 成正比，即

$$\Psi_{12}=M_{12}I_2$$

上两式中 M_{21} 和 M_{12} 与两线圈的形状、大小、匝数、相对位置、周围磁介质的磁导率等有关，同时可以证明 $M_{21}=M_{12}$，不妨记为 M，定义其为两线圈的互感系数，简称互感，其单位为 H。于是

$$\Psi_{21}=MI_1,\quad \Psi_{12}=MI_2$$

由法拉第电磁感应定律，线圈 2 中所产生的互感电动势为

$$E_{21}=-\frac{\mathrm{d}\Psi_{21}}{\mathrm{d}t}=-M\frac{\mathrm{d}I_1}{\mathrm{d}t}$$

同理，线圈 1 中所产生的互感电动势为

$$E_{12}=-\frac{\mathrm{d}\Psi_{12}}{\mathrm{d}t}=-M\frac{\mathrm{d}I_2}{\mathrm{d}t}$$

上式的负号表示在一个线圈中所产生的互感电动势要反抗另一线圈中电流的变化产生的磁场变化。

五、磁场能量

当电流由零变化到恒定值 I 时，电源反抗自感电动势做的功为

$$W_L=\int \mathrm{d}W_L=\int_0^I LI\ \mathrm{d}I=\frac{1}{2}LI^2$$

产生的磁场能量为

$$W_{\mathrm{m}}=\frac{1}{2}LI^2$$

考虑一个长直螺线管，其管内充满磁导率为 μ 的磁介质，有

$$\begin{cases}L=\mu n^2 V\\ B=\mu nI\end{cases}$$

因此有

$$W_{\mathrm{m}}=\frac{1}{2}\frac{B^2}{\mu}V$$

其中，V 为长直螺线管内部空间的体积。因此磁场能量密度为

$$w_{\mathrm{m}}=\frac{W_{\mathrm{m}}}{V}=\frac{1}{2}\frac{B^2}{\mu}=\frac{1}{2}BH$$

可以证明上式为磁场能量密度的一般表达式，不限于长直螺线管这一特殊情况。

体积元内的磁场能量为

$$\mathrm{d}W_{\mathrm{m}}=w_{\mathrm{m}}\mathrm{d}V=\frac{B^2}{2\mu}\mathrm{d}V$$

而空间中某一体积 V 中的磁场能量为

$$W_{\mathrm{m}}=\int_V \mathrm{d}W_{\mathrm{m}}=\int_V w_{\mathrm{m}}\mathrm{d}V=\int_V \frac{B^2}{2\mu}\mathrm{d}V$$

§7.3　重难点分析

本章重点包括以下几个方面。

1. 法拉第电磁感应定律和楞次定律的理解及应用。
2. 动生电动势的产生条件及相关计算。
3. 感生电动势的产生条件及相关计算。
4. 自感电动势和互感电动势的计算。

本章难点主要集中在以下几个方面。

1. 运用楞次定律判定感应电动势的方向。
2. 感生电场的理解，感生电流方向的判定，感生电动势的计算。
3. 磁场能量的理解、分析与计算。

§7.4 典型习题详解

一、单选题

1. 用导线围成下列四个选项中所示的回路(以点 O 为圆心,加一直径),放在轴线通过点 O 垂直于纸面的圆柱形均匀磁场中,若磁场方向垂直于纸面向里,其大小随时间减小,则感应电流的方向正确的为(　　)。

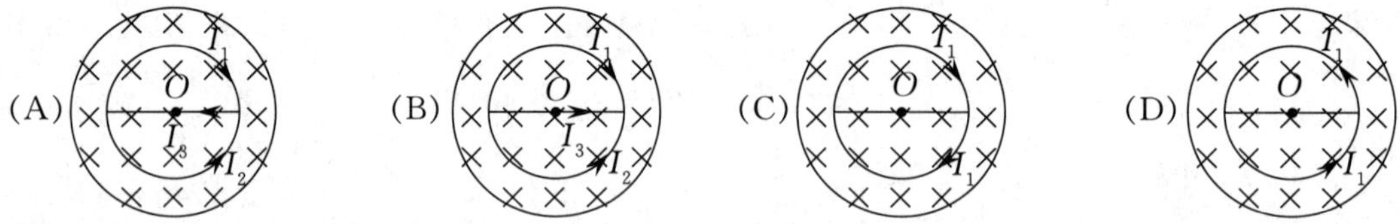

答案: C

解析: 由于磁感应强度随时间减小,因此回路里的感应电流方向应该是顺时针的。可以把圆形回路(加一直径)看成两个半圆形闭合回路,这两个半圆形回路以直径为共用边,显然这两个半圆形回路中感应电流的大小相等且都是顺时针方向的,而在它们的共用边(直径)上因感应电流方向刚好相反而抵消,最终使直径上的电流为零,电流只在圆形闭合回路内沿顺时针方向流动。

2. 圆铜盘水平放置在均匀磁场中,磁感应强度 $\boldsymbol{B}$ 的方向垂直于盘面向上。当铜盘绕通过中心垂直于盘面的轴 OO' 沿图 7-1 所示的方向转动时,(　　)。

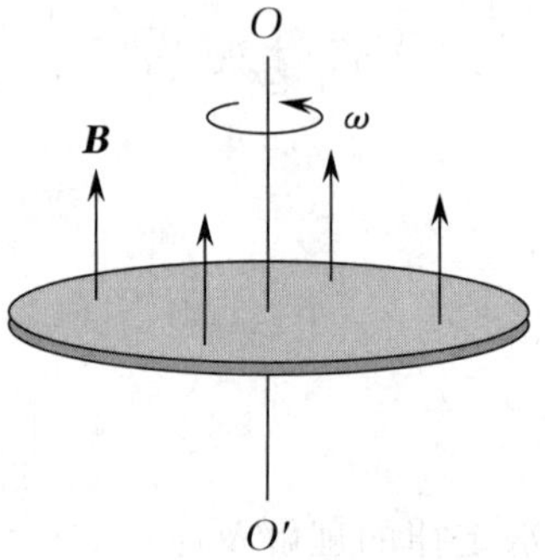

图 7-1　题 2 图

(A)铜盘上有感应电流产生,沿着铜盘转动的相反方向流动

(B)铜盘上有感应电流产生,沿着铜盘转动的方向流动

(C)铜盘上产生涡流

(D)铜盘上有感应电动势产生,铜盘边缘处电势最高

(E)铜盘上有感应电动势产生,铜盘中心处电势最高

答案： D

解析： 将铜盘看成由无数根通过铜盘中心的导线组成。根据动生电动势的表达式

$$E_i = \int (\boldsymbol{v} \times \boldsymbol{B}) \cdot \mathrm{d}\boldsymbol{l}$$

可以判定铜盘边缘处电势比中心处电势高。

3. 两根无限长平行直导线载有大小相等、方向相反的电流 I，并各以 $\frac{\mathrm{d}I}{\mathrm{d}t}$ 的变化率增大，一矩形线圈位于导线平面内（见图 7-2），则（　　）。

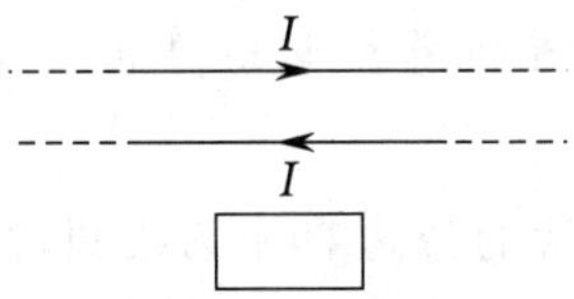

图 7-2　题 3 图

(A)线圈中无感应电流　　(B)线圈中感应电流的方向为顺时针方向

(C)线圈中感应电流为逆时针方向　　(D)线圈中感应电流的方向不确定

答案： B

解析： 在矩形线圈所在处，下导线比上导线所产生的磁场大，而下导线产生的磁场的方向为垂直于纸面向外，上导线产生的磁场的方向为垂直于纸面向里，所以合磁场的方向为垂直于纸面向外。当电流变化时，磁场大小也跟着发生变化，所以磁通量也发生变化，电流增大，磁通量增大。根据楞次定律，感应电流所产生的磁场要试图阻碍磁通量的增加，所以感应电流的方向应该为顺时针方向。

4. 一块铜板垂直于磁场方向放在磁感应强度正在增大的磁场中时，铜板中出现的涡流（感应电流）将（　　）。

(A)加速铜板中磁场的增强　　(B)减缓铜板中磁场的增强

(C)对磁场不起作用　　(D)使铜板中的磁场反向

答案： B

解析： 感应电流会阻碍磁场的增强，但只是减缓其增强的速度（程度），无法改变其增强的事实。

5. 一导体圆线圈在均匀磁场中运动，能使其中产生感应电流的一种情况是（　　）。

(A)线圈绕自身直径轴转动，轴与磁场方向平行

(B)线圈绕自身直径轴转动，轴与磁场方向垂直

(C)线圈平面垂直于磁场并沿垂直于磁场的方向平移

(D)线圈平面平行于磁场并沿垂直于磁场的方向平移

答案： B

解析： 产生感应电流的根本原因在于通过线圈平面的磁通量发生变化。

如果磁场平行于线圈所在平面，那么通过线圈平面的磁通量恒为零，转动过程也一直保持

为零，所以不会产生感应电流，(A)选项错误。

如果磁场垂直于线圈所在平面，那么通过线圈平面的磁通量就是磁感应强度与线圈面积的乘积。转动过程中，线圈平面的法线方向与磁场之间的夹角发生变化，所以通过线圈的磁通量发生变化，线圈中有感应电流，(B)选项正确。

如果线圈平面垂直于磁场并沿垂直于磁场的方向平移，那么通过线圈的磁通量并没有发生变化，虽然线圈有切割磁感线，但产生的感应电动势相互抵消，所以感应电流为零，(C)选项错误。

如果线圈平面平行于磁场，则通过线圈的磁通量为零，平移过程中磁通量也一直保持为零，虽然线圈有切割磁感线，但产生的感应电动势相互抵消，所以感应电流为零，(D)选项错误。

6. 如图 7-3 所示，一载流螺线管的旁边有一圆线圈，欲使线圈中产生图示方向的感应电流 i，下列哪一种情况可以做到？(　　)。

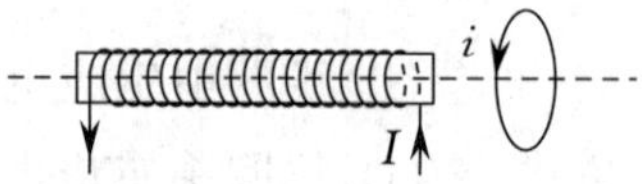

图 7-3　题 6 图

(A)载流螺线管向线圈靠近　　(B)载流螺线管远离线圈

(C)载流螺线管中电流增大　　(D)载流螺线管中插入铁芯

答案：B

解析：载流螺线管在线圈所在处产生的磁场的方向是从左到右的，而且靠近螺线管处的磁场较强，远离螺线管处的磁场较弱。

所以螺线管靠近线圈，相当于线圈靠近螺线管，通过线圈的磁通量是向右的，而且磁通量增大，根据楞次定律，感应电流产生的磁场应该要使通过线圈的磁通量减小，感应电流的方向应该与图示方向相反，(A)选项错误。

如果螺线管远离线圈，相当于线圈远离螺线管，通过线圈的磁通量是向右的，但磁通量减小，根据楞次定律，感应电流产生的磁场应该要使通过线圈的磁通量增大，感应电流的方向与图示方向相同，(B)选项正确。

如果载流螺线管中的电流增大，那么产生的磁场也增强，通过线圈的磁通量也增大，感应电流的方向应该与图示方向相反，(C)选项错误。

当通过的电流不变而在螺线管中插入铁芯时，根据有磁介质时的安培环路定理，螺线管内部的磁场发生变化，外部磁场并没有发生变化，所以通过线圈的磁通量也没有发生变化，线圈中不会产生感应电流，(D)选项错误。

7. 关于利用公式 $E_i = vBL$ 计算动生电动势的条件，下列叙述中错误的是(　　)。

(A)导线不一定是闭合回路中的一段

(B)切割速度 $\boldsymbol{v}$ 不一定必须(对时间)是常量

(C)导线不一定在均匀磁场中

(D)$\boldsymbol{B}$、导线和 $\boldsymbol{v}$ 三者必须相互垂直

答案： C

解析： 公式 $E_i=vBL$ 为动生电动势求解公式 $E_i=\int(\boldsymbol{v}\times\boldsymbol{B})\cdot \mathrm{d}\boldsymbol{l}$ 的特殊情形。$\boldsymbol{B}$、导线和 $\boldsymbol{v}$ 三者不垂直时，需要考虑 $\boldsymbol{B}$ 和 $\boldsymbol{v}$ 夹角的正弦以及二者所确定的平面和导线夹角的余弦。故三者必须互相垂直才能去掉矢量符号。而要想去掉积分符号，则要求各 $\mathrm{d}l$ 对应的 $v\times B$ 相同。只有在均匀磁场中才能保证导线运动过程中各 $\mathrm{d}l$ 对应的 B 相同。同样，各 $\mathrm{d}l$ 对应的 v 相同即可，并不要求 v 是常量。切割速度随时间变化时对应的感应电动势也是随时间变化的。

8. 如图 7-4 所示，导体棒(两端分别为 A、B)在磁感应强度为 $\boldsymbol{B}$ 的均匀磁场中绕通过点 C 的垂直于棒长且沿磁场方向的轴 OO' 转动(角速度 $\boldsymbol{\omega}$ 与 $\boldsymbol{B}$ 同方向)，BC 的长度为棒长 l 的 $\frac{1}{3}$，则(　　)。

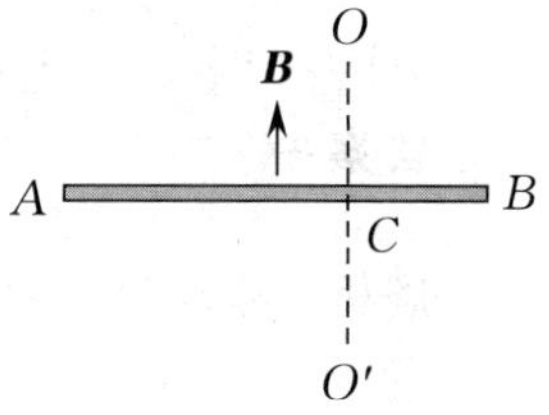

图 7-4　题 8 图

(A)点 A 比点 B 的电势高

(B)点 A 与点 B 的电势相等

(C)点 A 比点 B 的电势低

(D)有稳恒电流从点 A 流向点 B

答案： A

解析： 由动生电动势的表达式

$$E_i=\int(\boldsymbol{v}\times\boldsymbol{B})\cdot \mathrm{d}\boldsymbol{l}$$

可以判定点 A 比点 C 的电势高，点 B 也比点 C 的电势高。作为选择题，只需要判定 A、C 之间的电压大于 B、C 之间的电压，就可以得到点 A 与点 B 之间的电势关系。而由于导体棒没有构成闭合回路，因此其中没有电流。

现在计算一下 A、C 和 B、C 之间的电压：

$$U_{AC}=V_A-V_C=\int_C^A(\boldsymbol{v}\times\boldsymbol{B})\cdot \mathrm{d}\boldsymbol{l}=\int_0^{\frac{2l}{3}} vB\ \mathrm{d}l=\int_0^{\frac{2l}{3}} \omega lB\ \mathrm{d}l=\frac{1}{2}\omega B\left(\frac{2l}{3}\right)^2=\frac{2}{9}\omega Bl^2$$

$$U_{BC}=V_B-V_C=\int_C^B(\boldsymbol{v}\times\boldsymbol{B})\cdot \mathrm{d}\boldsymbol{l}=\int_0^{\frac{l}{3}} vB\ \mathrm{d}l=\int_0^{\frac{l}{3}} \omega lB\ \mathrm{d}l=\frac{1}{2}\omega B\left(\frac{l}{3}\right)^2=\frac{1}{18}\omega Bl^2$$

即 $U_{AC}>U_{BC}$，所以点 A 比点 B 的电势高。

9. 在真空中一个通有电流的线圈 a 所产生的磁场内有另一个线圈 b，a 和 b 的相对位置固定。若线圈 b 中电流为零(断路)，则线圈 b 与 a 间的互感系数(　　)。

(A)一定为零

(B)一定不为零

(C)可为零也可不为零，与线圈 b 中电流无关

(D)是不可能确定的

答案： C

解析：互感系数与两个线圈的形状、位置等有关，与线圈中是否通电无关。计算互感系数的基本思路是假定一个线圈中通有电流，计算另一线圈中的磁通量或磁链，二者相除即为互感系数。

10. 有两个长直密绕螺线管，它们的长度及线圈匝数均相同，半径分别为 r_1 和 r_2，管内充满均匀介质，其磁导率分别为 μ_1 和 μ_2。设 $r_1:r_2=1:2$，$\mu_1:\mu_2=2:1$，当将两个螺线管串联在电路中通电稳定后，其自感系数之比 $L_1:L_2$ 与磁场能量之比 $W_{m1}:W_{m2}$ 分别为(　　)。

(A)$L_1:L_2=1:1$，$W_{m1}:W_{m2}=1:1$

(B)$L_1:L_2=1:2$，$W_{m1}:W_{m2}=1:1$

(C)$L_1:L_2=1:2$，$W_{m1}:W_{m2}=1:2$

(D)$L_1:L_2=2:1$，$W_{m1}:W_{m2}=2:1$

答案：C

解析：螺线管内的磁场与螺线管的半径无关，与磁导率成正比$\left(\text{根据有磁介质时的安培环路定理可以求得 } H=\dfrac{NI}{L} \text{ 与半径无关，而 } B=\mu H\right)$，所以，当两个螺线管串联在电路中时，通过的电流相等，从而 $B_1:B_2=\mu_1:\mu_2=2:1$。而通过线圈的磁链 $\Psi=NBS=NB\pi r^2$，所以

$$\frac{\Psi_1}{\Psi_2}=\frac{N_1B_1\pi r_1^2}{N_2B_2\pi r_2^2}=2\times\left(\frac{1}{2}\right)^2=1:2$$

因此，自感系数之比为

$$\frac{L_1}{L_2}=\frac{\Psi_1/I_1}{\Psi_2/I_2}=1:2$$

而磁场能量之比为

$$\frac{W_{m1}}{W_{m2}}=\frac{\frac{1}{2}L_1I_1^2}{\frac{1}{2}L_2I_2^2}=\frac{L_1}{L_2}=1:2$$

二、填空题

1. 如图 7-5 所示，在一长直导线 L 中通有电流 I，$ABCD$ 为一矩形线圈，它与 L 皆在纸面内，且 AB 边与 L 平行。(1)矩形线圈在纸面内向右移动时，线圈中感应电动势的方向为________；(2)矩形线圈绕 AD 边旋转，当 BC 边离开纸面正向外运动时，线圈中感应电动势的方向为________。

答案：$ADCBA$ 绕向，$ADCBA$ 绕向

解析：无限长载流直导线产生的磁感应强度可由安培环路定理得，即

$$\oint_L \boldsymbol{B}\cdot d\boldsymbol{l}=\mu_0 I$$

$$B \cdot 2\pi r = \mu_0 I$$

$$B = \frac{\mu_0 I}{2\pi r}$$

所以，越靠近载流导线，r 越小，磁感应强度越大，同一个 r 处，磁感应强度大小相等。另在由下向上的电流右侧，磁感应强度的方向为垂直于纸面向里。而法拉第电磁感应定律为

$$E_i = -\frac{d\Phi}{dt} = -\frac{d}{dt}\int_S \boldsymbol{B} \cdot d\boldsymbol{S}$$

所以当线圈向右移动时，磁感应强度变小，磁通量变小，感应电动势为正，即沿顺时针方向，为 $ADCBA$ 绕向。

若矩形线圈绕 AD 边旋转，当 BC 边离开纸面正向外运动时，磁通量也变小，因感应电动势也为正，即沿顺时针方向，为 $ADCBA$ 绕向。

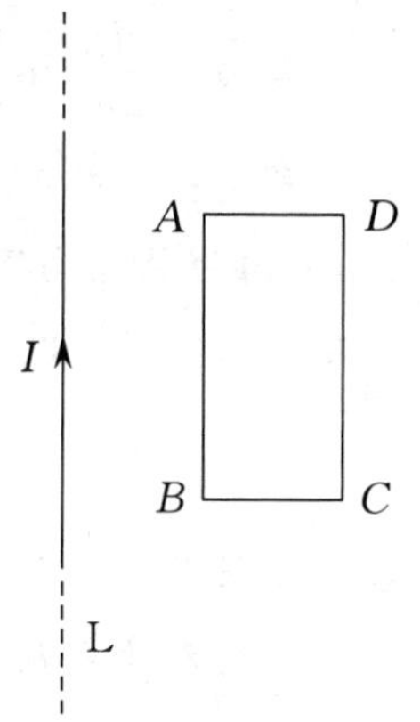

图 7-5　题 1 图

2. 在磁感应强度为 $\boldsymbol{B}$ 的均匀磁场中，有两条相距 l 的平行导体杆 AB、CD，它们的电阻均可略去不计，$\boldsymbol{B}$ 与两杆所确定的平面垂直并向外，如图 7-6 所示。电阻为 R 的导体杆 ab 和电阻为 r 的导体杆 cd 都横跨在 AB 和 CD 上。在 ab 杆滑动速率为 v，滑动方向向右，cd 杆静止的时刻，cd 杆所受安培力的大小为________；方向为________。

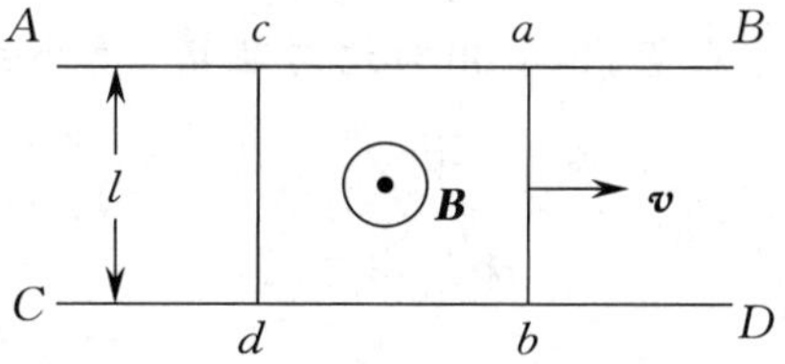

图 7-6　题 2 图

答案： $\dfrac{B^2 l^2 v}{R+r}$，向右

解析： ab 杆向右运动时，杆中产生的感应电动势的方向为从 a 到 b，大小为

$$E_i = \int_{ab} dE_i = \int_l (\boldsymbol{v} \times \boldsymbol{B}) \cdot d\boldsymbol{l} = vBl$$

在回路 $abcd$ 中产生感应电流，方向为 $abdca$ 绕向，大小为

$$I = \frac{E_i}{R+r} = \frac{vBl}{R+r}$$

对于 cd 杆，所受安培力大小为

$$F = \int_{cd} dF = \int_l IB\,dl = \int_l \frac{vBl}{R+r} B\,dl = \frac{B^2 l^2 v}{R+r}$$

由右手螺旋定则判断方向向右。

3. 如图 7-7 所示，一段长度为 l 的直导线 MN，水平放置在电流为 I 的竖直长导线旁并与竖直长导线共面，设它从静止由图示位置自由下落，则经过时间 t 后，导线 MN 两端的电势差 $V_M - V_N =$________。

答案：$\dfrac{\mu_0 Igt}{2\pi}\ln\dfrac{a}{a+l}$

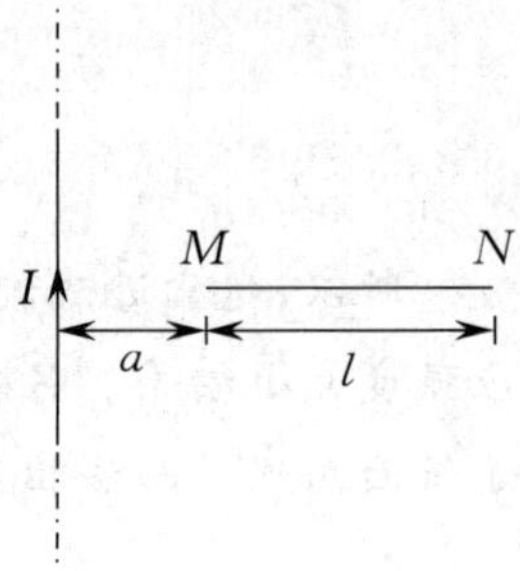

图 7-7　题 3 图

解析：导线 MN 做自由落体运动，经过时间 t 后，其速率为 $v=gt$，方向为竖直向下。竖直长导线周围的磁感应强度大小可以由安培环路定理求得，即

$$B=\frac{\mu_0 I}{2\pi r}$$

在竖直长导线右侧，磁感应强度的方向为垂直于纸面向里。导线 MN 中产生的动生电动势为

$$\mathrm{d}E=(\boldsymbol{v}\times\boldsymbol{B})\cdot\mathrm{d}\boldsymbol{l}=Bv\,\mathrm{d}r=\frac{\mu_0 Igt}{2\pi r}\mathrm{d}r$$

动生电动势的方向为由点 M 指向点 N，因此

$$V_M-V_N=\int_N^M\frac{\mu_0 Igt}{2\pi r}\mathrm{d}r=\frac{\mu_0 Igt}{2\pi}[\ln r]_{a+l}^{a}=\frac{\mu_0 Igt}{2\pi}\ln\frac{a}{a+l}$$

4. 半径为 a 的无限长密绕直螺线管，单位长度上的匝数为 n，通以交变电流 $i=I_{\mathrm{m}}\sin\omega t$，则围在管外的同轴圆形回路（半径为 r）上的感生电动势为________。

答案：$-\mu_0\pi\omega a^2 nI_{\mathrm{m}}\cos\omega t$

解析：螺线管的磁场只分布在管内，管内为均匀磁场，管外磁场为零。管内的磁感应强度可以由安培环路定理求得，即

$$\oint_L\boldsymbol{B}\cdot\mathrm{d}\boldsymbol{l}=\mu_0 I$$

$$B\cdot L=\mu_0 nLi$$

$$B=\mu_0 ni=\mu_0 nI_{\mathrm{m}}\sin\omega t$$

所以通过管外半径为 r 的同轴圆形回路的磁通量为

$$\Phi=\boldsymbol{B}\cdot\boldsymbol{S}=B\pi a^2=\mu_0\pi a^2 nI_{\mathrm{m}}\sin\omega t$$

注意这里只有管内部分有磁场，管外没有磁场，所以面积只能用螺线管的横截面面积。因此感生电动势为

$$E=-\frac{\mathrm{d}\Phi}{\mathrm{d}t}=-\mu_0\pi\omega a^2 nI_{\mathrm{m}}\cos\omega t$$

或者

$$E=-\frac{\mathrm{d}\Phi}{\mathrm{d}t}=-\int_S\frac{\mathrm{d}\boldsymbol{B}}{\mathrm{d}t}\cdot\mathrm{d}\boldsymbol{S}=-\mu_0 n\frac{\mathrm{d}i}{\mathrm{d}t}\pi a^2=-\mu_0\pi\omega a^2 nI_{\mathrm{m}}\cos\omega t$$

5. 无限长密绕直螺线管通有电流 I，内部充满均匀、各向同性的磁介质，磁导率为 μ。管的单位长度上绕有 n 匝导线，则管内部的磁感应强度为________，内部的磁场能量密度为________。

答案：μnI，$\dfrac{1}{2}\mu n^2 I^2$

解析：对于管内磁场，可先由有磁介质时的安培环路定理求得磁场强度，再求得磁感应

强度：

$$\oint_L \boldsymbol{H} \cdot d\boldsymbol{l} = \sum I_i$$

$$\boldsymbol{H} \cdot \boldsymbol{L} = nLI$$

$$H = nI$$

$$B = \mu H = \mu nI$$

而磁场能量密度为

$$w_m = \frac{1}{2}\boldsymbol{B} \cdot \boldsymbol{H} = \frac{1}{2}BH = \frac{1}{2}\mu H^2 = \frac{1}{2\mu}B^2 = \frac{1}{2}\mu n^2 I^2$$

三、计算题

1. 一半径 $r=10$ cm 的圆形回路放在磁感应强度大小 $B=0.8$ T 的均匀磁场中，回路平面与磁场垂直。当回路半径以恒定速率$\frac{dr}{dt}=80$ cm/s 收缩时，求回路中感应电动势的大小。

答案：通过回路的磁通量为

$$\Phi = BS = B\pi r^2$$

则回路中的感应电动势为

$$E_i = -\frac{d\Phi}{dt} = -\frac{d}{dt}(B\pi r^2) = -0.40\ \text{V}$$

回路中感应电动势的大小为 0.40 V。

2. 如图 7-8 所示，两条平行长直导线和一个矩形导线框共面。且导线框的一条边与长直导线平行，它到两长直导线的距离分别为 r_1、r_2。已知两长直导线中的电流都为 $I=I_0\sin\omega t$，其中 I_0 和 ω 为常数，t 为时间。导线框的长为 a、宽为 b，求导线框中的感应电动势。

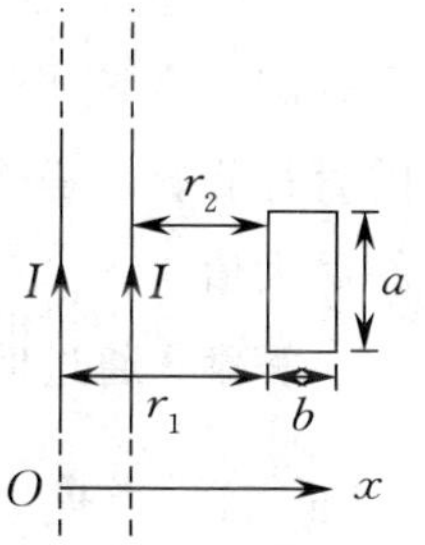

图 7-8　题 2 图

答案：可由安培环路定理求得在任意时刻 t 两长直导线产生的磁感应强度：

$$\oint_L \boldsymbol{B} \cdot d\boldsymbol{l} = \mu_0 I$$

$$B_1 \cdot 2\pi x = \mu_0 I_0 \sin\omega t$$

$$B_1 = \frac{\mu_0 I_0 \sin\omega t}{2\pi x}$$

$$B_2 \cdot [2\pi(x - r_1 + r_2)] = \mu_0 I_0 \sin\omega t$$

$$B_2 = \frac{\mu_0 I_0 \sin\omega t}{2\pi(x - r_1 + r_2)}$$

在线框所在处，两个磁感应强度的方向都是垂直于纸面向里，所以总的磁感应强度的方向也是垂直于纸面向里，大小为

$$B=B_1+B_2=\frac{\mu_0 I_0\sin\omega t}{2\pi}\left(\frac{1}{x}+\frac{1}{x-r_1+r_2}\right)$$

因此通过线框的磁通量为

$$\Phi=\int_{r_1}^{r_1+b}Ba\ \mathrm{d}x=\int_{r_1}^{r_1+b}\frac{\mu_0 I_0\sin\omega t}{2\pi}\left(\frac{1}{x}+\frac{1}{x-r_1+r_2}\right)a\,\mathrm{d}x$$

$$=\frac{\mu_0 a I_0\sin\omega t}{2\pi}[\ln x+\ln(x-r_1+r_2)]_{r_1}^{r_1+b}=\frac{\mu_0 a I_0\sin\omega t}{2\pi}\ln\frac{(r_1+b)(r_2+b)}{r_1 r_2}$$

这里，以垂直于纸面向里为磁通量的正方向，所以顺时针方向为感应电流和感应电动势的正方向。因此导线框中的感应电动势为

$$E_{\mathrm{i}}=-\frac{\mathrm{d}\Phi}{\mathrm{d}t}=-\frac{\mu_0 a I_0\omega\cos\omega t}{2\pi}\ln\frac{(r_1+b)(r_2+b)}{r_1 r_2}$$

3. 如图 7-9 所示，在两平行的无限长载流直导线确定的平面内有一矩形线圈。两直导线中的电流方向相反、大小相等，且电流以$\frac{\mathrm{d}I}{\mathrm{d}t}$的变化率增大，求：(1)任意时刻线圈内所通过的磁通量；(2)线圈中的感应电动势。

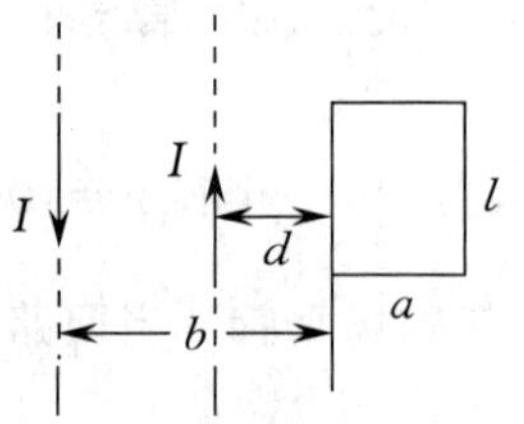

图 7-9　题 3 图

答案：(1)任意时刻线圈内所通过的磁通量为

$$\Phi=\int_b^{b+a}\frac{\mu_0 I}{2\pi r}l\,\mathrm{d}r-\int_d^{d+a}\frac{\mu_0 I}{2\pi r}l\,\mathrm{d}r=\frac{\mu_0 I l}{2\pi}\left(\ln\frac{b+a}{b}-\ln\frac{d+a}{d}\right)$$

(2)线圈中的感应电动势为

$$E_{\mathrm{i}}=-\frac{\mathrm{d}\Phi}{\mathrm{d}t}=\frac{\mu_0 l}{2\pi}\left(\ln\frac{d+a}{d}-\ln\frac{b+a}{b}\right)\frac{\mathrm{d}I}{\mathrm{d}t}$$

4. 如图 7-10 所示，用一根硬导线弯成半径为 r 的一个半圆。令该半圆形导线在磁场中以频率 f 绕图中半圆的直径旋转。整个回路的电阻为 R，求该回路中感应电流的最大值。

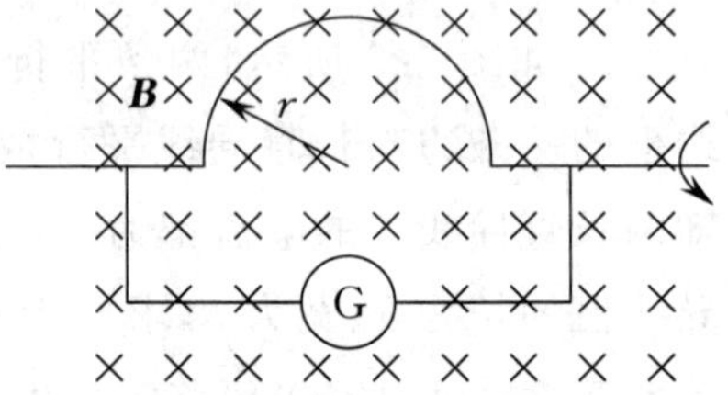

图 7-10　题 4 图

答案：通过回路中的磁通量为

$$\Phi=\boldsymbol{B}\cdot\boldsymbol{S}=\frac{B\pi r^2}{2}\cos(\omega t+\varphi_0)$$

感应电动势为

$$E_{\mathrm{i}}=-\frac{\mathrm{d}\Phi}{\mathrm{d}t}=\frac{B\pi r^2\omega}{2}\sin(\omega t+\varphi_0)$$

感应电动势的最大值为

$$E_{\mathrm{m}}=\frac{B\pi r^2\omega}{2}=\frac{B\pi r^2}{2}2\pi f=\pi^2 r^2 Bf$$

则回路中感应电流的最大值为

$$I=\frac{E_{\mathrm{m}}}{R}=\frac{\pi^2 r^2 Bf}{R}$$

5. 长度为 l 的金属杆 ab 以速率 v 在导轨 $abcd$ 上平移。已知导轨处于磁感应强度大小为

B 的均匀磁场中，$\boldsymbol{B}$ 的方向与回路的法线成 60°角，如图 7-11 所示，$\boldsymbol{B}$ 的大小为 $B=kt$（k 为正值常量）。设 $t=0$ 时杆位于 cd 处，求：在任意时刻 t，回路中感应电动势的大小和方向。

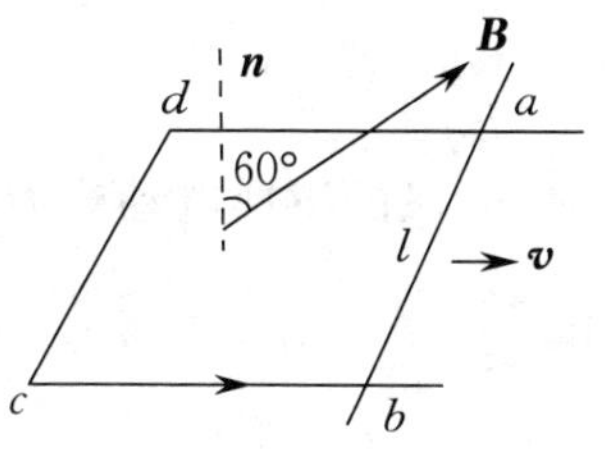

图 7-11　题 5 图

答案：通过回路的磁通量为

$$\Phi=\int \boldsymbol{B}\cdot \mathrm{d}\boldsymbol{S}=Blvt\cos 60^\circ=\frac{1}{2}klvt^2$$

则回路中感应电动势的大小为

$$E_i=\frac{\mathrm{d}\Phi}{\mathrm{d}t}=klvt$$

方向沿 $abcda$ 方向，即顺时针方向。

6. 一矩形导线框以恒定的速度 $\boldsymbol{v}$ 向右穿过一均匀磁场，$\boldsymbol{B}$ 的方向如图 7-12(a)所示。取逆时针方向为电流正方向，画出线框中电流与时间的关系（设导线框刚进入磁场时 $t=0$）。

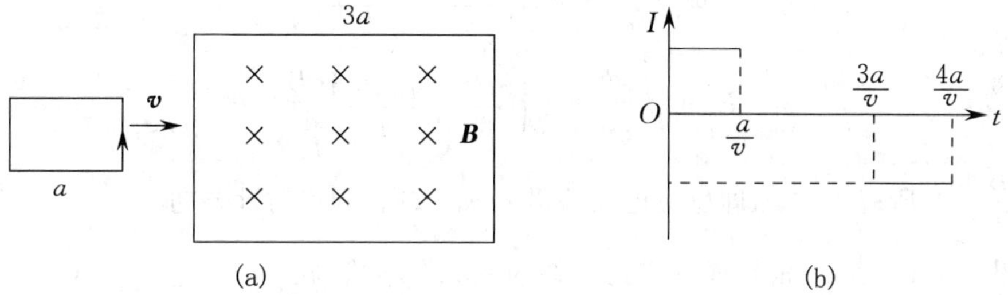

图 7-12　题 6 图

答案：由题意知逆时针方向为矩形导线框的正方向，则进入磁场时：$\frac{\mathrm{d}\Phi}{\mathrm{d}t}<0, E>0$；

在磁场中时：$\frac{\mathrm{d}\Phi}{\mathrm{d}t}=0, E_i=0$；

出磁场时：$\frac{\mathrm{d}\Phi}{\mathrm{d}t}>0, E_i<0$。

故 I-t 曲线如图 7-12(b)所示。

7. 磁感应强度为 $\boldsymbol{B}$ 的均匀磁场中充满一半径为 R 的圆柱形空间，一金属杆放在图 7-13 所示位置，杆长为 $2R$，其中一半在磁场内、另一半在磁场外。当 $\frac{\mathrm{d}B}{\mathrm{d}t}>0$ 时，求：杆两端的感应电动势的大小和方向。

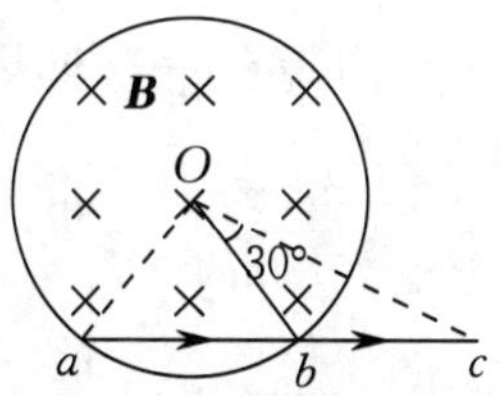

图 7-13　题 7 图

答案：如图 7-13 所示，连接 Oa、Ob、Oc。由感生电场的性质可知，$\boldsymbol{E}_k$ 为逆时针方向并垂直于半径，故 Oa、Ob、Oc 段均不产生感应电动势。根据法拉第电磁感应定律可知：ab 段的感应电动势为

$$E_{ab}=-\frac{\mathrm{d}\Phi_1}{\mathrm{d}t}=-\frac{\mathrm{d}}{\mathrm{d}t}\left(-\frac{\sqrt{3}}{4}R^2B\right)=\frac{\sqrt{3}R^2}{4}\frac{\mathrm{d}B}{\mathrm{d}t}$$

bc 段的感应电动势为

$$E_{bc}=-\frac{\mathrm{d}\Phi_2}{\mathrm{d}t}=-\frac{\mathrm{d}}{\mathrm{d}t}\left(-\frac{\pi}{12}R^2B\right)=\frac{\pi R^2}{12}\frac{\mathrm{d}B}{\mathrm{d}t}$$

则 ac 段的感应电动势为

$$E_{ac}=E_{ab}+E_{bc}=\left(\frac{\sqrt{3}R^2}{4}+\frac{\pi R^2}{12}\right)\frac{\mathrm{d}B}{\mathrm{d}t}$$

因为$\frac{\mathrm{d}B}{\mathrm{d}t}>0$，所以 $E_{ac}>0$，即感应电动势的方向为从 a 到 c。

8. 半径为 R 的直螺线管中，有$\frac{\mathrm{d}B}{\mathrm{d}t}>0$ 的磁场，一任意闭合导线 $abca$，一部分在螺线管内绷直成 ab 弦，a、b 两点与螺线管绝缘，如图 7-14 所示。设 $ab=R$，试求：闭合导线中的感应电动势。

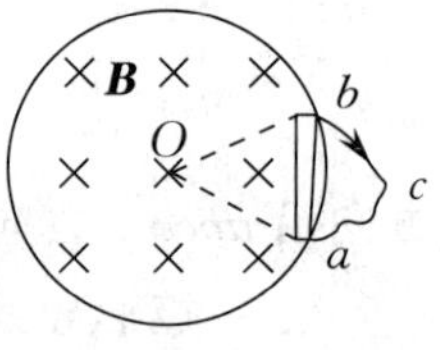

图 7-14　题 8 图

答案：通过闭合导线 $abca$ 内的磁通量为

$$\Phi=\boldsymbol{B}\cdot\boldsymbol{S}=B\left(\frac{\pi R^2}{6}-\frac{\sqrt{3}R^2}{4}\right)$$

$$E_{\mathrm{i}}=-\frac{\mathrm{d}\Phi}{\mathrm{d}t}=-\left(\frac{\pi R^2}{6}-\frac{\sqrt{3}R^2}{4}\right)\frac{\mathrm{d}B}{\mathrm{d}t}$$

由于$\frac{\mathrm{d}B}{\mathrm{d}t}>0$，所以 $E_{\mathrm{i}}<0$，即感应电动势沿 $acba$ 方向，为逆时针方向。

9. 如图 7-15 所示，一根导线弯成抛物线 $y=ax^2$ 形状，放在均匀磁场中。磁感应强度 $\boldsymbol{B}$ 与 Oxy 平面垂直，长直细杆 CD 平行于 x 轴并以加速度 a 从抛物线的底部向开口处做平动。求 CD 与点 O 距离为 y 时回路中产生的感应电动势。

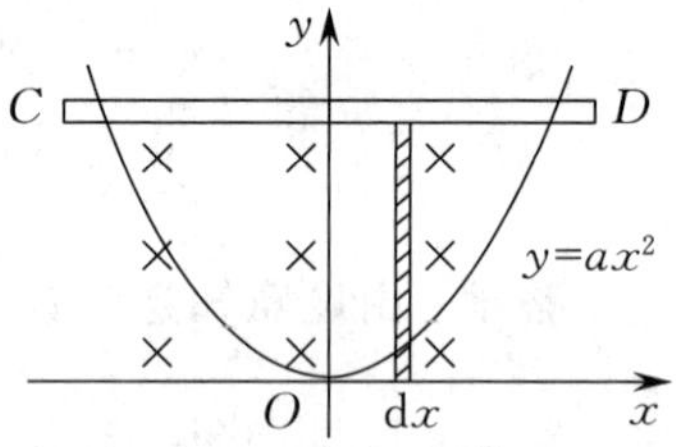

图 7-15　题 9 图

答案：计算通过抛物线与 CD 围成的平面图形的磁通量：

$$\Phi=2\int B\ \mathrm{d}S=2\int_0^{\sqrt{\frac{y}{a}}}B(y-ax^2)\mathrm{d}x=\frac{4B}{3\sqrt{a}}y^{\frac{3}{2}}$$

$$E_{\mathrm{i}}=-\frac{\mathrm{d}\Phi}{\mathrm{d}t}=-\frac{2B}{\sqrt{a}}y^{\frac{1}{2}}\frac{\mathrm{d}y}{\mathrm{d}t}=-\frac{2B}{\sqrt{a}}\sqrt{y}\,v$$

由于 $v^2=2ay$，因此

$$v=\sqrt{2ay}$$

$$E_{\mathrm{i}}=-\frac{\mathrm{d}\Phi}{\mathrm{d}t}=-\frac{2B}{\sqrt{a}}\sqrt{y}\sqrt{2ay}=-2\sqrt{2}By$$

E_{i} 沿 ODC 方向，即逆时针方向。

10. 如图 7-16 所示，载有电流 I 的长直导线附近，放一导体半圆环 MeN 与长直导线共面，且端点 M、N 的连线与长直导线垂直。半圆环的半径为 b，环心 O 与长直导线相距 a。设半圆环以速度 $\boldsymbol{v}$ 平行于长直导线平移，求半圆环内感应电动势的大小和方向及 M、N 两端的电势差V_M-V_N。

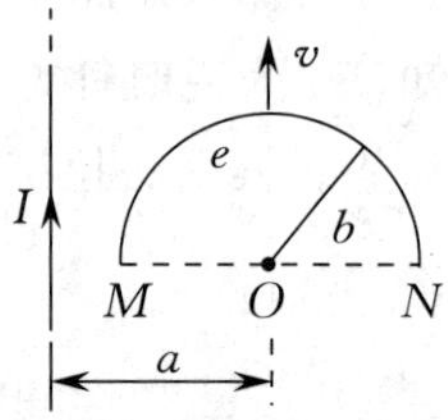

图 7-16　题 10 图

答案：作辅助线 MN，则在 $MeNM$ 回路中，当回路以速度 $\boldsymbol{v}$ 运动时：

$$\mathrm{d}\Phi=0$$

$$E_{MeNM}=0$$

$$E_{MeN}=E_{MN}$$

由于

$$E_{MN}=\int_{a-b}^{a+b} vB\cos\pi\mathrm{d}l=\frac{\mu_0 Iv}{2\pi}\ln\frac{a-b}{a+b}<0$$

因此 E_{MeN} 沿 NeM 方向，大小为 $\frac{\mu_0 Iv}{2\pi}\ln\frac{a+b}{a-b}$。

M 端的电势高于 N 端的电势，即

$$V_M-V_N=\frac{\mu_0 Iv}{2\pi}\ln\frac{a+b}{a-b}$$

11. 如图 7-17 所示，长直导线通有电流 $I=5$ A，在其右方放一长方形线圈，两者共面。线圈的长 $b=0.06$ m，宽 $a=0.04$ m，线圈以速率 $v=0.03$ m/s 垂直于长直导线向右平移。求：$d=0.05$ m 时线圈中感应电动势的大小和方向。

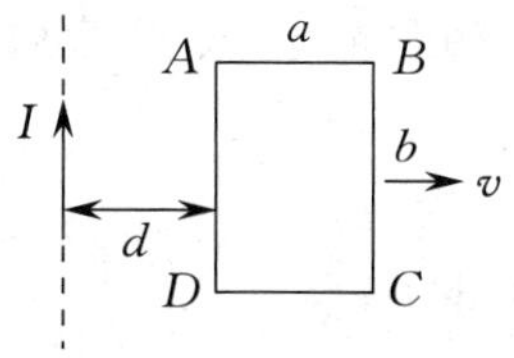

图 7-17 题 11 图

答案：AB、CD 在向右平移过程中不切割磁感线，故其中不产生感应电动势。

DA 中产生的感应电动势为

$$E_1=\int_D^A(\boldsymbol{v}\times\boldsymbol{B})\cdot\mathrm{d}\boldsymbol{l}=vBb=vb\ \frac{\mu_0 I}{2\pi d}$$

BC 中产生的感应电动势为

$$E_2=\int_B^C(\boldsymbol{v}\times\boldsymbol{B})\cdot\mathrm{d}\boldsymbol{l}=-vb\ \frac{\mu_0 I}{2\pi(d+a)}$$

则回路中总的感应电动势为

$$E=E_1+E_2=\frac{\mu_0 Ibv}{2\pi}\left(\frac{1}{d}-\frac{1}{d+a}\right)=1.6\times10^{-8}\ \mathrm{V}$$

方向为顺时针方向。

12. 导线(两端分别为 a、b)长为 l，绕过点 O 的竖直轴以匀角速度 ω 转动，$aO=\frac{l}{3}$，磁感应强度 $\boldsymbol{B}$ 平行于转轴，如图 7-18 所示。(1)求导线两端的电势差；(2)导线哪一端的电势高？

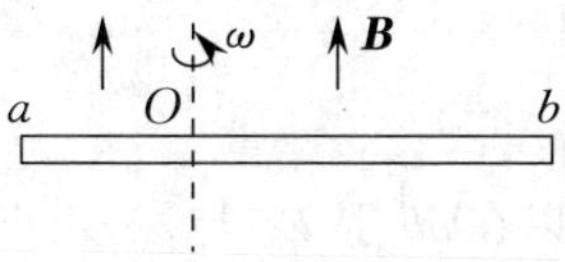

图 7-18 题 12 图

答案：(1)在 Ob 上取 $r\to r+\mathrm{d}r$ 一小段，有

$$E_{Ob}=\int_0^{\frac{2l}{3}}\omega rB\ \mathrm{d}r=\frac{2B\omega}{9}l^2$$

同理可得

$$E_{Oa}=\int_0^{\frac{l}{3}}\omega rB\ \mathrm{d}r=\frac{B\omega}{18}l^2$$

$$E_{ab}=E_{Ob}-E_{Oa}=\frac{1}{6}B\omega l^2$$

即导线两端的电势差为$\frac{1}{6}B\omega l^2$。

(2)因 $E_{ab}>0$,即 $V_a-V_b<0$,故点 b 的电势高。

13. 如图 7-19 所示,长度为 $2b$ 的金属杆(两端分别为 A、B)位于两无限长直导线所在平面的正中间,并以速度 $\boldsymbol{v}$ 平行于两直导线运动。两直导线通有大小相等、方向相反的电流 I,相距 $2a$。试求:金属杆两端的电势差及感应电动势的方向。

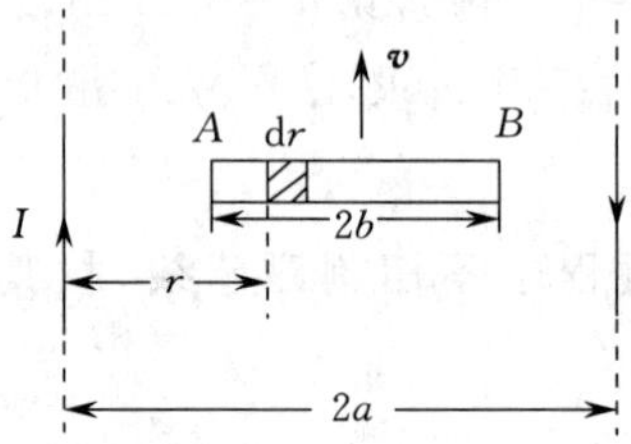

图 7-19　题 13 图

答案: 在金属杆上取 $\mathrm{d}r$,其距左边直导线为 r,则

$$E_{AB}=\int_A^B(\boldsymbol{v}\times\boldsymbol{B})\cdot\mathrm{d}\boldsymbol{l}=\int_{a-b}^{a+b}-\frac{\mu_0 Iv}{2\pi}\left(\frac{1}{r}+\frac{1}{2a-r}\right)\mathrm{d}r=-\frac{\mu_0 Iv}{\pi}\ln\frac{a+b}{a-b}<0$$

因此感应电动势的方向为从 B 到 A,即图中从右到左,金属杆两端的电势差为

$$U_{AB}=\frac{\mu_0 Iv}{\pi}\ln\frac{a+b}{a-b}$$

14. 如图 7-20 所示,在垂直于直螺线管管轴的平面上放置导体 ab 于直径位置,另一导体 cd 在一弦上,导体均与螺线管绝缘。在螺线管接通电源的瞬间,管内磁场的方向如图 7-20 所示。试求:(1)导体 ab 两端的电势差;(2)c、d 两点电势高低的情况。

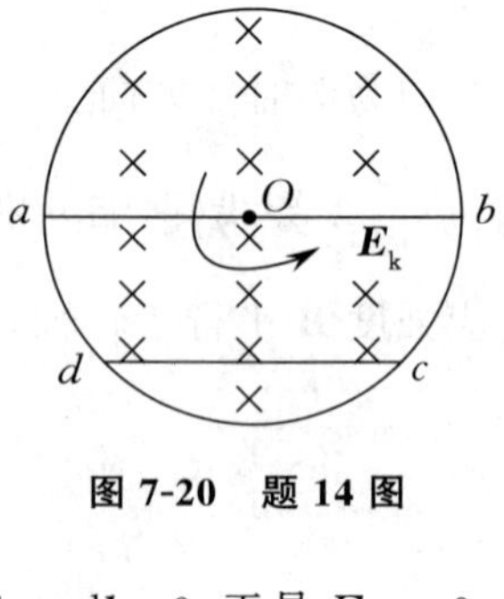

图 7-20　题 14 图

答案: 由 $\oint_l \boldsymbol{E}_\mathrm{k}\cdot\mathrm{d}\boldsymbol{l}=-\int_S\frac{\mathrm{d}\boldsymbol{B}}{\mathrm{d}t}\cdot\mathrm{d}\boldsymbol{S}$ 可知,此时 $\boldsymbol{E}_\mathrm{k}$ 以点 O 为中心沿逆时针方向。

(1)因为 ab 是位于直径位置,所以在 ab 上 $\boldsymbol{E}_\mathrm{k}$ 与 ab 处处垂直,即$\oint_l \boldsymbol{E}_\mathrm{k}\cdot\mathrm{d}\boldsymbol{l}=0$,于是 $E_{ab}=0$,$U_a=U_b$。

(2)同理,$E_{dc}=\oint_{dc}\boldsymbol{E}_\mathrm{k}\cdot\mathrm{d}\boldsymbol{l}>0$,即 $U_d-U_c<0$,$U_c>U_d$。

15. 一无限长直导线和一正方形线圈按图 7-21 所示的方式放置(导线与线圈接触处绝缘)。求:线圈与长直导线间的互感系数。

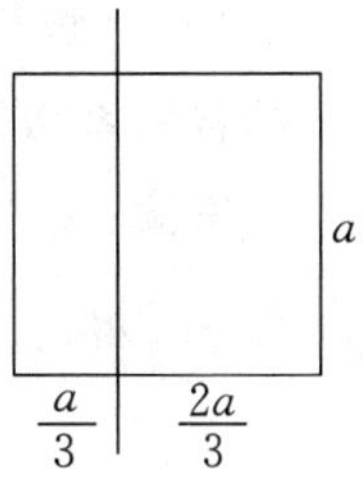

图 7-21　题 13 图

答案:设长直导线中的电流为 I,其产生的磁场通过正方形线圈的磁通量为

$$\Phi_{12}=\int_{a/3}^{2a/3}\frac{\mu_0 Ia}{2\pi r}=\frac{\mu_0 Ia}{2\pi}\ln 2$$

$$M=\frac{\Phi_{12}}{I}=\frac{\mu_0 a}{2\pi}\ln 2$$

16.一矩形线圈的长为 $a=20$ cm,宽为 $b=10$ cm,由 100 匝表面绝缘的导线绕成,放在一无限长直导线的旁边且两者共面。求:在图 7-22(a)和(b)两种情况下,线圈与长直导线间的互感系数。

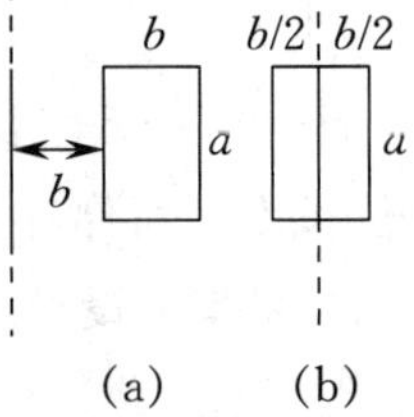

图 7-22　题 16 图

答案:(a)设长直导线中的电流为 I,它产生的磁场通过矩形线圈的磁通量为

$$\Phi_{12}=\int_S \boldsymbol{B}\cdot \mathrm{d}\boldsymbol{S}=\frac{\mu_0 Ia}{2\pi}\int_b^{2b}\frac{\mathrm{d}r}{r}=\frac{\mu_0 Ia}{2\pi}\ln 2$$

$$M=\frac{N\Phi_{12}}{I}=N\frac{\mu_0 a}{2\pi}\ln 2=2.8\times 10^{-6}\ \mathrm{H}$$

(b)因为长直导线产生的磁场通过矩形线圈的磁通量 $\Phi_{12}=0$,所以 $M=0$。

17. 两根平行长直导线,横截面的半径都是 a,中心相距 d,两导线属于同一回路。设两导线内部的磁通量可忽略不计,证明:这样一对导线的长度为 l 的一段的自感系数为

$$L=\frac{\mu_0 l}{\pi}\ln\frac{d-a}{a}$$

答案:如图 7-23 所示,取 $\mathrm{d}S=l\,\mathrm{d}r$,则

$$\Phi=\int_a^{d-a}\left[\frac{\mu_0 I}{2\pi r}+\frac{\mu_0 I}{2\pi(d-r)}\right]l\ \mathrm{d}r=\frac{\mu_0 Il}{2\pi}\int_a^{d-a}\left(\frac{1}{r}-\frac{1}{r-d}\right)\mathrm{d}r$$

$$=\frac{\mu_0 Il}{2\pi}\left(\ln\frac{d-a}{a}-\ln\frac{a}{d-a}\right)=\frac{\mu_0 Il}{\pi}\ln\frac{d-a}{a}$$

$$L=\frac{\Phi}{I}=\frac{\mu_0 l}{\pi}\ln\frac{d-a}{a}$$

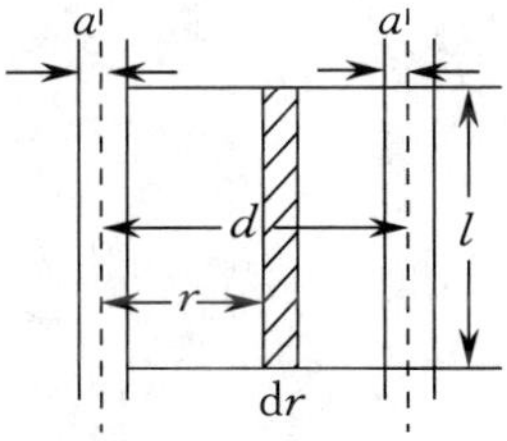

图 7-23　题 17 图

18. 两线圈顺串联后总自感系数为 1.0 H,在它们的形状和位置都不变的情况下,反串联后总自感系数为 0.4 H。试求它们之间的互感系数。

答案:顺串联时:

$$L=L_1+L_2+2M$$

反串联时:

$$L'=L_1+L_2-2M$$

所以

$$L-L'=4M\rightarrow M=\frac{L-L'}{4}=0.15\ \mathrm{H}$$

19. 一矩形截面的螺绕环如图 7-24 所示，共有 N 匝。(1)试求此螺绕环的自感系数；(2)若导线内通有电流 I，则螺绕环内的磁场能量为多少？

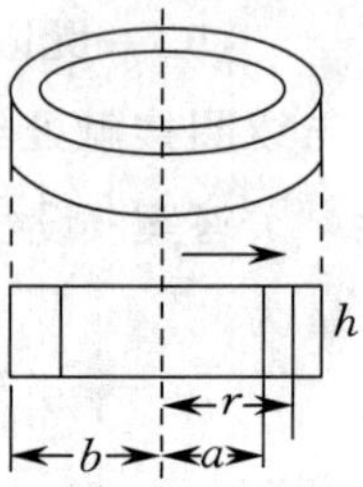

图 7-24　题 19 图

答案：(1)通过横截面的磁通量为

$$\Phi=\int_a^b \frac{\mu_0 NI}{2\pi r}h\,\mathrm{d}r=\frac{\mu_0 NIh}{2\pi}\ln\frac{b}{a}$$

磁链为

$$\Psi=N\Phi=\frac{\mu_0 N^2 Ih}{2\pi}\ln\frac{b}{a}$$

则此螺绕环的自感系数为

$$L=\frac{\Psi}{I}=\frac{\mu_0 N^2 h}{2\pi}\ln\frac{b}{a}$$

(2)若导线内通有电流 I，则螺绕环内的磁场能量为

$$W_\mathrm{m}=\frac{1}{2}LI^2=\frac{\mu_0 N^2 I^2 h}{4\pi}\ln\frac{b}{a}$$

20. 一无限长圆柱形直导线，其横截面各处的电流密度相等，总电流为 I。求：导线内部单位长度上所储存的磁场能量。

答案：设导线内点距导线中心 r，导线横截面半径为 R，则

$$B=\frac{\mu_0 Ir}{2\pi R^2}$$

$$w_\mathrm{m}=\frac{B^2}{2\mu_0}=\frac{\mu_0 I^2 r^2}{8\pi^2 R^4}$$

取 $\mathrm{d}V=2\pi r\,\mathrm{d}r$(因为单位长度的导线长 $l=1$)，则导线内部单位长度上所储存的磁场能量为

$$W_\mathrm{m}=\int_0^R w_\mathrm{m}2\pi r\,\mathrm{d}r=\int_0^R \frac{\mu_0 I^2 r^3\,\mathrm{d}r}{4\pi R^4}=\frac{\mu_0 I^2}{16\pi}$$

第 8 章　麦克斯韦方程组

§8.1　学习要求

1. 理解位移电流和位移电流密度的概念与含义。

2. 掌握麦克斯韦关于电磁场的两个基本假说。

3. 掌握麦克斯韦方程组的积分形式及其物理意义。

4. 了解麦克斯韦电磁场理论产生的历史过程以及该理论的意义和影响。

5. 了解电介质极化的微观机制,理解电介质对静电场的影响。

6. 理解电介质极化、极化电荷(也称束缚电荷)的概念与性质,掌握各向同性电介质中的极化规律及其计算方法。

7. 掌握有电介质时的高斯定理和有磁介质时的安培环路定理的内容及物理意义,能应用有电介质时的高斯定理求解某些电荷分布具有对称性的电场问题。

8. 理解磁化的概念,了解磁介质的分类方式及磁介质磁化的微观机制。

9. 理解磁化强度、磁场强度与磁化电流的概念和物理意义。

10. 掌握磁介质中的场方程及场的性质。

11. 了解铁磁质的分类、磁化规律及磁化机制。

§8.2　内容提要

一、麦克斯韦方程组

真空中的麦克斯韦方程组:对由静止电荷产生的电场和由稳恒电流产生的磁场,有

静电场的高斯定理　$$\oint_S \boldsymbol{E}\cdot \mathrm{d}\boldsymbol{S}=\frac{\sum q_i}{\varepsilon_0}$$

静电场的环路定理　$$\oint_L \boldsymbol{E}\cdot \mathrm{d}\boldsymbol{l}=0$$

静磁场的高斯定理　$$\oint_S \boldsymbol{B}\cdot \mathrm{d}\boldsymbol{S}=0$$

静磁场的安培环路定理 $\oint_L \boldsymbol{B} \cdot \mathrm{d}\boldsymbol{l} = \mu_0 \sum I_i = \mu_0 \sum I_c$

以上定理只是给出了静电场和静磁场的规律，对变化电场和变化磁场并不适用。

位移电流：通过电场中的某截面的位移电流等于通过该截面的电通量与真空介电常量乘积的时间变化率，即

$$I_d = S\,\frac{\mathrm{d}(\varepsilon_0 \Phi_e)}{\mathrm{d}t}$$

位移电流密度：电场中某点处的位移电流密度等于该点处电场强度与真空介电常量乘积的时间变化率，即

$$j_d = \frac{\mathrm{d}(\varepsilon_0 E)}{\mathrm{d}t}$$

全电流定律：在磁场中沿任意闭合回路，磁感应强度 $\boldsymbol{B}$ 的线积分在数值上等于穿过以该闭合回路为边界的任意曲面的传导电流和位移电流的代数和与 μ_0 的乘积，即

$$\oint_L \boldsymbol{B} \cdot \mathrm{d}\boldsymbol{l} = \mu_0 (I_c + I_d) = \mu_0 I_c + \mu_0 \varepsilon_0 \frac{\mathrm{d}\Phi_e}{\mathrm{d}t}$$

传导电流和位移电流是两个不同的物理概念。虽然在产生磁场方面，位移电流和传导电流是等效的，但在其他方面两者并不相同。传导电流意味着电荷的流动，而位移电流意味着电场的变化。传导电流通过导体时放出焦耳热，而位移电流通过空间或电介质时，并不放出焦耳热。在通常情况下，电介质中的电流主要是位移电流，传导电流可忽略不计。而在导体中则主要是传导电流，位移电流可以忽略不计。但在高频交变电流的情况下，导体内的位移电流和传导电流同样起作用，不可忽略。

麦克斯韦方程组：麦克斯韦引入涡旋电场和位移电流两个重要概念以后，首先对静电场和静磁场所遵从的场方程组加以修正和推广，使之可适用于一般的电磁场。

一般情况下，电场可能既包括静电场也包括涡旋电场，磁场既包括传导电流所产生的磁场，也包括位移电流所产生的磁场。修正后的麦克斯韦方程组为

$$\begin{cases} \oint_S \boldsymbol{E} \cdot \mathrm{d}\boldsymbol{S} = \dfrac{\sum q_i}{\varepsilon_0} \\ \oint_L \boldsymbol{E} \cdot \mathrm{d}\boldsymbol{l} = -\dfrac{\mathrm{d}\Phi_m}{\mathrm{d}t} = -\int_S \dfrac{\partial \boldsymbol{B}}{\partial t} \cdot \mathrm{d}\boldsymbol{S} \\ \oint_S \boldsymbol{B} \cdot \mathrm{d}\boldsymbol{S} = 0 \\ \oint_L \boldsymbol{B} \cdot \mathrm{d}\boldsymbol{l} = \mu_0 I_c + \mu_0 \varepsilon_0 \dfrac{\mathrm{d}\Phi_e}{\mathrm{d}t} \end{cases}$$

电磁波：1865 年，麦克斯韦在建立电磁场理论的同时预言了电磁波的存在，这一预言于 1888 年由赫兹通过电磁振荡实验证实。

真空中电磁波的传播速度为

$$c = \frac{1}{\sqrt{\varepsilon_0 \mu_0}} = 3 \times 10^8\ \mathrm{m/s}$$

二、电介质

电介质：几乎没有自由电荷的物质，其导电能力很差。

无极分子电介质：当外电场不存在时，分子中的负电荷对称地分布在正电荷的周围，正、负电荷的中心重合在一起，这种电介质称为无极分子电介质。

有极分子电介质：分子中的负电荷相对正电荷分布不对称，所以当外电场不存在时，分子的正、负电荷的中心也不重合，这种电介质称为有极分子电介质。

电介质的极化：在外电场的作用下，电介质出现极化电荷的现象。

位移极化：无极分子电介质是通过正、负电荷中心发生相对位移而产生极化现象的。

取向极化：有极分子电介质的极化在于等效电偶极子转向外电场方向，所以这种极化叫作取向极化。一般来说，有极分子电介质在取向极化的同时还存在着位移极化。

极化强度：对于各向同性电介质，在电场不太强的情况下，极化强度为

$$\boldsymbol{P}=\varepsilon_0(\varepsilon_r-1)\boldsymbol{E}=\chi_e\varepsilon_0\boldsymbol{E}$$

其中，ε_r 为电介质的相对介电常量，χ_e 为电介质的极化率。

极化电荷：$$q=-\oint_S \boldsymbol{P}\cdot \mathrm{d}\boldsymbol{S}$$

电位移：$$\boldsymbol{D}=\varepsilon_0\boldsymbol{E}+\boldsymbol{P}$$

对于各向同性电介质，有 $$\boldsymbol{D}=\varepsilon_0\varepsilon_r\boldsymbol{E}=\varepsilon\boldsymbol{E}$$

有电介质时的高斯定理：通过任意闭合曲面的电位移通量等于该闭合曲面包围的自由电荷的代数和，即

$$\oint_S \boldsymbol{D}\cdot\boldsymbol{S}=\sum q_i$$

三、磁介质

三种磁介质：顺磁质（$\mu_r>1$），抗磁质（$\mu_r<1$），铁磁质（$\mu_r\gg1$）。

磁化强度矢量：

$$\boldsymbol{M}=\chi_m\boldsymbol{H}$$

其中，χ_m 称为磁介质的磁化率。

相对磁导率：$\mu_r=1+\chi_m$。

面磁化电流密度：$\boldsymbol{j}'=\boldsymbol{M}\times\boldsymbol{e}_n$。

磁场强度：$\boldsymbol{H}=\dfrac{\boldsymbol{B}}{\mu_0}-\boldsymbol{M}$。

对于各向同性的磁介质：

$$\boldsymbol{B}=\mu_0\mu_r\boldsymbol{H}=\mu\boldsymbol{H}$$

其中，$\mu=\mu_0\mu_r$，称为磁介质的磁导率。

有磁介质时的安培环路定理：

$$\oint_L \boldsymbol{H} \cdot \mathrm{d}\boldsymbol{l} = \sum I_i$$

其中，$\sum I_i$ 是闭合路径 L 所包围的传导电流的代数和。

铁磁质：$\mu_r \gg 1$，且随磁场的强弱发生变化，有磁滞效应，只有在居里温度之下才显示铁磁性，可以用磁畴理论解释。

§8.3 重难点分析

本章重点包括以下几个方面。

1. 对位移电流假说的理解。
2. 麦克斯韦方程组的积分形式及其物理意义。
3. 电介质的极化规律与电磁性能方程的理解与应用。
4. 有电介质时的高斯定理和有磁介质时的安培环路定理及其应用。

本章难点主要集中在以下几个方面。

1. 对位移电流本质的理解。
2. 有电介质时的高斯定理及其应用。
3. 磁介质中相关问题的理解与计算。

§8.4 典型习题详解

一、单选题

1. 如图 8-1 所示，平板电容器（忽略边缘效应）充电时，对沿回路 L_1 的磁场强度 $\boldsymbol{H}$ 的环流与沿回路 L_2 的磁场强度 $\boldsymbol{H}$ 的环流，必有（　　）。

(A) $\oint_{L_1} \boldsymbol{H} \cdot \mathrm{d}\boldsymbol{l} > \oint_{L_2} \boldsymbol{H} \cdot \mathrm{d}\boldsymbol{l}$

(B) $\oint_{L_1} \boldsymbol{H} \cdot \mathrm{d}\boldsymbol{l} = \oint_{L_2} \boldsymbol{H} \cdot \mathrm{d}\boldsymbol{l}$

(C) $\oint_{L_1} \boldsymbol{H} \cdot \mathrm{d}\boldsymbol{l} < \oint_{L_2} \boldsymbol{H} \cdot \mathrm{d}\boldsymbol{l}$

(D) $\oint_{L_1} \boldsymbol{H} \cdot \mathrm{d}\boldsymbol{l} = 0$

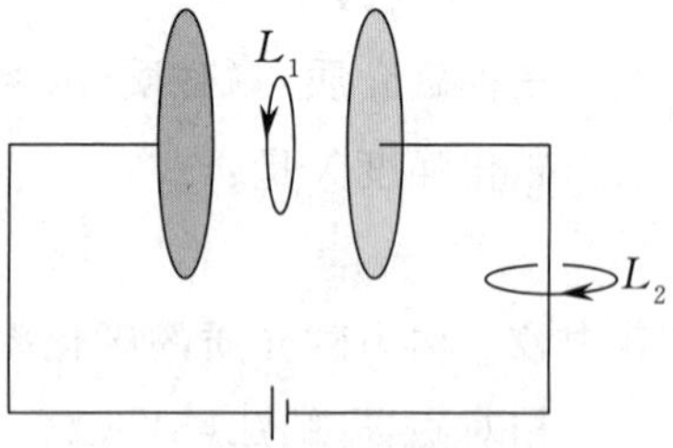

图 8-1　题 1 图

答案：C

解析：根据全电流定律$\oint_L \boldsymbol{H}\cdot d\boldsymbol{l}=I=I_c+I_d$，可得$\oint_{L_2}\boldsymbol{H}\cdot d\boldsymbol{l}=I_c$，这里的 I_c 就是充电过程中某个瞬间通过回路 L_2 中的传导电流。又有$\oint_{L_1}\boldsymbol{H}\cdot d\boldsymbol{l}=I_d$，这里的 I_d 只是通过回路 L_1 的位移电流，所以显然有

$$\oint_{L_1}\boldsymbol{H}\cdot d\boldsymbol{l}<\oint_{L_2}\boldsymbol{H}\cdot d\boldsymbol{l}$$

2. 对于位移电流，有下述四种说法，其中正确的是(　　)。

(A)位移电流是指变化的电场

(B)位移电流是由线性变化的磁场产生的

(C)位移电流的热效应服从焦耳-楞次定律

(D)位移电流的磁效应不服从安培环路定理

答案：A

解析：位移电流是指当介质中有非均匀电场作用时，电荷随电场变化而发生运动所产生的电流，与磁场没有直接关系。通过某一截面的位移电流等于通过该截面电位移通量对时间的变化率：

$$I_d=\frac{d\Phi_D}{dt}=\frac{d}{dt}\int_S \boldsymbol{D}\cdot d\boldsymbol{S}=\int_S\frac{\partial \boldsymbol{D}}{\partial t}\cdot d\boldsymbol{S}=\int_S \boldsymbol{j}_d\cdot d\boldsymbol{S}$$

其中，$\boldsymbol{j}_d=\dfrac{\partial \boldsymbol{D}}{\partial t}$称为位移电流密度矢量。

根据全电流定律，有

$$\oint_L \boldsymbol{H}\cdot d\boldsymbol{l}=I=I_c+I_d=\int_S(\boldsymbol{j}_c+\boldsymbol{j}_d)\cdot d\boldsymbol{S}$$

即位移电流与传导电流在产生磁场上的地位是相当的，它也满足安培环路定理。

焦耳定律或焦耳-楞次定律是定量说明传导电流将电能转换为热能的定律，其表达式为

$$Q=I^2Rt$$

位移电流与传导电流两者相比，唯一共同点仅在于都可以在空间产生磁场，但二者的本质是不同的：

(1)位移电流的本质是变化的电场，而传导电流则是自由电荷的定向运动，(A)选项正确，(B)选项错误；

(2)传导电流在通过导体时会产生焦耳热，而位移电流则不会产生焦耳热，位移电流也不会产生化学效应，(C)选项错误；

(3)位移电流也即变化的电场，可以存在于真空、导体、电介质中，而传导电流只能存在于导体中；

(4)位移电流的磁效应服从安培环路定理，(D)选项错误。

3. 在静电场中，作闭合曲面 S，若有$\oint_S \boldsymbol{D}\cdot d\boldsymbol{S}=0$(其中 $\boldsymbol{D}$ 为电位移矢量)，则 S 面内(　　)。

(A)既无自由电荷，也无极化电荷

(B)没有自由电荷

(C)自由电荷和极化电荷的代数和为零

(D)自由电荷的代数和为零

答案: D

解析: 有电介质时的高斯定理为

$$\oint_S \boldsymbol{D} \cdot \mathrm{d}\boldsymbol{S} = \sum q_0$$

上式右边为高斯面 S 所包围体积中所有自由电荷的代数和。

4. 在一点电荷 q 产生的静电场中,一块电介质按图 8-2 所示的方式放置,以点电荷所在处为球心作一球形闭合曲面 S,则对于此球形闭合曲面,(　　)。

(A)高斯定理成立,且可用它求出闭合曲面上各点的电场强度

(B)高斯定理成立,但不能用它求出闭合曲面上各点的电场强度

(C)由于电介质不对称分布,因此高斯定理不成立

(D)即使电介质对称分布,高斯定理也不成立

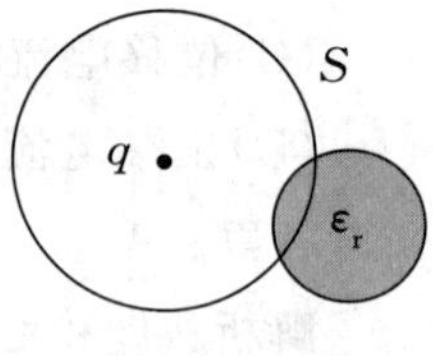

图 8-2　题 4 图

答案: B

解析: 有电介质时的高斯定理为

$$\oint_S \boldsymbol{D} \cdot \mathrm{d}\boldsymbol{S} = \sum q_0$$

它对于任意电场中的任意闭合曲面均成立。但要用它来求电场时,通常要求电荷分布具有某种对称性,并根据对称性选择适当的高斯面,目的在于能够把上式左边的电位移通量积分出来,所以要求所选择的高斯面至少能分成若干区域,在每个区域内,电位移通量可以表示成电位移矢量的大小与面积的乘积。题中的情形下,电荷对于球面上的电介质分布不对称,不能用高斯定理求解。

5. 关于静电场中的电位移线,下列说法中正确的是(　　)。

(A)起自正电荷,止于负电荷,不形成闭合线,不中断

(B)任何两条电位移线都相互平行

(C)起自正自由电荷,止于负自由电荷,任何两条电位移线在无自由电荷的空间都不相交

(D)电位移线只出现在有电介质的空间

答案: C

解析: 电位移线起自正自由电荷,止于负自由电荷,任何两条电位移线在无自由电荷的空间都不相交。

6. 如图 8-3 所示,M、P、O 为由软磁材料制成的棒,三者在同一平面内,当 K 闭合后,(　　)。

(A)M 的左端出现 N 极

(B)P 的左端出现 N 极

(C)O 的右端出现 N 极

(D)P 的右端出现 N 极

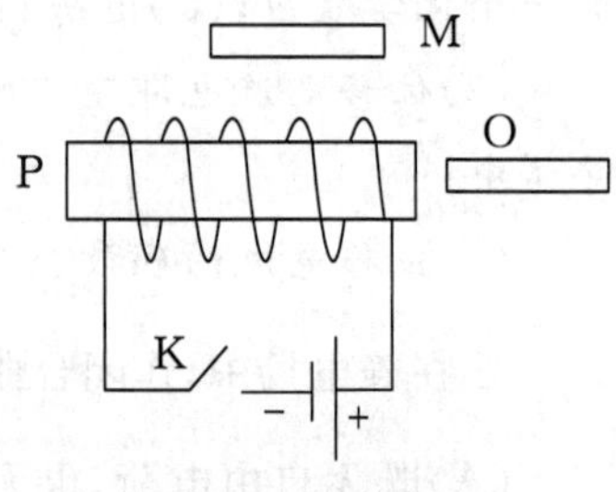

图 8-3　题 6 图

答案: B

解析：当 K 闭合后，电流从右边流入，由右手螺旋定则可知，螺线管左端为 N 极，右端为 S 极。根据同性磁极相斥、异性磁极相吸可得，M 的左端为 S 极，右端为 N 极，O 的左端为 N 极，右端为 S 极。

7. 关于稳恒电流产生的磁场的磁场强度 $\boldsymbol{H}$，下列几种说法中正确的是(　　)。

(A)$\boldsymbol{H}$ 仅与传导电流有关

(B)若闭合曲线内没有包围传导电流，则曲线上各点的 $\boldsymbol{H}$ 必为零

(C)若闭合曲线上各点的 $\boldsymbol{H}$ 均为零，则该曲线所包围传导电流的代数和为零

(D)以闭合曲线 L 为边缘的任意曲面的 $\boldsymbol{H}$ 通量均相等

答案：C

解析：有磁介质时的安培环路定理为

$$\oint_L \boldsymbol{H} \cdot \mathrm{d}\boldsymbol{l} = I$$

上式右边仅是传导电流，但左边的 $\boldsymbol{H}$ 是由传导电流和位移电流共同产生的磁场，(A)选项错误。如果闭合曲线内没有包围传导电流，只能说明 $\boldsymbol{H}$ 沿闭合曲线的环流为零，并不能说明闭合曲线上各点的 $\boldsymbol{H}$ 一定为零，(B)选项错误。同理，(C)选项正确。

磁场中的高斯定理为

$$\oint_S \boldsymbol{B} \cdot \mathrm{d}\boldsymbol{S} = 0$$

由此可得，以闭合曲线 L 为边缘的任意闭合曲面的 $\boldsymbol{B}$ 通量均相等。而不同区域的 $\boldsymbol{B}$ 和 $\boldsymbol{H}$ 的比例系数不一定相同，所以以闭合曲线 L 为边缘的任意闭合曲面的 $\boldsymbol{H}$ 通量不一定相等，(D)选项错误。

8. 磁介质有三种，用相对磁导率 μ_r 表征它们各自的特性时，(　　)。

(A)顺磁质 $\mu_r>0$，抗磁质 $\mu_r<0$，铁磁质 $\mu_r\gg1$

(B)顺磁质 $\mu_r>1$，抗磁质 $\mu_r=1$，铁磁质 $\mu_r\gg1$

(C)顺磁质 $\mu_r>1$，抗磁质 $\mu_r<1$，铁磁质 $\mu_r\gg1$

(D)顺磁质 $\mu_r<0$，抗磁质 $\mu_r<1$，铁磁质 $\mu_r>0$

答案：C

解析：磁化强度 $\boldsymbol{M}$ 与磁感应强度 $\boldsymbol{B}$ 之间满足

$$\boldsymbol{M} = g\boldsymbol{B}$$

其中，g 是一个反映磁介质磁化特性的量，与 $\boldsymbol{B}$ 无关。g 的数值可正可负，取决于磁介质的性质。当 $g>0$ 时，$\boldsymbol{M}$ 与 $\boldsymbol{B}$ 同向，为顺磁质；当 $g<0$ 时，$\boldsymbol{M}$ 与 $\boldsymbol{B}$ 反向，为抗磁质。某种磁介质的磁导率 μ 与真空磁导率 μ_0 的比值称为该磁介质的相对磁导率，即

$$\mu_r = \frac{\mu}{\mu_0} = \frac{1}{1 - g\mu_0}$$

所以，顺磁质的 $\mu_r>1$；抗磁质的 $\mu_r<1$；铁磁质的 $\mu_r\gg1$。

9. 用细导线均匀密绕成长为 l、半径为 $a(l\gg a)$、总匝数为 N 的螺线管，管内充满相对磁导率为 μ_r 的均匀磁介质。若线圈中载有稳恒电流 I，则管内任意一点的(　　)。

(A)磁感应强度的大小为 $B=\mu_0\mu_r NI$　　(B)磁感应强度的大小为 $B=\dfrac{\mu_r NI}{l}$

(C)磁场强度的大小为 $H=\dfrac{\mu_0 NI}{l}$　　(D)磁场强度的大小为 $H=\dfrac{NI}{l}$

答案：D

解析：有磁介质时的安培环路定理为

$$\oint_L \boldsymbol{H}\cdot \mathrm{d}\boldsymbol{l}=I$$

一般认为密绕螺线管的磁场只分布在螺线管内，而且是均匀磁场，螺线管外靠近螺线管的地方，磁场近似为零，所以有

$$Hl=NI$$

得

$$H=\frac{NI}{l}$$

而对于相对磁导率为 μ_r 的均匀磁介质，有

$$\boldsymbol{B}=\mu\boldsymbol{H}=\mu_0\mu_r\boldsymbol{H}$$

所以

$$B=\mu_0\mu_r H=\frac{\mu_0\mu_r NI}{l}$$

10. 顺磁质的磁导率(　　)。

(A)比真空磁导率略小　　(B)比真空磁导率略大

(C)远小于真空磁导率　　(D)远大于真空磁导率

答案：B

解析：磁化强度 $\boldsymbol{M}$ 与磁感应强度 $\boldsymbol{B}$ 之间满足

$$\boldsymbol{M}=g\boldsymbol{B}$$

其中，g 是一个反映磁介质磁化特性的量，与 $\boldsymbol{B}$ 无关。g 的数值可正可负，取决于磁介质的性质。当 $g>0$ 时，$\boldsymbol{M}$ 与 $\boldsymbol{B}$ 同向，为顺磁质；当 $g<0$ 时，$\boldsymbol{M}$ 与 $\boldsymbol{B}$ 反向，为抗磁质。磁介质的磁导率为

$$\mu=\frac{1}{\dfrac{1}{\mu_0}-g}=\frac{\mu_0}{1-g\mu_0}$$

所以，顺磁质的 $\mu>\mu_0$；抗磁质的 $\mu<\mu_0$；铁磁质的 $\mu\gg\mu_0$。

二、填空题

1.图 8-4 所示为一圆柱体的横截面，圆柱体内有一电场强度为 $\boldsymbol{E}$ 的均匀电场，其方向为垂直于纸面向里，$\boldsymbol{E}$ 的大小随时间 t 线性增大，P 为柱体内与轴线相距 r 的一点，则：(1)点 P 的位移电流密度的方向为________；(2)点 P 的感生磁场的方向为________。

答案：垂直于纸面向里，垂直于 OP 向下

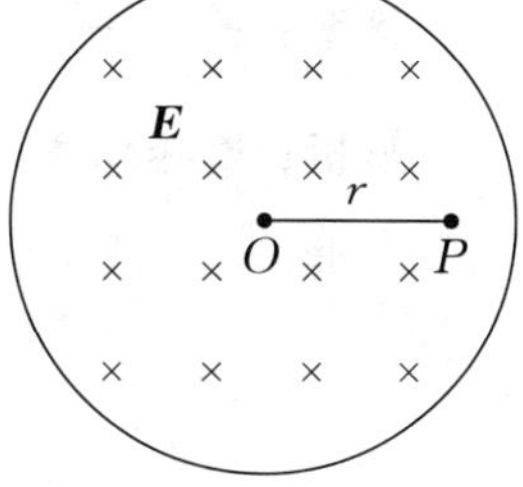

图 8-4　题 1 图

解析： 位移电流密度为

$$\boldsymbol{j}_{d}=\frac{\partial \boldsymbol{D}}{\partial t}=\varepsilon \frac{\partial \boldsymbol{E}}{\partial t}$$

因为电场方向为垂直于纸面向里，大小随时间线性增大，所以位移电流密度的方向为垂直于纸面向里。因此，圆柱体内相当于有一个垂直于纸面向里的电流通过，由此产生的感生磁场是沿着以圆柱体轴线为中心、通过该点的圆的切线方向，于是点 P 的感生磁场的方向为垂直于 OP 向下。

2. 一平行板空气电容器的两极板都是半径为 R 的圆形导体片，在充电时，板间电场强度的变化率为 $\frac{dE}{dt}$。若略去边缘效应，则两板间的位移电流为________。

答案： $\varepsilon_0 \pi R^2 \frac{dE}{dt}$

解析： 两板间的位移电流密度为

$$\boldsymbol{j}_{d}=\frac{\partial \boldsymbol{D}}{\partial t}=\varepsilon_0 \frac{\partial \boldsymbol{E}}{\partial t}$$

所以，两板间的位移电流为

$$I_d=j_d S=\varepsilon_0 \frac{dE}{dt}\pi R^2=\varepsilon_0 \pi R^2 \frac{dE}{dt}$$

3. 半径为 R_1 和 R_2 的两个同轴金属圆筒，其间充满着相对介电常量为 ε_r 的均匀介质。设两筒上单位长度带有的电荷分别为 $+\lambda$ 和 $-\lambda$，则介质中到轴线的距离为 r 处的电位移的大小 $D=$________，电场强度的大小 $E=$________。

答案： $\frac{\lambda}{2\pi r}$，$\frac{\lambda}{2\pi\varepsilon_0\varepsilon_r r}$

解析： 由于电荷分布具有轴对称性，从而电场分布也具有轴对称性，因此可以使用高斯定理来计算电场。

选择与圆筒同轴、半径为 r、高度为 h 的圆柱面为高斯面，根据电场分布的特点及有电介质时的高斯定理，有

$$\oint_S \boldsymbol{D}\cdot d\boldsymbol{S}=q$$

$$D\cdot(2\pi r h)=\lambda h$$

$$D=\frac{\lambda}{2\pi r}$$

$$E=\frac{D}{\varepsilon_0\varepsilon_r}=\frac{\lambda}{2\pi\varepsilon_0\varepsilon_r r}$$

4. 长直电缆由一个圆柱导体和一个共轴圆筒状导体组成，两导体中有等值反向的均匀电流 I 通过，其间充满磁导率为 μ 的均匀磁介质。磁介质中到中心轴距离为 r 的某点处的磁场强度的大小 $H=$________，磁感应强度的大小 $B=$________。

答案： $\dfrac{I}{2\pi r}$，$\dfrac{\mu I}{2\pi r}$

解析： 选择以中心轴为圆心、半径为 r 的圆周为回路，由有磁介质时的安培环路定理可得

$$\oint_L \boldsymbol{H} \cdot \mathrm{d}\boldsymbol{l} = I$$

$$H \cdot 2\pi r = I$$

$$H = \frac{I}{2\pi r}$$

所以磁感应强度大小为

$$B = \mu H = \frac{\mu I}{2\pi r}$$

5. 在没有自由电荷与传导电流的变化电磁场中，沿闭合回路 L（设闭合回路包围的面积为 S），有 $\oint_L \boldsymbol{H} \cdot \mathrm{d}\boldsymbol{l} =$ ________，$\oint_L \boldsymbol{E} \cdot \mathrm{d}\boldsymbol{l} =$ ________。

答案： $\int_S \left(\frac{\partial \boldsymbol{D}}{\partial t}\right) \cdot \mathrm{d}\boldsymbol{S}$，$-\int_S \frac{\partial \boldsymbol{B}}{\partial t} \cdot \mathrm{d}\boldsymbol{S}$

解析：

$$\oint_S \boldsymbol{D} \cdot \mathrm{d}\boldsymbol{S} = \int_V \rho \mathrm{d}V$$

$$\oint_L \boldsymbol{E} \cdot \mathrm{d}\boldsymbol{l} = -\int_S \frac{\partial \boldsymbol{B}}{\partial t} \cdot \mathrm{d}\boldsymbol{S}$$

$$\oint_S \boldsymbol{B} \cdot \mathrm{d}\boldsymbol{S} = 0$$

$$\oint_L \boldsymbol{H} \cdot \mathrm{d}\boldsymbol{l} = \int_S \left(\boldsymbol{j}_c + \frac{\partial \boldsymbol{D}}{\partial t}\right) \cdot \mathrm{d}\boldsymbol{S}$$

因为没有自由电荷与传导电流，即 $\rho = 0$，$\boldsymbol{j}_c = \boldsymbol{0}$，所以

$$\oint_S \boldsymbol{D} \cdot \mathrm{d}\boldsymbol{S} = 0$$

$$\oint_L \boldsymbol{E} \cdot \mathrm{d}\boldsymbol{l} = -\int_S \frac{\partial \boldsymbol{B}}{\partial t} \cdot \mathrm{d}\boldsymbol{S}$$

$$\oint_S \boldsymbol{B} \cdot \mathrm{d}\boldsymbol{S} = 0$$

$$\oint_L \boldsymbol{H} \cdot \mathrm{d}\boldsymbol{l} = \int_S \left(\frac{\partial \boldsymbol{D}}{\partial t}\right) \cdot \mathrm{d}\boldsymbol{S}$$

三、计算题

1. 一半径为 R 的带电的电介质球体，相对介电常量为 ε_r，体电荷密度为 $\rho = k/r$（k 为已知常量，r 为球心到球内某点的距离），试求球体内、外的电位移和电场强度分布。

答案： 取半径范围为 $r' \to r' + \mathrm{d}r'$ 的薄球壳层，其中包含的电荷为

$$\mathrm{d}q = \rho \mathrm{d}V = (k/r') 4\pi r'^2 \mathrm{d}r' = 4\pi k r' \mathrm{d}r'$$

应用有电介质时的高斯定理,取半径为 r 的球形高斯面。

球内:

$$4\pi r^2 D_1 = 4\pi k \int_0^r r' \mathrm{d}r' = 2\pi k r^2$$

$$D_1 = \frac{k}{2}, \quad \boldsymbol{D}_1 = D_1 \boldsymbol{r}_0 \quad (\boldsymbol{r}_0 \text{ 为径向单位矢量})$$

$$E_1 = \frac{D_1}{\varepsilon_0 \varepsilon_r} = \frac{k}{2\varepsilon_0 \varepsilon_r}, \quad \boldsymbol{E}_1 = E_1 \boldsymbol{r}_0$$

球外:

$$4\pi r^2 D_2 = 4\pi k \int_0^R r' \mathrm{d}r' = 2\pi k R^2$$

$$D_2 = \frac{kR^2}{2r^2}, \quad \boldsymbol{D}_2 = D_2 \boldsymbol{r}_0$$

$$E_2 = \frac{D_2}{\varepsilon_0} = \frac{kR^2}{2\varepsilon_0 r^2}, \quad \boldsymbol{E}_2 = E_2 \boldsymbol{r}_0$$

2. 一铁环中心线周长 $l=30$ cm,横截面面积 $S=1.0\ \mathrm{cm}^2$,铁环上紧密地绕有 $N=300$ 匝线圈。当导线中通有电流 $I=32$ mA 时,通过铁环横截面的磁通量 $\Phi=2.0\times10^{-5}$ Wb。试求铁环的磁化率 χ_m。

答案:

$$B = \Phi/S = 2.0\times10^{-2}\ \mathrm{T}$$

$$H = nI = NI/l = 32\ \mathrm{A/m}$$

$$\mu = B/H = 6.25\times10^{-4}\ \mathrm{T\cdot m/A}$$

$$\chi_m = \mu/\mu_0 - 1 = 496$$

3. 一球形电容器,内球半径为 R_1,外球半径为 R_2。两球间充满相对介电常量为 ε_r 的电介质。在电容器上加电压,内球与外球之间的电压为 $U=U_0\sin\omega t$。假设 ω 不太大,使得电容器电场分布与静电场情形近似相同,求电介质中各处的位移电流密度,再计算通过半径为 r $(R_1<r<R_2)$的球面的总位移电流。

答案: 由静电学计算($\boldsymbol{r}_0$ 为径向单位矢量):

$$\boldsymbol{E} = \frac{q(t)}{4\pi\varepsilon_0\varepsilon_r r^2}\boldsymbol{r}_0$$

$$U = \frac{q(t)}{4\pi\varepsilon_0\varepsilon_r}\left(\frac{1}{R_1} - \frac{1}{R_2}\right) = \frac{q(t)(R_2 - R_1)}{4\pi\varepsilon_0\varepsilon_r R_1 R_2}$$

于是

$$\boldsymbol{E} = \frac{UR_1R_2}{r^2(R_2-R_1)}\boldsymbol{r}_0 = \frac{R_1R_2}{r^2(R_2-R_1)}U_0\sin\omega t\cdot\boldsymbol{r}_0$$

位移电流密度为

$$\boldsymbol{j}_d = \frac{\partial\boldsymbol{D}}{\partial t} = \varepsilon_0\varepsilon_r\frac{\partial\boldsymbol{E}}{\partial t} = \frac{\varepsilon_0\varepsilon_r R_1R_2}{r^2(R_2-R_1)}U_0\omega\cos\omega t\cdot\boldsymbol{r}_0$$

通过半径为 r 的球面的总位移电流为

$$I_d = \int\boldsymbol{j}_d\cdot\mathrm{d}\boldsymbol{S} = j_d\cdot4\pi r^2 = \frac{4\pi\varepsilon_0\varepsilon_r R_1R_2}{R_2-R_1}U_0\omega\cos\omega t$$

4. 螺绕环中心周长为 $l=10\ \text{cm}$，环上均匀密绕线圈 $N=200$ 匝，线圈中通有电流 $I=0.1\ \text{A}$，环内充满相对磁导率 $\mu_r=4\ 200$ 的铁磁质。求该铁磁质的磁化强度的大小 M。

答案： 因为 $B=\mu_0\mu_r nI$，$H=nI$，所以

$$M=B/\mu_0-H=(\mu_r-1)nI=8.40\times10^5\ \text{A/m}$$

5. 半径为 R 的电介质球，相对介电常量为 ε_r，其体电荷密度 $\rho=\rho_0(1-r/R)$，其中 ρ_0 为常量，r 为球心到球内某点的距离。(1)试求电介质球内的电位移和电场强度分布；(2)在到球心的距离 r 多大处电场强度最大？

答案： (1)取半径范围为 $r'\to r'+\mathrm{d}r'$ 的薄球壳层，其中包含的电荷为

$$\mathrm{d}q=\rho\mathrm{d}V=\rho_0\left(1-\frac{r'}{R}\right)4\pi r'^2\mathrm{d}r'=4\pi\rho_0\left(r'^2-\frac{r'^3}{R}\right)\mathrm{d}r'$$

应用有电介质时的高斯定理，取半径为 r 的球形高斯面，则

$$4\pi r^2 D=4\pi\rho_0\int_0^r\left(r'^2-\frac{r'^3}{R}\right)\mathrm{d}r'=4\pi\rho_0\left(\frac{r^3}{3}-\frac{r^4}{4R}\right)$$

于是

$$D=\rho_0\left(\frac{r}{3}-\frac{r^2}{4R}\right),\quad \boldsymbol{D}=D\boldsymbol{r}_0\quad(\boldsymbol{r}_0\text{ 为径向单位矢量})$$

$$E=\frac{D}{\varepsilon_0\varepsilon_r}=\frac{\rho}{\varepsilon_0\varepsilon_r}\left(\frac{r}{3}-\frac{r^2}{4R}\right),\quad \boldsymbol{E}=E\boldsymbol{r}_0$$

(2)对 E 求极值，令

$$\frac{\mathrm{d}E}{\mathrm{d}r}=\frac{\rho_0}{\varepsilon_0\varepsilon_r}\left(\frac{1}{3}-\frac{r}{2R}\right)=0$$

得 $r=2R/3$，且因 $\mathrm{d}^2E/\mathrm{d}r^2<0$，故在 $r=2R/3$ 处 E 最大。

6. 一导体球带电荷 $Q=1.0\ \text{C}$，放在相对介电常量为 $\varepsilon_r=5$ 的无限大各向同性的均匀电介质中。求电介质与导体球的分界面上的极化电荷 Q'。

答案： 导体球处于静电平衡时，其电荷均匀分布在球面上。在球表面外附近，以半径 R 作一同心球形高斯球面。应用有电介质时的高斯定理，有

$$4\pi R^2 D=Q$$

得到电位移的大小为 $$D=\frac{Q}{4\pi R^2}$$

该处的电场强度的大小为 $$E=\frac{D}{\varepsilon_0\varepsilon_r}=\frac{Q}{4\pi\varepsilon_0\varepsilon_r R^2}$$

极化强度的大小为 $$P=\varepsilon_0(\varepsilon_r-1)E=\frac{(\varepsilon_r-1)Q}{4\pi\varepsilon_r R^2}$$

极化电荷的面电荷密度为 $$\sigma'=P\cos180^\circ=\frac{(1-\varepsilon_r)Q}{4\pi\varepsilon_r R^2}$$

分界面上的极化电荷为 $$Q'=4\pi R^2\sigma'=\frac{1-\varepsilon_r}{\varepsilon_r}Q=-0.8\ \text{C}$$

7. 真空中，半径为 $R=0.1\ \text{m}$ 的两块圆板构成平行板电容器，今给该电容器充电，使电容

器的两极板间电场强度的变化率为$\frac{dE}{dt}=10^8$ V/(m·s)。忽略边缘效应，求：(1)电容器两极板间的位移电流；(2)电容器内与两极板中心连线的距离为 $r=0.05$ m 处的磁感应强度的大小。

答案：(1)位移电流为

$$I_d=\pi R^2\varepsilon_0\frac{dE}{dt}=2.78\times10^{-5}\ \text{A}$$

(2)取与电容器极板同轴的半径为 r 的圆，根据全电流定律，有

$$\oint_L \boldsymbol{H}\cdot d\boldsymbol{l}=I_d\quad\Rightarrow\quad 2\pi rH=\pi r^2\varepsilon_0\frac{dE}{dt}$$

$$H=\frac{1}{2}r\varepsilon_0\cdot\frac{dE}{dt}$$

可得 $B=\frac{1}{2}r\mu_0\varepsilon_0\frac{dE}{dt}=2.78\times10^{-11}$ T。

8. 螺绕环上均匀密绕线圈，线圈中通有电流，管内充满相对磁导率为 $\mu_r=4\ 200$ 的磁介质。设线圈中的电流在磁介质中产生的磁感应强度的大小为 B_0，磁化电流在磁介质中产生的磁感应强度的大小为 B'，求 B_0 与 B'之比。

答案：由题意有

$$B=\mu_0\mu_r nI,B_0=\mu_0 nI$$

$$B'=B-B_0=(\mu_r-1)\mu_0 nI=(\mu_r-1)B_0$$

则

$$\frac{B_0}{B'}=\frac{1}{\mu_r-1}=\frac{1}{4\ 199}=2.38\times10^{-4}$$

可见 $B'\approx B$。

9. 一空气平行板电容器的极板为圆形导体片，半径为 R，放电电流为 $i=I_m e^{-xt}$(x 为常数，t 为时间)。忽略边缘效应，求极板间与圆形导体片轴线的距离为 $r(r<R)$处的磁感应强度 $\boldsymbol{B}$。

答案：在极板间，取与电容器极板同轴的半径为 r 的圆，应用全电流定律，有

$$\oint_L \boldsymbol{H}\cdot d\boldsymbol{l}=I_d=\frac{I_m e^{-xt}r^2}{R^2}$$

$$H\cdot 2\pi r=\frac{I_m e^{-xt}r^2}{R^2}$$

$$H=\frac{rI_m e^{-xt}}{2\pi R^2}$$

$$B=\mu_0 H=\frac{\mu_0 rI_m e^{-xt}}{2\pi R^2}$$

$\boldsymbol{B}$ 的方向与电流流向满足右手螺旋定则。

10. 极板半径为 R 的圆形平行板电容器，电容为 C，从充电开始计时，t 时刻电容器的电压为 $U_{12}=U_m(1-e^{-t/\tau})$，其中 τ 和 U_m 皆为常量。设 r 表示由场点 P 到圆形平板轴线的距离，忽略边缘效应。试分别求当 $r<R$ 和 $r>R$ 时，点 P 处的磁感应强度的大小。

答案：取与电容器极板同轴的半径为 r 的圆，当 $r<R$ 时，由方程$\oint_L \boldsymbol{B}\cdot d\boldsymbol{l}=\mu_0\varepsilon_0\frac{d\Phi_e}{dt}$，有

$$2\pi rB=\mu_0\varepsilon_0\frac{\mathrm{d}}{\mathrm{d}t}\left(\frac{U_{12}\cdot\pi r^2}{d}\right) \quad ①$$

由 $C=\varepsilon_0 S/d$ 得

$$d=\varepsilon_0 S/C=\varepsilon_0\pi R^2/C \quad ②$$

将②式代入①式得

$$B=\frac{\mu_0 Cr}{2\pi R^2\tau}U_{\mathrm{m}}\mathrm{e}^{-t/\tau}$$

当 $r>R$ 时，由上述方程得

$$2\pi rB=\mu_0\varepsilon_0\frac{\mathrm{d}}{\mathrm{d}t}(\pi R^2E)=\mu_0\varepsilon_0\frac{\mathrm{d}}{\mathrm{d}t}\left(\frac{\pi R^2U_{12}}{d}\right) \quad ③$$

将②式代入③式得

$$B=\frac{\mu_0\varepsilon_0}{2\pi r}\frac{\pi R^2C}{\varepsilon_0\pi R^2}\cdot\frac{\mathrm{d}U_{12}}{\mathrm{d}t}=\frac{\mu_0 C}{2\pi r\tau}U_{\mathrm{m}}\mathrm{e}^{-t/\tau}$$

11. 一空气平行板电容器充电后，极板上的自由电荷的面密度 $\sigma=1.77\times10^{-6}\ \mathrm{C/m^2}$。将极板与电源断开，并平行于极板插入一块相对介电常量为 $\varepsilon_r=8$ 的各向同性的均匀电介质板。计算电介质板中的电位移 $\boldsymbol{D}$、电场强度 $\boldsymbol{E}$ 和极化强度 $\boldsymbol{P}$ 的大小。（真空介电常量 $\varepsilon_0=8.85\times10^{-12}\mathrm{C^2/N\cdot m^2}$）

答案：由有电介质时的高斯定理求得电位移 $\boldsymbol{D}$ 的大小为

$$D=\sigma=1.77\times10^{-6}\ \mathrm{C/m^2}$$

由 $\boldsymbol{D}=\varepsilon_0\varepsilon_r\boldsymbol{E}$ 得到电场强度 $\boldsymbol{E}$ 的大小为

$$E=\frac{D}{\varepsilon_0\varepsilon_r}=2.5\times10^4\ \mathrm{V/m}$$

则极化强度 $\boldsymbol{P}$ 的大小为

$$P=\varepsilon_0\chi_e E=\varepsilon_0(\varepsilon_r-1)E=1.55\times10^{-6}\ \mathrm{C/m^2}$$

第 9 章　振　　动

§9.1　学习要求

1. 掌握简谐振动(也称简谐运动)的特征量、简谐振动的动力学方程的通解以及做简谐振动的条件、振动过程的能量分析。

2. 了解阻尼振动的动力学方程、三种典型的阻尼振动、暂态过程。

3. 了解周期性外驱动力下的弹性系统的动力学方程及其解、共振与能量分析。

4. 掌握同频率的两平行简谐振动的合成与分解、旋转矢量法,以及不同频率的两平行简谐振动的合成。

5. 掌握同频率、振动方向相互垂直的简谐振动合成的轨迹,两频率为整数比的垂直简谐振动合成的轨迹。

§9.2　内容提要

一、简谐振动

简谐振动的微分方程:

$$\frac{d^2x}{dt^2}+\omega^2x=0$$

简谐振动的微分方程解的表示:

$$x=A\cos(\omega t+\varphi)$$

令 $t=0$,则 $x_0=A\cos\varphi$。

速度:

$$v=\frac{dx}{dt}=-A\omega\sin(\omega t+\varphi)$$

令 $t=0$,可得初速度 $v_0=-A\omega\sin\varphi$。速度的最大值为 $v_{max}=A\omega$。

加速度:

$$a=\frac{\mathrm{d}v}{\mathrm{d}t}=\frac{\mathrm{d}^2x}{\mathrm{d}t^2}=-A\omega^2\cos(\omega t+\varphi)$$

加速度的最大值为 $a_{\max}=A\omega^2$。

由

$$\begin{cases}x_0=A\cos\varphi\\ v_0=-A\omega\sin\varphi\end{cases}\Rightarrow\begin{cases}\omega x_0=A\omega\cos\varphi\\ v_0=-A\omega\sin\varphi\end{cases}$$

可得

$$\omega^2x_0^2+v_0^2=A^2\omega^2$$

$$\frac{-A\omega\sin\varphi}{A\cos\varphi}=\frac{v_0}{x_0}$$

因此

$$A^2=x_0^2+\frac{v_0^2}{\omega^2}$$

从而

$$A=\sqrt{x_0^2+\left(\frac{v_0}{\omega}\right)^2}$$

$$\tan\varphi=-\frac{v_0}{x_0\omega}$$

弹簧振子：

$$F=-kx$$

$$\omega^2=\frac{k}{m}\Rightarrow\omega=\sqrt{\frac{k}{m}}$$

$$\begin{cases}T=\dfrac{2\pi}{\omega}=2\pi\sqrt{\dfrac{m}{k}}\\ \nu=\dfrac{1}{T}=\dfrac{\omega}{2\pi}=\dfrac{1}{2\pi}\sqrt{\dfrac{k}{m}}\end{cases}$$

描述简谐振动的几个特征量：

(1)振幅 A，单位为 m，$A=\sqrt{x_0^2+\left(\frac{v_0}{\omega}\right)^2}$；

(2)周期 T，单位为 s，$T=\frac{2\pi}{\omega}$；

(3)频率 ν，单位为 Hz，$\nu=\frac{1}{T}=\frac{\omega}{2\pi}$；

(4)角频率(也称圆频率)ω，单位为 rad/s，$\omega=2\pi\nu=\frac{2\pi}{T}$；

(5)相位，$\omega t+\varphi$，当 $t=0$ 时，可得初相位为 φ(初相位一般在 $-\pi\sim\pi$ 范围内取值，后文不再赘述)。

弹簧振子、单摆、复摆周期的结论：

(1)弹簧振子的周期为

$$T=2\pi\sqrt{\frac{m}{k}}$$

当弹簧振子串联时,有

$$\frac{1}{k}=\frac{1}{k_1}+\frac{1}{k_2}+\cdots+\frac{1}{k_n}$$

当弹簧振子并联时,有

$$k=k_1+k_2+\cdots+k_n$$

(2)单摆的周期为

$$T=2\pi\sqrt{\frac{l}{g}}$$

(3)复摆的周期为

$$T=2\pi\sqrt{\frac{J}{mgl}}$$

其中,J 为复摆对转轴的转动惯量,l 为复摆的质心到转轴的距离。

二、旋转矢量法

画出矢量圆,矢量端点 P 在 x 轴上的投影做简谐振动,当圆上某一点在第Ⅰ、Ⅱ象限时,该点速度 $v<0$;当圆上某一点在第Ⅲ、Ⅳ象限时,该点速度 $v>0$。

旋转矢量法的应用:

(1)求初相位 φ。绘制出矢量圆,依据 x-t 图像在 $x=0$ 处的斜率,得到该点 v 的正负,并依据该点位置,在矢量圆上标出,连接圆心,其与 x 轴正方向的夹角即为初相位 φ。

(2)求 ω。

$$\Delta\varphi=\omega\Delta t$$

(3)求经历的时间。

$$\frac{2\pi}{T}\Delta t=\Delta\varphi$$

三、简谐振动的能量

弹簧振子的弹性势能:

$$E_p=\frac{1}{2}kx^2=\frac{1}{2}kA^2\cos^2(\omega t+\varphi)=\frac{1}{2}m\omega^2A^2\cos^2(\omega t+\varphi)$$

弹簧振子的动能:

$$E_k=\frac{1}{2}mv^2=\frac{1}{2}m\omega^2A^2\sin^2(\omega t+\varphi)$$

弹簧振子的机械能:

$$E=E_p+E_k=\frac{1}{2}m\omega^2A^2=\frac{1}{2}kA^2$$

$$\omega^2=\frac{k}{m}$$

位移最大时，弹簧振子的弹性势能最大，动能为零，a 有最大值；在平衡位置时，弹簧振子的弹性势能为零，动能最大，v 有最大值。

四、简谐振动的合成

同方向同频率简谐振动的合成：记两列波的振动方程分别为

$$x_1=A_1\cos(\omega t+\varphi_1),\quad x_2=A_2\cos(\omega t+\varphi_2)$$

则合成的振动方程为

$$x=x_1+x_2$$

如图 9-1 所示，由余弦定理，可以得到

$$\cos[\pi-(\varphi_2-\varphi_1)]=\frac{A_1^2+A_2^2-A^2}{2A_1A_2}$$

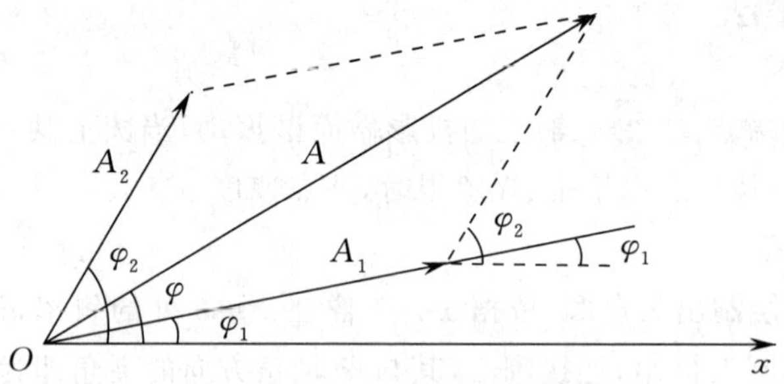

图 9-1 同方向同频率简谐振动的合成

因此

$$A=\sqrt{A_1^2+A_2^2+2A_1A_2\cos(\varphi_2-\varphi_1)}$$

不妨记 $\Delta\varphi=\varphi_2-\varphi_1$，则

(1)当 $\Delta\varphi=\varphi_2-\varphi_1=\pm 2k\pi$ 时，合振幅最大，振动加强，$A=A_1+A_2$；

(2)当 $\Delta\varphi=\varphi_2-\varphi_1=\pm(2k+1)\pi$ 时，合振幅最小，振动减弱，$A=|A_1-A_2|$，$\varphi=\max\{\varphi_1,\varphi_2\}$；

(3)当 $\Delta\varphi=\varphi_2-\varphi_1$ 取其他值时，有 $|A_1-A_2|<A<A_1+A_2$。

§9.3 重难点分析

本章重点包括以下几个方面。

1. 简谐振动方程及其通解，描述简谐振动的特征量。

2. 平面简谐振动的合成与分解。

本章难点主要集中在以下几个方面。

1. 按照实际问题，确定简谐振动的特征量。

2. 简谐振动的合成。

§9.4　典型习题详解

一、单选题

1. 两个质点各自做简谐振动，它们的振幅相同、周期相同。第一个质点的振动方程为 $x_1=A\cos(\omega t+\alpha)$。当第一个质点从相对于其平衡位置的正位移处回到平衡位置时，第二个质点正在最大正位移处。则第二个质点的振动方程为（　　）。

(A) $x_2=A\cos\left(\omega t+\alpha+\frac{1}{2}\pi\right)$　　(B) $x_2=A\cos\left(\omega t+\alpha-\frac{1}{2}\pi\right)$

(C) $x_2=A\cos\left(\omega t+\alpha-\frac{3}{2}\pi\right)$　　(D) $x_2=A\cos(\omega t+\alpha+\pi)$

答案： B

解析： 依题意，第二个质点的振动相位滞后于第一个质点 $\frac{1}{2}\pi$，所以其振动方程为

$$x_2=A\cos\left(\omega t+\alpha-\frac{1}{2}\pi\right)$$

2. 一质点做简谐振动，其运动速度与时间的曲线如图 9-2 所示。若质点的振动规律用余弦函数描述，则其初相位应为（　　）。

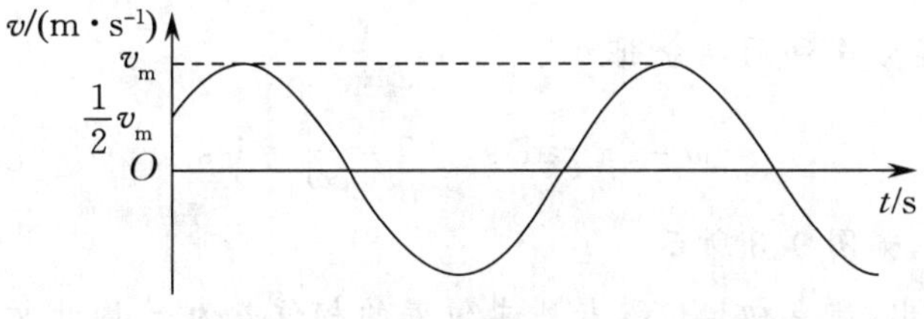

图 9-2　题 2 图

(A) $\frac{1}{6}\pi$　　(B) $\frac{5}{6}\pi$　　(C) $-\frac{5}{6}\pi$　　(D) $-\frac{1}{6}\pi$　　(E) $-\frac{2}{3}\pi$

答案： C

解析： 用余弦函数表示的简谐振动的振动方程一般可以写成

$$x=A\cos(\omega t+\varphi_0)$$

所以质点运动的速度为

$$v=\frac{dx}{dt}=-A\omega\sin(\omega t+\varphi_0)=-v_m\sin(\omega t+\varphi_0)$$

质点运动的加速度为

$$a=\frac{dv}{dt}=-A\omega^2\cos(\omega t+\varphi_0)=-a_m\cos(\omega t+\varphi_0)$$

由图 9-2 可以看出，当 $t=0$ 时，$v=0.5v_m$，$a>0$，即

$$v=-v_m\sin\varphi_0=0.5v_m$$
$$\sin\varphi_0=-0.5$$

解得
$$\varphi_{01}=2n\pi-\frac{\pi}{6},\varphi_{02}=(2n+1)\pi+\frac{\pi}{6},\quad n=0,\pm1,\pm2,\cdots$$

因
$$a=-a_m\cos\varphi_0>0$$
$$\cos\varphi_0<0$$

故
$$\varphi_0=\varphi_{02}=(2n+1)\pi+\frac{\pi}{6},\quad n=0,\pm1,\pm2,\cdots$$

而一般初相位在 $-\pi\sim\pi$ 范围内取值，所以上式中可以取 $n=-1$，得

$$\varphi_0=-\pi+\frac{\pi}{6}=-\frac{5\pi}{6}$$

所以答案为(C)选项。

3. 一质点沿 x 轴做简谐振动，振动方程为 $x=4\times10^{-2}\cos\left(2\pi t+\frac{1}{3}\pi\right)$(SI)。从 $t=0$ 时刻起，到质点位置在 $x=-2$ cm 处，且向 x 轴正方向运动的最短时间为(　　)。

(A) $\frac{1}{8}$ s　　(B) $\frac{1}{6}$ s　　(C) $\frac{1}{4}$ s　　(D) $\frac{1}{3}$ s　　(E) $\frac{1}{2}$ s

答案：E

解析：根据该简谐振动的振动方程

$$x=4\times10^{-2}\cos\left(2\pi t+\frac{1}{3}\pi\right)$$

可得，该简谐振动的角频率和周期分别为

$$\omega=2\pi\ \text{rad/s},\quad T=\frac{2\pi}{\omega}=1\ \text{s}$$

画出旋转矢量图，如图 9-3 所示。

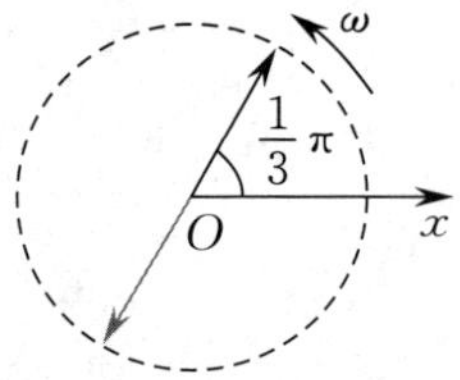

图 9-3　题 3 图

从图 9-3 中可看出，质点初始位置与所求位置的相位差为 π，因此所用的时间为半个周期，即

$$t=\frac{T}{2}=\frac{1}{2}\ \text{s}$$

4. 一质点在 x 轴上做简谐振动，振幅 $A=4$ cm，周期 $T=2$ s，将其平衡位置取作坐标原点。若 $t=0$ 时刻质点第一次通过 $x=-2$ cm 处，且向 x 轴负方向运动，则质点第二次通过 $x=-2$ cm 处的时刻为(　　)。

(A)1 s　　(B)$\frac{2}{3}$ s　　(C)$\frac{4}{3}$ s　　(D)2 s

答案： B

解析： 画出旋转矢量图，如图9-4所示。

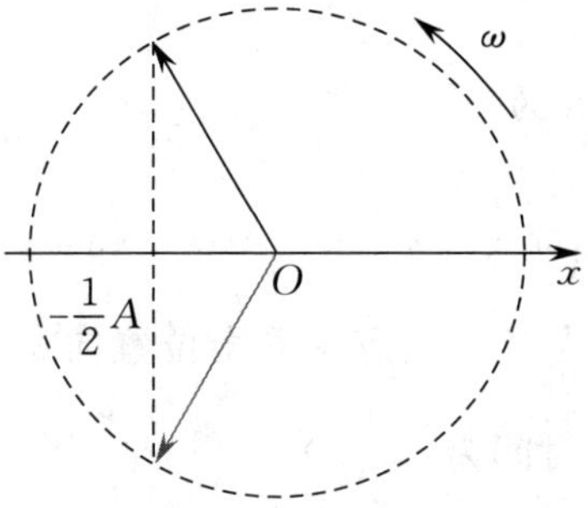

图9-4　题4图

从图9-4中可看出，质点初始位置与所求位置的相位差为$\Delta\varphi=\frac{2}{3}\pi$，所以所用的时间为

$$\Delta t=\frac{\Delta\varphi}{2\pi}T=\frac{\frac{2}{3}\pi}{2\pi}T=\frac{1}{3}T=\frac{2}{3}\ \mathrm{s}$$

5. 一物体做简谐振动，振动方程为$x=A\cos\left(\omega t+\frac{1}{4}\pi\right)$。在$t=\frac{1}{4}T$（$T$为周期）时刻，物体的加速度为（　　）。

(A)$-\frac{\sqrt{2}}{2}A\omega^2$　　(B)$\frac{\sqrt{2}}{2}A\omega^2$　　(C)$-\frac{\sqrt{3}}{2}A\omega^2$　　(D)$\frac{\sqrt{3}}{2}A\omega^2$

答案： B

解析： 根据该简谐振动的振动方程

$$x=A\cos\left(\omega t+\frac{1}{4}\pi\right)$$

可得该物体的速度和加速度分别为

$$v=\frac{\mathrm{d}x}{\mathrm{d}t}=-A\omega\sin\left(\omega t+\frac{1}{4}\pi\right),\ a=\frac{\mathrm{d}v}{\mathrm{d}t}=-A\omega^2\cos\left(\omega t+\frac{1}{4}\pi\right)$$

所以，在$t=\frac{1}{4}T$时刻，物体的加速度为

$$a=-A\omega^2\cos\left(\omega\ \frac{T}{4}+\frac{1}{4}\pi\right)=-A\omega^2\cos\left(\frac{\pi}{2}+\frac{1}{4}\pi\right)=-A\omega^2\times\left(-\frac{\sqrt{2}}{2}\right)=\frac{\sqrt{2}}{2}A\omega^2$$

6. 一质点做简谐振动，振动方程为$x=A\cos(\omega t+\varphi)$。在$t=\frac{1}{2}T$（$T$为周期）时刻，质点的速度为（　　）。

(A)$-A\omega\sin\varphi$　　(B)$A\omega\sin\varphi$　　(C)$-A\omega\cos\varphi$　　(D)$A\omega\cos\varphi$

答案： B

解析： 根据该简谐振动的振动方程

$$x=A\cos(\omega t+\varphi)$$

可得该质点的速度为

$$v=\frac{dx}{dt}=-A\omega\sin(\omega t+\varphi)$$

所以，在 $t=\frac{1}{2}T$ 时刻，质点的速度为

$$v=-A\omega\sin\left(\omega\frac{T}{2}+\varphi\right)=-A\omega\sin(\pi+\varphi)=A\omega\sin\varphi$$

7. 一质点做简谐振动，周期为 T。质点由平衡位置向 x 轴正方向运动时，从平衡位置到 $\frac{1}{2}$最大位移这段路程所用的最短时间为（　　）。

(A) $\frac{1}{4}T$　　(B) $\frac{1}{6}T$　　(C) $\frac{1}{8}T$　　(D) $\frac{1}{12}T$

答案： D

解析： 画出旋转矢量图，如图 9-5 所示。由此旋转矢量图很容易看出，该过程所对应的相位差为 $\Delta\varphi=\frac{\pi}{6}$，所以所用的最短时间为

$$\Delta t=\frac{\Delta\varphi}{2\pi}T=\frac{1}{12}T$$

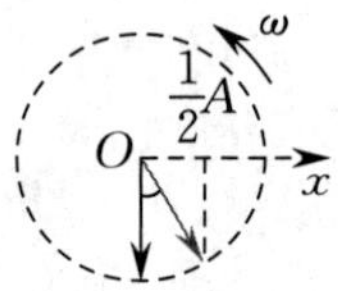

图 9-5　题 7 图

8. 一简谐振动的振动曲线如图 9-6 所示，则振动周期是（　　）。

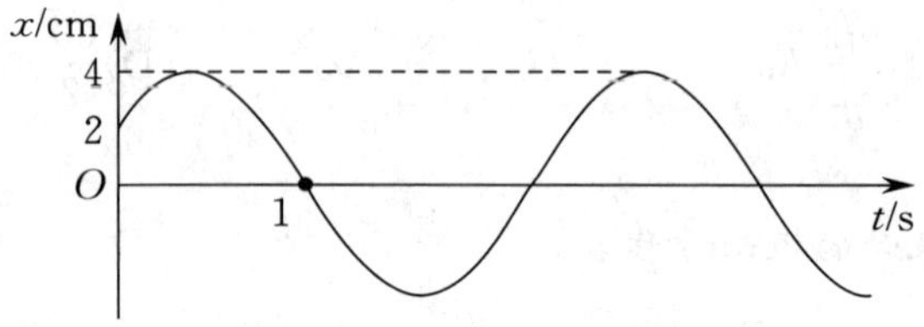

图 9-6　题 8 图(1)

(A) 2.62 s　　(B) 2.4 s　　(C) 2.2 s　　2 s

答案： B

解析： 设该简谐振动的振动方程为

$$x=A\cos(\omega t+\varphi_0)$$

则

$$v=-A\omega\sin(\omega t+\varphi_0)$$

从图 9-6 中可以看出，$A=4$ cm，当 $t=0$ 时，$x=2$ cm，且 $v>0$；当 $t=1$ s 时，$x=0$，所以有

$$2=4\cos\varphi_0$$

$$-4\omega\sin\varphi_0>0$$

$$0=4\cos(\omega+\varphi_0)$$

因此

$$\cos\varphi_0=\frac{1}{2} \quad\Rightarrow\quad \varphi_0=\pm\frac{\pi}{3}$$

$$\sin\varphi_0<0 \quad\Rightarrow\quad \varphi_0=-\frac{\pi}{3}$$

$$\omega+\varphi_0=\omega-\frac{\pi}{3}=\frac{\pi}{2} \quad\Rightarrow\quad \omega=\frac{5\pi}{6}\ \text{rad/s}$$

$$T=\frac{2\pi}{\omega}=\frac{2\pi}{\frac{5\pi}{6}}\ \text{s}=\frac{12}{5}\ \text{s}=2.4\ \text{s}$$

另外，由图 9-7 所示的旋转矢量图也很容易看出，质点从初始位置到平衡位置所对应的相位差为 $\Delta\varphi=\frac{5\pi}{6}$，而依题意，该过程所用的时间为 1 s，所以有

$$\Delta t=\frac{\Delta\varphi}{2\pi}T$$

$$T=\frac{2\pi\Delta t}{\Delta\varphi}=\frac{2\pi\times 1}{\frac{5\pi}{6}}\text{s}=\frac{12}{5}\text{s}=2.4\ \text{s}$$

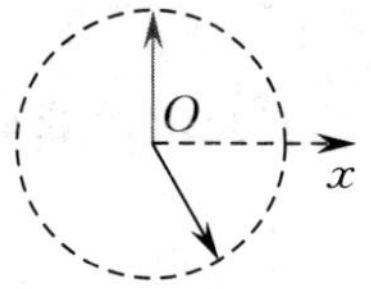

图 9-7　题 8 图(2)

9. 已知某简谐振动的振动曲线如图 9-8 所示。则此简谐振动的振动方程为(　　)。

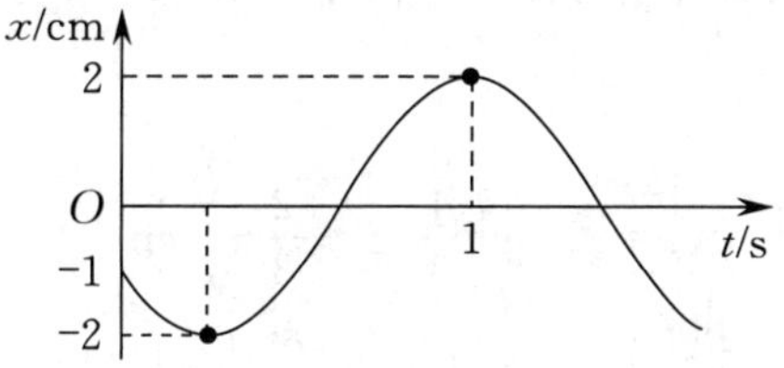

图 9-8　题 9 图(1)

(A) $x=2\cos\left(\frac{2}{3}\pi t+\frac{2}{3}\pi\right)$ cm　　(B) $x=2\cos\left(\frac{2}{3}\pi t-\frac{2}{3}\pi\right)$ cm

(C) $x=2\cos\left(\frac{4}{3}\pi t+\frac{2}{3}\pi\right)$ cm　　(D) $x=2\cos\left(\frac{4}{3}\pi t-\frac{2}{3}\pi\right)$ cm

(E) $x=2\cos\left(\frac{4}{3}\pi t-\frac{1}{4}\pi\right)$ cm

答案： C

解析： 设该简谐振动的振动方程为

$$x=A\cos(\omega t+\varphi_0)$$

则

$$v=-A\omega\sin(\omega t+\varphi_0)$$

从图 9-8 中可以看出，$A=2$ cm，当 $t=0$ 时，$x=-1$ cm，且 $v<0$；当 $t=1$ s 时，$x=2$ cm，所以有

$$-1=2\cos\varphi_0$$

$$-2\omega\sin\varphi_0<0$$

$$2=2\cos(\omega+\varphi_0)$$

因此

$$\cos\varphi_0=-\frac{1}{2}\quad\Rightarrow\quad\varphi_0=\pm\frac{2\pi}{3}$$

$$\sin\varphi_0>0\quad\Rightarrow\quad\varphi_0=\frac{2\pi}{3}$$

$$\omega+\varphi_0=\omega+\frac{2\pi}{3}=2\pi\quad\Rightarrow\quad\omega=\frac{4\pi}{3}$$

则振动方程为

$$x=2\cos\left(\frac{4}{3}\pi t+\frac{2}{3}\pi\right)\mathrm{cm}$$

另外，由图 9-9 所示的旋转矢量图也很容易看出，初相位 $\varphi_0=\frac{2\pi}{3}$，质点从初始位置到最大位移处所对应的相位差为 $\Delta\varphi=\frac{4\pi}{3}$，而依题意，该过程所用的时间为 1 s，所以有

$$\Delta t=\frac{\Delta\varphi}{2\pi}T=\frac{\Delta\varphi}{\omega}$$

$$\omega=\frac{\Delta\varphi}{\Delta t}=\frac{\frac{4\pi}{3}}{1}\mathrm{rad/s}=\frac{4\pi}{3}\ \mathrm{rad/s}$$

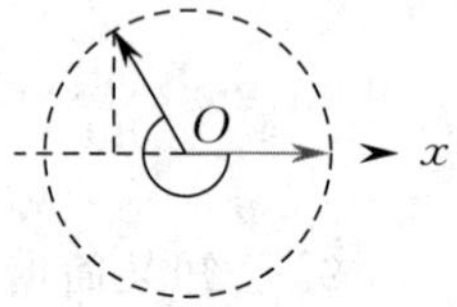

图 9-9　题 9 图(2)

所以振动方程为

$$x=2\cos\left(\frac{4}{3}\pi t+\frac{2}{3}\pi\right)\ \mathrm{cm}$$

10. 一物体做简谐振动，振动方程为 $x=A\cos\left(\omega t+\frac{1}{2}\pi\right)$。则该物体在 $t=0$ 时刻的动能与 $t=\frac{1}{8}T$（T 为周期）时刻的动能之比为(　　)。

(A)1∶4　　(B)1∶2　　(C)1∶1　　(D)2∶1　　(E)4∶1

答案： D

解析： 已知物体做简谐振动的振动方程为

$$x=A\cos\left(\omega t+\frac{1}{2}\pi\right)$$

所以其速度为

$$v=\frac{\mathrm{d}x}{\mathrm{d}t}=-A\omega\sin\left(\omega t+\frac{1}{2}\pi\right)$$

从而其动能为

$$E_{\mathrm{k}}=\frac{1}{2}mv^2=\frac{1}{2}mA^2\omega^2\sin^2\left(\omega t+\frac{1}{2}\pi\right)$$

物体在 $t=0$ 时刻的动能为

$$E_{\mathrm{k0}}=\frac{1}{2}mA^2\omega^2\sin^2\left(\frac{1}{2}\pi\right)=\frac{1}{2}mA^2\omega^2$$

物体在 $t=\frac{1}{8}T$ 时刻的动能为

$$E_{k1}=\frac{1}{2}mA^2\omega^2\sin^2\left(\omega\times\frac{T}{8}+\frac{1}{2}\pi\right)=\frac{1}{2}mA^2\omega^2\times\frac{1}{2}$$

所以二者之比为

$$\frac{E_{k0}}{E_{k1}}=2:1$$

二、填空题

1. 一弹簧振子做简谐振动，振幅为 A，周期为 T，其振动方程用余弦函数表示。若 $t=0$ 时，(1)振动物体在最大负位移处，则初相位为________；(2)振动物体在平衡位置向正方向运动，则初相位为________；(3)振动物体在位移为 $\frac{1}{2}A$ 处，且向负方向运动，则初相位为________。

答案： $\pm\pi, -\frac{\pi}{2}, \frac{\pi}{3}$

解析： 用余弦函数表示的简谐振动的振动方程为

$$x=A\cos(\omega t+\varphi_0)$$

所以振动物体的速度为

$$v=\frac{dx}{dt}=-A\omega\sin(\omega t+\varphi_0)$$

其中，$\omega=\frac{2\pi}{T}$。因此，在 $t=0$ 时，振动物体的位置和速度分别为

$$x_0=A\cos\varphi_0,\quad v_0=-A\omega\sin\varphi_0$$

依题意，(1) $x_0=-A$，则

$$x_0=A\cos\varphi_0=-A$$
$$\cos\varphi_0=-1$$
$$\varphi_0=(2n+1)\pi, n=0,\pm1,\pm2,\cdots$$

一般初相位在 $-\pi\sim\pi$ 范围内取值，所以这种情况下取 $\varphi_0=\pi$ 或 $\varphi_0=-\pi$。

(2) $x=0$ 且 $v>0$，则

$$x_0=A\cos\varphi_0=0\ \Rightarrow\ \cos\varphi_0=0\ \Rightarrow\ \varphi_0=\pm\frac{\pi}{2}$$

$$v_0=-A\omega\sin\varphi_0>0\ \Rightarrow\ \sin\varphi_0<0\ \Rightarrow\ \varphi_0=-\frac{\pi}{2}$$

(3) $x=\frac{A}{2}$ 且 $v<0$，则

$$x_0=A\cos\varphi_0=\frac{A}{2}\ \Rightarrow\ \cos\varphi_0=\frac{1}{2}\ \Rightarrow\ \varphi_0=\pm\frac{\pi}{3}$$

$$v_0=-A\omega\sin\varphi_0<0\ \Rightarrow\ \sin\varphi_0>0\ \Rightarrow\ \varphi_0=\frac{\pi}{3}$$

本题用旋转矢量法可以很方便地确定初相位，图 9-10 所示为旋转矢量图，从图中可很容易看出（1）、（2）、（3）的初相位为$\pm\pi$、$-\frac{\pi}{2}$、$\frac{\pi}{3}$。

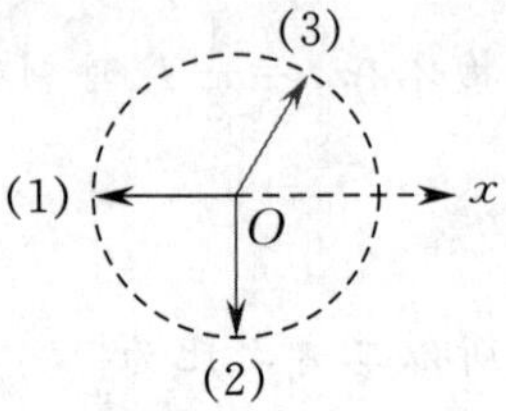

图 9-10　题 1 图

2. 一质点做简谐振动的振动方程为 $x=A\cos(3t+\varphi_0)$，已知 $t=0$ 时质点的位置为 0.04 m，速度为 0.09 m/s，则振幅 $A=$________，初相位 $\varphi_0=$________。

答案：0.05 m，$-37°$

解析：由该简谐振动的振动方程

$$x=A\cos(3t+\varphi_0)$$

可得质点速度为

$$v=\frac{\mathrm{d}x}{\mathrm{d}t}=-3A\sin(3t+\varphi_0)$$

依题意，$t=0$ 时，质点的位置和速度分别为

$$x_0=A\cos\varphi_0=0.04\ \mathrm{m},\quad v_0=-3A\sin\varphi_0=0.09\ \mathrm{m/s}$$

整理得

$$A=0.05\ \mathrm{m},\quad \cos\varphi_0=0.8,\quad \sin\varphi_0=-0.6\quad\Rightarrow\quad\varphi_0=-37°$$

3. 一简谐振动用余弦函数表示，其振动曲线如图 9-11 所示，则此简谐振动的三个特征量分别为 $A=$________，$\omega=$________，$\varphi_0=$________。

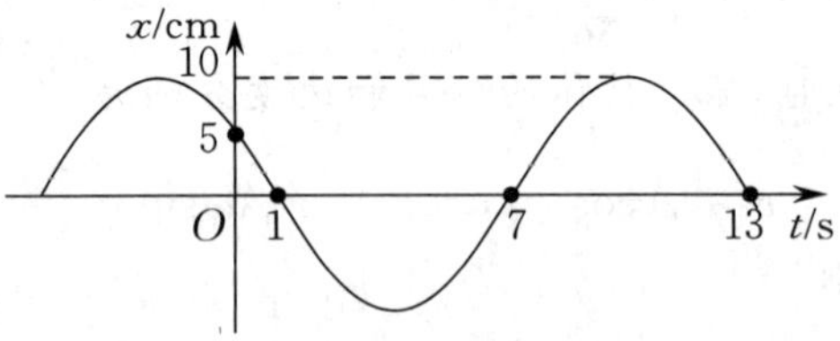

图 9-11　题 3 图(1)

答案：10 cm，$\frac{\pi}{6}$rad/s，$\frac{1}{3}\pi$

解析：由振动曲线可以看出，振幅 $A=10$ cm，周期 $T=(13-1)\mathrm{s}=12$ s，$t=0$ 时，$x_0=5\ \mathrm{cm}=\frac{A}{2}$，$v_0<0$，或者 $t=1$ s 时，$x_1=0$，所以

$$\omega=\frac{2\pi}{T}=\frac{2\pi}{12}\ \mathrm{rad/s}=\frac{\pi}{6}\ \mathrm{rad/s}$$

$$\cos\varphi_0=\frac{1}{2}\quad\Rightarrow\quad\varphi_0=\pm\frac{1}{3}\pi$$

$$\cos\left(\frac{\pi}{6}+\varphi_0\right)=0\quad\Rightarrow\quad\frac{\pi}{6}+\varphi_0=\pm\frac{1}{2}\pi\quad\Rightarrow\quad\varphi_0=\frac{1}{3}\pi$$

初相位还可以通过图 9-12 所示的旋转矢量图很方便地得到。

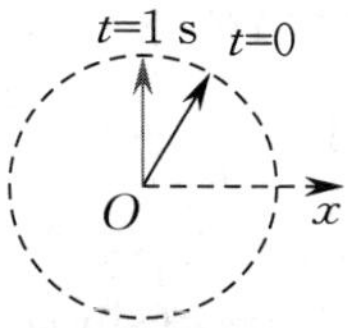

图 9-12 题 3 图(2)

4. 两个同方向同频率的简谐振动,其振动方程分别为 $x_1=6\times10^{-2}\cos\left(5t+\frac{1}{2}\pi\right)$(SI),$x_2=2\times10^{-2}\cos(\pi-5t)$(SI),它们的合振动的振幅为________,初相位为________。

答案: $2\sqrt{10}\times10^{-2}$ m,$\frac{1}{2}\pi+\arctan\frac{1}{3}$

解析: 第二个简谐振动的振动方程可以改写成

$$x_2=2\times10^{-2}\cos(\pi-5t)=2\times10^{-2}\cos(5t-\pi)=2\times10^{-2}\cos(5t+\pi)$$

所以,根据图 9-13 所示的旋转矢量图,很容易知道合振动的振幅为

$$A=\sqrt{A_1^2+A_2^2}=2\sqrt{10}\times10^{-2}\text{ m}$$

初相位为

$$\varphi_0=\frac{1}{2}\pi+\arctan\frac{1}{3}$$

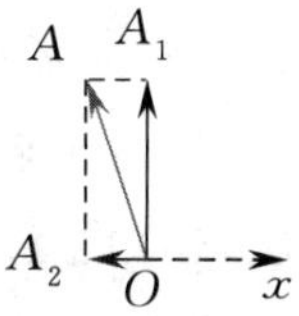

图 9-13 题 4 图

5. 一质点同时参与了两个同方向的简谐振动,它们的振动方程分别为 $x_1=0.05\times\cos\left(\omega t+\frac{1}{4}\pi\right)$(SI),$x_2=0.05\cos\left(\omega t+\frac{9}{12}\pi\right)$(SI),其合振动的振动方程为 $x=$________(SI)。

答案: $0.070\ 7\cos\left(\omega t+\frac{1}{2}\pi\right)$

解析: 第二个简谐振动的振动方程可以改写成

$$x_2=0.05\cos\left(\omega t+\frac{9}{12}\pi\right)=0.05\cos\left(\omega t+\frac{3}{4}\pi\right)$$

根据同方向同频率简谐振动合成的计算公式可得合振动为

$$\begin{aligned}x&=x_1+x_2=0.05\cos\left(\omega t+\frac{1}{4}\pi\right)+0.05\cos\left(\omega t+\frac{3}{4}\pi\right)\\&=2\times0.05\cos\left(\omega t+\frac{\frac{1}{4}+\frac{3}{4}}{2}\pi\right)\cos\left(\frac{\frac{1}{4}-\frac{3}{4}}{2}\pi\right)\\&=0.1\cos\left(\omega t+\frac{1}{2}\pi\right)\cos\left(-\frac{1}{4}\pi\right)=0.070\ 7\cos\left(\omega t+\frac{1}{2}\pi\right)\end{aligned}$$

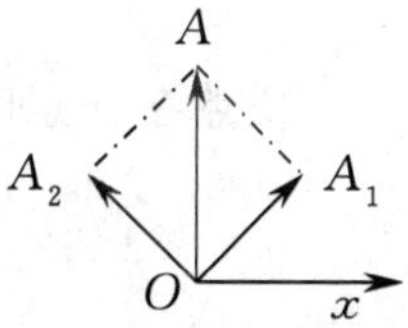

图 9-14 题 5 图

另外,根据图 9-14 所示的旋转矢量图也可以求得合振动的振幅和初相位。

三、计算题

1. 一个沿 x 轴做简谐振动的弹簧振子,振幅为 A,周期为 T,其振动方程用余弦函数表

示。如果 $t=0$ 时质点的状态分别是：(1)位于 $x_0=-A$ 处；(2)过平衡位置向正方向运动；(3)过 $x_0=A/2$ 处向负方向运动；(4)过 $x_0=-A/\sqrt{2}$ 处向正方向运动，试求出相应的初相位，并写出振动方程。

答案：由题设易得 $x_0=A\cos\varphi$，$v_0=-\omega A\sin\varphi$，将以上初始条件代入，使两式同时成立之值即为该条件下的初相位。故有

(1) $$\varphi_1=\pm\pi,\ x=A\cos\left(\frac{2\pi}{T}t\pm\pi\right)$$

(2) $$\varphi_2=-\frac{1}{2}\pi,\ x=A\cos\left(\frac{2\pi}{T}t-\frac{1}{2}\pi\right)$$

(3) $$\varphi_3=\frac{1}{3}\pi,\ x=A\cos\left(\frac{2\pi}{T}t+\frac{1}{3}\pi\right)$$

(4) $$\varphi_4=-\frac{3}{4}\pi,\ x=A\cos\left(\frac{2\pi}{T}t-\frac{3}{4}\pi\right)$$

2. 一质点沿 x 轴做简谐振动，振幅为 0.12 m，周期为 2 s，当 $t=0$ 时，质点的位置在 0.06 m 处，且向 x 轴正方向运动，求：(1)质点的振动方程；(2) $t=0.5$ s 时，质点的位置、速度、加速度；(3)质点从 $x=-0.06$ m 处向 x 轴负方向运动，到平衡位置所需的最短时间。

答案：由题意，知 $A=0.12\ \text{m}$，$\omega=\frac{2\pi}{T}=\pi\ \text{rad/s}$，$\frac{0.06}{0.12}=\cos\varphi_0$，$\sin\varphi_0<0$，可得 $\varphi_0=-\frac{\pi}{3}$，所以质点的振动方程为

$$x=0.12\cos\left(\pi t-\frac{\pi}{3}\right)\text{(SI)}$$

(2)将 $t=0.5$ s 代入振动方程可得

$$x_{t=0.5}=0.12\cos\left(0.5\pi-\frac{\pi}{3}\right)=0.1\ \text{m}$$

质点在任意时刻的速度为 $v=-0.12\pi\sin\left(\pi t-\frac{\pi}{3}\right)$，则

$$v_{t=0.5}=-0.12\pi\sin\left(0.5\pi-\frac{\pi}{3}\right)=-0.19\ \text{m/s}$$

质点在任意时刻的加速度为 $a=-0.12\pi^2\cos\left(\pi t-\frac{\pi}{3}\right)$，则

$$a_{t=0.5}=-0.12\pi^2\cos\left(0.5\pi-\frac{\pi}{3}\right)=-1.0\ \text{m/s}^2$$

(3)根据题意画出旋转矢量图，如图 9-15 所示。由图 9-15 可知，质点从 $x=-0.06$ m 处向 x 轴负方向运动，到平衡位置的相位变化为

$$\Delta\varphi=\frac{3}{2}\pi-\frac{2}{3}\pi=\frac{5}{6}\pi$$

则所需的最短时间为

$$\Delta t=\frac{\Delta\varphi}{\omega}=\frac{5}{6}\ \text{s}=0.833\ \text{s}$$

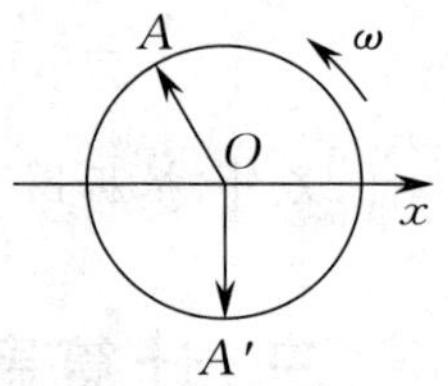

图 9-15 题 2 图

3. 质量为 10×10^{-3} kg 的小球与轻弹簧组成的系统，按 $x=0.1\cos\left(8\pi t+\frac{2}{3}\pi\right)$(SI)的规律做简谐振动，(1)求系统振动的周期 T、振幅 A、初相位 φ 及速度的最大值 v_m 与加速度的最大值 a_m。(2)求系统的最大回复力 F_m、振动能量 E、平均动能 E_k 和平均弹性势能 E_{p1}，并指出在哪些位置上系统的动能与弹性势能相等；(3)求系统在 $t_2=5$ s 与 $t_1=1$ s 两个时刻的相位差 $\Delta\varphi$。

答案：(1)由题设可知

$$A=0.1\ \mathrm{m},\omega=8\pi\ \mathrm{rad/s},T=\frac{2\pi}{\omega}=\frac{1}{4}\ \mathrm{s},\varphi=\frac{2\pi}{3}$$

$$v_m=\omega A=2.51\ \mathrm{m/s}$$

$$a_m=\omega^2 A=63.2\ \mathrm{m/s^2}$$

(2)

$$F_m=ma_m=0.63\ \mathrm{N}$$

$$E=\frac{1}{2}mv_m^2=3.16\times10^{-2}\ \mathrm{J}$$

$$E_p=E_k=\frac{1}{2}E=1.58\times10^{-2}\ \mathrm{J}$$

当 $E_p=E_k$ 时，有 $E=2E_p$，则

$$\frac{1}{2}kx^2=\frac{1}{2}\cdot\left(\frac{1}{2}kA^2\right)\quad\Rightarrow\quad x=\pm\frac{\sqrt{2}}{2}A=\pm\frac{\sqrt{2}}{20}\mathrm{m}$$

(3)$\Delta\varphi=\omega(t_2-t_1)=8\pi\times(5-1)=32\pi$。

4. 原长为 0.50 m 的弹簧，上端固定，下端挂一质量为 0.1 kg 的砝码。当砝码静止时，弹簧的长度为 0.60 m，若将砝码向上推，使弹簧回到原长，然后放手，则砝码做上下振动。(1)证明砝码的上下振动为简谐振动；(2)求此简谐振动的角频率和频率；(3)若从放手时开始计时，求此简谐振动的振动方程(取向下为正方向)。

答案：(1)以砝码静止时的位置为坐标原点，x 轴竖直向下为正方向。设砝码静止时弹簧伸长了 x_0，则 $kx_0=mg$。当砝码处于任意位置 x 时，受到的合力为

$$F=-k(x+x_0)+mg=-kx$$

所以砝码在做简谐振动。

(2)取放手时刻为初始时刻，则初位置为 $-x_0$，初速度为 0，于是

$$A=\sqrt{x_0^2+\frac{v_0^2}{\omega^2}}=x_0=0.1\mathrm{m},\ \omega=\sqrt{\frac{k}{m}}=\sqrt{\frac{g}{x_0}}=9.9\ \mathrm{rad/s},\ \nu=\frac{\omega}{2\pi}=1.58\ \mathrm{Hz}$$

(3)由初始条件 $t=0$ 时，$\varphi=\pi$，可得此简谐振动的振动方程为

$$x=0.1\cos(9.9t+\pi)(\mathrm{SI})$$

5. 有一轻弹簧，当下端挂一个质量 $m_1=10$ g 的物体而平衡时，伸长量为 4.9 cm。用这个弹簧和质量 $m_2=16$ g 的物体组成一弹簧振子，取平衡位置为坐标原点，向上为 x 轴的正方向。将质量为 m_2 的物体从平衡位置向下拉 2cm 后，给予向上的初速度 $v_0=5$ cm/s 并开始计时，试求质量为 m_2 的物体的振动周期和振动方程。

答案：设弹簧的原长为 l，悬挂质量为 m_1 的物体后伸长 Δl，则

$$k\Delta l = m_1 g$$

$$k = m_1 g/\Delta l = 2\ \text{N/m}$$

对于该弹簧与质量为 m_2 的物体组成的弹簧振子，设其做简谐振动的振动方程为 $x = A\cos(\omega t+\varphi)$，则

$$\omega = \sqrt{k/m_2} = 11.2\ \text{rad/s}, T = 2\pi/\omega = 0.56\ \text{s}$$

$t=0$ 时，
$$x_0 = -2\times 10^{-2} = A\cos\varphi, v_0 = 5\times 10^{-2} = -A\omega\sin\varphi$$

解得
$$A = \sqrt{x_0^2 + (v_0/\omega)^2} = 2.05\times 10^{-2}\ \text{m}$$

$$\varphi = \arctan\frac{-v_0}{\omega x_0} = -2.92\ \text{rad}$$

则振动方程为

$$x = 2.05\times 10^{-2}\cos(11.2t - 2.92)(\text{SI})$$

6. 一质量为 10×10^{-3} kg 的物体做简谐振动，振幅为 24 cm，周期为 4.0 s，当 $t=0$ 时位置为 24 cm。求：(1)$t=0.5$ s 时，物体所在的位置及此时所受力的大小和方向；(2)物体由起始位置运动到 $x=12$ cm 处所需的最短时间；(3)在 $x=12$ cm 处物体的总能量。

答案： 由题设知，$A=24\times 10^{-2}$ m，$T=4.0$ s，$\omega=\dfrac{2\pi}{T}=0.5\pi$ rad/s。$t=0$ 时，$x_0=A$，则 $\varphi=0$，于是振动方程为 $x=24\times 10^{-2}\cos 0.5\pi t$(SI)。

(1)将 $t=0.5$ s 代入振动方程得

$$x_{t=0.5} = 24\times 10^{-2}\cos(0.5\pi\times 0.5)\text{m} = 0.17\ \text{m}$$

$$F = -ma = -m\omega^2 x = -4.2\times 10^{-3}\ \text{N}$$

表明此时物体所受力的大小为 4.2×10^{-3} N，方向指向坐标原点，即沿 x 轴负方向。

(2)当 $t=0$ 时，$\varphi=0$；当 $x_0=\dfrac{A}{2}$时，$\varphi_t=\dfrac{\pi}{3}$，则所需的最短时间为 $t=\dfrac{\Delta\varphi}{\omega}=\dfrac{2}{3}$ s。

(3)由于物体做简谐振动时能量守恒，故在任意位置或任意时刻，其总能量均为

$$E = \frac{1}{2}kA^2 = \frac{1}{2}m\omega^2 A^2 = \frac{1}{2}\times 10\times 10^{-3}(\pi/2)^2\times 0.24^2\ \text{J} = 7.1\times 10^{-4}\ \text{J}$$

7. 质量为 0.1 kg 的物体，以振幅 $A=1.0\times 10^{-2}$ m 做简谐振动，其最大加速度为 4.0 m/s²，求：(1)物体的振动周期；(2)物体通过平衡位置时的动能；(3)物体的总能量；(4)物体在何处动能和势能相等。

答案： (1)物体做简谐振动的最大加速度为 $a_m = A\omega^2$，则

$$\omega = \sqrt{\frac{a_m}{A}}\sqrt{\frac{4.0}{1.0\times 10^2}} = 20\ \text{rad/s}$$

$$T = \frac{2\pi}{\omega} = \frac{2\pi}{20}\ \text{s} = 0.314\ \text{s}$$

(2)做简谐振动的物体通过平衡位置时具有最大速度 $|v_m| = A\omega$，则

$$E_k = \frac{1}{2}mv_m^2 = \frac{1}{2}mA^2\omega^2 = 2\times 10^{-3}\ \text{J}$$

(3)物体的总能量为　　　　$E=E_k=2\times10^{-3}$ J

(4)物体动能和势能相等时：

$$E_p=\frac{1}{2}kx^2=\frac{1}{2}E=\frac{1}{4}kA^2$$

$$x=\pm\frac{\sqrt{2}}{2}A=\pm7.07\times10^{-3}\ \mathrm{m}$$

8. 试用最简单的方法求出下列两组简谐振动合成后所得合振动的振幅：

(1) $\begin{cases}x_1=5\cos\left(3t+\frac{1}{3}\pi\right)\mathrm{cm},\\ x_2=5\cos\left(3t+\frac{7}{3}\pi\right)\mathrm{cm};\end{cases}$

(2) $\begin{cases}x_1=5\cos\left(3t+\frac{1}{3}\pi\right)\mathrm{cm},\\ x_2=5\cos\left(3t+\frac{4}{3}\pi\right)\mathrm{cm}。\end{cases}$

答案：(1)$\Delta\varphi=\varphi_2-\varphi_1=\frac{7}{3}\pi-\frac{1}{3}\pi=2\pi$，则 $A=A_1+A_2=10$ cm。

(2)$\Delta\varphi=\varphi_2-\varphi_1=\frac{4}{3}\pi-\frac{1}{3}\pi=\pi$，则 $A=|A_1-A_2|=0$。

9. 一质点同时参与两个在同一直线上的简谐振动，振动方程分别为

$$\begin{cases}x_1=0.4\cos\left(2t+\frac{1}{6}\pi\right)(\mathrm{SI})\\ x_2=0.3\cos\left(2t-\frac{5}{6}\pi\right)(\mathrm{SI})\end{cases}$$

答案：旋转矢量法：画出旋转矢量图，如图 9-16 所示，易得振动方程为 $x=0.1\cos\left(2t+\frac{1}{6}\pi\right)(\mathrm{SI})$。

公式法：

$$\Delta\varphi=\frac{1}{6}\pi-\left(-\frac{5}{6}\pi\right)=\pi$$

$$A=|A_1-A_2|=0.1\mathrm{m}$$

$$\tan\varphi=\frac{A_1\sin\varphi_1+A_2\sin\varphi_2}{A_1\cos\varphi_1+A_2\cos\varphi_2}=\frac{\sqrt{3}}{3}$$

$$\varphi=\frac{1}{6}\pi$$

则振动方程为 $x=0.1\cos\left(2t+\frac{1}{6}\pi\right)(\mathrm{SI})$。

10. 同一直线上有两个同频率的简谐振动，其合振动的振幅为 0.2 m，合振动的相位与第一个简谐振动的相位差为 $\pi/6$，已知第一个简谐振动的振幅为 0.173 m，求：(1)第二个简谐振动的振幅；(2)两个简谐振动的相位差。

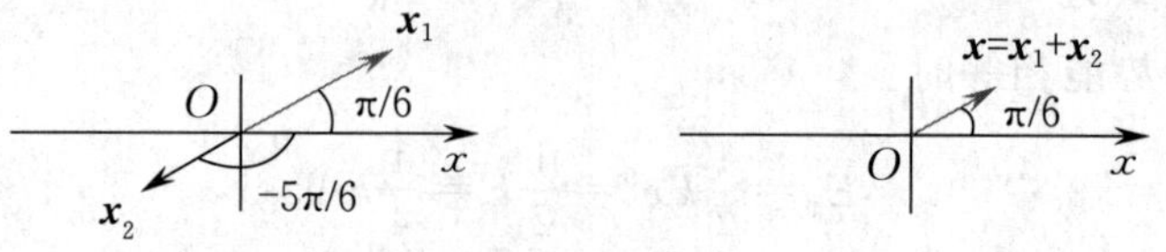

图 9-16　题 9 图

答案：(1)由题意可画出旋转矢量图，如图 9-17 所示，则

$$A_2^2=A_1^2+A^2-2A_1A\cos\frac{\pi}{6}=\left[(0.173)^2+(0.2)^2-2\times0.173\times0.2\times\frac{\sqrt{3}}{2}\right]\mathrm{m}^2=0.01\ \mathrm{m}^2$$

$$A_2=0.1\ \mathrm{m}$$

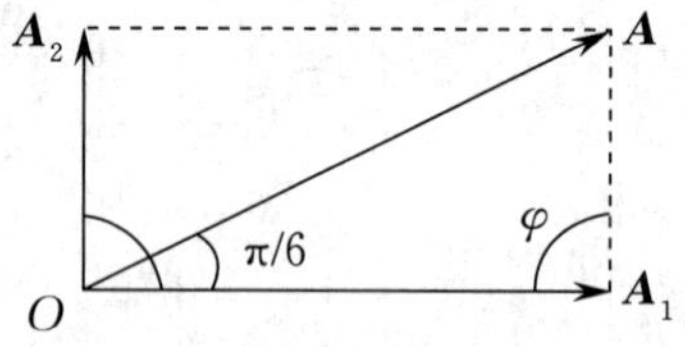

图 9-17　题 10 图

(2)设$\angle AA_1O=\varphi$，则

$$A^2=A_1^2+A_2^2-2A_1A_2\cos\varphi$$

$$\cos\varphi=\frac{A_1^2+A_2^2-A^2}{2A_1A_2}=0$$

即 $\varphi=\frac{\pi}{2}$，这说明，$\boldsymbol{A}_1$ 与 $\boldsymbol{A}_2$ 间的夹角为$\frac{\pi}{2}$，即两个简谐振动的相位差为$\frac{\pi}{2}$。

第10章　波　　动

§10.1　学习要求

1. 掌握机械波产生的条件与性质、波的分类、描述机械波的基本特征量、波形图。
2. 掌握如何利用初始条件确定机械波的波动方程(也称波函数)、波速。
3. 了解波的能量、能量密度、能流密度、波的强度与波功率。
4. 掌握惠更斯原理与波的衍射现象,波的叠加原理与波的干涉现象及相干条件。
5. 了解驻波的形成与特点,固定端点的全反射与自由端点的全反射、半波损失。
6. 了解多普勒效应及产生多普勒效应的原因,机械波多普勒效应的特点与频率的计算。

§10.2　内容提要

一、基本概念

波动方程:$y(x,t)$,x 为各点振动时平衡位置的坐标;y 为各点偏离平衡位置的位移。

机械波的产生需要波源及介质。

振动与波动:

(1)振动是波形成的原因;(2)波动是振动状态的传播。

描述波动过程的几个特征量:

(1)波长 λ,单位为 m,$\lambda=Tu=\frac{u}{\nu}$;

(2)周期 T,单位为 s,$T=\frac{1}{\nu}=\frac{\lambda}{u}$;

(3)波速 u,单位为 m/s,$u=\frac{\lambda}{T}=\lambda\nu$;

(4)频率 ν,单位为 Hz,$\nu=\frac{1}{T}$。

周期与频率只取决于波源的振动;波速只取决于介质的性质,与振源无关。

在均匀各向同性的固体介质中：纵波的波速为

$$u=\sqrt{\frac{E}{\rho}}$$

其中，E 为介质的弹性模量，ρ 为介质的密度。

横波的波速为

$$u=\sqrt{\frac{G}{\rho}}$$

其中，G 为介质的切变模量。

在液体和气体中：纵波的波速为

$$u=\sqrt{\frac{K}{\rho}}$$

其中，K 为介质的体积模量。

横波不能在液体和气体中传播。

波线、波面、波前：

(1)波线，沿波的传播方向作的一些带箭头的线；

(2)波面，某时刻介质中振动相位相同的各点连接而成的面；

(3)波前，位于最前面的波面，也称波阵面。

同一波面上各点的振动状态相同，波线恒与波面垂直。

二、平面简谐波的波动方程

若波沿 x 轴正方向传播，则平面简谐波的波动方程为

$$y=A\cos\left[\omega\left(t-\frac{x}{u}\right)+\varphi\right]$$

若波沿 x 轴负方向传播，则平面简谐波的波动方程为

$$y=A\cos\left[\omega\left(t+\frac{x}{u}\right)+\varphi\right]$$

$$\omega=\frac{2\pi}{T}=2\pi\nu$$

$$u=\frac{\lambda}{T}=\lambda\nu$$

$$\frac{\omega}{u}=\frac{2\pi\nu}{\lambda\nu}=\frac{2\pi}{\lambda}$$

振动方程：描述某一质点在任意时刻偏离平衡位置的位移，$y=f(t)$。

波动方程：描述任意一个质点在任意时刻偏离平衡位置的位移，$y=f(x,t)$。

以沿 x 轴正方向传播的波为研究对象：

$$y=A\cos\left[\omega\left(t-\frac{x}{u}\right)+\varphi\right]$$

$$v=\frac{\partial y}{\partial t}=-A\omega\sin\left[\omega\left(t-\frac{x}{u}\right)+\varphi\right]$$

$$a=\frac{\partial^2 y}{\partial t^2}=\frac{\partial v}{\partial t}=-A\omega^2\cos\left[\omega\left(t-\frac{x}{u}\right)+\varphi\right]$$

相位差：

$$\Delta\varphi=\frac{2\pi}{\lambda}\Delta x=\omega\Delta t$$

三、波的能量

波线上体积元的机械能不守恒，但平均能量密度不变，为

$$\overline{w}=\frac{1}{2}\rho A^2\omega^2$$

这说明介质中无能量的积累。

体积元的动能=体积元的势能。

在平衡位置时，体积元的动能、势能、总机械能均最大。

在最大位移处时，体积元的动能、势能、总机械能均最小，为零。

能流：

$$p=wuSt$$

其中，w 为单位体积中波的能量，S 为均匀介质垂直于波速 u 的面积。

平均能流：

$$\overline{p}=\overline{w}uSt$$

能流密度：

$$I=\frac{\overline{p}}{St}=\overline{w}u=\frac{1}{2}\rho A^2\omega^2 u$$

其中，ρ 为介质的密度，A 为波的振幅，ω 为波的角频率，u 为波速。

四、波的衍射与干涉

明显衍射的条件：障碍物尺寸可与波长相比，甚至比波长更小。

波的衍射：波在传播中遇到障碍物，其传播方向发生改变，并可绕过障碍物而继续向前传播。

波的干涉：两列频率相同、振动方向相同、相位差恒定的简谐波叠加，空间某些点处的振动始终加强，另一些点处的振动始终减弱，呈现规律性分布。能产生干涉现象的波称为相干波，相应的波源称为相干波源。合振动的振幅为

$$A=\sqrt{A_1^2+A_2^2+2A_1A_2\cos\left(\varphi_2-\varphi_1-2\pi\cdot\frac{r_2-r_1}{\lambda}\right)}$$

不妨令 $\Delta\varphi=\varphi_2-\varphi_1-2\pi\cdot\dfrac{r_2-r_1}{\lambda}$，

(1)当 $\Delta\varphi=\pm 2k\pi$，$k=0,1,2,\cdots$时，振动加强，$A=A_1+A_2$；

(2)当 $\Delta\varphi=\pm(2k+1)\pi$，$k=0,1,2,\cdots$时，振动减弱，$A=|A_1-A_2|$。

记 $\delta=r_2-r_1$ 为波程差，若两列波的初相位相同，即 $\varphi_1=\varphi_2$，则

(1)当 $\delta=\pm k\lambda$（即半波长的偶数倍），$k=0,1,2,\cdots$时，振动加强；

(2)当 $\delta=\pm(2k-1)\lambda$（即半波长的奇数倍），$k=0,1,2,\cdots$时，振动减弱。

五、驻波

若让两列振幅相同、传播方向相反的相干波叠加，在一定条件下可以形成驻波，驻波是干涉的特例，驻波的波动方程为

$$y=\left[2A\cos\left(\frac{2\pi}{\lambda}x\right)\right]\cos(\omega t)$$

其中，$2A\cos\left(\dfrac{2\pi}{\lambda}x\right)$为简谐振动的振幅。

驻波的波形图如图 10-1 所示。

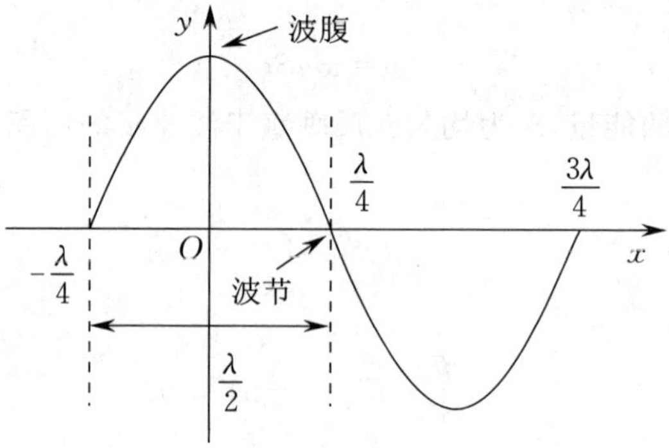

图 10-1 驻波的波形图

波节：$x=\pm(2k+1)\cdot\dfrac{\lambda}{4}$，$k=0,1,2,\cdots$，振幅为零处。

波腹：$x=\pm\dfrac{k}{2}\lambda$，$k=0,1,2,\cdots$，振幅最大处。

相邻波节之间的距离为$\dfrac{\lambda}{2}$，相邻波腹之间的距离也为$\dfrac{\lambda}{2}$。

相邻波节之间，各点的相位相同，振幅不全相等；波节两侧，各点的相位相反。

驻波不能传播能量，驻波波节处始终不动，动能主要集中在波腹，势能主要集中在波节。

在自由端反射时无半波损失，在固定端反射时有半波损失。

波从波疏介质入射到波密介质，反射时存在半波损失；波从波密介质入射到波疏介质，反射时无半波损失。

当波从波疏介质入射到波密介质，被反射回波疏介质时，在反射处形成波节，相位有 π 的突变。

§10.3　重难点分析

本章重点包括以下几个方面。

1. 波动方程与波速，波的能量与功率。
2. 波动性：机械波的干涉与衍射（条件与特点）。
3. 驻波的形成与特点。

本章难点主要集中在以下几个方面。

1. 波动方程的建立与波速的计算。
2. 正确理解机械波干涉与衍射的物理机制。
3. 计算驻波方程。

§10.4　典型习题详解

一、单选题

1 .横波以波速 u 沿 x 轴负方向传播，t 时刻的波形图如图 10-2 所示，则该时刻（　　）。

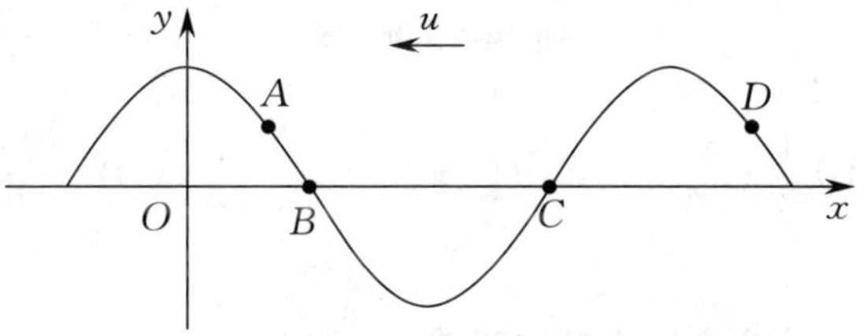

图 10-2　题 1 图

(A)点 A 的振动速度大于零　　(B)点 B 静止不动

(C)点 C 向下运动　　(D)点 D 的振动速度小于零

答案： D

解析： 波形图中某个位置的质点下一时刻的位置由该时刻波前进的后方的质点位置所决定。所以图中 A、B、D 三点下一时刻都往下运动，振动速度小于零，点 C 下一时刻往上运动，振动速度大于零。

2. 若一平面简谐波的波动方程为 $y=A\cos(Bt-Cx)$，其中 A、B、C 为正常量，则该波的（　　）。

(A)波速为 C　　(B)周期为 $\frac{1}{B}$　　(C)波长为 $\frac{2\pi}{C}$　　(D)角频率为 $\frac{2\pi}{B}$

答案: C

解析: 平面简谐波的波动方程的一般形式为

$$y(x,t)=A\cos(\omega t-kx+\varphi_0)$$

其中,

$$\omega=\frac{2\pi}{T} \Rightarrow T=\frac{2\pi}{\omega}$$

$$k=\frac{2\pi}{\lambda} \Rightarrow \lambda=\frac{2\pi}{k}$$

$$u=\frac{\lambda}{T}=\frac{\frac{2\pi}{T}}{\frac{2\pi}{\lambda}}=\frac{\omega}{k}$$

所以,依题意,有 $\omega=B,k=C$,于是 $T=\frac{2\pi}{B},\lambda=\frac{2\pi}{C},u=\frac{B}{C}$。

3. 图 10-3 所示为沿 x 轴负方向传播的平面简谐波在 $t=0$ 时刻的波形图。若该波的波动方程以余弦函数表示,则点 O 处质点振动的初相位为(　　)。

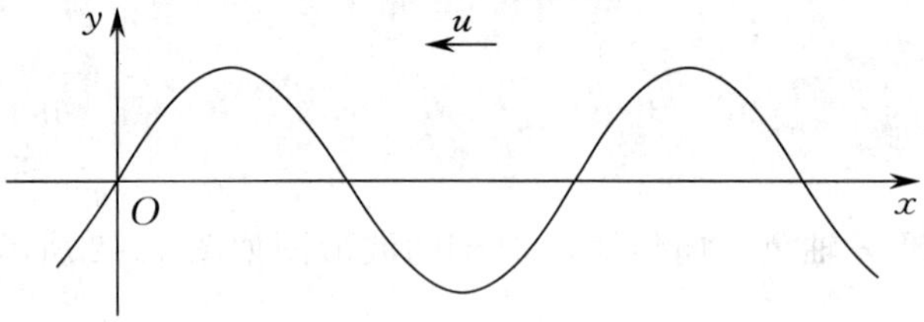

图 10-3　题 3 图

(A)0　　(B)$\frac{1}{2}\pi$　　(C)π　　(D)$-\frac{1}{2}\pi$

答案: D

解析: 设图 10-3 所示简谐波的波动方程为

$$y(x,t)=A\cos(\omega t+kx+\varphi_0)$$

所以点 O 处质点的振动方程为

$$y(0,t)=A\cos(\omega t+\varphi_0)$$

可得 φ_0 就是它的初相位。由波形图可以看出,点 O 处质点在 $t=0$ 时刻的位置为 $y_0=0$,速度的方向为 y 轴正方向(因为图中波沿 x 轴负方向传播,下一时刻,点 O 处质点的位置 $y>0$),所以有

$$y(0,0)=A\cos\varphi_0=0 \Rightarrow \cos\varphi_0=0 \Rightarrow \varphi_0=\pm\frac{1}{2}\pi$$

$$v(0,0)=-A\omega\sin\varphi_0>0 \Rightarrow \sin\varphi_0<0 \Rightarrow \varphi_0=-\frac{1}{2}\pi$$

4. 已知一频率为 100 Hz、波速为 300 m/s 的平面简谐波，其波线上间距小于波长的两点振动的相位差为$\frac{1}{3}\pi$，则此两点相距(　　)。

(A)2.86 m　　(B)2.19 m　　(C)0.5 m　　(D)0.25 m

答案： C

解析： 设该简谐波的波动方程为

$$y(x,t)=A\cos(\omega t-kx+\varphi_0)$$

t 时刻点 x 处质点的相位为 $\varphi=\omega t-kx+\varphi_0$，所以波线上相距 Δx 的两点的相位差为

$$\Delta\varphi=k\Delta x$$

而其中

$$\omega=\frac{2\pi}{T}=2\pi\nu,u=\frac{\lambda}{T}=\lambda\nu$$

$$k=\frac{2\pi}{\lambda}=\frac{2\pi\nu}{\nu\lambda}=\frac{2\pi\nu}{u}$$

所以

$$\Delta x=\frac{\Delta\varphi}{k}=\frac{\Delta\varphi}{\frac{2\pi\nu}{u}}=\frac{u\Delta\varphi}{2\pi\nu}=\frac{300\times\frac{1}{3}\pi}{2\pi\times 100}\text{m}=0.5\text{ m}$$

5. 已知一平面简谐波的波动方程为 $y=A\cos(at-bx)$(a、b 为正值常量)，则该波的(　　)。

(A)频率为 a　　(B)波速为$\frac{b}{a}$

(C)波长为$\frac{\pi}{b}$　　(D)周期为$\frac{2\pi}{a}$

答案： D

解析： 平面简谐波的波动方程一般形式为

$$y(x,t)=A\cos(\omega t-kx+\varphi_0)$$

其中

$$\omega=\frac{2\pi}{T}\quad\Rightarrow\quad T=\frac{2\pi}{\omega}\quad\Rightarrow\quad\nu=\frac{1}{T}=\frac{\omega}{2\pi}$$

$$k=\frac{2\pi}{\lambda}\quad\Rightarrow\quad\lambda=\frac{2\pi}{k}$$

$$u=\frac{\lambda}{T}=\frac{\frac{2\pi}{T}}{\frac{2\pi}{\lambda}}=\frac{\omega}{k}$$

所以，依题意，有 $\omega=a,k=b$，于是 $\nu=\frac{a}{2\pi},T=\frac{2\pi}{a},\lambda=\frac{2\pi}{b},u=\frac{a}{b}$。

6. 如图 10-4 所示，一平面简谐波以波速 u 沿 x 轴正方向传播，点 O 为坐标原点。已知点 P 的振动方程为 $y=A\cos(\omega t)$，则(　　)。

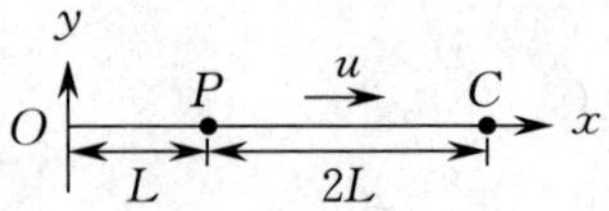

图 10-4 题 6 图

(A)点 O 的振动方程为 $y=A\cos\left[\omega\left(t-\frac{L}{u}\right)\right]$

(B)该波的波动方程为 $y=A\cos\left[\omega\left(t-\frac{L}{u}-\frac{x}{u}\right)\right]$

(C)该波的波动方程为 $y=A\cos\left[\omega\left(t+\frac{L}{u}-\frac{x}{u}\right)\right]$

(D)点 C 的振动方程为 $y=A\cos\left[\omega\left(t-\frac{3L}{u}\right)\right]$

答案：C

解析：沿 x 轴正方向传播的平面简谐波的波动方程的一般形式为

$$y(x,t)=A\cos(\omega t-kx+\varphi_0)$$

所以点 P 的振动方程为

$$y(L,t)=A\cos(\omega t-kL+\varphi_0)$$

依题意，

$$-kL+\varphi_0=0$$
$$\varphi_0=kL$$
$$u=\frac{\lambda}{T}=\frac{\frac{2\pi}{T}}{\frac{2\pi}{\lambda}}=\frac{\omega}{k}$$
$$k=\frac{\omega}{u}$$
$$\varphi_0=\frac{\omega}{u}L$$

所以该波的波动方程为

$$y(x,t)=A\cos\left(\omega t-\frac{\omega}{u}x+\frac{\omega}{u}L\right)=A\cos\left[\omega\left(t-\frac{x}{u}+\frac{L}{u}\right)\right]$$

点 O 的振动方程为

$$y(0,t)=A\cos\left[\omega\left(t-\frac{0}{u}+\frac{L}{u}\right)\right]=A\cos\left[\omega\left(t+\frac{L}{u}\right)\right]$$

点 C 的振动方程为

$$y(3L,t)=A\cos\left[\omega\left(t-\frac{3L}{u}+\frac{L}{u}\right)\right]=A\cos\left[\omega\left(t-\frac{2L}{u}\right)\right]$$

7. 图 10-5 所示为一平面简谐波在 $t=2$ s 时刻的波形图，则点 P 处质点的振动方程为(　　)

(SI)。

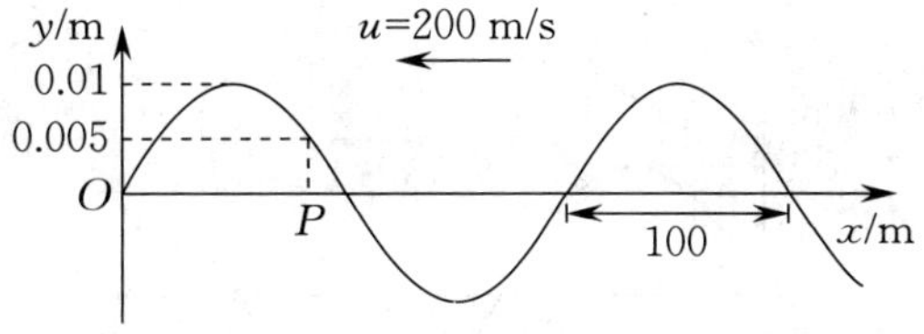

图 10-5　题 7 图

(A) $y_P=0.01\cos\left[\pi(t-2)+\frac{1}{3}\pi\right]$　(B) $y_P=0.01\cos\left[\pi(t+2)+\frac{1}{3}\pi\right]$

(C) $y_P=0.01\cos\left[2\pi(t-2)+\frac{1}{3}\pi\right]$　(D) $y_P=0.01\cos\left[2\pi(t-2)-\frac{1}{3}\pi\right]$

答案：C

解析：沿 x 轴负方向传播的平面简谐波的波动方程的一般形式为

$$y(x,t)=A\cos(\omega t+kx+\varphi_0)$$

依题意，$t=2$ s 时刻的波形方程为

$$y(x,2)=A\cos(2\omega+kx+\varphi_0)$$

点 P 处质点的振动方程为

$$y(x_P,t)=A\cos(\omega t+kx_P+\varphi_0)$$

从图 10-5 中可以看出，振幅 $A=0.01$ m，波长 $\lambda=200$ m，波速 $u=200$ m/s，$t=2$ s 时刻点 P 处质点离开平衡位置的距离为 $y(x_P,2)=0.005\ \text{m}=\frac{1}{2}A$，且点 P 处质点的振动速度小于零，所以有

$$y(x_P,2)=A\cos(2\omega+kx_P+\varphi_0)=\frac{1}{2}A \quad\Rightarrow\quad \cos(2\omega+kx_P+\varphi_0)=\frac{1}{2}$$

$$v(x_P,2)=-A\omega\sin(2\omega+kx_P+\varphi_0)<0 \quad\Rightarrow\quad \sin(2\omega+kx_P+\varphi_0)>0$$

$$2\omega+kx_P+\varphi_0=\frac{1}{3}\pi$$

$$kx_P+\varphi_0=\frac{1}{3}\pi-2\omega$$

又因为

$$u=\frac{\lambda}{T} \quad\Rightarrow\quad T=\frac{\lambda}{u}$$

$$\omega=\frac{2\pi}{T}=2\pi\frac{u}{\lambda}=2\pi\times\frac{200}{200}\ \text{rad/s}=2\pi\ \text{rad/s}$$

所以点 P 处质点的振动方程为

$$y(x_P,t)=A\cos\left(\omega t+\frac{1}{3}\pi-2\omega\right)=A\cos\left[\omega(t-2)+\frac{1}{3}\pi\right]$$

$$=0.01\cos\left[2\pi(t-2)+\frac{1}{3}\pi\right]\text{(SI)}$$

8. 图 10-6 所示为一平面简谐波在 $t=0$ 时刻的波形图,波速 $u=200$ m/s,则图中坐标原点 O 处质点的振动加速度的表达式为(　　)。

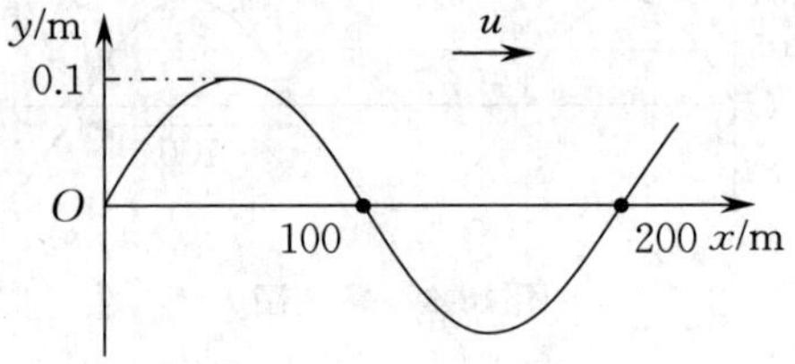

图 10-6　题 8 图

(A)$a=0.4\pi^2\cos\left(\pi t-\frac{1}{2}\pi\right)$(SI)　　(B)$a=0.4\pi^2\cos\left(\pi t-\frac{3}{2}\pi\right)$(SI)

(C)$a=-0.4\pi^2\cos(2\pi t-\pi)$(SI)　　(D)$a=-0.4\pi^2\cos\left(2\pi t+\frac{1}{2}\pi\right)$(SI)

答案:D

解析:沿 x 轴正方向传播的平面简谐波的波动方程的一般形式为

$$y(x,t)=A\cos(\omega t-kx+\varphi_0)$$

依题意,$t=0$ 时刻的波形方程为

$$y(x,0)=A\cos(-kx+\varphi_0)$$

从图 10-6 中可以看出,振幅 $A=0.1$ m,波长 $\lambda=200$ m,波速 $u=200$ m/s,$t=0$ 时刻坐标原点 O 处质点离开平衡位置的距离为 $y(0,0)=0$,且原点处质点的振动速度小于零,所以有

$$y(0,0)=A\cos\varphi_0=0 \quad\Rightarrow\quad \cos\varphi_0=0$$

$$v(0,0)=-A\omega\sin\varphi_0<0 \quad\Rightarrow\quad \sin\varphi_0>0$$

$$\varphi_0=\frac{1}{2}\pi$$

又因为

$$k=\frac{2\pi}{\lambda}=\frac{2\pi}{200}\text{ rad/m}=0.01\pi\text{ rad/m}$$

$$u=\frac{\lambda}{T} \quad\Rightarrow\quad T=\frac{\lambda}{u}$$

$$\omega=\frac{2\pi}{T}=2\pi\frac{u}{\lambda}=2\pi\frac{200}{200}\text{ rad/s}=2\pi\text{ rad/s}$$

所以该平面简谐波的波动方程为

$$y(x,t)=0.1\cos\left(2\pi t-0.01\pi x+\frac{1}{2}\pi\right)\text{(SI)}$$

于是坐标原点 O 处质点的振动方程为

$$y(0,t)=0.1\cos\left(2\pi t+\frac{1}{2}\pi\right)\text{(SI)}$$

其振动的速度和加速度的表达式分别为

$$v(0,t)=-0.2\pi\sin\left(2\pi t+\frac{1}{2}\pi\right)\text{(SI)}$$

$$a(0,t)=-0.4\pi^2\cos\left(2\pi t+\frac{1}{2}\pi\right)\text{(SI)}$$

9. 一平面简谐波的波速 $u=5$ m/s，其在 $t=3$ s 时刻的波形图如图 10-7 所示，则 $x=0$ 处质点的振动方程为(　　)。

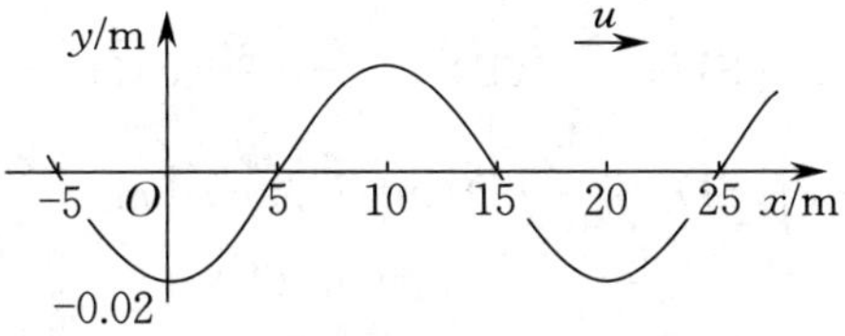

图 10-7　题 9 图

(A) $y=0.02\cos\left(\frac{1}{2}\pi t-\frac{1}{2}\pi\right)$(SI)　　(B) $y=0.02\cos(\pi t+\pi)$(SI)

(C) $y=0.02\cos\left(\frac{1}{2}\pi t+\frac{1}{2}\pi\right)$(SI)　　(D) $y=0.02\cos\left(\pi t-\frac{3}{2}\pi\right)$(SI)

答案： A

解析： 沿 x 轴正方向传播的平面简谐波的波动方程的一般形式为

$$y(x,t)=A\cos(\omega t-kx+\varphi_0)$$

依题意，$t=3$ s 时刻的波形方程为

$$y(x,3)=A\cos(3\omega-kx+\varphi_0)$$

从图 10-7 中可以看出，$A=0.02$ m，$\lambda=20$ m，$t=3$ s 时刻 $x=0$ 处质点离开平衡位置的距离为 $y(0,3)=-A$，所以有

$$y(0,3)=A\cos(3\omega+\varphi_0)=-A \quad\Rightarrow\quad \cos(3\omega+\varphi_0)=-1 \quad\Rightarrow\quad 3\omega+\varphi_0=\pi \quad\Rightarrow\quad \varphi_0=\pi-3\omega$$

$$\omega=\frac{2\pi}{T}=\frac{2\pi}{\lambda/u}=\frac{2\pi u}{\lambda}=\frac{10\pi}{20}\text{ rad/s}=\frac{\pi}{2}\text{ rad/s}$$

$$\varphi_0=\pi-\frac{3}{2}\pi=-\frac{1}{2}\pi$$

$$k=\frac{2\pi}{\lambda}=\frac{2\pi}{20}\text{ rad/m}=\frac{\pi}{10}\text{rad/m}$$

所以该平面简谐波的波动方程为

$$y(x,t)=0.02\cos\left(\frac{\pi}{2}t-\frac{\pi}{10}x-\frac{1}{2}\pi\right)\text{(SI)}$$

于是 $x=0$ 处质点的振动方程为

$$y(0,t)=0.02\cos\left(\frac{\pi}{2}t-\frac{1}{2}\pi\right)\text{(SI)}$$

10. 图 10-8 所示为一平面简谐波在 $t=0$ 时刻的波形图，波速 $u=200$ m/s，则点 P 处质点的振动速度的表达式为(　　)。

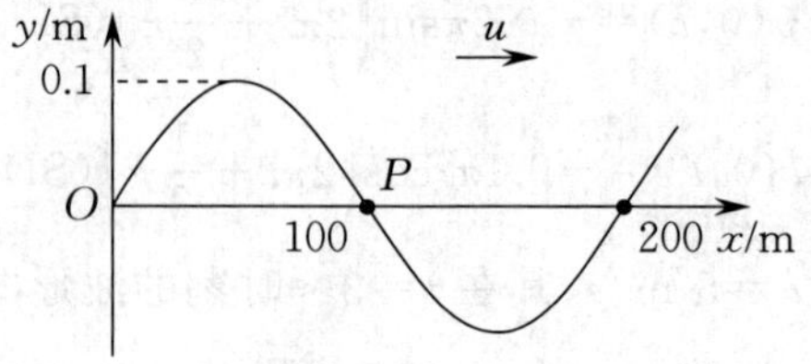

图 10-8　题 10 图

(A) $v=-0.2\pi\cos(2\pi t-\pi)$ (SI)　　(B) $v=-0.2\pi\cos(\pi t-\pi)$ (SI)

(C) $v=0.2\pi\cos\left(2\pi t-\frac{1}{2}\pi\right)$ (SI)　　(D) $v=0.2\pi\cos\left(\pi t-\frac{3}{2}\pi\right)$ (SI)

答案：A

解析：沿 x 轴正方向传播的平面简谐波的波动方程的一般形式为

$$y(x,t)=A\cos(\omega t-kx+\varphi_0)$$

依题意，$t=0$ 时刻的波形方程为

$$y(x,0)=A\cos(-kx+\varphi_0)$$

从图 10-8 中可以看出，振幅 $A=0.1$ m，波长 $\lambda=200$ m，波速 $u=200$ m/s，$t=0$ 时刻原点处质点离开平衡位置的距离为 $y(0,0)=0$，且原点处质点的振动速度小于零，所以有

$$y(0,0)=A\cos\varphi_0=0 \quad\Rightarrow\quad \cos\varphi_0=0$$

$$v(0,0)=-A\omega\sin\varphi_0<0 \quad\Rightarrow\quad \sin\varphi_0>0$$

$$\varphi_0=\frac{1}{2}\pi$$

又因为

$$k=\frac{2\pi}{\lambda}=\frac{2\pi}{200}\ \text{rad/m}=0.01\pi\ \text{rad/m}$$

$$u=\frac{\lambda}{T} \quad\Rightarrow\quad T=\frac{\lambda}{u}$$

$$\omega=\frac{2\pi}{T}=2\pi\frac{u}{\lambda}=2\pi\times\frac{200}{200}\ \text{rad/s}=2\pi\ \text{rad/s}$$

所以该平面简谐波的波动方程为

$$y(x,t)=0.1\cos\left(2\pi t-0.01\pi x+\frac{1}{2}\pi\right)\ \text{(SI)}$$

于是点 P 处质点的振动方程为

$$y(100,t)=0.1\cos\left(2\pi t-\pi+\frac{1}{2}\pi\right)=0.1\cos\left(2\pi t-\frac{1}{2}\pi\right)\ \text{(SI)}$$

其振动的速度的表达式为

$$v(100,t)=-0.2\pi\sin\left(2\pi t-\frac{1}{2}\pi\right)=-0.2\pi\cos(2\pi t-\pi)\ \text{(SI)}$$

二、填空题

1. 一平面简谐波的波动方程为 $y=0.025\cos(125t-0.37x)$(SI)，其角频率 $\omega=$________，波速 $u=$________，波长 $\lambda=$________。

答案： 125 rad/s，338 m/s，16.98 m

解析： 平面简谐波的波动方程的一般形式为

$$y=A\cos(\omega t-kx+\varphi_0)$$

其中角频率为 ω，各物理量之间存在以下关系：

$$k=\frac{2\pi}{\lambda} \Rightarrow \lambda=\frac{2\pi}{k}$$

$$\omega=\frac{2\pi}{T} \Rightarrow T=\frac{2\pi}{\omega}$$

$$u=\frac{\lambda}{T}=\frac{2\pi/k}{2\pi/\omega}=\frac{\omega}{k}$$

依题意，$\omega=125\ \text{rad/s}$，$k=0.37\ \text{rad/m}$，$u=\frac{\omega}{k}=\frac{125}{0.37}\ \text{m/s}\approx 338\ \text{m/s}$，$\lambda=\frac{2\pi}{k}=\frac{2\pi}{0.37}\ \text{m}\approx 16.98\ \text{m}$。

2. 一声呐装置向海水中发出超声波，其波动方程为 $y=1.2\times10^{-3}\cos(3.14\times10^5 t-220x)$(SI)，则此波的频率 $\nu=$________，波长 $\lambda=$________，波速 $u=$________。

答案： 5×10^4 Hz，$\frac{\pi}{110}$ m，1.43×10^3 m/s

解析： 沿 x 轴正方向传播的平面简谐波的波动方程的一般形式为

$$y(x,t)=A\cos(\omega t-kx+\varphi_0)$$

依题意，$A=1.2\times10^{-3}\ \text{m}$，$\omega=3.14\times10^5\ \text{rad/s}$，$k=220\ \text{rad/m}$，所以有

$$\nu=\frac{\omega}{2\pi}=\frac{3.14\times10^5}{2\pi}\ \text{Hz}=5\times10^4\ \text{Hz}$$

$$\lambda=\frac{2\pi}{k}=\frac{2\pi}{220}\ \text{m}=\frac{\pi}{110}\ \text{m}$$

$$u=\frac{\lambda}{T}=\frac{\omega}{k}=\frac{3.14\times10^5}{220}\ \text{m/s}\approx 1.43\times10^3\ \text{m/s}$$

3. 一横波的波动方程为 $y=0.02\sin[2\pi(100t-40x)-0.4\pi]$(SI)，则该波的振幅为________，波长为________，频率为________，波速为________。

答案： 0.02 m，0.025 m，100 Hz，2.5 m/s

解析： 依题意，该波的振幅 $A=0.02\ \text{m}$，角频率 $\omega=200\pi\ \text{rad/s}$，波数 $k=80\pi\ \text{rad/m}$，所以波长为

$$\lambda=\frac{2\pi}{k}=0.025\ \text{m}$$

频率为 $$\nu=\frac{\omega}{2\pi}=100\ \text{Hz}$$

波速为

$$u=\frac{\lambda}{T}=\frac{2\pi/T}{2\pi/\lambda}=\frac{\omega}{k}=2.5\ \text{m/s}$$

注：平面简谐波既可以用余弦函数表示，也可以用正弦函数表示，只是习惯上用余弦函数表示而已，两种表示的差别仅在相位有个常数差。

4. 一平面简谐波的波速为 6.0 m/s，周期为 0.1 s，则波长为________。在波的传播方向上，有两质点（其间距离小于波长）的振动相位差为$\frac{5}{6}\pi$，则此两质点相距________。

答案：0.6 m，0.25 m

解析：依题意，波速为 $u=6.0$ m/s，周期为 $T=0.1$ s，所以波长为

$$\lambda=uT=0.6\ \text{m}$$

而任意一点 x 处在 t 时刻的相位为

$$\varphi=\omega t-kx+\varphi_0$$

所以任意两点 x_1、x_2 的相位差为

$$\Delta\varphi=-k\Delta x$$

$$\Delta x=-\frac{\Delta\varphi}{k}=-\frac{\Delta\varphi}{2\pi/\lambda}=-\frac{5\pi/6}{2\pi/0.6}\text{m}=-0.25\ \text{m}$$

则题中所述两质点相距 0.25 m。

5. A、B 是平面简谐波波线上的两点。已知点 B 振动的相位比点 A 落后$\frac{1}{3}\pi$，A、B 两点相距 0.5 m，波的频率为 100 Hz，则该波的波长 $\lambda=$________ m，波速 $u=$________ m/s。

答案：3，300

解析：平面简谐波中任意一点 x 在 t 时刻的相位为 $\varphi=\omega t-kx+\varphi_0$，所以任意两点 x_1、x_2 的相位差为 $\Delta\varphi=-k\Delta x$，则

$$k=-\frac{\Delta\varphi}{\Delta x}=-\frac{-\pi/3}{0.5}\ \text{rad/m}=\frac{2\pi}{3}\ \text{rad/m}$$

因此波长为 $\lambda=\frac{2\pi}{k}=3$ m，而波的频率为 $\nu=100$ Hz，于是波速为 $u=\frac{\lambda}{T}=\lambda\nu=300$ m/s。

6. 图 10-9 所示为一平面简谐波在 $t=2$ s 时刻的波形图，波的振幅为 0.2 m，周期为 4 s，则图中点 P 处质点的振动方程为________。

答案：$y=0.2\cos\left(\frac{\pi}{2}t-\frac{1}{2}\pi\right)$(SI)

解析：沿 x 轴正方向传播的平面简谐波的波动方程的一般形式为

$$y(x,t)=A\cos\left(\omega t-kx+\varphi_0\right)$$

依题意，$A=0.2$ m，$T=4$ s，$t=2$ s 时，$y(0,2)=0$，$v(0,2)>0$，而点 P 与点 O 相距半个波长，所以二者反相，或相位差为 π，于是有

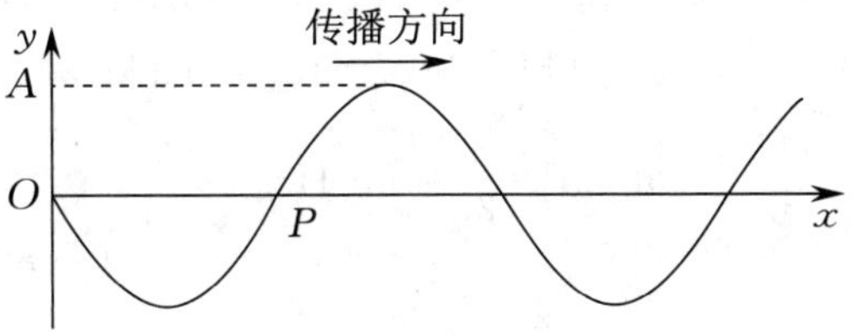

图 10-9 题 6 图(1)

$$\omega=\frac{2\pi}{T}=\frac{\pi}{2}\ \text{rad/s}$$

$$y(0,2)=A\cos(2\omega+\varphi_0)=0 \Rightarrow \cos(2\omega+\varphi_0)=0 \Rightarrow 2\omega+\varphi_0=\pm\frac{1}{2}\pi$$

$$v(0,2)=-A\omega\sin(2\omega+\varphi_0)>0 \Rightarrow \sin(2\omega+\varphi_0)<0 \Rightarrow 2\omega+\varphi_0=-\frac{1}{2}\pi$$

$$\varphi_0=-\frac{1}{2}\pi-2\omega=-\frac{3}{2}\pi$$

因此,该平面简谐波的波动方程为

$$y(x,t)=0.2\cos\left(\frac{\pi}{2}t-kx-\frac{3}{2}\pi\right)(\text{SI})$$

假定波长为 λ,则 $k=\frac{2\pi}{\lambda}$,点 P 的位置为 $x_P=\frac{1}{2}\lambda$,因此点 P 处质点的振动方程为

$$y\left(\frac{1}{2}\lambda,t\right)=0.2\cos\left(\frac{\pi}{2}t-\frac{2\pi}{\lambda}\times\frac{1}{2}\lambda-\frac{3}{2}\pi\right)=0.2\cos\left(\frac{\pi}{2}t-\pi-\frac{3}{2}\pi\right)=0.2\cos\left(\frac{\pi}{2}t-\frac{1}{2}\pi\right)(\text{SI})$$

由题意还可得 $t=0$ 时刻的波形图,如图 10-10 所示。

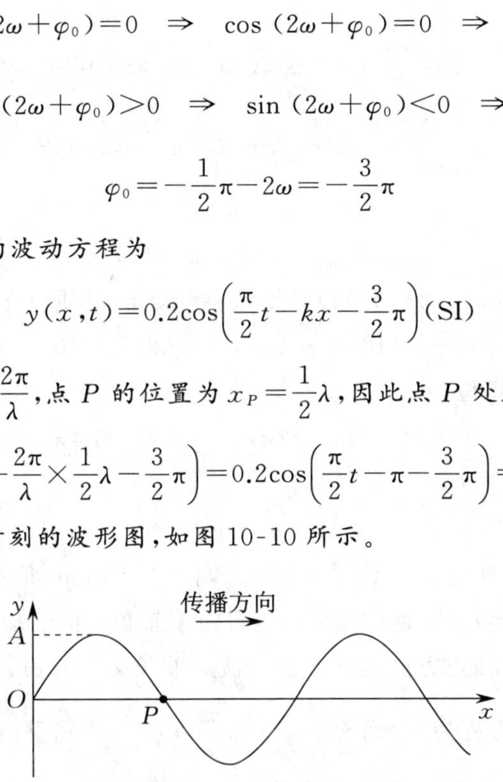

图 10-10 题 6 图(2)

由图 10-10 也可得

$$\varphi_0=-\frac{3}{2}\pi$$

三、计算题

1. 一横波沿绳子传播,其波动方程为 $y=0.05\cos(100\pi t-2\pi x)$(SI)。(1)求此波的振幅、波速、频率和波长;(2)求绳子上各质点的最大振动速度和最大振动加速度;(3)求 $x_1=0.2$ m 处和 $x_2=0.7$ m 处质点振动的相位差。

答案：(1)将 $y=0.05\cos(100\pi t-2\pi x)$(SI)与波动方程的标准形式 $y=A\cos(\omega t+kx+\varphi)$ 比较可得，此波的振幅为 $A=0.05$ m，角频率为 $\omega=100\pi$ rad/s，频率为

$$\nu=\frac{\omega}{2\pi}=50\ \text{Hz}$$

波长为
$$\lambda=\frac{2\pi}{k}=1\ \text{m}$$

波速为
$$u=\frac{\lambda}{T}=\lambda\nu=50\ \text{m/s}$$

(2)由 $y=0.05\cos(100\pi t-2\pi x)$(SI)可得绳子上各质点的振动速度和振动加速度的表达式分别为

$$v=\frac{\mathrm{d}y}{\mathrm{d}t}=-5\pi\sin(100\pi t-2\pi x)\ \text{(SI)}$$

$$a=\frac{\mathrm{d}v}{\mathrm{d}t}=-500\pi^2\cos(100\pi t-2\pi x)\ \text{(SI)}$$

所以最大振动速度为
$$v_{\max}=5\pi\ \text{m/s}$$

最大振动加速度为
$$a_{\max}=500\pi^2\ \text{m/s}^2$$

(3)由 $y=0.05\cos(100\pi t-2\pi x)$(SI)可得，$x_1=0.2$ m 处质点振动的相位为

$$\varphi_1=100\pi t-2\pi x_1=100\pi t-0.4\pi$$

$x_2=0.7$ m 处质点振动的相位为

$$\varphi_2=100\pi t-2\pi x_2=100\pi t-1.4\pi$$

所以两处质点振动的相位差为

$$\Delta\varphi=\varphi_1-\varphi_2=\pi$$

2. 一平面简谐波沿 x 轴正方向传播，波的振幅 $A=10$ cm，角频率 $\omega=7\pi$ rad/s。当 $t=1.0$ s 时，$x=10$ cm 处的质点 a 正通过其平衡位置向 y 轴负方向运动，而 $x=20$ cm 处的质点 b 正通过 $y=5.0$ cm 处向 y 轴正方向运动。设该波的波长 $\lambda>10$ cm，求该波的波动方程。

答案：设该波的波动方程为 $y=A\cos\left(\omega t-2\pi\dfrac{x}{\lambda}+\varphi_0\right)$，依题意，有振幅 $A=10$ cm$=0.1$ m，角频率 $\omega=7\pi$ rad/s，设波长为 λ，原点处质点振动的初相位为 φ_0，则波动方程为

$$y=0.1\cos\left(7\pi t-2\pi\frac{x}{\lambda}+\varphi_0\right)\ \text{(SI)}$$

$t=1.0$ s 时，$x=10$ cm$=0.1$ m 处的质点 a 正通过其平衡位置向 y 轴负方向运动，所以有

$$y_a=0.1\cos\left(7\pi\times1.0-\frac{2\pi}{\lambda}\times0.1+\varphi_0\right)=0$$

$$v_a=-0.7\pi\sin\left(7\pi\times1.0-\frac{2\pi}{\lambda}\times0.1+\varphi_0\right)<0$$

$$7\pi\times1.0-\frac{2\pi}{\lambda}\times0.1+\varphi_0=\left(2n+\frac{1}{2}\right)\pi,n=0,\pm1,\pm2,\cdots \quad ①$$

而 $t=1.0$ s 时，$x=20$ cm$=0.2$ m 处的质点 b 正通过 $y=5.0$ cm$=0.05$ m 处向 y 轴正方向运动，所以有

$$y_b=0.1\cos\left(7\pi\times1.0-\frac{2\pi}{\lambda}\times0.2+\varphi_0\right)=0.05$$

$$v_b=-0.7\pi\sin\left(7\pi\times1.0-\frac{2\pi}{\lambda}\times0.2+\varphi_0\right)>0$$

$$7\pi\times1.0-\frac{2\pi}{\lambda}\times0.2+\varphi_0=\left(2m-\frac{1}{3}\right)\pi,m=0,\pm1,\pm2,\cdots \qquad ②$$

由①式和②式可得

$$\Delta\varphi=(7\pi\times1.0-k\times0.1+\varphi_0)-(7\pi\times1.0-k\times0.2+\varphi_0)=0.1k$$

$$=\left(2n+\frac{1}{2}\right)\pi-\left(2m-\frac{1}{3}\right)\pi=\left[2(n-m)+\frac{5}{6}\right]\pi$$

$$k=\left[20(n-m)+\frac{25}{3}\right]\pi=\left(20l+\frac{25}{3}\right)\pi,\quad l=0,1,2,\cdots$$

而波长 $\lambda>10\ \text{cm}=0.1\ \text{m}$,所以

$$\frac{2\pi}{\lambda}<20\pi\ \text{rad/m}$$

故只能取 $l=0$,因此

$$\frac{2\pi}{\lambda}=\frac{25}{3}\pi\ \text{rad/m}$$

于是初相位为

$$\varphi_0=\left(2n+\frac{1}{2}\right)\pi-7\pi+\frac{5}{6}\pi,\quad n=0,\pm1,\pm2,\cdots$$

一般可以在 $-\pi\sim\pi$ 取值,所以令 $n=3$,得

$$\varphi_0=\frac{1}{3}\pi$$

因此,该平面简谐波的波动方程为

$$y=0.1\cos\left(7\pi t-\frac{25}{3}\pi x+\frac{1}{3}\pi\right)(\text{SI})$$

3. 图 10-11 所示为一平面简谐波在 $t=0$ 时刻的波形图,求:(1)该波的波动方程;(2)点 P 处质点的振动方程。

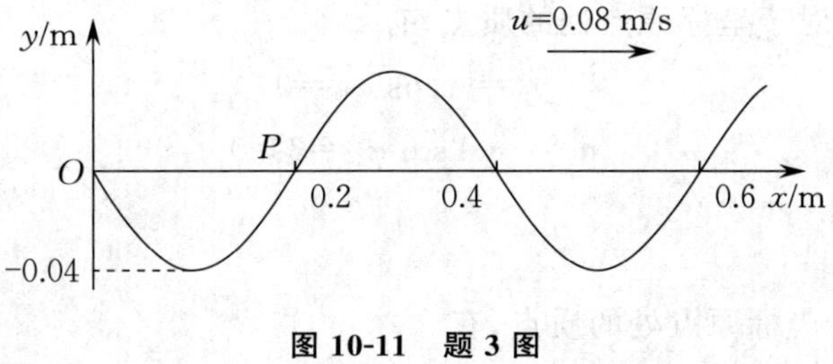

图 10-11　题 3 图

答案:(1)设该平面简谐波的波动方程为

$$y=A\cos\left[2\pi\left(\frac{t}{T}-\frac{x}{\lambda}\right)+\varphi\right]$$

对于坐标原点 O 处的质点，在 $t=0$ 时，有

$$y_0=A\cos\varphi=0$$

$$v_0=-A\sin\varphi>0$$

所以 $\varphi=-\dfrac{\pi}{2}$。又因为

$$T=\frac{\lambda}{u}=\frac{0.4}{0.08}\ \text{s}=5\ \text{s}$$

所以波动方程为

$$y=0.04\cos\left[2\pi\left(\frac{t}{5}-\frac{x}{0.4}\right)-\frac{\pi}{2}\right](\text{SI})$$

(2)点 P 处($x=0.2\text{m}$)质点的振动方程为

$$y_P=0.04\cos\left[2\pi\left(\frac{t}{5}-\frac{0.2}{0.4}\right)-\frac{\pi}{2}\right]=0.04\cos\left(\frac{2}{5}\pi t+\frac{1}{2}\pi\right)(\text{SI})$$

4. 图 10-12 所示为一平面简谐波在 $t=0$ 时刻与 $t=2$ s 时刻的波形图，2 s 内传播不超过 $\dfrac{1}{4}$ 周期，已知波速为 u，求：(1)原点处质点的振动方程；(2)该波的波动方程。

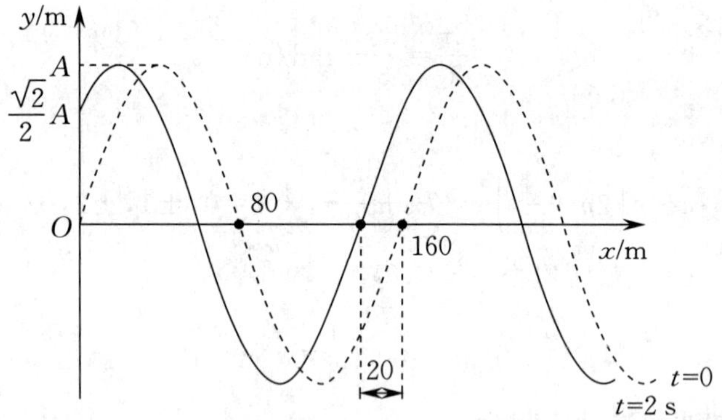

图 10-12 题 4 图

答案：比较两时刻的波形图可知，此波沿 x 轴负方向传播。

(1)设坐标原点处质点的振动方程为

$$y=A\cos(\omega t+\varphi_0)$$

则依题意，当 $t=0$ 时，对于坐标原点处的质点，有

$$y_0=A\cos\varphi_0=0$$

$$v_0=-A\sin\varphi_0=2>0$$

所以 $\varphi_0=-\dfrac{\pi}{2}$。

当 $t=2$ s 时，对于坐标原点处的质点，有

$$y_2=A\cos\left(2\omega-\frac{\pi}{2}\right)=\frac{A}{\sqrt{2}}$$

所以 $\omega=\dfrac{\pi}{8}$。

因此，坐标原点处质点的振动方程为

$$y=A\cos\left(\frac{\pi}{8}t-\frac{\pi}{2}\right)(\mathrm{SI})$$

(2)由图 10-12 易知，该波的波速为 $u=\frac{20}{2}\ \mathrm{m/s}=10\ \mathrm{m/s}$，波长为

$$\lambda=uT=u\ \frac{2\pi}{\omega}=160\ \mathrm{m}$$

则该波的波动方程为

$$y=A\cos\left[2\pi\left(\frac{t}{16}+\frac{x}{160}\right)-\frac{1}{2}\pi\right](\mathrm{SI})$$

5. 已知波长为 λ 的平面简谐波沿 x 轴负方向传播，$x=\frac{1}{4}\lambda$ 处质点的振动方程为 $y=A\cos\left(\frac{2\pi}{\lambda}ut\right)$。(1)写出该平面简谐波的波动方程；(2)画出 $t-T$(T 为周期)时刻的波形图。

答案：(1)设该平面简谐波的波动方程为

$$y(x,t)=A\cos\left(\omega t+2\pi\frac{x}{\lambda}+\varphi_0\right)$$

则 $x=\frac{1}{4}\lambda$ 处质点的振动方程为

$$y\left(\frac{1}{4}\lambda,t\right)=A\cos\left(\omega t+\frac{2\pi}{\lambda}\times\frac{1}{4}\lambda+\varphi_0\right)=A\cos\left(\omega t+\frac{1}{2}\pi+\varphi_0\right)$$

与题目中所给的表达式 $y=A\cos\left(\frac{2\pi}{\lambda}ut\right)$ 相比可得

$$\omega=\frac{2\pi}{\lambda}u$$

$$\frac{1}{2}\pi+\varphi_0=0\ \Rightarrow\ \varphi_0=-\frac{1}{2}\pi$$

所以波动方程为

$$y(x,t)=A\cos\left(\frac{2\pi}{\lambda}ut+\frac{2\pi}{\lambda}x-\frac{1}{2}\pi\right)$$

(2)$t=T$(T 为周期)时刻的波形方程为

$$y(x,T)=A\cos\left(\frac{2\pi}{\lambda}uT+\frac{2\pi}{\lambda}x-\frac{1}{2}\pi\right)=A\cos\left(2\pi+\frac{2\pi}{\lambda}x-\frac{1}{2}\pi\right)=A\cos\left(\frac{2\pi}{\lambda}x-\frac{1}{2}\pi\right)$$

此时的波形图如图 10-13 所示。

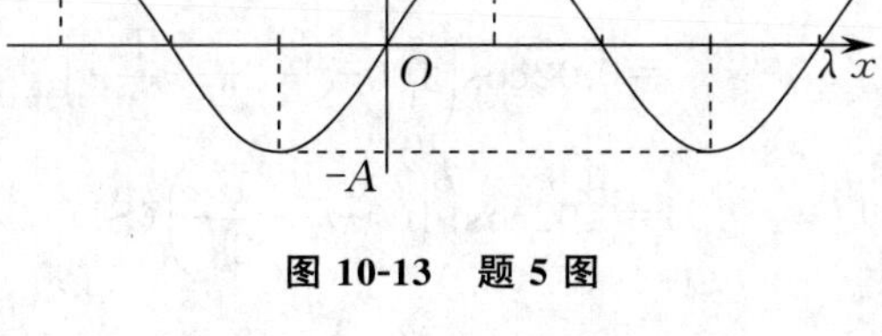

图 10-13　题 5 图

6. 沿 x 轴负方向传播的平面简谐波在 $t=2$ s 时刻的波形图如图 10-14 所示，设波速 $u=0.5$ m/s。求坐标原点 O 处质点的振动方程。

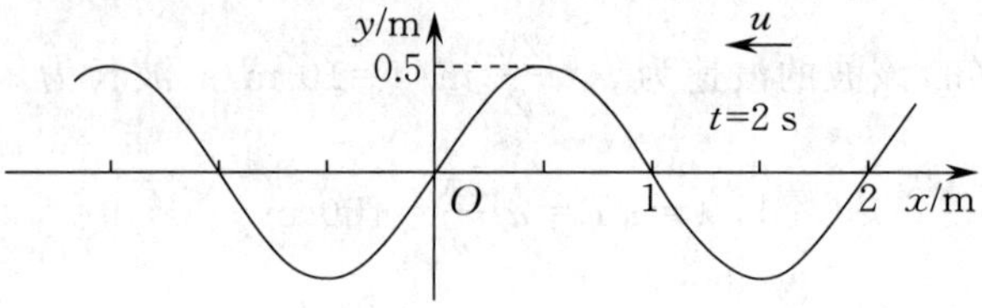

图 10-14　题 6 图

答案： 设坐标原点 O 处质点的振动方程为

$$y=A\cos(\omega t+\varphi_0)$$

依题意，振幅 $A=0.5$ m，波长 $\lambda=2$ m，波速 $u=0.5$ m/s，所以角频率

$$\omega=\frac{2\pi}{T}=\frac{2\pi}{\lambda/u}=\frac{2\pi u}{\lambda}=\frac{1}{2}\pi\ \text{rad/s}$$

$t=0$ 时，波形图比图 10-14 中的波形图倒退 $\lambda/2$，此时坐标原点 O 处质点的位移 $y_0=0$（过平衡位置）且朝 y 轴负方向运动，即 $t=0$ 时，$y=0$，振动速度 $v<0$，所以有 $\varphi_0=\frac{\pi}{2}$。

因此，坐标原点 O 处质点的振动方程为

$$y=0.5\cos\left(\frac{1}{2}\pi t+\frac{\pi}{2}\right)(\text{SI})$$

7. 一平面简谐波沿 x 轴正方向传播，其振幅为 2 cm，频率为 50 Hz，波速为 200 m/s。在 $t=0$ 时，$x=0$ 处的质点正在平衡位置向 y 轴正方向运动，求 $x=4$ m 处质点的振动方程及在 $t=2$ s 时刻的振动速度。

答案： 设 $x=0$ 处质点的振动方程为

$$y=A\cos(\omega t+\varphi)$$

由题意可知 $t=0$ 时，$y_0=0$ 且 $v_0>0$，所以 $\varphi=-\frac{\pi}{2}$，于是

$$y=A\cos(2\pi\nu t+\varphi)=0.02\cos\left(100\pi t-\frac{\pi}{2}\right)(\text{SI})$$

由波的传播概念，可得该平面简谐波的波动方程为

$$y=A\cos\left[\omega\left(t-\frac{x}{u}\right)+\varphi\right]=0.02\cos\left(100\pi t-\frac{\pi}{2}x-\frac{\pi}{2}\right)(\text{SI})$$

所以 $x=4$ m 处质点的振动方程为

$$\begin{aligned}y(4,t)&=0.02\cos\left(100\pi t-\frac{1}{2}\pi\times4-\frac{1}{2}\pi\right)\\&=0.02\cos\left(100\pi t-2\pi-\frac{1}{2}\pi\right)\\&=0.02\cos\left(100\pi t-\frac{1}{2}\pi\right)(\text{SI})\end{aligned}$$

该质点在 $t=2$ s 时刻的振动速度为

$$v(4,2)=-2\pi\sin\left(100\pi\times 2-\frac{1}{2}\pi\right)\ \mathrm{m/s}=2\pi\ \mathrm{m/s}$$

8. 一平面简谐波沿 x 轴正方向传播，其振幅为 A，频率为 ν，波速为 u。设 $t=t'$ 时刻的波形图如图 10-15 所示。求：(1) $x=0$ 处质点的振动方程；(2)该波的表达式。

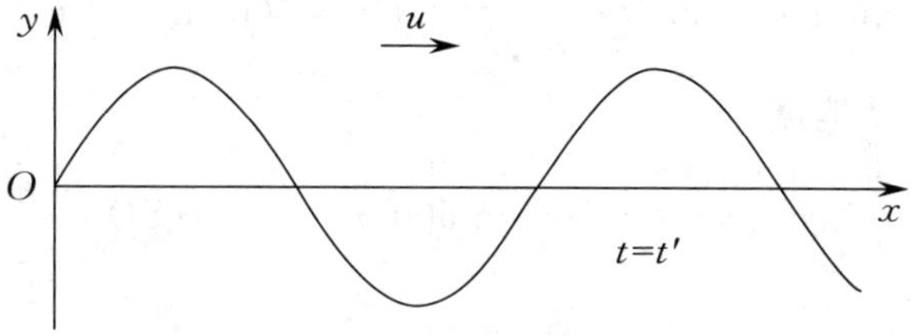

图 10-15　题 8 图

答案：(1)依题意，波的振幅为 A，频率为 ν，波速为 u，所以角频率

$$\omega=\frac{2\pi}{T}=2\pi\nu$$

设 $x=0$ 处质点的振动方程为

$$y=A\cos(\omega t+\varphi)=A\cos(2\pi\nu t+\varphi)$$

由图 10-15 可知，当 $t=t'$ 时，对于 $x=0$ 处的质点，有

$$y=A\cos(2\pi\nu t'+\varphi)=0$$

$$\frac{\mathrm{d}y}{\mathrm{d}t}=-2\pi\nu A\sin(2\pi\nu t'+\varphi)<0$$

所以，$2\pi\nu t'+\varphi=\frac{\pi}{2}$，即 $\varphi=\frac{\pi}{2}-2\pi\nu t'$，则 $x=0$ 处质点的振动方程为

$$y=A\cos\left[2\pi\nu(t-t')+\frac{\pi}{2}\right]$$

(2)由时间推迟法可得该波的波动方程为

$$y=A\cos\left[2\pi\nu\left(t-t'-\frac{x}{u}\right)+\frac{\pi}{2}\right]$$

9. 波源做简谐振动，其振动方程为 $y=4\times10^{-3}\cos 240\pi t$ (SI)，它所形成的波以 30 m/s 的速度沿一直线行进。(1)求该波的周期及波长；(2)写出该波的波动方程。

答案：(1)波源做简谐振动的角频率就是波的角频率 $\omega=240\pi$，故波的周期为 $T=\frac{2\pi}{\omega}=8.33\times10^{-3}$ s，波的波长 $\lambda=uT=0.25$ m。

(2)以波源做简谐振动时的平衡位置为坐标原点 O，以 x 轴正方向为波的传播方向，若以波源做简谐振动的时间零点为计时零点，则可得波动方程为

$$y=A\cos\omega\left(t-\frac{x}{u}\right)=4\times10^{-3}\cos 240\pi\left(t-\frac{x}{30}\right)\ \text{(SI)}$$

10. 有一个平面简谐波，其频率为 250 Hz，波长为 0.1 m，振幅为 0.02 m，求：(1)距波源

1.0 m 处质点的振动方程及振动速度；(2)波速。

答案：设该波的波动方程为 $y=A\cos\omega\left(t-\frac{x}{u}\right)$，则

$$\omega=2\pi\nu=2\pi\cdot 250\ \text{rad/s}=500\pi\ \text{rad/s}$$

(1)距波源 1.0 m 处质点的振动方程为

$$y=0.02\cos 500\pi\left(t-\frac{1}{25}\right)=0.02\cos 500(\pi t-20\pi)\text{(SI)}$$

t 时刻，该质点的振动速度为

$$v=\frac{\mathrm{d}y}{\mathrm{d}t}=-10\pi\sin 500(\pi t-20\pi)\text{(SI)}$$

(2)由波速公式得

$$\lambda=uT\quad\Rightarrow\quad u=\frac{\lambda}{T}=\lambda\nu=25\ \text{m/s}$$

11. 已知波源的振动方程 $y=6\times10^{-2}\cos\frac{\pi}{5}t$(SI)，它所形成的波以 2.0 m/s 的速度在一直线上传播，求：(1)距波源 6.0 m 处质点的振动方程；(2)该质与波源的相位差。

答案：以波源做简谐振动的平衡位置为原点 O，以 x 轴正方向为波的传播方向。若以 $t=0$ 为计时起点，则波动方程为

$$y=A\cos\omega\left(t-\frac{x}{u}\right)=6\times10^{-2}\cos\frac{\pi}{5}\left(t-\frac{x}{2}\right)\text{(SI)}$$

(1)距波源 $x=6.0$ m 处质点的振动方程为

$$y=6\times10^{-2}\cos\frac{\pi}{5}\left(t-\frac{6}{2}\right)=6\times10^{-2}\cos\left(\frac{\pi}{5}t-\frac{3\pi}{5}\right)\text{(SI)}$$

(2)该质点与波源的相位差为

$$\Delta\varphi=(\omega t+\varphi_2)-(\omega t+\varphi_1)=-\frac{3}{5}\pi$$

即该质点的相位落后波源$\frac{3}{5}\pi$。

12. 一平面简谐波沿 x 轴负方向传播，波长 $\lambda=1.0$ m，坐标原点处质点的振动频率 $\nu=2.0$ Hz，振幅 $A=0.1$ m，且在 $t=0$ 时刻恰好通过平衡位置向 y 轴负方向运动，求此平面简谐波的波动方程。

答案：由题知 $t=0$ 时刻坐标原点处质点的振动状态为 $y_0=0$，$v_0<0$，故知坐标原点处质点的振动初相位为 $\pi/2$，设波动方程为

$$y=A\cos\left[2\pi\left(\frac{t}{T}+\frac{x}{\lambda}\right)+\varphi\right]$$

则有

$$y=0.1\cos\left[2\pi\left(2t+\frac{x}{1}\right)+\frac{\pi}{2}\right]=0.1\cos\left(4\pi t+2\pi x+\frac{\pi}{2}\right)\text{(SI)}$$

13. 已知波源在坐标原点的一列平面简谐波，其波动方程为 $y=A\cos(Bt-Cx)$，其中 A、

B、C 为正值常量。求:(1)波的振幅、波速、频率、周期与波长;(2)波的传播方向上距离波源 l 处质点的振动方程;(3)任意时刻,在波的传播方向上相距 d 的两质点的相位差。

答案:(1)已知平面简谐波的波动方程

$$y=A\cos(Bt-Cx)\ (x\geqslant 0)$$

将上式与波动方程的标准形式 $y=A\cos\left(2\pi\nu t-2\pi\dfrac{x}{\lambda}\right)$相比可知,波的振幅为 A,频率 $\nu=\dfrac{B}{2\pi}$,波长 $\lambda=\dfrac{2\pi}{C}$,波速 $u=\lambda\nu=\dfrac{B}{C}$,周期 $T=\dfrac{1}{\nu}=\dfrac{2\pi}{B}$。

(2)将 $x=l$ 代入波动方程,可得振动方程为

$$y=A\cos(Bt-Cl)$$

(3)因任一时刻 t 同一波线上两点之间的相位差为

$$\Delta\varphi=\frac{2\pi}{\lambda}(x_2-x_1)$$

将 $x_2-x_1=d$ 和 $\lambda=\dfrac{2\pi}{C}$ 代入上式,可得 $\Delta\varphi=Cd$。

14. 一平面简谐波沿 x 轴正方向传播,波速为 5 m/s,波长为 2 m,坐标原点处质点的振动曲线如图 10-16(a)所示。(1)写出波动方程;(2)作出 $t=0$ 时刻的波形图及距离波源 0.5 m 处质点的振动曲线。

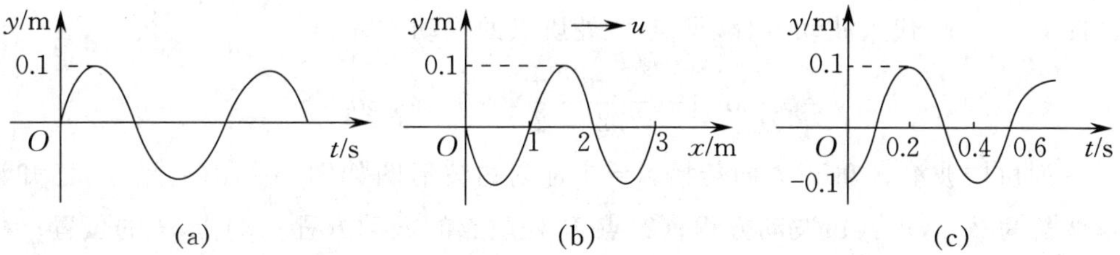

图 10-16 题 14 图

答案:设波动方程为 $y=A\cos\left[\omega\left(t-\dfrac{x}{u}\right)+\varphi\right]$,由图 10-16(a)可知,$A=0.1$ m,当 $t=0$ 时,对于坐标原点处的质点,$y_0=0$,$v_0>0$,所以 $\varphi=-\dfrac{1}{2}\pi$,则

$$\nu=\frac{u}{\lambda}=\frac{5}{2}\ \text{Hz}=2.5\ \text{Hz},\quad \omega=2\pi\nu=5\pi\ \text{rad/s}$$

于是波动方程为

$$y=0.1\cos\left[5\pi\left(t-\frac{x}{5}\right)-\frac{1}{2}\pi\right](\text{SI})$$

(2)$t=0$ 时刻的波形图如图 10-16(b)所示。

将 $x=0.5$ m 代入波动方程,可得该处质点的振动方程为

$$y=0.1\cos\left(5\pi t-\frac{5\pi\times 0.5}{5}-\frac{1}{2}\pi\right)=0.1\cos(5\pi t-\pi)$$

于是振动曲线如图 10-16(c)所示。

15. 如图 10-17 所示，已知 $t=0$ 和 $t=0.5$ s 时刻的波形图分别为图中曲线 a 和 b，周期 $T>0.5$ s，波沿 x 轴正方向传播，试根据图中给出的条件，求：(1)波动方程；(2)点 P 处质点的振动方程。

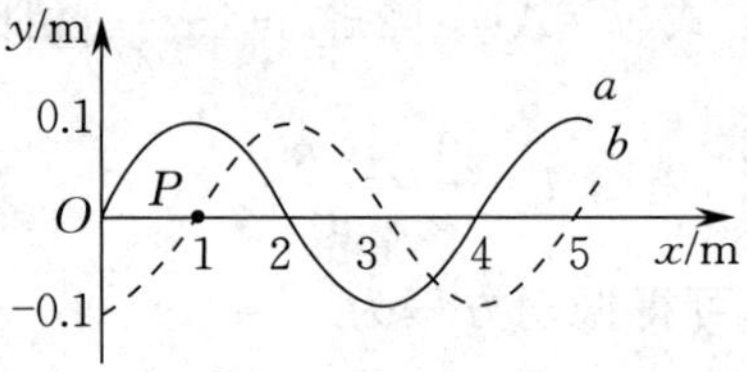

图 10-17　题 15 图

答案：(1)设波动方程为 $y=A\cos\left[\omega\left(t-\dfrac{x}{u}+\varphi\right)\right]$由图 10-17 可知，$A=0.1$ m，$\lambda=4$ m，$t=0$时，对于原点处的质点，$y_0=0$，$v_0<0$，所以 $\varphi=\pi/2$，则

$$u=\frac{\Delta x}{\Delta t}=\frac{1}{0.5}\ \text{m/s}=2\ \text{m/s},\quad \nu=\frac{u}{\lambda}=\frac{2}{4}\ \text{Hz}=0.5\ \text{Hz},\quad \omega=2\pi\nu=\pi\ \text{rad/s}$$

于是波动方程为

$$y=0.1\cos\left[\pi\left(t-\frac{x}{2}\right)+\frac{\pi}{2}\right]\text{(SI)}$$

(2)将 $x_P=1$ m 代入波动方程，得点 P 处质点的振动方程为

$$y=0.1\cos\left(\pi t-\frac{\pi}{2}+\frac{\pi}{2}\right)=0.1\cos\pi t\ \text{(SI)}$$

16. 一列机械波沿 x 轴正方向传播，$t=0$ 时刻的波形图如图 10-18(a)所示，已知波速为 10 m/s，波长为 2 m，求：(1)波动方程；(2)点 P 处质点的振动方程；(3)点 P 的位置；(4)点 P 处质点回到平衡位置所需的最短时间。

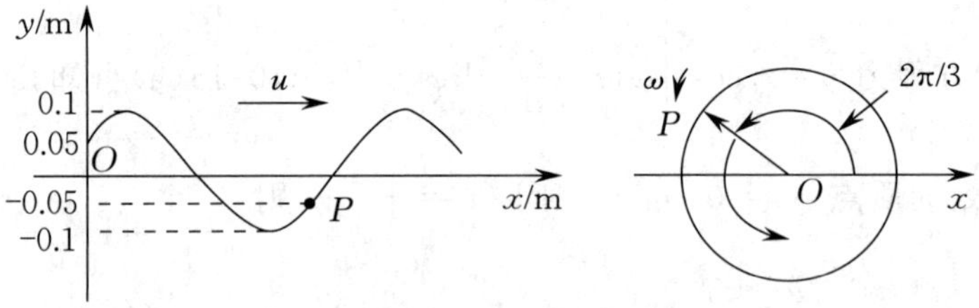

图 10-18　题 16 图

答案：(1)设波动方程为 $y=A\cos\left[\omega\left(t-\dfrac{x}{u}\right)+\varphi\right]$，由图 10-18(a)可知，$A=0.1$ m，当 $t=0$ 时，对于坐标原点处的质点，$y_0=\dfrac{A}{2}$，$v_0<0$，所以 $\varphi=\dfrac{\pi}{3}$。

由题意知，$\lambda=2$ m，$u=10$ m/s，则

$$\nu=\frac{u}{\lambda}=5\ \mathrm{Hz}$$

$$\omega=2\pi\nu=10\pi\ \mathrm{rad/s}$$

于是波动方程为 $y=0.1\cos\left[10\pi\left(t-\frac{x}{10}\right)+\frac{\pi}{3}\right]$(SI)。

(2)由图 10-18(a)可知，当 $t=0$ 时，$y_P=-\frac{A}{2}$，$v_P<0$，所以 $\varphi_P=-\frac{4}{3}\pi$（点 P 处质点的相位应落后于原点处质点，故取负值）。因此，点 P 处质点的振动方程为

$$y_P=0.1\cos\left(10\pi t-\frac{4}{3}\pi\right)(\mathrm{SI})$$

(3)由 $\left[10\pi\left(t-\frac{x}{10}\right)+\frac{\pi}{3}\right]_{t=0}=-\frac{4}{3}\pi$，得

$$x_P=\frac{5}{3}\ \mathrm{m}=1.67\ \mathrm{m}$$

故点 P 的位置为 $x_P=1.67$ m。

(4)根据(2)的结果可作出旋转矢量图，如图 10-18(b)所示，则点 P 处质点回到平衡位置应经历的相位角 $\Delta\varphi=\frac{3}{2}\pi-\frac{2}{3}\pi=\frac{5}{6}\pi$，所需最短时间为 $\Delta t=\frac{\Delta\varphi}{\omega}=\frac{1}{12}$s。

17. 两相干波源分别在 P、Q 两处，它们相距$\frac{3}{2}\lambda$，均发出频率为 ν、波长为 λ 的相干波。R 为 PQ 延长线上的一点，求：(1)自 P、Q 发出的两列波在 R 处的相位差；(2)两列波在 R 处干涉时的合振幅。

答案：因两波源的初相位相同，故两列波在 R 处的相位差 $\Delta\varphi$ 由它们的波程差决定。因 R 处质点同时受两列相干波的作用，故其振动为这两个同频率、同振动方向的简谐振动的合成，合振幅为

$$A=\sqrt{A_1^2+A_2^2+2A_1A_2\cos\Delta\varphi}$$

(1)设两波源有相同的初相位，则自 P、Q 发出的两列波在 R 处的相位差为

$$\Delta\varphi=\frac{2\pi}{\lambda}\Delta r=\frac{2\pi}{\lambda}(PR-QR)=3\pi$$

(2)由于 $\Delta\varphi=3\pi$，则两列波在 R 处反相，因此该点处的合振幅为两列波振幅差的绝对值，即

$$A=\sqrt{A_1^2+A_2^2+2A_1A_2\cos 3\pi}=|A_1-A_2|$$

如果 $A_1=A_2$，则 $A=0$。

18. 一平面简谐波沿 x 轴正方向传播，如图 10-19 所示。已知该波的振幅为 A，频率为 ν，波速为 u。(1)若 $t=0$ 时，原点处的质点正好由平衡位置向位移正方向运动，写出此波的波动方程；(2)若从分界面反射的波的振幅与入射波的振幅相等，试写出反射波的波动方程，并求 x 轴上因入射波与反射波干涉而静止的各点(波节)的位置。

答案：(1)当 $t=0$ 时，对于原点处的质点，$y_0=0$，$v_0>0$，则 $\varphi=-\frac{\pi}{2}$，于是波动方程为

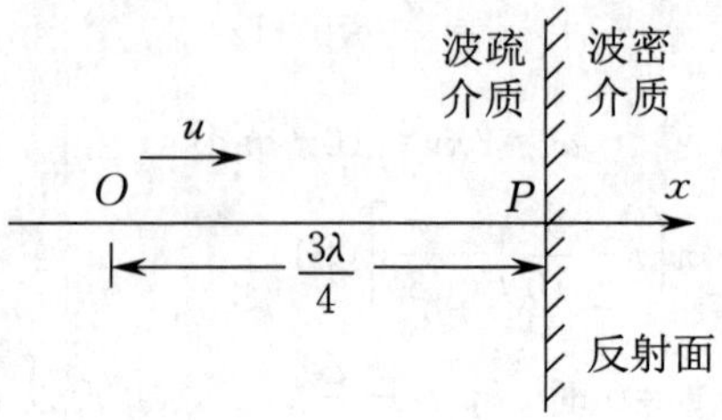

图 10-19　题 18 图

$$y=A\cos\left[2\pi\nu\left(t-\frac{x}{u}\right)-\frac{\pi}{2}\right]$$

(2)入射波传到反射面时的振动相位$\left(\text{即将 } x=\frac{3}{4}\lambda \text{ 代入波动方程中的相位}\right)$为$-\frac{2\pi}{\lambda}\times\frac{3}{4}\lambda-\frac{\pi}{2}$，再考虑到波由波疏介质入射到波密介质而在界面上反射，存在半波损失，所以反射波在界面处的相位为

$$-\frac{2\pi}{\lambda}\times\frac{3}{4}\lambda-\frac{\pi}{2}+\pi=-\pi$$

若仍以点 O 为原点，则反射波在点 O 处的相位为

$$-\frac{2\pi}{\lambda}\times\frac{3}{4}\lambda-\pi=-\frac{5}{2}\pi$$

因只考虑 2π 以内的相位角，故反射波在点 O 处的相位为 $-\pi/2$，从而反射波的波动方程为

$$y=A\cos\left[2\pi\nu\left(t+\frac{x}{u}\right)-\frac{\pi}{2}\right]$$

此时驻波方程为

$$y=A\cos\left[2\pi\nu\left(t-\frac{x}{u}\right)-\frac{\pi}{2}\right]+A\cos\left[2\pi\nu\left(t+\frac{x}{u}\right)-\frac{\pi}{2}\right]=2A\cos\frac{2\pi\nu x}{u}\cos\left(2\pi\nu t-\frac{\pi}{2}\right)$$

波节位置满足

$$\frac{2\pi\nu x}{u}=\frac{2\pi}{\lambda}x=(2k+1)\frac{\pi}{2}$$

所以

$$x=(2k+1)\frac{\lambda}{4},k=0,\pm1,\pm2,\cdots$$

根据题意，k 只能取 0，1，即 $x=\frac{1}{4}\lambda,\frac{3}{4}\lambda$。故 x 轴上因入射波和反射波干涉而静止的点为 $x=\frac{1}{4}\lambda,\frac{3}{4}\lambda$。

第 11 章　光　　学

§11.1　学习要求

1. 理解光的相干叠加和非相干叠加，理解相干光的获得方法。

2. 掌握双缝干涉的分析方法、干涉条纹的特点和条纹间距公式等，掌握双缝干涉的应用。

3. 掌握等厚干涉的分析方法，掌握劈尖和牛顿环的干涉条纹的特点及应用，理解等倾干涉。

4. 理解迈克耳孙干涉仪的原理，掌握其应用，理解光的时间相干性。

5. 理解惠更斯-菲涅耳原理，理解菲涅耳波带法，掌握夫琅禾费单缝衍射。

6. 掌握夫琅禾费圆孔衍射及光学仪器的分辨本领。

7. 理解光栅衍射的分析方法，掌握光栅方程及其应用。

8. 理解线偏振光、自然光、部分偏振光的定义，掌握它们的检测方法，掌握马吕斯定律及其应用。

9. 掌握反射光和折射光的偏振，掌握布儒斯特定律。

§11.2　内容提要

一、相干光

相干光是指同频率、同振动方向、相位差恒定、光强相差不大的光波。

原子发光不连续，即不同原子同时发出的光，以及同一个原子不同时刻发出的光，在叠加的时候都是独立的、不相干的。

获得相干光的方法有分波阵面法和分振幅法。

二、光学基本概念

光程：光在介质中传播的几何路程 r 与介质折射率 n 之积，即

$$nr$$

光程差：

$$\delta=n_2r_2-n_1r_1$$

在相位变化相同的条件下，光在介质中传播的光程可折合为光在真空中传播的路程，不管光的传播是经过怎样的几何路程，只要光程相同，光传播所用的时间就相同，发生的相位变化也相同。

折射率：

(1)(绝对)折射率是指光从真空中射入某种介质发生折射时，入射角的正弦值与折射角的正弦值之比。记光在真空中的入射角为 i，在介质中的折射角为 γ，则该介质的折射率为

$$n=\frac{\sin i}{\sin \gamma}$$

光在不同介质中的传播速度不同，某种介质的折射率，等于光在真空中的传播速度 c 与光在这种介质中的传播速度 v 之比，即

$$n=\frac{c}{v}$$

由于光在真空中的传播速度 c 大于光在任何介质中的传播速度 v，因此任何介质的折射率均大于 1。

(2)相对折射率是指光从介质 A 射入介质 B 发生折射时，入射角 i 的正弦值与折射角 γ 的正弦值之比，也可以为介质 B 的折射率与介质 A 的折射率之比，则介质 B 相对于介质 A 的折射率为

$$n_{\mathrm{BA}}=\frac{\sin i}{\sin \gamma}=\frac{n_{\mathrm{B}}}{n_{\mathrm{A}}}$$

由于真空的折射率为 1，因此绝对折射率可以看作某介质相对于真空的折射率。

折射定律：

$$n_{\mathrm{A}}\sin i=n_{\mathrm{B}}\sin \gamma$$

其中，n_{A}，n_{B} 分别为介质 A 和介质 B 的折射率，i 为光在介质 A 中的入射角，γ 为光在介质 B 中的折射角。

各色光在真空中的波长、频率的关系如下：

(1)波长：

$$\lambda_{红}>\lambda_{橙}>\lambda_{黄}>\lambda_{绿}>\lambda_{青}>\lambda_{蓝}>\lambda_{紫}$$

(2)频率：

$$\nu_{紫}>\nu_{蓝}>\nu_{青}>\nu_{绿}>\nu_{黄}>\nu_{橙}>\nu_{红}$$

三、光的干涉

求解的一般步骤：

(1)计算几何路程引起的光程差 Δ'。

(2)考虑半波损失。从折射率较小的介质入射到折射率较大的介质中,即从光疏介质到光密介质,反射光波较入射光波有半波损失。在任何情况下,折射光波都没有半波损失。

(3)若存在半波损失,则有

$$\delta=\Delta'+\frac{\lambda}{2}=\begin{cases}\pm 2k\cdot\dfrac{\lambda}{2}, & \text{明纹}\\ \pm(2k-1)\cdot\dfrac{\lambda}{2}, & \text{暗纹}\end{cases}$$

k 取值的问题:在列出的式子中,可以选择$(2k-1)$或者$(2k+1)$,两者无本质区别,但需要区分 k 的取值,即

选择 $2k-1$ 时,$k=1,2,\cdots$;选择 $2k+1$ 时,$k=0,1,2,\cdots$。

等厚干涉计算中是否需要计入附加光程差$\dfrac{\lambda}{2}$的问题:

在等厚干涉中,从薄膜上表面反射的光和从下表面反射并透射出去的光形成相干光,在它们相遇处发生干涉现象,所图 11-1 所示(为便于观察,各光线未画在同一直线上)。根据薄膜介质的折射率与薄膜上下介质的折射率的大小关系,可以判断是否需要附加光程差。设光从折射率为 n_1 的介质中垂直(或近于垂直)入射到折射率为 n_2 的薄膜上,薄膜下面的介质的折射率为 n_3,则可通过表 11-1 判断是否计入附加光程差。

注意:这里的 λ 是指光在真空中的波长。

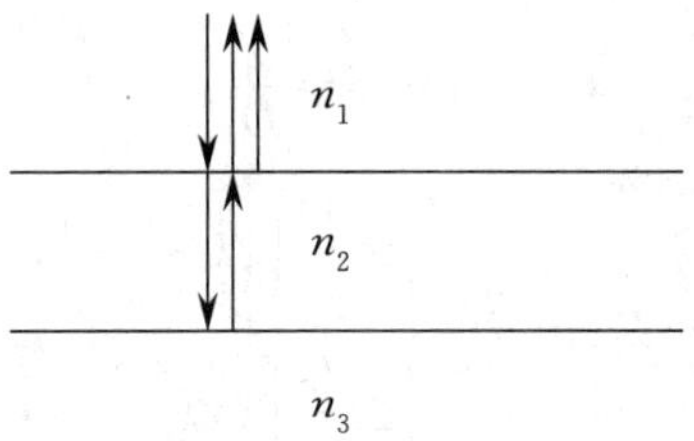

图 11-1 等厚干涉示意图

表 11-1 判断在等厚干涉计算中是否计入附加光程差

类型	$n_1>n_2>n_3$ 或 $n_1<n_2<n_3$	$n_1>n_2<n_3$ 或 $n_1<n_2>n_3$
反射光干涉	不计入$\dfrac{\lambda}{2}$	计入$\dfrac{\lambda}{2}$
透射光干涉	不计入$\dfrac{\lambda}{2}$	计入$\dfrac{\lambda}{2}$

杨氏双缝干涉:杨氏双缝干涉实验是利用分波阵面法来获得相干光的。用单色平行光照射一窄缝 S,此时窄缝相当于一个线光源,S 后放有与其平行且对称的两狭缝 S_1 与 S_2,两狭缝之间距离 d 很小,两狭缝处在 S 发出光波的同一波阵面上,构成一对初相位相同的等光强的相干光源。在双缝的后面放置一个观察屏,可以在屏上观察到明暗相间的对称干涉条纹,这些条纹均与狭缝平行,条纹间距相等。设双缝平面到屏的距离为 D,如图 11-2 所示。在屏上以屏中心为原点 O,垂直于条纹方向建立 x 轴,用以表示干涉点的位置,设屏上坐标为 x 处的干涉点 P 到双缝的距离分别为 r_1、r_2,且 $D\gg x$,$D\gg d$。

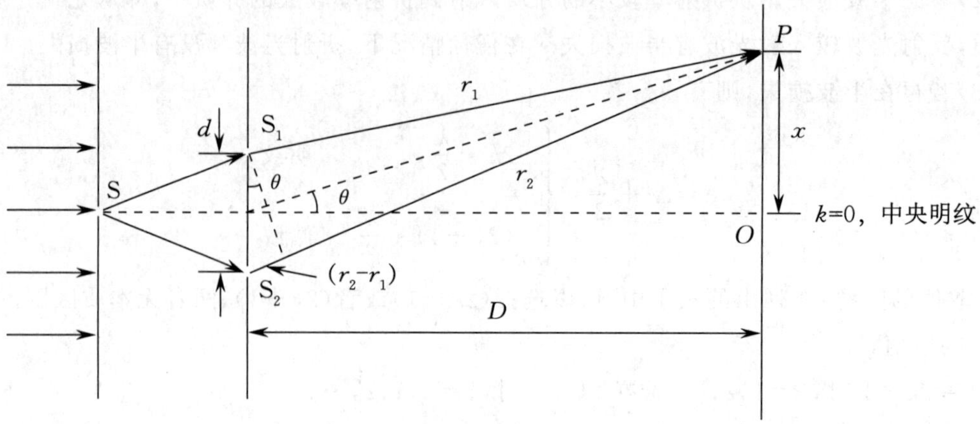

图 11-2　杨氏双缝干涉实验示意图

$$\Delta r=r_2-r_1=d\sin\theta=\begin{cases}\pm 2k\cdot\dfrac{\lambda}{2}, & \text{明纹}\\ \pm(2k-1)\cdot\dfrac{\lambda}{2}, & \text{暗纹}\end{cases}$$

$$\Delta r=d\sin\theta\approx d\tan\theta$$

$$\sin\theta=\frac{\Delta r}{d}$$

$$\tan\theta=\frac{x}{D}$$

$$x=D\tan\theta\approx D\sin\theta=\begin{cases}\pm\dfrac{D}{d}\left(2k\cdot\dfrac{\lambda}{2}\right), & \text{明纹}\\ \pm\dfrac{D}{d}\left[(2k-1)\cdot\dfrac{\lambda}{2}\right], & \text{暗纹}\end{cases}$$

$k=0$ 对应于在点 O 处的零级明纹（又称中央明纹）。相邻明纹之间的距离、相邻暗纹之间的距离均为

$$\Delta_{明}=\Delta_{暗}=\frac{D}{d}\lambda$$

薄膜干涉：薄膜干涉实验是利用分振幅法来获得相干光的。薄膜干涉示意图如图 11-3 所示。对于反射光干涉，有

$$\delta=2d\sqrt{n_2^2-n_1^2\sin^2 i}+\frac{\lambda}{2}=\begin{cases}k\lambda, & \text{增强}\\ (2k-1)\cdot\dfrac{\lambda}{2}, & \text{减弱}\end{cases}$$

而对于折射光干涉，其无$\dfrac{\lambda}{2}$的附加光程差，因此与上述反射光干涉的情况恰好相反。

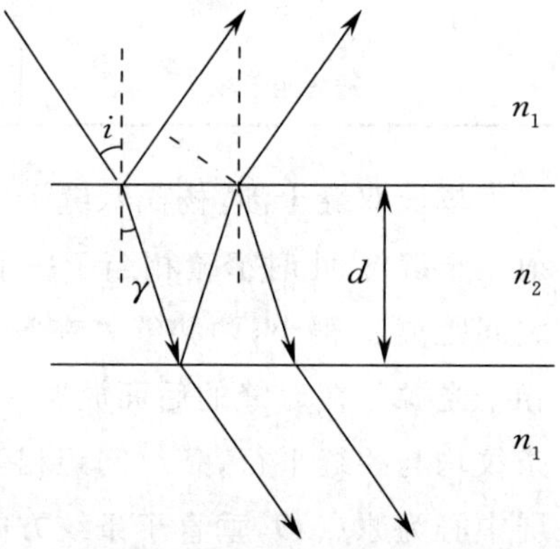

图 11-3　薄膜干涉示意图

增反膜：反射光增强。

增透膜：透射光增强。

反射光与折射光互补，符合能量守恒定律。

劈尖（干涉）：劈尖干涉示意图如图 11-4 所示。图中 θ 很小，一般为 $10^{-5}\sim10^{-4}$ rad，因此在劈尖上表面处反射的光线和在劈尖下表面处反射的光线都可看作垂直于劈尖表面。由于劈尖层空气的折射率 $n(n\approx1)$ 比玻璃的折射率 n_1 小，因此光在劈尖下表面反射时产生半波损失 $\frac{\lambda}{2}$。上下表面反射的两相干光在劈尖厚度为 h 处的光程差为

$$\delta=2nh+\frac{\lambda}{2}\approx2h+\frac{\lambda}{2}=\begin{cases}2k\cdot\frac{\lambda}{2}, & \text{明纹}\\(2k-1)\cdot\frac{\lambda}{2}, & \text{暗纹}\end{cases}$$

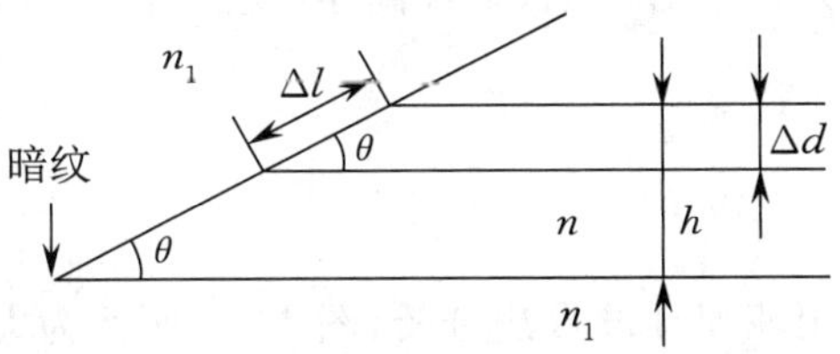

图 11-4　劈尖干涉示意图

相邻明纹之间的厚度差、相邻暗纹之间的厚度差均为

$$\Delta d=\frac{\lambda}{2n}\approx\frac{\lambda}{2}$$

相邻明纹之间的距离、相邻暗纹之间的距离均为

$$\Delta l=\frac{\Delta d}{\sin\theta}\approx\frac{\Delta d}{\theta}=\frac{\lambda}{2n\theta}\approx\frac{\lambda}{2\theta}$$

在劈尖上方观察到的干涉图形是一些与棱边平行、均匀分布、明暗相间的直条纹。对于上述分析的劈尖，其棱边为暗纹；而对于别的劈尖，棱边明暗情况涉及半波损失的分析，与介质折射率排列的情况和观察方向有关，需要具体问题具体分析。

当 θ 减小时，条纹右移，条纹间距增大；

当 θ 增大时，条纹左移，条纹间距减小。

劈尖干涉可以用于判断工件表面的凹凸情况：设劈尖开口朝右，俯视条纹，若条纹有一部分向左弯曲，则说明工件该处为凹槽；若条纹有一部分向右弯曲，则说明工件该处凸出。

若相邻明纹之间的距离为 b，对应空气膜厚度差为 $\frac{\lambda}{2}$，则间距 a 对应的空气膜厚度差为 $\frac{\lambda}{2}\cdot\frac{a}{b}=\frac{\lambda a}{2b}$。

牛顿环（干涉）：一块曲率半径很大的平凸透镜与一平板玻璃接触，构成一个上表面为球面，下表面为平面的空气劈尖，如图 11-5 所示，可以观察到明暗相间的条纹，且中央为暗纹，条纹内疏外密，分布不均匀。在空气厚度为 d 的地方，上下表面反射的两相干光的光程

差为

$$\delta=2nd+\frac{\lambda}{2}\approx 2d+\frac{\lambda}{2}=\begin{cases}2k\cdot\dfrac{\lambda}{2}, & \text{明纹}\\(2k-1)\cdot\dfrac{\lambda}{2}, & \text{暗纹}\end{cases}$$

$$R^2=(R-d)^2+r^2, R\gg d \quad\Rightarrow\quad r=\sqrt{2dR}$$

$$r=\begin{cases}\sqrt{\dfrac{\left(k-\dfrac{1}{2}\right)R\lambda}{n}}, & \text{明纹}\\\sqrt{\dfrac{kR\lambda}{n}}, & \text{暗纹}\end{cases}\approx\begin{cases}\sqrt{\left(k-\dfrac{1}{2}\right)R\lambda}, & \text{明纹}\\\sqrt{kR\lambda}, & \text{暗纹}\end{cases}$$

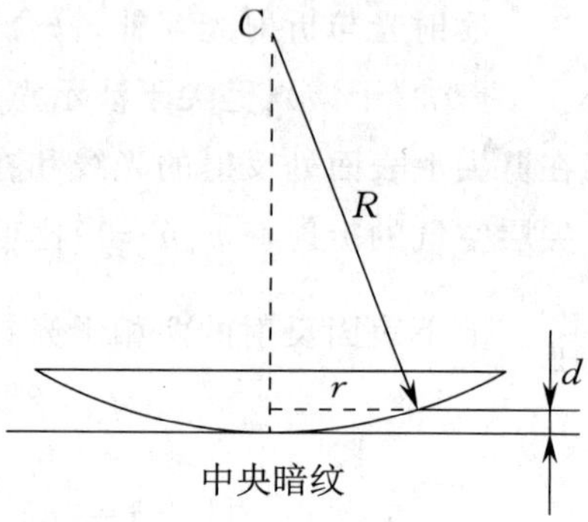

图 11-5 牛顿环干涉示意图

若将平凸透镜上移，则条纹中心收缩，条纹间距不变，环心呈明暗交替变化。

四、光的衍射

夫琅禾费单缝衍射：利用菲涅耳波带法分析，图 11-6 所示为夫琅禾费单缝衍射示意图。

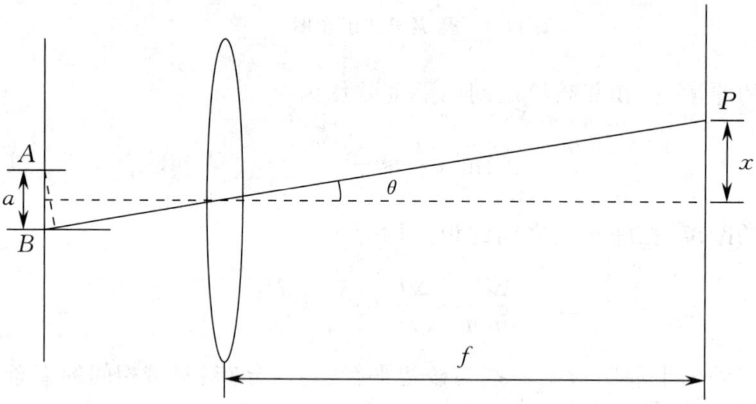

图 11-6 夫琅禾费单缝衍射示意图

明、暗纹（中心）条件为

$$a\sin\theta=\begin{cases}0, & \text{中央明纹}\\\pm 2k\cdot\dfrac{\lambda}{2}, & \text{暗纹}\\\pm(2k-1)\cdot\dfrac{\lambda}{2}, & \text{明纹}\end{cases}$$

从而

$$x=f\tan\theta\approx f\sin\theta$$

$$x_{暗}=\frac{f}{a}\left(\pm 2k\cdot\frac{\lambda}{2}\right)$$

$$x_{明}=\frac{f}{a}\left[\pm(2k-1)\cdot\frac{\lambda}{2}\right]$$

定义相邻暗纹中心间的距离为条纹宽度,即

$$\Delta x=\frac{f}{a}\cdot\lambda$$

中央明纹宽度为

$$x_0=2\cdot\frac{f}{a}\cdot\lambda=2\Delta x$$

中央明纹最亮,各级明纹亮度随级次的增大而减小。

当 θ 增大时,k 增大,半波带面积减小,所含子波数减少,子波振幅减小;θ 越大,分成的波带数也就越多。

光栅衍射:不同狭缝光栅的衍射结果不一样,随着狭缝的增多,明纹亮度增大,明纹变细,相应地这些又细又亮的明纹之间的暗背景越来越暗。记 $d=a+b$ 为光栅常量,a 为透光的狭缝的宽度,b 为刻痕宽度,此处因漫反射而不透光。光栅衍射明纹的形成示意图如图 11-7 所示。光栅方程:

$$(a+b)\sin\theta=\pm k\lambda,\quad k=0,1,2,\cdots$$

若在某一衍射角 θ 的方向上,缝间子波干涉的光程差满足上式,则屏上出现明纹,称为光栅衍射的主极大,其中 k 为主极大的级次,$k=0$ 对应中央主极大。

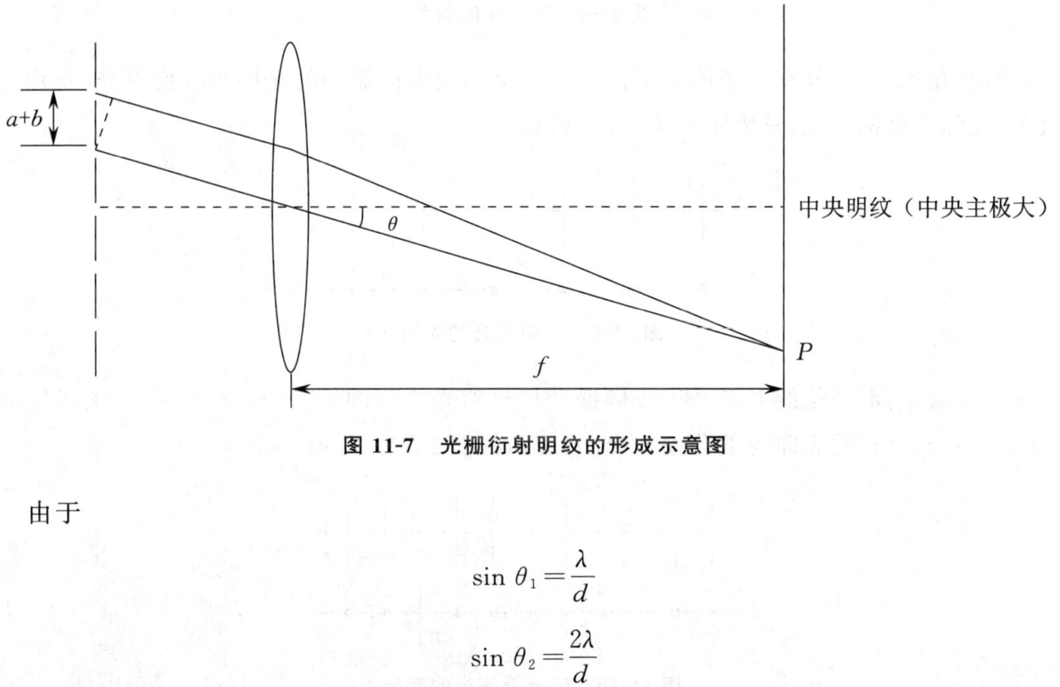

图 11-7　光栅衍射明纹的形成示意图

由于

$$\sin\theta_1=\frac{\lambda}{d}$$

$$\sin\theta_2=\frac{2\lambda}{d}$$

因此当 d 减小时,$(\theta_2-\theta_1)=\theta_1$ 增大,从而条纹间距增大。

当 λ 增大时,条纹间距增大。

记狭缝数为 N,则每两个主极大之间有$(N-1)$条暗纹,有$(N-2)$条次明纹;每两条暗纹之间有一条明纹,为次明纹。

缺级现象:考虑单缝衍射的效果,有

$$\begin{cases} a\sin\theta = \pm k'\lambda \\ (a+b)\sin\theta = \pm k\lambda \end{cases} \Rightarrow \frac{a+b}{a} = \frac{k}{k'}$$

当多束干涉的主极大位置恰好为单缝衍射的暗纹中心时，这些主极大将在屏上消失，该现象称为缺级现象。由上式可以得出，当$(a+b)$与a的比为整数时，便有缺级现象。

五、光的偏振

只有横波才有偏振现象。

光振动的表示：为简明地表示光的传播，常用与传播方向垂直的短线和点分别表示在纸面内和垂直于纸面的光振动。

自然光：普通光源中各原子发光是独立的，每个波列的振幅、相位和振动方向都是随机的。其光矢量具有均匀的轴对称分布的性质，各方向光矢量振动的振幅相同。自然光并不能显示出偏振特性，这是由于光波的偏振性在每个方向都不占优势，其表示如图 11-8 所示。

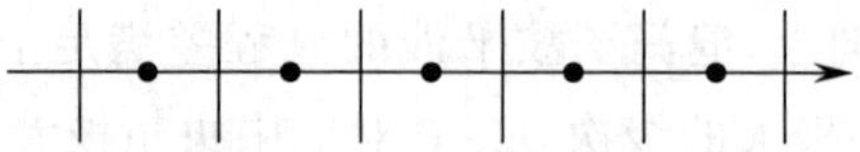

图 11-8 自然光的表示

线偏振光：光矢量只在一个固定平面内沿一个固定方向振动的光即为线偏振光，也称完全偏振光，又称平面偏振光，其表示如图 11-9 所示。

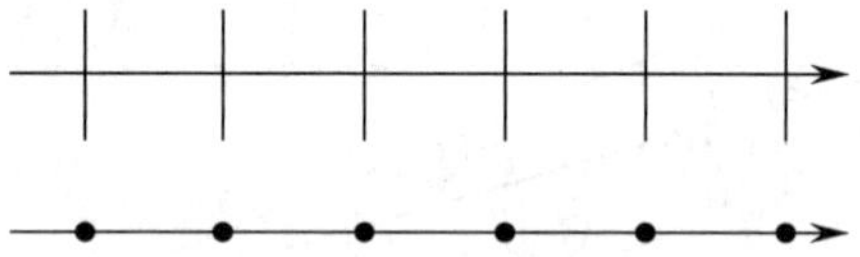

图 11-9 线偏振光的表示

部分偏振光：部分偏振光是介于线偏振光与自然光之间的一种光，例如，将一束线偏振光与自然光混合，得到的光即为部分偏振光，其表示如图 11-10 所示。

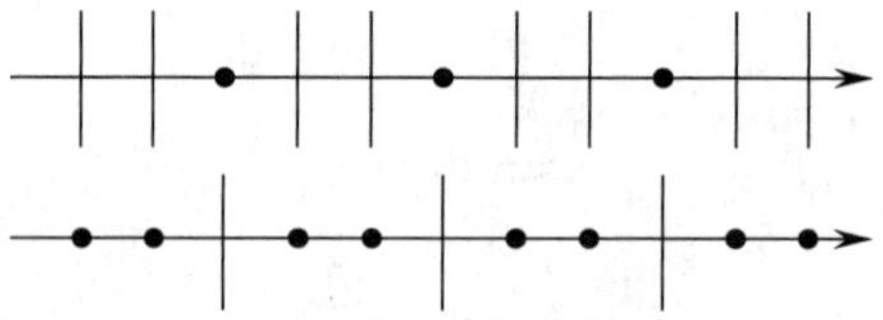

图 11-10 部分偏振光的表示

起偏与检偏：如图 11-11 所示，P_1 与 P_2 为两个平行放置的偏振片，它们的偏振化方向分别用它们上面的平行虚线表示。当自然光垂直入射于 P_1 时，透过的光将成为线偏振光，此时 P_1 用来产生偏振光，称为起偏器。再使透过 P_1 形成的线偏振光入射于 P_2，其可识别线偏振光的振动方向，因此 P_2 称为检偏器。

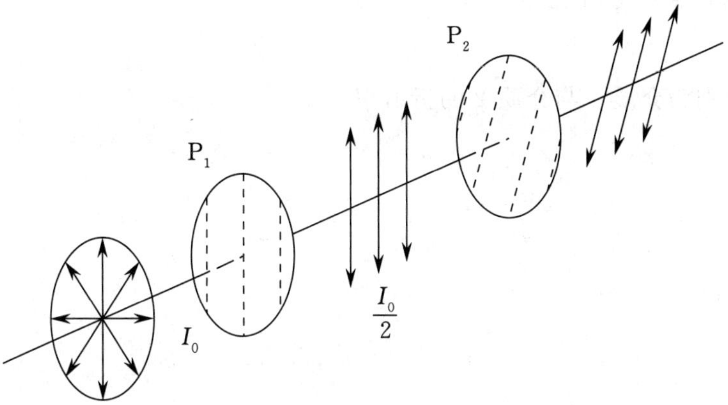

图 11-11　起偏与检偏

设自然光光矢量的光强为 I_0，经过起偏器后，透过的光为线偏振光，其光强为$\frac{1}{2}I_0$。

马吕斯定律：设入射线偏振光的光矢量振幅为 A_1，以 I_1 表示入射线偏振光的光强，振动方向与偏振片的偏振化方向成 θ 角，透过检偏器后的光强为 I，光矢量振幅为 A，则

$$A = A_1 \cos\theta$$

由于光强与振幅的平方成正比，因此

$$I = I_1 \cos^2\theta$$

反射和折射时光的偏振：

自然光经反射、折射后一般不再为自然光，而是部分偏振光。

反射光中，垂直于入射面的光矢量比平行于入射面的要强，而折射光相反。

一般情况下入射光、反射光、折射光如图 11-12 所示。

当入射角 i 与折射角 γ 之和为$\frac{\pi}{2}$，即反射光与折射光垂直时，反射光为光矢量垂直于入射面的线偏振光，如图 11-13 所示。这个特定的入射角称为起偏角，或称为布儒斯特角。

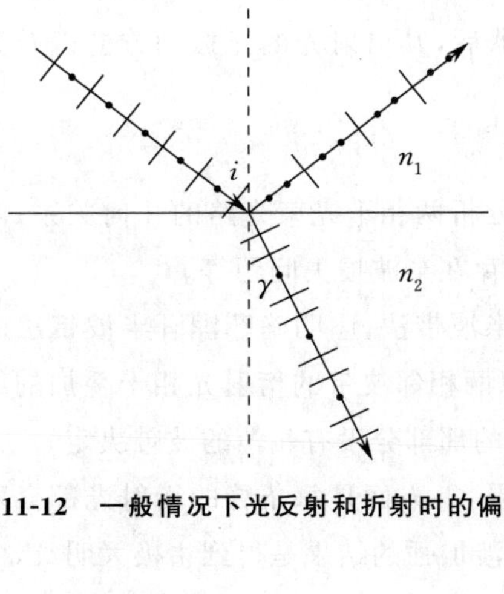

图 11-12　一般情况下光反射和折射时的偏振

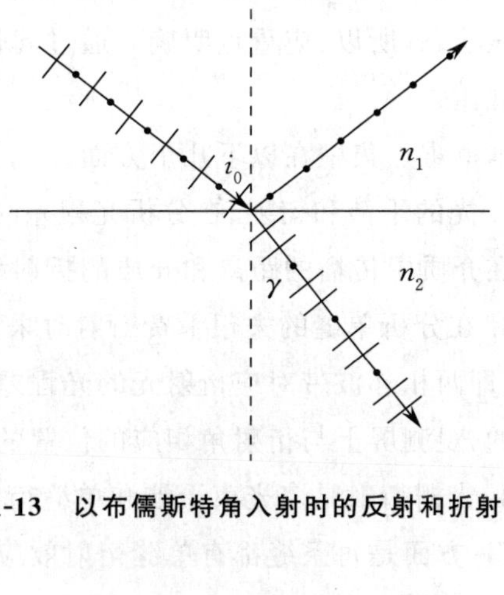

图 11-13　以布儒斯特角入射时的反射和折射情况

若以 i_0 表示布儒斯特角，根据折射定律，有

$$n_1 \sin i_0 = n_2 \sin \gamma$$

其中，n_1 与 n_2 分别为介质 1 与介质 2 的折射率。

此外，有

$$i_0 + \gamma = \frac{\pi}{2} \quad \Rightarrow \quad \sin \gamma = \sin\left(\frac{\pi}{2} - i_0\right) = \cos i_0$$

因此

$$\tan i_0 = \frac{n_2}{n_1}$$

§11.3 重难点分析

本章重点包括以下几个方面。

1. 双缝干涉、薄膜的等厚干涉和等倾干涉以及它们的应用、明暗条纹的形成条件。求解干涉条纹分布情况的方法：首先分析两束相干光是如何获得的，其次应着重分析两相干光束的光程差，得出光程差的表达式，然后再根据光程差和相长干涉与相消干涉的条件分析得出干涉条纹的形状、明暗纹分布、条纹间距等。

2. 光的衍射，尤其是单缝夫琅禾费衍射、光栅衍射等。光的衍射现象的处理方法建立在惠更斯-菲涅耳原理的基础上，即子波间的叠加是相干叠加，所以分析光的衍射也应着重分析衍射光的光程差，再根据光程差和相长干涉与相消干涉的条件分析得出衍射条纹的形状、明暗纹分布的特点及变化规律、条纹间距等。

3. 光的偏振，尤其是偏振光的获得方法和检测方法，以及马吕斯定律和布儒斯特定律。线偏振光主要利用偏振片的吸收、光以布儒斯特角入射时的反射和折射、光的双折射等方法从自然光中获得，而偏振光的检测方法则主要是利用光通过检偏器后的光强变化来判断入射光的偏振状态，所以，应重点明确光通过起偏器或检偏器后，其出射光的光振动方向以及光强的变化规律。

本章难点集中在以下几个方面。

1. 光的干涉和衍射，在分析光程差时，特别注意分析两相干光束光路的几何关系，两相干光束在介质中传播的距离和介质的折射率，以及是否存在半波损失问题等。

2. 在分析单缝的夫琅禾费衍射时采用了菲涅耳半波带法，应明确菲涅耳半波带法的基本思想，即两相邻波带对应衍射光的光程差为 $\lambda/2$，所以两相邻波带的衍射光相干叠加的结果是相消的，观测屏上与衍射角相应的位置的光强由剩余的那部分没有相消的波带决定。

3. 光栅衍射是多光束干涉和单缝衍射的综合结果，一方面是每条缝的衍射光都会发生干涉，另一方面是每条缝都有单缝衍射效应。多光束干涉加强的结果是得到主极大明纹，由此即可得出光栅方程。

§ 11.4　典型习题详解

一、单选题

1.在相同的时间内，一束波长为 λ 的单色光在空气中和在玻璃中(　　)。

(A)传播的路程相等，走过的光程相等

(B)传播的路程相等，走过的光程不相等

(C)传播的路程不相等，走过的光程相等

(D)传播的路程不相等，走过的光程不相等

答案： C

解析： 光在折射率为 n 的介质中的速度为 $v=\frac{c}{n}$，因此在时间 t 内走过的几何路程为 $r=vt=\frac{ct}{n}$。而物理上把折射率 n 与几何路程 r 的乘积 nr 称为光程，所以 $nr=ct$。因此，光在任何介质中在相同时间内走过的几何路程与介质的折射率有关，而光程是相等的。

2.如图 11-14 所示，点 S_1、S_2 处分别有一个相干光源，它们到点 P 的距离分别为 r_1 和 r_2。路径 S_1P 垂直穿过一块厚度为 t_1、折射率为 n_1 的介质板，路径 S_2P 垂直穿过厚度为 t_2、折射率为 n_2 的另一介质板，其余部分可看作真空，这两条路径的光程差等于(　　)。

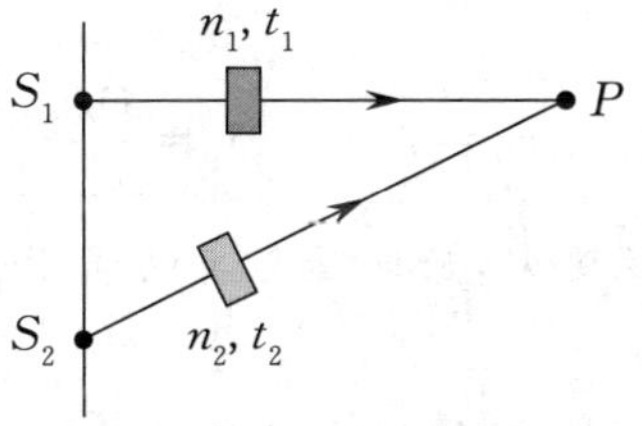

图 11-14　题 2 图

(A) $(r_2+n_2t_2)-(r_1+n_1t_1)$　　(B) $[r_2+(n_2-1)t_2]-[r_1+(n_1-1)t_1]$

(C) $(r_2-n_2t_2)-(r_1-n_1t_1)$　　(D) $n_2t_2-n_1t_1$

答案： B

解析： 路径 S_1P 的光程为 $r_1-t_1+n_1t_1=r_1+(n_1-1)t_1$，路径 S_2P 的光程为 $r_2-t_2+n_2t_2=r_2+(n_2-1)t_2$，所以两条路径的光程差为 $[r_2+(n_2-1)t_2]-[r_1+(n_1-1)t_1]$。

3.在双缝干涉实验中，为使屏上的干涉条纹间距变大，可以采取的办法是(　　)。

(A)使屏靠近双缝　　(B)使双缝的间距变小

(C)把双缝的宽度稍微调窄　　(D)改用波长较小的单色光源

答案： B

解析： 双缝干涉实验示意图如图 11-15 所示。

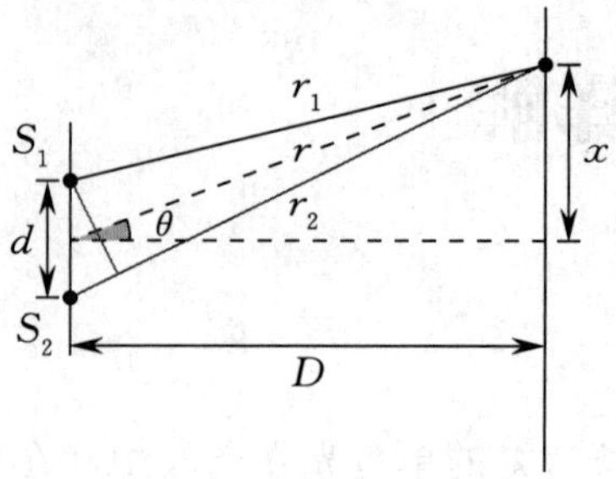

图 11-15　题 3 图

从图 11-15 中可以看出，点 S_1、S_2 处光源到屏上某点的光程差为

$$\delta = r_2 - r_1 \approx d\sin\theta$$

上式近似成立的要求是 $d \ll D$（这是能够观察到明显双缝干涉条纹的条件），而不管 θ 的取值。显然有

$$x = D\tan\theta \approx D\theta \approx D\sin\theta$$

上式近似成立的要求是 θ 为小角度。

而屏上暗纹的位置是干涉相消的位置，所以光程差为半波长的奇数倍，即

$$\Delta_n = \pm(2n-1)\frac{\lambda}{2},\ n=1,2,\cdots$$

所以在小角度 θ 的情况下，第 n 级暗纹的位置为

$$x_n = D\sin\theta_n = D\frac{\Delta_n}{d} = \pm(2n-1)\frac{D\lambda}{2d}$$

两条相邻暗纹之间的间距为

$$\Delta x_n = x_{n+1} - x_n = \frac{D\lambda}{d}$$

因此要使屏上的干涉条纹间距变大，应使缝与屏的间距 D 增大，或波长 λ 增大，或双缝间距 d 减小。

4.一束波长为 λ 的单色光由空气垂直入射到折射率为 n 的透明薄膜上，透明薄膜放在空气中，要使反射光得到干涉加强，则薄膜的最小厚度为（　　）。

(A) $\frac{1}{4}\lambda$　　(B) $\frac{1}{4n}\lambda$　　(C) $\frac{1}{2}\lambda$　　(D) $\frac{1}{2n}\lambda$

答案： B

解析： 要使反射光干涉加强，即要使反射光干涉相长，应使两束反射光的光程差为波长的整数倍。设薄膜的厚度为 e，注意这里有半波损失，则有

$$\delta = 2ne + \frac{1}{2}\lambda = k\lambda,\quad k=1,2,\cdots$$

$$e = \frac{2k-1}{4n}\lambda,\quad k=1,2,\cdots$$

所以薄膜的最小厚度为 $k=1$ 时的 e，即 $e_{\min} = \frac{1}{4n}\lambda$。

5.若把牛顿环装置(平板玻璃与平凸透镜都是用折射率为 1.52 的玻璃制成的)由空气搬入折射率为 1.33 的水中,则干涉条纹(　　)。

(A)中心暗斑变成亮斑　　(B)变疏

(C)变密　　(D)间距不变

答案: C

解析: 不管是在空气中,还是在水中,反射光干涉中都有半波损失,因此两束光的光程差为

$$\delta=2ne+\frac{1}{2}\lambda$$

中心处,薄膜厚度 $e=0$,所以一直是干涉相消,即中心一直是暗斑。而考虑到透镜的曲率半径 R 远大于薄膜厚度 e,因此干涉条纹的半径

$$r=\sqrt{R^2-(R-e)^2}\approx\sqrt{2Re}$$

对于明纹,有

$$\delta=k\lambda,k=1,2,\cdots$$

$$e_k=\frac{2k-1}{4n}\lambda$$

$$r_k=\sqrt{\frac{2k-1}{2n}R\lambda}=\sqrt{2k-1}\sqrt{\frac{1}{2n}R\lambda}$$

$$\Delta r_k=r_{k+1}-r_k=(\sqrt{2k+1}-\sqrt{2k-1})\sqrt{\frac{1}{2n}R\lambda}$$

介质从空气变成水,n 变大,所以条纹间距 Δr_k 变小,即干涉条纹变密。

6.在夫琅禾费单缝衍射实验中,波长为 λ 的单色光垂直入射在宽度为 $a=4\lambda$ 的单缝上,对应于衍射角为 30°的方向,单缝处波阵面可分成的半波带数目为(　　)。

(A)2　　(B)4　　(C)6　　(D)8

答案: B

解析: 依题意,狭缝上下两端到衍射点的最大光程差为

$$\delta=a\sin\theta=2\lambda$$

而菲涅耳半波带法是以半个波长的光程差为一个单位划分波阵面的,所以狭缝处波阵面可划分的半波带的数目为 4 个。

7.波长为 λ 的单色平行光垂直入射到一狭缝上,若第一级暗纹的位置对应的衍射角为 $\theta=\pm\frac{1}{6}\pi$,则狭缝的宽度为(　　)。

(A)$\frac{1}{2}\lambda$　　(B)λ　　(C)2λ　　(D)3λ

答案: C

解析: 根据菲涅耳半波带法,第一级暗纹对应两条半波带,所以有

$$\delta=a\sin\theta=k\frac{\lambda}{2}$$

$$a=\frac{k\dfrac{\lambda}{2}}{\sin\theta}=\frac{\lambda}{1/2}=2\lambda$$

8.一单色平行光束垂直照射在宽度为1.0 mm的单缝上，在缝后放一焦距为2.0 m的会聚透镜。已知位于透镜焦平面处的屏幕上的中央明纹宽度为2.0 mm，则入射光的波长约为(　　)。

(A)100 nm　　(B)400 nm　　(C)500 nm　　(D)600 nm

答案： C

解析： 中央明纹的宽度就是两侧第一级暗纹之间的距离，所以第一级暗纹到中央明纹中心的距离为中央明纹宽度的一半，依题意，$a=1\times10^{-3}$ m，$f=2$ m，$x_0=2\times10^{-3}$ m，所以

$$\tan\theta=\frac{x_0/2}{f}=5\times10^{-4}\approx\sin\theta$$

第一级暗纹对应的半波带数目为2，所以

$$\delta=a\sin\theta=k\frac{\lambda}{2}$$

$$\lambda=\frac{2a\sin\theta}{k}=a\sin\theta=1\times10^{-3}\times5\times10^{-4}\text{ m}=5\times10^{-7}\text{ m}=500\text{ nm}$$

9.一束单色平行光垂直入射在光栅上，当光栅常量$(a+b)$为下列哪种情况时(a代表每条缝的宽度)，$k=3$、6、9等级次的主极大均不出现？(　　)。

(A)$a+b=2a$　　(B)$a+b=3a$　　(C)$a+b=4a$　　(D)$a+b=6a$

答案： B

解析： 光栅缺级的条件为

$$d\sin\theta=k\lambda\quad\text{(干涉相长)}$$

$$a\sin\theta=k'\lambda\quad\text{(衍射相消)}$$

所以

$$\frac{d}{a}=\frac{k}{k'}$$

$$d=a+b=\frac{k}{k'}a=3a$$

10.在光栅光谱中，假如所有偶数级次的主极大都恰好在单缝衍射的暗纹方向上，因而实际上不出现，那么此光栅每个透光缝宽度a和相邻两缝间不透光部分宽度b的关系为(　　)。

(A)$a=\frac{1}{2}b$　　(B)$a=b$

(C)$a=2b$　　(D)$a=3b$

答案： B

解析： 光栅缺级的条件为

$$d\sin\theta=k\lambda\text{(干涉相长)}$$

$$a\sin\theta=k'\lambda\text{(衍射相消)}$$

所以

$$\frac{d}{a}=\frac{k}{k'}$$

$$d=a+b=\frac{k}{k'}a=2a$$

$$a=b$$

11.如果两个偏振片堆叠在一起，且偏振化方向之间的夹角为 60°，光强为 I_0 的自然光垂直入射在偏振片上，则出射光的光强为(　　)。

(A)$\frac{I_0}{8}$　　(B)$\frac{I_0}{4}$　　(C)$\frac{3I_0}{8}$　　(D)$\frac{3I_0}{4}$

答案： A

解析： 自然光通过偏振片，光强变成一半；线偏振光通过偏振片，出射光的光强 I' 与入射光的光强 I 满足马吕斯定律，即

$$I'=I\cos^2\alpha$$

所以，依题意有

$$I=\frac{1}{2}I_0\cos^2 60°=\frac{I_0}{8}$$

12.自然光以 60°的入射角照射到两介质的交界面时，反射光为线偏振光，则知折射光为(　　)。

(A)线偏振光且折射角是 30°

(B)部分偏振光且只是在该光由真空入射到折射率为$\sqrt{3}$的介质时，折射角是 30°

(C)部分偏振光，但必须知道两种介质的折射率才能确定折射角

(D)部分偏振光且折射角是 30°

答案： D

解析： 依题意，布儒斯特角为 60°，而当入射角为布儒斯特角时，折射光与反射光相互垂直。

二、填空题

1.在双缝干涉实验中，所用单色光波长为 $\lambda=562.5$ nm，缝与观察屏的距离 $D=1.2$ m，若测得屏上相邻明纹的间距为 $\Delta x=1.5$ mm，则双缝的间距 $d=$________。

答案： 4.5×10^{-4} m

解析： 双缝干涉中的光程差为

$$\delta=nd\sin\theta$$

所以有

$$\delta=k\lambda$$

$$x=D\tan\theta\approx D\sin\theta=\frac{D}{nd}k\lambda$$

$$\Delta x=\frac{D}{nd}\lambda$$

因此

$$d=\frac{D}{n\Delta x}\lambda=\frac{1.2}{1\times1.5\times10^{-3}}\times562.5\times10^{-9}\ \text{m}=4.5\times10^{-4}\ \text{m}$$

2.用波长为 λ 的单色光垂直照射折射率为 n 的空气劈尖形成等厚干涉条纹，若测得相邻明纹的间距为 l，则劈尖角 $\theta=$________。

答案： $\dfrac{\lambda}{2nl}$

解析： 依题意，相邻两明纹之间的光程差为

$$\Delta\delta=2n\Delta e=\lambda$$

所以

$$\Delta e=\frac{\lambda}{2n}$$

$$\tan\theta=\frac{\Delta e}{l}=\frac{\lambda}{2nl}\approx\theta$$

3.在单缝夫琅禾费衍射实验中，屏上第三级暗纹对应的单缝处波阵面可划分为________个半波带。若将缝宽缩小一半，原来第三级暗纹处将是________纹。

答案： 6，明

解析： 两个半波带之内都是中央明纹，两个半波带时是第一级暗纹，四个半波带时是第二级暗纹，六个半波带时是第三级暗纹，有

$$\delta=a\sin\theta=k\ \frac{\lambda}{2}$$

如前所述，对于第三级暗纹，$k=6$。若将缝宽缩小一半，即 $a'=\dfrac{a}{2}$，则 $k'=\dfrac{k}{2}=3$，对应明纹。

4.波长为 500 nm 的单色光垂直入射到光栅常量为 1.0×10^{-4} cm 的平面衍射光栅上，第一级主极大所对应的衍射角 $\theta=$________。

答案： 30°

解析： 光栅方程为

$$\delta=d\sin\theta=k\lambda=\lambda$$

$$\sin\theta=\frac{\lambda}{d}=\frac{5\times10^{-7}}{1.0\times10^{-6}}=0.5$$

$$\theta=30^\circ$$

5.一束自然光从空气投射到玻璃板表面上（空气的折射率为 1），当折射角为 30°时，反射光是线偏振光，则此玻璃板的折射率等于________。

答案： $\sqrt{3}$

解析： 当入射光以布儒斯特角入射时，反射光是线偏振光，且此时反射光与折射光相互垂

直，依题意，此时折射角为 30°，所以布儒斯特角为 $i_0=90°-30°=60°$，而根据布儒斯特定律，有

$$\tan i_0=\frac{n_2}{n_1}=n_2=\tan(90°-30°)=\sqrt{3}$$

三、计算题

1. 将低压汞灯发出的光，经过滤光片后，得到黄色光。用它来照射杨氏双缝干涉实验中的双缝，双缝相距 0.4 mm，观察屏距缝 1.5 m，在屏上得到一系列黄色的明纹和暗纹。从中央明纹数起(即中央明纹也算进去)，求其一侧第五级明纹中心的位置。已知光波波长为 560 nm。

答案： 因为 $x=k\dfrac{D}{d}\lambda(k=0,1,2,\cdots)$，所以第五级明纹和中央明纹的距离(取其一侧)为

$$x=x_4-x_0=(4-0)\frac{D}{d}\lambda=8.4\ \text{mm}$$

2. 由汞弧灯发出的光，通过一绿光滤光片后，照射到相距 0.60 mm 的双缝上，在距双缝 2.5 m 远处的观察屏上出现干涉条纹。现测得相邻两明纹中心的距离为 2.27 mm，求入射光的波长。

答案： 根据公式 $x=k\dfrac{D}{d}\lambda(k=0,1,2,\cdots)$，有 $\Delta x=\dfrac{D}{d}\lambda$，则入射光的波长为

$$\lambda=\Delta x\frac{d}{D}=5.45\times10^{-7}\ \text{m}=545\ \text{nm}$$

3. 一双缝装置的一个缝被折射率为 1.40 的薄玻璃片所掩盖，另一个缝被折射率为 1.70 的薄玻璃片所掩盖。在插入玻璃片以后，屏上原来中央明纹的所在点，现变为第五级明纹。假定 $\lambda=480$ nm，且两玻璃片厚度均为 d，求 d 的值。

答案： 插入玻璃片前的光程差为

$$\Delta_1=r_2-r_1=k_1\lambda$$

插入玻璃片后的光程差为

$$\Delta_2=[(n_2-1)d+r_2]-[(n_1-1)d+r_1]=k_2\lambda$$

光程差的变化量为

$$\Delta\delta=\Delta_2-\Delta_1=(n_2-n_1)d=(k_2-k_1)\lambda=5\lambda$$

于是

$$d=\frac{5\lambda}{n_2-n_1}=8.00\ \mu\text{m}$$

4.在杨氏双缝干涉实验中，用波长为 589.3 nm 的单色光照射 S 缝，在屏上观察到中央明纹在点 O 处，如图 11-16 所示。若将 S 缝向上移到 S' 位置，则中央明纹移动了 4 个条纹间距的距离。欲使中央明纹重新回到点 O，应在哪条缝后放置一折射率为 1.58 的云母片？此云母片的厚度应为多少？

答案： 单色光源经 S 缝分成两束相干光后在中心点 O 处形成中央明纹，这时两束光至点

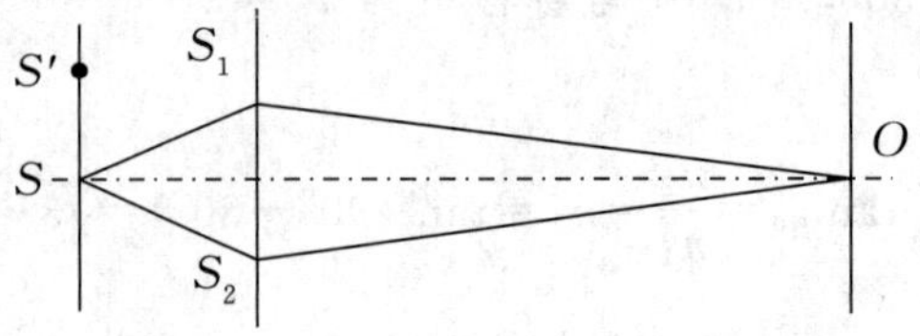

图 11-16　题 4 图

O 的光程相等，即 $SS_1+S_1O=SS_2+S_2O$。

若将 S 缝向上移到 S' 位置，这时两束光至点 O 的光程不再相等，中央明纹移动了 4 个条纹间距的距离到点 O' 处。由 S' 发出的两相干光至点 O' 的光程相等，即 $S'S_1+S_1O'=S'S_2+S_2O'$。显然，欲使中央明纹重新回到点 O，应在 S_1 缝后放置一云母片。假设云母片厚度为 e，则有 $\delta=(n-1)e-k\lambda=0$，于是

$$e=\frac{k\lambda}{n-1}=4.06\times10^{-6}\ \text{m}$$

5.在杨氏双缝干涉实验中，波长 $\lambda=550$ nm 的单色平行光垂直入射到间距 $d=2\times10^{-4}$ m 的双缝上，屏到缝的距离 $D=2$ m。(1)求中央明纹两侧的两条第十级明纹中心的间距；(2)用一厚度为 $e=6.6\times10^{-6}$ m、折射率为 $n=1.58$ 的玻璃片覆盖一缝后，中央明纹将移到原来的第几级明纹处？

答案：(1)在杨氏双缝干涉实验中，两个缝到干涉点的光程差为 $\delta=d\sin\theta$，对于第十级明纹中心，有

$$\delta=d\sin\theta=10\lambda$$

$$\sin\theta=\frac{10\lambda}{d}=\frac{10\times5.5\times10^{-7}}{2\times10^{-4}}=2.75\times10^{-2}\approx\theta\approx\tan\theta$$

$$x=D\tan\theta$$

$$\Delta x=2x=2D\tan\theta\approx2D\sin\theta=2\times2\times2.75\times10^{-2}\ \text{m}=0.11\ \text{m}$$

即中央明纹两侧的两条第十级明纹中心的间距约为 0.11 m。

(2)覆盖玻璃片前后，光程差改变量为

$$\Delta\delta=(n-1)e=k\lambda$$

$$k=\frac{(n-1)e}{\lambda}=\frac{(1.58-1)\times6.6\times10^{-6}}{5.5\times10^{-7}}\approx6.96$$

即干涉条纹移动了将近 7 条，因此中央明纹将移到原来的第七级明纹处。

6. 在牛顿环实验装置中，当用波长为 450 nm 的单色光照射时，测得第三级明环中心的半径为 1.06×10^{-3} m，若改用红光照射，则测得第五级明环中心的半径为 1.77×10^{-3} m。求此红光的波长和透镜的曲率半径。

答案：$e=\dfrac{r^2}{2R}$，由明纹条件 $2e+\dfrac{\lambda}{2}=k\lambda$，得 $\dfrac{r^2}{R}=\left(k-\dfrac{1}{2}\right)\lambda$，即

$$r^2=\left(k-\frac{1}{2}\right)\lambda R$$

根据题意，有

$$(1.06\times10^{-3})^2=\left(3-\frac{1}{2}\right)R\times450\times10^{-9}$$

$$(1.77\times10^{-3})^2=\left(5-\frac{1}{2}\right)R\lambda$$

联立上面两式，得

$$\lambda=697.1\ \text{nm},R=0.999\ \text{m}\approx1\ \text{m}$$

7. 在宽度 $a=0.6$ mm 的狭缝后 40 cm 处有一与狭缝平行的屏。今以单色平行光垂直照射狭缝，在屏上形成衍射条纹，若在离中央明纹中心点 P_0 1.4 mm 的点 P 处看到的是第四级明纹。(1)求入射光的波长；(2)从点 P 处来看该光波时，在狭缝处的波阵面可分成几个半波带？

答案： 由于点 P 处为明纹，该处有 $a\sin\theta=(2k+1)\dfrac{\lambda}{2}(k=0,1,2,\cdots)$，则

$$\frac{x}{f}=\frac{1.4}{400}=3.5\times10^{-3}=\tan\theta\approx\sin\theta$$

$$\lambda=\frac{2a\sin\theta}{2k+1}=\frac{4200}{2k+1}\ \text{nm}$$

(1)取 $k=4$，得 $\lambda=467$ mm，即入射光的波长为 467 nm。

(2)由 $a\sin\theta=(2k+1)\dfrac{\lambda}{2}$ 可知，当 $k=4$ 时，狭缝处的波阵面可分成 $2k+1=9$ 个半波带。

8. 在白光形成的单缝衍射条纹中，某波长的光的第三级明纹位置正好与红色光(波长为 630 mm)的第二级明纹位置相重合，求该光的波长。

答案： 单缝衍射的公式为 $a\sin\theta=(2k+1)\dfrac{\lambda}{2}$，当 $\lambda=630$ mm 时，$k=2$；当 $\lambda=\lambda'$ 时，$k=3$。

当该光的第三级明纹位置与红色光的第二级明纹位置重合时，θ 相同，于是

$$a\sin\theta=(2\times2+1)\frac{630}{2}\text{nm}=(2\times3+1)\frac{\lambda'}{2}$$

$$\lambda'=450\ \text{mm}$$

9. 用波长为 590 nm 的钠黄光垂直入射到每毫米有 500 条刻痕的光栅上，最多能看到第几级主极大？

答案： $a+b=\dfrac{1}{500}\ \text{mm}=2.0\times10^3\ \text{nm}$，由 $(a+b)\sin\theta=k\lambda$ 可知，最多见到的主极大级次 $k_{\max}$ 对应的 $\theta=\dfrac{\pi}{2}$，所以有 $k_{\max}=\dfrac{a+b}{\lambda}\approx3.39$，即实际见到的最高级次为 $k_{\max}=3$。故最多能看到第三级主极大。

10. 用波长 $\lambda=600$ nm 的单色光垂直入射到一光栅上，第二、第三级主极大分别出现在 $\sin\theta=0.20$ 与 $\sin\theta=0.30$ 处，第四级缺级，求：(1)光栅常量；(2)光栅上狭缝的最小宽度；(3)在 $-90°<\theta<90°$ 范围内，实际呈现的全部级次。

答案： (1)由 $(a+b)\sin\theta=k\lambda$ 可知，对于 $\sin\theta=0.20$ 与 $\sin\theta=0.30$，满足

$$0.20(a+b)=2\times600\times10^{-9}\ \text{m}$$

$$0.30(a+b)=3\times600\times10^{-9}\ \text{m}$$

$$a+b=6\ 000\times10^{-9}\ \text{m}$$

(2)因第四级缺级,故必须满足

$$(a+b)\sin\theta=k\lambda\quad a\sin\theta=k'\lambda$$

$$a=\frac{a+b}{4}k'$$

取 $k'=1$,得光栅上狭缝的最小宽度 1.5×10^{-6} m。

(3)由 $(a+b)\sin\theta=k\lambda$,得 $k=\dfrac{(a+b)\sin\theta}{\lambda}$。当 $\theta=\dfrac{\pi}{2}$ 时,$k=k_{\max}$,则

$$k_{\max}=\frac{a+b}{\lambda}=\frac{6\ 000\times10^{-9}}{600\times10^{-9}}=10$$

因为 ±4,±8 缺级,所以在 $-90°<\theta<90°$ 范围内,实际呈现的全部级次为 $k=0,\pm1,\pm2,\pm3,\pm5,\pm6,\pm7,\pm9$,共 15 条主极大。

11. 使自然光通过两个偏振化方向夹角为 60°的偏振片时,透射光的光强为 I_1,今在这两个偏振片之间再插入一偏振片,它的偏振化方向与前两个偏振片均成 30°角,问此时透射光的光强 I 与 I_1 之比为多少?

答案:由马吕斯定律,插入另一偏振片前,透射光的光强为

$$I_1=\frac{I_0}{2}\cos^2 60°=\frac{I_0}{8}$$

其中,I_0 为入射自然光的光强。插入另一偏振片后,通过中间偏振片的出射光的光强为

$$I_0'=\frac{I_0}{2}\cos^2 30°$$

透射光的光强 $I=I_0'\cos^2 30°=\dfrac{I_0}{2}\cos^2 30°\cos^2 30°=\dfrac{9I_0}{32}$,于是

$$\frac{I}{I_1}=\frac{9}{4}=2.25$$

12. 一束自然光自空气入射到水(折射率为 1.33)面上,若反射光是线偏振光,(1)此入射光的入射角为多大?(2)折射角为多大?

答案:(1)由布儒斯特定律得 $\tan i_0=1.33$,即 $i_0=53.1°$,此 i_0 即为所求的入射角。

(2)若以 γ 表示折射角,则由布儒斯特定律可得 $\gamma=90°-i_0=36.9°$。

第 12 章　气体动理论

§12.1　学习要求

1. 掌握平衡态与热力学参量，以及理想气体的物态方程(也称状态方程)。
2. 了解物质的微观模型、理想气体的压强公式、理想气体的内能、温度的微观解释。
3. 了解分子运动的自由度、能量均分定理、热容的微观解释。
4. 掌握麦克斯韦速率分布律及其意义，掌握三种统计速率。
5. 了解经典统计基础、玻尔兹曼分布律。
6. 掌握气体分子的平均自由程及气体内的输运过程。

§12.2　内容提要

一、理想气体的物态方程

物态参量：体积 V，压强 p，温度 T，

$$1\ \mathrm{L}=1\ \mathrm{dm}^3=10^{-3}\ \mathrm{m}^3$$

$$1\ \mathrm{Pa}=1\ \mathrm{N/m}^2$$

$$p=\frac{F}{S}$$

通常，45°纬度海平面 0 ℃时的大气压为 1 atm，即 1.013×10^5 Pa。

水的三相点(水、冰、水蒸气共存而达到平衡态)温度为 273.15 K，

$$\frac{t}{℃}=\frac{T}{\mathrm{K}}-273.15$$

$$\frac{T}{\mathrm{K}}=\frac{t}{℃}+273.15$$

$$\frac{pV}{T}=C$$

理想气体：压强不太大(与大气压相比)，温度不太低(与室温相比)的气体。

标准状态：$p_0=1.013\times10^5$ Pa，$T_0=273.15$ K。

在标准状态下，1 mol 任何理想气体的体积均为 $V_m=22.4$ L。

普适气体常量：

$$R=\frac{p_0V_m}{T_0}=8.31\ \text{J/(mol·K)}$$

对于物质的量为ν、总质量为m'、摩尔质量为M的理想气体，其物态方程为

$$pV=\nu RT=\frac{m'}{M}RT$$

记气体分子总数为N，阿伏伽德罗常量为$N_A=6.02\times10^{23}\ \text{mol}^{-1}$，每一个分子的质量为$m$，则有

(1)气体总质量：$m'=Nm$。

(2)摩尔质量：$M=N_Am$。

(3)物质的量：$\nu=\frac{m'}{M}=\frac{mN}{mN_A}=\frac{N}{N_A}$。

(4)分子数密度：$n=\frac{N}{V}$。

(5)气体密度：$\rho=\frac{m'}{V}=\frac{mN}{\frac{N}{n}}=mn$。

综上，可得

$$pV=\nu RT=\frac{m'}{M}RT=\frac{m'}{mN_A}RT=N\frac{R}{N_A}T$$

玻尔兹曼常量：

$$k=\frac{R}{N_A}=1.38\times10^{-23}\ \text{J/K}$$

故理想气体的物态方程还可写为

$$pV=NkT$$

$$p=\frac{N}{V}kT=nkT$$

二、物质的微观模型、统计规律

物质结构的分子、原子学说：

(1)一切宏观物体都是由大量分子或原子组成的；

(2)分子间有力的相互作用；

(3)分子永不停息地做无规则的热运动。

当系统无外界作用时，处于平衡态下的气体密度是均匀的。大量分子沿空间各方向运动

的概率相等，沿各方向运动的分子数相等，分子速度在各方向上分量的各种平均值也相等。

三、理想气体的压强公式

对于气体分子的速度，有以下关系：

$$\overline{v^2} \neq (\overline{v})^2$$

$$\overline{v^2} = \overline{v_x^2} + \overline{v_y^2} + \overline{v_z^2}$$

$$\overline{v_x^2} = \overline{v_y^2} = \overline{v_z^2} = \frac{1}{3}\overline{v^2}$$

理想气体的压强公式：

$$p = \frac{1}{3}nm\,\overline{v^2} = \frac{2}{3}n\left(\frac{1}{2}m\,\overline{v^2}\right)$$

分子的平均平动动能：

$$\bar{\varepsilon}_{kt} = \frac{1}{2}m\,\overline{v^2}$$

因此，理想气体的压强公式还可写为

$$p = \frac{2}{3}n\,\bar{\varepsilon}_{kt}$$

对于理想气体，有 $\overline{\boldsymbol{v}} = \boldsymbol{0}$。

分子数密度越大，分子的平均平动动能就越大，压强也就越大。

四、理想气体的温度公式

由理想气体的物态方程和压强公式

$$p = nkT$$

$$p = \frac{2}{3}n\,\bar{\varepsilon}_{kt}$$

可得

$$\bar{\varepsilon}_{kt} = \frac{1}{2}m\,\overline{v^2} = \frac{3}{2}kT$$

气体的方均根速率：

$$v_r = \sqrt{\overline{v^2}} = \sqrt{3}\sqrt{\frac{kT}{m}} = \sqrt{3}\sqrt{\frac{RT}{M}}$$

五、能量均分定理

单原子分子、刚性双原子分子、刚性多原子分子的自由度如表 12-1 所示。

表 12-1　单原子分子、刚性双原子分子、刚性多原子分子的自由度

分子类型	t(平动自由度)	r(转动自由度)	i(总自由度)
单原子	3	0	3
刚性双原子	3	2	5
刚性多原子	3	3	6

能量(按自由度)均分定理:在温度为 T 的平衡态下,气体分子任何一个自由度的平均动能都相等,均为$\frac{1}{2}kT$。

气体分子的平均动能 $\bar{\varepsilon}_k$ 与平均平动动能 $\bar{\varepsilon}_{kt}$、平均转动动能 $\bar{\varepsilon}_{kr}$ 的关系为

$$\bar{\varepsilon}_k=\bar{\varepsilon}_t+\bar{\varepsilon}_{kr}$$

理想气体的平均总能量:$\bar{\varepsilon}=\frac{i}{2}kT$。

六、理想气体的内能

气体内能包括分子热运动的动能及分子间相互作用的势能。

理想气体的内能等于分子热运动的动能,这是由于理想气体分子间无相互作用力,即分子间无势能。

理想气体的内能完全取决于气体的温度 T 和气体分子的自由度 i。对于给定的理想气体,其内能为温度 T 的单值函数,即 $U=U(T)$,因此有

$$U=\frac{i}{2}\nu RT=\frac{i}{2}pV \quad\Rightarrow\quad \mathrm{d}U=\frac{i}{2}\nu R\,\mathrm{d}T$$

七、麦克斯韦速率分布律

气体分子的速率分布函数:

$$f(v)=\frac{1}{N}\frac{\mathrm{d}N}{\mathrm{d}v}$$

上式表示在速率 v 附近单位速率区间内的分子数占总分子数的百分比;也可表述为任意单个分子在速率 v 附近单位速率区间内出现的概率,因此 $f(v)$ 又称概率密度。

速率分布曲线下微元的面积为

$$f(v)\mathrm{d}v=\frac{\mathrm{d}N}{N}$$

其表示速率 v 附近 $\mathrm{d}v$ 区间内的分子数占总分子数的百分比。而介于 v_1 与 v_2 之间的分子数 ΔN 占总分子数 N 的百分比为速率分布曲线下 v_1 与 v_2 之间的面积,即

$$\frac{\Delta N}{N}=\int_{v_1}^{v_2}f(v)\mathrm{d}v$$

速率分布曲线下的总面积为分布在[0,∞)整个速率区间内的全部分子数百分比之和，显然该值为 1，即

$$\int_0^{\infty} f(v)\mathrm{d}v=1$$

速率分布曲线的性质：

对于同一种气体，当温度升高时，速率分布曲线极值点向右下移动，曲线变得较为平缓；在相同温度下，对于不同种类的气体，分子质量越小的气体，其速率分布曲线极值点越靠右下。

气体分子的速率分布函数的应用：在 v_1 与 v_2 之间，

(1)分子数：$\int_{v_1}^{v_2} Nf(v)\mathrm{d}v=N\int_{v_1}^{v_2} f(v)\mathrm{d}v$；

(2)速率之和：$\int_{v_1}^{v_2} vNf(v)\mathrm{d}v=N\int_{v_1}^{v_2} vf(v)\mathrm{d}v$；

(3)动能之和：$\int_{v_1}^{v_2} \frac{1}{2}mv^2 Nf(v)\mathrm{d}v=N\int_{v_1}^{v_2} \frac{1}{2}mv^2 f(v)\mathrm{d}v$。

麦克斯韦速率分布律：

$$\frac{\mathrm{d}N}{N}=f(v)\mathrm{d}v=4\pi\left(\frac{m}{2\pi kT}\right)^{\frac{3}{2}} v^2\exp\left(-\frac{mv^2}{2kT}\right)\mathrm{d}v$$

分子热运动的三种统计速率：

(1)方均根速率：$v_{\mathrm{r}}=\sqrt{\overline{v^2}}$，即

$$v_{\mathrm{r}}=\sqrt{3}\sqrt{\frac{kT}{m}}=\sqrt{3}\sqrt{\frac{RT}{M}}$$

(2)(算术)平均速率：$v_{\mathrm{a}}=\overline{v}$，即

$$v_{\mathrm{a}}=\sqrt{\frac{8}{\pi}}\sqrt{\frac{kT}{m}}=\sqrt{\frac{8}{\pi}}\sqrt{\frac{RT}{M}}$$

(3)最概然速率：$v_{\mathrm{p}}=f(v)_{\max}$，即

$$v_{\mathrm{p}}=\sqrt{2}\sqrt{\frac{kT}{m}}=\sqrt{2}\sqrt{\frac{RT}{M}}$$

以上三种速率的大小关系为 $v_{\mathrm{r}}>v_{\mathrm{a}}>v_{\mathrm{p}}$。

八、分子的平均碰撞频率、平均自由程

分子的平均碰撞频率 $\overline{Z}$：表示某个分子每秒内与其他分子平均碰撞的次数。

平均自由程 $\overline{\lambda}$：表示每两次碰撞之间某个分子自由运动的平均路程。

两者有如下关系：

$$\overline{\lambda}=\frac{\overline{v}}{\overline{Z}}=\frac{v_{\mathrm{a}}}{\overline{Z}}$$

由上式，可得到如下结论：$\overline{Z}$ 越大，即分子碰撞越频繁，$\overline{\lambda}$ 越小。

分子的平均碰撞频率：

$$\overline{Z}=\sqrt{2}\pi d^2 v_a n$$

分子的平均自由程：

$$\overline{\lambda}=\frac{v_a}{\overline{Z}}=\frac{1}{\sqrt{2}\pi d^2 n}$$

其中，d 为分子直径，n 为分子数密度。

由上式，可得到如下结论：分子直径越大，分子在运动时越容易与其他分子发生碰撞，两次碰撞间分子自由运动的平均路程越短，即分子的平均自由程越小。

由 $p=nkT$，即 $n=\frac{p}{kT}$，可得到

$$\overline{\lambda}=\frac{kT}{\sqrt{2}\pi d^2 p}$$

§12.3 重难点分析

本章重点包括以下几个方面。

1. 理想气体模型及其压强公式(统计意义)。
2. 能量均分定理，热容的统计解释。
3. 玻尔兹曼统计，麦克斯韦速率分布律(经典统计)。
4. 分子碰撞模型与平均自由程(非平衡态方法)。

本章难点主要集中在以下几个方面。

1. 微观态与宏观态的统计概念。
2. 能量均分定理的统计解释，热容的统计意义。
3. 麦克斯韦速率分布律的统计意义及应用。
4. 分子平均自由程的统计意义。

§12.4 典型习题详解

一、单选题

1.温度、压强相同的氦气和氧气，它们分子的平均动能$\overline{\varepsilon}_k$和平均平动动能$\overline{\varepsilon}_{kt}$分别有如下关系(　　)。

(A)$\overline{\varepsilon}_k$和$\overline{\varepsilon}_{kt}$都相等　　(B)$\overline{\varepsilon}_k$相等，而$\overline{\varepsilon}_{kt}$不相等

(C)$\overline{\varepsilon}_{kt}$相等，而$\overline{\varepsilon}_k$不相等　　(D)$\overline{\varepsilon}_k$和$\overline{\varepsilon}_{kt}$都不相等

答案： C

解析：氦气分子是单原子分子，自由度为 3，氧气分子是双原子分子，自由度为 5 。但不管是什么分子，平动自由度均为 3，根据能量均分定理，分子的平均平动动能为

$$\bar{\varepsilon}_{kt}=\frac{3}{2}kT$$

而动能包括平动动能、转动动能和振动动能，单原子分子只有平动动能，刚性双原子分子除了有 3 个平动自由度，还有 2 个转动自由度，所以

$$\bar{\varepsilon}_{kHe}=\frac{3}{2}kT$$

$$\bar{\varepsilon}_{kO_2}=\frac{5}{2}kT$$

2. 在标准状态下，若氧气（视为刚性双原子分子理想气体）和氦气的体积比$\frac{V_1}{V_2}=\frac{1}{2}$，则它们的内能之比$\frac{U_1}{U_2}$为（　　）。

(A)$\frac{3}{10}$　　(B)$\frac{1}{2}$　　(C)$\frac{5}{6}$　　(D)$\frac{5}{3}$

答案：C

解析：理想气体的体积比等于物质的量之比，即

$$\frac{\nu_1}{\nu_2}=\frac{V_1}{V_2}=\frac{1}{2}$$

氦气分子是单原子分子，平动自由度为 3，转动自由度为零，振动自由度为零；氧气分子是刚性双原子分子，平动自由度为 3，转动自由度为 2，振动自由度为零。又理想气体不考虑势能，所以其内能就等于动能，根据能量均分定理，有

$$\frac{U_1}{U_2}=\frac{\nu_1 N_A \bar{\varepsilon}_{kO_2}}{\nu_2 N_A \bar{\varepsilon}_{kHe}}=\frac{1}{2}\times\frac{\frac{5}{2}kT}{\frac{3}{2}kT}=\frac{5}{6}$$

3. 两瓶不同种类的理想气体，它们的温度和压强都相同，但体积不同，则它们的单位体积内的气体分子数 n、单位体积内的气体分子的总平动动能$\frac{\varepsilon_{kt}}{V}$、单位体积内的气体质量 ρ，分别有如下关系（　　）。

(A)n 不同，$\frac{\varepsilon_{kt}}{V}$不同，$\rho$ 不同　　(B)n 不同，$\frac{\varepsilon_{kt}}{V}$不同，$\rho$ 相同

(C)n 相同，$\frac{\varepsilon_{kt}}{V}$相同，$\rho$ 不同　　(D)n 相同，$\frac{\varepsilon_{kt}}{V}$相同，$\rho$ 相同

答案：C

解析：由理想气体的物态方程

$$pV=\frac{N}{N_A}RT=\frac{m'}{M}RT$$

可得

$$n=\frac{N}{V}=\frac{pN_{\mathrm{A}}}{RT}$$

$$\rho=\frac{m'}{V}=\frac{pM}{RT}$$

所以，若温度 T 相同，压强 p 相同，则单位体积内的气体分子数 n 相同；但不同类型的气体的摩尔质量 M 不同，所以单位体积内的气体质量 ρ 不同。另外，若温度 T 相同，压强 p 相同，但体积 V 不同，则物质的量必然不同，根据能量均分定理，任何类型气体分子的平动自由度均为3，因此每个气体分子的平均平动动能相同。但物质的量不同，所以分子总数不同，从而分子的总平动动能不同，但单位体积内的气体分子的总平动动能相同。

4.一瓶氦气和一瓶氮气的密度相同，分子的平均平动动能相同，而且它们都处于平衡态，则它们的（　　）。

(A)温度、压强都相同

(B)温度、压强都不相同

(C)温度相同，但氦气的压强大于氮气的压强

(D)温度相同，但氦气的压强小于氮气的压强

答案：C

解析：不管是什么类型的气体分子，分子的平均平动动能都是 $\frac{3}{2}kT$，所以当分子的平均平动动能相同时，二者的温度相同。

由理想气体的物态方程

$$pV=\frac{N}{N_{\mathrm{A}}}RT=\frac{m'}{M}RT$$

可得

$$\rho=\frac{m'}{V}=\frac{pM}{RT}$$

所以，若温度 T 相同，密度 ρ 相同，但摩尔质量 M 不同，则压强 p 不同，摩尔质量 M 越大，压强 p 越小氦气的摩尔质量较小，故其压强较大。

5. 关于温度的意义，有下列几种说法：(1)气体的温度是分子平均平动动能的量度；(2)气体的温度是大量气体分子热运动的集体表现，具有统计意义；(3)温度的高低反映物质内部分子运动剧烈程度的不同；(4)从微观上看，气体的温度表示每个气体分子的冷热程度。这些说法中正确的是（　　）。

(A)(1)、(2)、(4)　(B)(1)、(2)、(3)　(C)(2)、(3)、(4)　(D)(1)、(3)、(4)

答案：B

解析：单个气体分子不存在冷热之说，故(4)错误。

二、填空题

1. 1 mol 氧气(视为刚性双原子分子理想气体)贮于一氧气瓶中，温度为 27 ℃，这瓶氧气

的内能为________；分子的平均平动动能为________；分子的平均动能为________。

答案： 6.23×10^{3} J，6.21×10^{-21} J，1.035×10^{-20} J

解析： 刚性双原子分子的平动自由度为 $t=3$，转动自由度为 $r=2$，振动自由度为 $s=0$，根据能量均分定理，一个分子的平均平动动能为

$$\bar{\varepsilon}_{kt}=\frac{t}{2}kT=1.5\times1.38\times10^{-23}\times300\ \text{J}=6.21\times10^{-21}\ \text{J}$$

一个分子的平均动能为

$$\bar{\varepsilon}_{k}=\frac{t+r}{2}kT=2.5\times1.38\times10^{-23}\times300\ \text{J}=1.035\times10^{-20}\ \text{J}$$

而气体的总内能为

$$U=\frac{i}{2}\nu RT=2.5\times1\times8.31\times300\ \text{J}\approx6.23\times10^{3}\ \text{J}$$

2. 有一瓶质量为 m' 的氢气（视为刚性双原子分子理想气体），温度为 T，则氢气分了的平均平动动能为________，氢气分子的平均动能为________，这瓶氢气的内能为________。

答案： $\frac{3}{2}kT$，$\frac{5}{2}kT$，$\frac{5}{4}\times10^{3}m'RT$

解析： 刚性双原子分子的平动自由度为 $t=3$，转动自由度为 $r=2$，振动自由度为 $s=0$，根据能量均分定理，一个分子的平均平动动能为

$$\bar{\varepsilon}_{kt}=\frac{t}{2}kT=\frac{3}{2}kT$$

一个分子的平均动能为

$$\bar{\varepsilon}_{k}=\frac{t+r}{2}kT=\frac{5}{2}kT$$

而气体的总内能为

$$U=\frac{i}{2}\nu RT=\frac{5}{2}\times\frac{m'}{2\times10^{-3}}RT=\frac{5}{4}\times10^{3}m'RT$$

3. 对于一定量氢气（视为刚性双原子分子理想气体），若温度每升高 1 K，其内能增加 41.6 J，则该氢气的质量为________。

答案： 4×10^{-3} kg

解析： 氢气是刚性双原子分子理想气体，其内能为

$$U=\frac{5}{2}\nu RT$$

依题意，有

$$\frac{\Delta U}{\Delta T}=\frac{5}{2}\nu R=41.6\ \text{J/K}$$

$$\nu=\frac{m'}{M}=\frac{2}{5R}\cdot\frac{\Delta U}{\Delta T}$$

则氢气的质量为

$$m'=\frac{2}{5R}\cdot\frac{\Delta U}{\Delta T}M=\frac{2}{5\times 8.31}\times 41.6\times 2\times 10^{-3}\ \text{kg}\approx 4\times 10^{-3}\ \text{kg}$$

4.有两瓶气体，一瓶是氦气，另一瓶是氢气（视为刚性双原子分子理想气体），若它们的压强、体积、温度均相同，则氢气的内能是氦气的________倍。

答案：$\frac{5}{3}$

解析：氦气是单原子分子理想气体，其自由度为 $i_{\text{He}}=3$；氢气是刚性双原子分子理想气体，其自由度为 $i_{\text{H}_2}=5$，而理想气体的内能为

$$U=\frac{i}{2}\nu RT$$

根据理想气体的物态方程

$$pV=\nu RT$$

可知，若气体的压强、体积、温度均相同，则其物质的量相同，所以

$$\frac{U_{\text{H}_2}}{U_{\text{He}}}=\frac{i_{\text{H}_2}}{i_{\text{He}}}=\frac{5}{3}$$

5. 3 个容器内分别贮有 1 mol 氦气（He）、1mol 氢气（H_2）和 1 mol 氨气（NH_3）（均视为刚性分子理想气体）。若它们的温度都升高 1 K，则 3 种气体的内能的增加值分别为，$\Delta U_{\text{He}}=$________；$\Delta U_{\text{H}_2}=$________；$\Delta U_{\text{NH}_3}=$________。

答案：12.465 J，20.775 J，24.93 J

解析：氦气是单原子分子理想气体，其自由度为 $i_{\text{He}}=3$；氢气是刚性双原子分子理想气体，其自由度为 $i_{\text{H}_2}=5$；氨气是刚性多原子分子理想气体，其自由度为 $i_{\text{NH}_3}=6$。理想气体的内能为

$$U=\frac{i}{2}\nu RT$$

所以当温度变化 ΔT 时，内能变化为

$$\Delta U=\frac{i}{2}\nu R\Delta T$$

所以，当 $\Delta T=1$ K 时，

$$\Delta U_{\text{He}}=\frac{i_{\text{He}}}{2}\nu_{\text{He}}R\Delta T=\frac{3}{2}R=1.5\times 8.31\ \text{J}=12.465\ \text{J}$$

$$\Delta U_{\text{H}_2}=\frac{i_{\text{H}_2}}{2}\nu_{\text{H}_2}R\Delta T=\frac{5}{2}R=2.5\times 8.31\ \text{J}=20.775\ \text{J}$$

$$\Delta U_{\text{NH}_3}=\frac{i_{\text{NH}_3}}{2}\nu_{\text{NH}_3}R\Delta T=\frac{6}{2}R=3R=3\times 8.31\ \text{J}=24.93\ \text{J}$$

三、计算题

1. 容器内装有质量为 0.1 kg 的氧气，其温度和压强分别为 $T=47$ ℃，$p=10$ atm，密度 $\rho=1.24\times 10^{-2}\ \text{kg/m}^3$。因为漏气，经过若干时间后，压强变为原来的 5/8，温度降为 27 ℃。

问：(1)容器的容积有多大？(2)漏去的氧气的质量为多少？

答案：(1)由题意知：$p=10\ \mathrm{atm}=1.013\times10^6\ \mathrm{Pa}$，$T=(47+273)\mathrm{K}=320\ \mathrm{K}$，$m'=0.1\ \mathrm{kg}$，$M=32\times10^{-3}\ \mathrm{kg/mol}$，$R=8.31\ \mathrm{J/(mol\cdot K)}$。根据 $pV=\frac{m'}{M}RT$，得容器的容积为

$$V=8.20\times10^{-3}\ \mathrm{m^3}$$

(2)设漏气后，氧气的质量为 m_1'，则有

$$p_1V=\frac{m_1'}{M}RT_1'$$

$$\frac{5}{8}pV=\frac{m_1'}{M}R\times300\quad\Rightarrow\quad\frac{m_1'}{M}R\times300=\frac{5}{8}\times\frac{0.1}{M}R\times320$$

$$m_1'=\frac{1}{15}\ \mathrm{kg}$$

漏去的氧气的质量为　$$\Delta m'=m'-m_1'=\left(0.1-\frac{1}{15}\right)\mathrm{kg}=\frac{1}{30}\ \mathrm{kg}$$

2. 一个封闭的立方体容器，内部空间被一导热的、不漏气的、可移动的隔板分为两部分，开始时其内为真空，隔板位于容器的正中间(即隔板两侧的长度都为 l_0)，如图 12-1 所示。当两侧各充以压强和温度分别为 p_1、T_1 与 p_2、T_2 的相同气体后，问平衡时隔板将位于什么位置上(即隔板两侧的长度 l_1、l_2 之比是多少)？

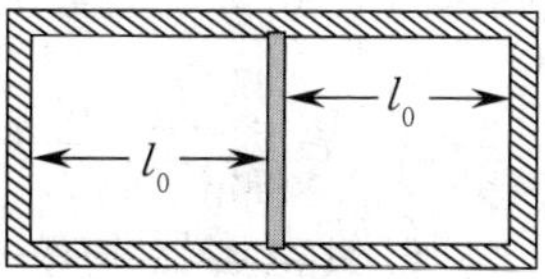

图 12-1　题 2 图

答案：易知平衡时，隔板两侧气体的压强和温度相同，设分别为 p 和 T，活塞两侧气体的始末状态满足各自的理想气体的物态方程：

左侧：$$\frac{p_1V}{T_1}=\frac{pV_1}{T}\quad\Rightarrow\quad V_1=\frac{p_1V}{p\,T_1}T$$

右侧：$$\frac{p_2V}{T_2}=\frac{pV_2}{T}\quad\Rightarrow\quad V_2=\frac{p_2V}{p\,T_2}T$$

于是 $$\frac{V_1}{V_2}=\frac{p_1\,T_2}{p_2\,T_1}\quad\Rightarrow\quad\frac{l_1}{l_2}=\frac{p_1\,T_2}{p_2\,T_1}$$

故隔板两侧的长度之比为$\frac{p_1\,T_2}{p_2\,T_1}$。

3. 有一水银气压计，当水银柱高为 0.76 m 时，管顶离水银柱液面 0.12 m。管的横截面面积为 $2.0\times10^{-4}\ \mathrm{m^2}$。当有少量氦气混入水银管顶时，水银柱高下降为 0.6 m，此时温度为 27 ℃，试计算有多少质量的氦气在管顶(氦气的摩尔质量为 0.004 kg/mol)？

答案：由理想气体的物态方程 $pV=\frac{m'}{M}RT$ 得 $m'=M\frac{pV}{RT}$。

水银的密度 $\rho=13.59\ \mathrm{g/cm^3}$，氦气的压强 $p=(0.76-0.60)\times\rho\times9.8$，氦气的体积 $V=(0.88-0.60)\times2.0\times10^{-4}\ \mathrm{m^3}$，则管项的氦气的质量为

$$m'=0.004\times\frac{0.16\times1.33\times10^5\times(0.28\times2.0\times10^{-4})}{8.31\times(273+27)}\mathrm{kg}=1.91\times10^{-6}\ \mathrm{kg}$$

4. 在实验室中能够获得的最佳真空压强大约为 10^{-14} atm，试问在室温(300 K)下，这样的

“真空”中每立方厘米内有多少个分子？

答案：由 $p=nkT$ 得

$$n=\frac{p}{kT}=\frac{10^{-14}\times 1.013\times 10^{5}}{300\times 1.38\times 10^{-23}}\ \text{cm}^{-3}=2.45\times 10^{5}\ \text{cm}^{-3}$$

即每立方厘米内有 2.45×10^{5} 个分子。

5. 已知一气球的容积 $V=8.7\ \text{m}^3$，充以温度 $t=15$ ℃的氢气，当温度升高到 37 ℃时，维持其压强 p 及体积不变，气球中部分氢气逸出，而使其质量减小了 0.052 kg，由这些数据求氢气在 0 ℃、压强 p 下的密度 ρ。

答案：设 $V=8.7\ \text{m}^3$、温度 $t_1=15$ ℃时，对应压强为 p，氢气质量为 m；温度升高到 $t_2=37$ ℃时，其在压强为 p 时的体积为 V_2，保持体积不变，逸出氢气质量为 $\Delta m=0.052$ kg，该部分氢气在压强为 p 时的体积为 V_2-V；而温度 $t_3=0$ ℃时，对应的体积为 V_3，于是

$$\frac{V}{t_1}=\frac{V_2}{t_2},\quad \frac{V_2}{V_2-V}=\frac{m}{\Delta m},\quad \frac{V}{t_1}=\frac{V_3}{t_3},\quad \rho=\frac{m}{V_3}$$

则氢气在 0 ℃、压强 p 下的密度为

$$\rho=\frac{t_2}{t_2-t_1}\Delta m\ \frac{t_1}{Vt_3}=\frac{310.15}{22}\times 0.052\times\frac{288.15}{8.7\times 273.15}\ \text{kg/m}^3=8.9\times 10^{-2}\ \text{kg/m}^3$$

6. 真空容器中有一氢气分子束射向面积 $S=2.0\ \text{cm}^2$ 的平板，氢气分子与平板进行弹性碰撞。设分子束中分子的速率 $v=1.0\times 10^3$ m/s，方向与平板成 60°夹角，每秒有 $N=1.0\times 10^{23}$ 个氢气分子射向平板。求氢气分子束作用于平板的压强。

答案：$m=\dfrac{M}{N_A}$，故氢气分子束作用于平板的压强为

$$p=\frac{F}{S}=\frac{2Nmv\sin 60^\circ}{S}=\frac{2\times 10^{23}\times 2\times 10^{-3}\times 1.0\times 10^{3}\times\frac{\sqrt{3}}{2}}{2.0\times 10^{-4}\times 6.02\times 10^{23}}\ \text{Pa}=2.9\times 10^{3}\ \text{Pa}$$

7. 1 mol 氢气(视为刚性双原子分子理想气体)，在温度为 27 ℃时，它的平动动能、转动动能和内能各是多少？

答案：氢气分子是刚性双原子分子，$t=3$，$r=2$，$i=5$，故 1 mol 氢气的平动动能为

$$\varepsilon_{kt}=N_A\ \frac{1}{2}tkT=\frac{1}{2}tRT=\frac{3}{2}\times 8.31\times 300\ \text{J}=3\ 739.5\ \text{J}$$

1 mol 氢气的转动动能为

$$\varepsilon_{kr}=N_A\ \frac{1}{2}rkT=\frac{1}{2}rRT=\frac{2}{2}\times 8.31\times 300\ \text{J}=2\ 493\ \text{J}$$

1 mol 氢气的内能为

$$U=N_A\ \frac{1}{2}ikT=\frac{1}{2}iRT=\frac{5}{2}\times 8.31\times 300\ \text{J}=6\ 232.5\ \text{J}$$

8. 悬浮在空气中的烟尘粒子做布朗运动，假如烟尘粒子的质量为 10^{-13} g，在室温下($t=27$ ℃)，求烟尘粒子的：(1)平均平动动能；(2)平均速率。

答案：(1)
$$\bar{\varepsilon}_{kt}=\frac{3}{2}kT=\frac{3}{2}\times 1.38\times 10^{-23}\times 300\ \text{J}=6.21\times 10^{-21}\ \text{J}$$

(2)将烟尘粒子看作理想气体分子,则其平均速率为

$$\overline{v}=1.6\sqrt{\frac{kT}{m}}=1.6\sqrt{\frac{1.38\times 300\times 10^{-23}}{10^{-13}\times 10^{-3}}}\ \mathrm{m/s}=1.03\times 10^{-2}\ \mathrm{m/s}$$

9. 设山顶与地面的温度均为 273 K,空气的摩尔质量为 0.028 9 kg/mol。测得山顶的压强是地面压强的 3/4,求山顶相对于地面的高度。

答案: 设地面与山顶的压强分别为 p_0 和 p,根据题意,有$\frac{p_0}{p}=\frac{4}{3}$。根据玻尔兹曼分布的气压公式,有

$$p=p_0\mathrm{e}^{-\frac{mgh}{kT}}=p_0\mathrm{e}^{-\frac{Mgh}{RT}}$$

$$h=\frac{RT}{Mg}\ln\frac{p_0}{p}=\frac{8.31\times 273}{0.028\ 9\times 9.8}\ln\frac{4}{3}\ \mathrm{m}=2.30\times 10^3\ \mathrm{m}$$

即山顶相对于地面的高度为 2.30×10^3 m。

10. 设质量为 m 的 N 个分子的速率分布曲线,如图 12-2 所示。(1)由 N 和 v_0 求 a 值;(2)求速率在 $v_0/2\sim 2v_0/3$ 区间内的分子数;(3)求分子的平均平动动能。

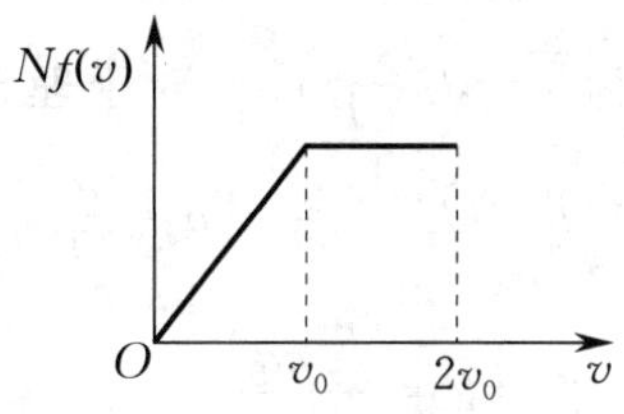

图 12-2　题 10 图

答案: 分布函数 $f(v)$的物理意义:由 $f(v)=\frac{\mathrm{d}N}{N\mathrm{d}v}$,则题中纵坐标 $Nf(v)=\frac{\mathrm{d}N}{\mathrm{d}v}$即处于速率 v 附近单位速率区间内的分子数。

(1)在 $0\sim 2v_0$ 区间内,由归一化条件可知图中曲线下的面积即系统分子总数,故

$$S=\int_0^{2v_0}Nf(v)\mathrm{d}v=N$$

在 $0\sim v_0$ 区间内,$Nf(v)=\frac{av}{v_0}$;在 $v_0\sim 2v_0$ 区间内,$Nf(v)=a$,利用归一化条件,有

$$N=\int_0^{v_0}\frac{av}{v_0}\mathrm{d}v+\int_{v_0}^{2v_0}a\,\mathrm{d}v$$

(2)速率在 $v_0/2\sim 3v_0/2$ 区间内的分子数为

$$\Delta N=\int_{v_0/2}^{v_0}\frac{av}{v_0}\mathrm{d}v+\int_{v_0}^{3v_0/2}a\,\mathrm{d}v=\frac{7}{8}av_0=\frac{7}{12}N$$

(3)分子速率平方的平均值为

$$\overline{v^2}=\int_0^{\infty}v^2\frac{\mathrm{d}N}{N}=\int_0^{\infty}v^2f(v)\mathrm{d}v$$

故分子的平均平动动能为

$$\overline{\varepsilon}_{kt}=\frac{1}{2}m\,\overline{v^2}=\frac{1}{2}m\left(\int_0^{v_0}\frac{a}{Nv_0}v^3\,\mathrm{d}v+\int_{v_0}^{2v_0}\frac{a}{N}v^2\,\mathrm{d}v\right)=\frac{31}{36}mv_0^2$$

11.试计算理想气体分子热运动速率介于 $v_p-v_p/10$ 与 $v_p+v_p/10$ 之间的分子数占总分子数的百分比。

答案：令 $u=\frac{v}{v_p}$，则麦克斯韦速率分布函数可表示为

$$\frac{\mathrm{d}N}{N}=\frac{4}{\sqrt{\pi}}u^2\mathrm{e}^{-u^2}\,\mathrm{d}u$$

因为 $u=1,\Delta u=0.02$，所以根据 $\frac{\Delta N}{N}=\frac{4}{\sqrt{\pi}}u^2\mathrm{e}^{-u^2}\Delta u$，可得理想气体分子热运动速率介于 $v_p-v_p/10$ 与 $v_p+v_p/10$ 之间的分子数占总分子数的百分比为

$$\frac{\mathrm{d}N}{N}=\frac{4}{\sqrt{\pi}}\times 1\times \mathrm{e}^{-1}\times 0.02=1.66\%$$

12.(1)求氮气在标准状态下的平均碰撞频率；(2)若温度不变，压强降到 1.33×10^{-4} Pa，平均碰撞频率又为多少？（设分子有效直径为 10^{-10} m。）

答案：(1)平均碰撞频率公式为 $\overline{Z}=\sqrt{2}\pi d^2 n\overline{v}$。对于理想气体，有

$$p=nkT \quad \Rightarrow \quad n=\frac{p}{kT}$$

$$\overline{Z}=\frac{\sqrt{2}\pi d^2\overline{v}p}{kT}$$

$$\overline{v}\approx 1.60\sqrt{\frac{RT}{M}}=1.60\sqrt{\frac{8.31\times273}{28}}\ \mathrm{m/s}=455.43\ \mathrm{m/s}$$

故氮气在标准状态下的平均碰撞频率为

$$\overline{Z}=\frac{\sqrt{2}\pi d^2\overline{v}p}{kT}=\frac{\sqrt{2}\pi\times10^{-20}\times455.43\times1.013\times10^5}{1.38\times10^{-23}\times273}\ \mathrm{s^{-1}}=5.44\times10^8\ \mathrm{s^{-1}}$$

(2)压强下降后的平均碰撞频率为

$$\overline{Z}=\frac{\sqrt{2}\pi d^2\overline{v}p'}{kT}=\frac{\sqrt{2}\pi\times10^{-20}\times455.43\times1.33\times10^{-4}}{1.38\times10^{-23}\times273}\mathrm{s^{-1}}=0.714\ \mathrm{s^{-1}}$$

13. 氧气从初态出发，经过等容升压过程，压强增大为原来的 2 倍，然后又经过等温膨胀过程，体积增大为原来的 2 倍，求末态与初态之间：(1)分子的方均根速率之比；(2)分子的平均自由程之比。

答案：由理想气体的物态方程可知，经过等容升压过程：

$$\frac{p_1}{T_1}=\frac{p_2}{T_2} \quad \Rightarrow \quad \frac{T_1}{T_2}=\frac{p_1}{p_2}=\frac{1}{2}$$

经过等温膨胀过程：

$$p_2V_2=p_3V_3 \quad \Rightarrow \quad \frac{p_2}{p_3}=\frac{V_3}{V_2}=2$$

(1)方均根速率为

$$\sqrt{\overline{v^2}}=1.73\sqrt{\frac{RT}{M}}$$

设初态为 A，末态为 B，则

$$\frac{\sqrt{\overline{v_A^2}}}{\sqrt{\overline{v_B^2}}}=\sqrt{\frac{T_1}{T_2}}=\sqrt{\frac{p_1}{p_2}}=\frac{1}{\sqrt{2}}$$

(2)对于理想气体，有 $p=nkT$，即 $n=\dfrac{p}{kT}$，则

$$\bar{\lambda}=\frac{kT}{\sqrt{2}\pi d^2 p},\quad \frac{\bar{\lambda}_A}{\bar{\lambda}_B}=\frac{T_1 p_3}{p_1 T_2}=\frac{1}{2}$$

第 13 章　热力学基础

§13.1　学习要求

1. 了解准静态过程的热功与吸收的热量、系统的内能、热力学第一定律和 p-V 图。
2. 了解常见的准静态热力学过程中吸收的热量与对外界做的功的计算。
3. 了解循环过程与热机效率、卡诺循环与可逆热机的效率。
4. 理解可逆及不可逆过程、热力学第二定律及其统计意义。
5. 理解卡诺定理、态函数熵、熵增加原理及其统计意义、温熵图。

§13.2　内容提要

一、名词解释

非平衡过程(非静态过程):系统在整个过程中将经历一系列的非平衡态,这样的过程称为非平衡过程(非静态过程)。

准静态过程:如果系统在过程进行中,每一个中间状态的变化进行得无限缓慢,使得任意时刻所经历的中间状态都无限地接近平衡态,则这样的过程称为准静态过程。准静态过程是理想的、抽象化的。

功:功是过程量,用 W 表示,有

$$\mathrm{d}W = p\,\mathrm{d}V$$

当 $\mathrm{d}W>0$ 时,气体膨胀,系统对外界做正功。

当 $\mathrm{d}W<0$ 时,气体收缩,系统对外界做负功(外界对系统做正功)。有

$$W = \int_V p\,\mathrm{d}V = \int_{V_1}^{V_2} p\,\mathrm{d}V$$

内能:内能是状态量,用 U 表示。

系统内能的改变完全取决于系统的始末状态,与过程无关,即 $\Delta U = U_2 - U_1$。

内能＝动能 ＋ 势能。

对于理想气体(压强不太大,温度不太低),其分子间无相互作用力,因此内能仅由分子动

能决定，则 $U=\frac{i}{2}\nu RT$。理想气体的内能仅是温度的函数。

热量：热量是过程量，用 Q 表示。

传热过程中传递的能量称为热量。

若需要改变系统的状态或者内能，则需要对系统做功或者向系统传递热量。

二、热力学第一定律

热力学第一定律：系统从外界吸收的热量，一部分使系统的内能增加，另一部分使系统对外界做功，即

$$Q=\Delta U+W$$

系统从外界吸收热量，$Q>0$；

系统向外界释放热量，$Q<0$。

系统对外界做功，$W>0$；

外界对系统做功，$W<0$。

热力学第一定律还可写为

$$\mathrm{d}Q=\mathrm{d}U+\mathrm{d}W=\mathrm{d}U+p\,\mathrm{d}V$$

热力学第一定律也可表述为：第一类永动机是不可能实现的。

三、理想气体的等值过程

等容过程：

$$\mathrm{d}V=0$$

$$\mathrm{d}V=0 \quad \Rightarrow \quad \mathrm{d}W=p\,\mathrm{d}V=0$$

$$\mathrm{d}Q_V=\mathrm{d}U+\mathrm{d}W=\mathrm{d}U=\frac{i}{2}\nu R\,\mathrm{d}T$$

$$Q_V=U_2-U_1=\frac{i}{2}\nu R(T_2-T_1)$$

等压过程：

$$\mathrm{d}p=0$$

$$\left.\begin{aligned} pV&=\nu RT \\ \mathrm{d}(pV)&=p\,\mathrm{d}V+V\mathrm{d}p \\ \mathrm{d}(\nu RT)&=\nu R\,\mathrm{d}T \end{aligned}\right\} \quad \Rightarrow \quad p\,\mathrm{d}V+V\mathrm{d}p=\nu R\,\mathrm{d}T$$

$$\left.\begin{aligned} p\,\mathrm{d}V+V\mathrm{d}p&=\nu R\,\mathrm{d}T \\ \mathrm{d}p&=0 \end{aligned}\right\} \quad \Rightarrow \quad p\,\mathrm{d}V=\nu R\,\mathrm{d}T$$

$$\mathrm{d}Q_p=\mathrm{d}U+\mathrm{d}W=\mathrm{d}U+p\,\mathrm{d}V=\frac{i}{2}\nu R\,\mathrm{d}T+\upsilon R\ \mathrm{d}T$$

$$Q_p=\frac{i}{2}\nu R(T_2-T_1)+\nu R(T_2-T_1)$$

等温过程：

$$\mathrm{d}T=0 \quad \Rightarrow \quad \mathrm{d}U=0$$

$$dQ_T = dU + dW = dW = p\,dV$$

$$pV = \nu RT \quad \Rightarrow \quad p = \nu RT \cdot \frac{1}{V}$$

$$dW = p\,dV = \nu RT \cdot \frac{1}{V}\,dV$$

$$Q_T = W = \int_{V_1}^{V_2} \nu RT \cdot \frac{1}{V}\,dV = \nu RT \ln \frac{V_2}{V_1}$$

$$\frac{p_1 V_1}{T} = \frac{p_2 V_2}{T} \quad \Rightarrow \quad Q_T = \nu RT \ln \frac{p_1}{p_2}$$

四、气体的摩尔热容

热容：$C = \dfrac{dQ}{dT}$，单位为 J/K。

比热容：$c = \dfrac{dQ}{m' dT} = \dfrac{C}{m'}$，单位为 J/(kg·K)。

摩尔热容：$C_m = \dfrac{dQ}{\nu dT}$，单位为 J/(mol·K)。

$$C_m = \frac{dQ}{\nu dT} = \frac{dU + p\,dV}{\nu dT}$$

理想气体的定容摩尔热容：

$$dV = 0 \quad \Rightarrow \quad dW = p\,dV = 0$$

$$C_{V,m} = \frac{dQ_V}{\nu dT} = \frac{dU}{\nu dT} = \frac{\frac{i}{2}\nu R\,dT}{\nu dT} = \frac{i}{2}R$$

由此可得

$$dU = \nu \cdot C_{V,m} \cdot dT$$

$$\int_{U_1}^{U_2} dU = \int_{T_1}^{T_2} \nu C_{V,m}\,dT \quad \Rightarrow \quad \Delta U = U_2 - U_1 = \nu C_{V,m}(T_2 - T_1)$$

理想气体的定压摩尔热容：

$$dp = 0 \quad \Rightarrow \quad V\,dp = 0 \quad \Rightarrow \quad p\,dV = \nu R\,dT$$

$$C_{p,m} = \frac{dQ_p}{\nu dT} = \frac{dU + p\,dV}{\nu dT} = \frac{\frac{i}{2}\nu R\,dT + \nu R\,dT}{\nu dT}$$

$$C_{p,m} = \frac{i}{2}R + R = C_{V,m} + R$$

$$C_{p,m} - C_{V,m} = R$$

$$C_{p,m} > C_{V,m}$$

$$dQ_p = \nu C_{p,m}\,dT \quad \Rightarrow \quad Q_p = \nu C_{p,m}(T_2 - T_1)$$

比热容比：

$$\gamma=\frac{C_{p,\mathrm{m}}}{C_{V,\mathrm{m}}}=\frac{\frac{i}{2}R+R}{\frac{i}{2}R}=\frac{i+2}{i}>1$$

(1)单原子分子气体：$\gamma=\frac{5}{3}$。

(2)刚性双原子分子气体：$\gamma=\frac{7}{5}$。

(3)刚性多原子分子气体：$\gamma=\frac{8}{6}=\frac{4}{3}$。

五、理想气体的绝热过程

在理想气体的绝热过程中，有 $dQ=0$，因此 $dU+p\,dV=0$。

理想气体的绝热过程方程：

$$pV^{\gamma}=C$$
$$V^{\gamma-1}T=C$$
$$p^{\gamma-1}T^{-\gamma}=C$$

其中，C 为常量。

绝热线与等温线的比较如图 13-1 所示，可以发现绝热线比等温线更陡。

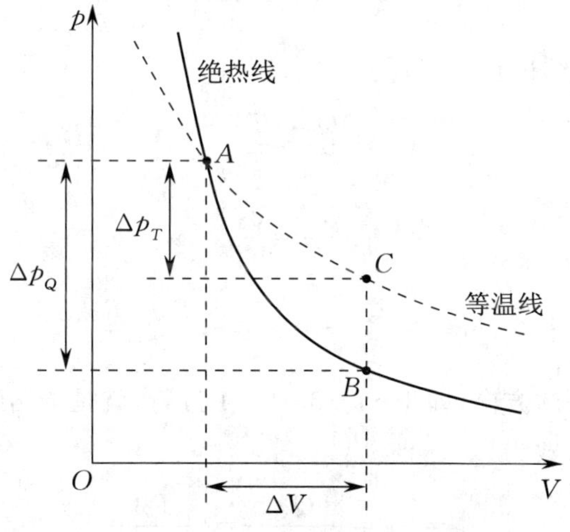

图 13-1　绝热线与等温线的比较

六、循环过程

系统经历一个循环之后，其内能并没有改变，即 $\Delta U=0$。

在 p-V 图中，沿顺时针方向进行的循环为正循环，也是热机的工作原理；沿逆时针方向进行的循环为逆循环，也是致冷机的工作原理。

热机效率为

$$\eta=\frac{W}{Q_1}=\frac{Q_1-Q_2}{Q_1}=1-\frac{Q_2}{Q_1}$$

致冷系数为

$$e=\frac{Q_2}{W}=\frac{Q_2}{Q_1-Q_2}$$

卡诺循环：卡诺循环是由两个等温过程和两个绝热过程组合而成的，其工作过程如图 13-2 所示，其中，1→2 为等温过程；2→3 为绝热过程；3→4 为等温过程；4→1 为绝热过程。

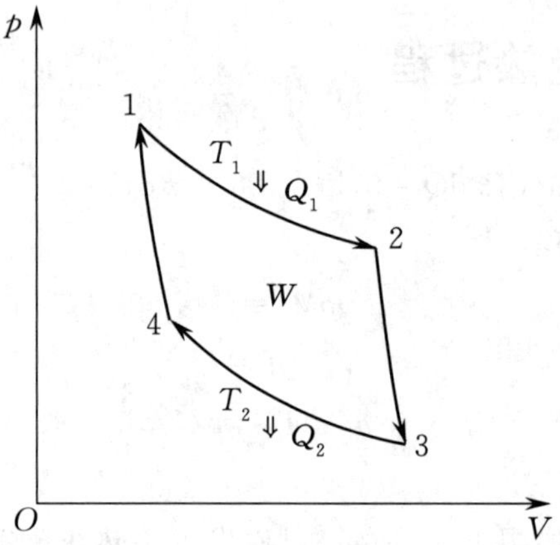

图 13-2　卡诺循环

对于图 13-2，有如下结论：

$$\frac{Q_2}{Q_1}=\frac{T_2}{T_1}$$

$$\frac{V_2}{V_1}=\frac{V_3}{V_4}$$

$$\eta=1-\frac{Q_2}{Q_1}=1-\frac{T_2}{T_1}=\frac{T_1-T_2}{T_1}$$

若循环沿卡诺逆循环的方向，即 1→4→3→2→1 进行，就是卡诺致冷机的循环过程。理想气体卡诺致冷机的致冷系数为

$$e=\frac{Q_2}{W}=\frac{Q_2}{Q_1-Q_2}=\frac{T_2}{T_1-T_2}$$

两个热源的温度差 ΔT 越大，卡诺循环的效率就越高。

卡诺定理：

(1)在相同的高温热源(温度为 T_1)与低温热源(温度为 T_2)之间工作的任意工质的可逆机，它们的效率均相等，即 $\eta=1-\frac{T_2}{T_1}$。

(2)工作在相同的高温热源(温度为 T_1)与低温热源(温度为 T_2)之间的一切不可逆机的

效率都不可能大于工作在同样两热源之间的可逆机的效率，即 $\eta' \leqslant 1-\frac{T_2}{T_1}$。

卡诺正循环与热机的能流图如图 13-3 所示；卡诺逆循环与致冷机的能流图如图 13-4 所示。

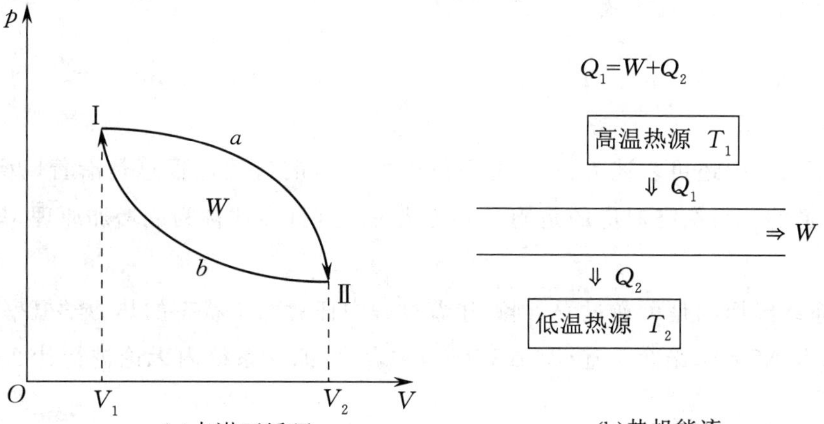

(a)卡诺正循环　　(b)热机能流

图 13-3　卡诺正循环与热机能流图

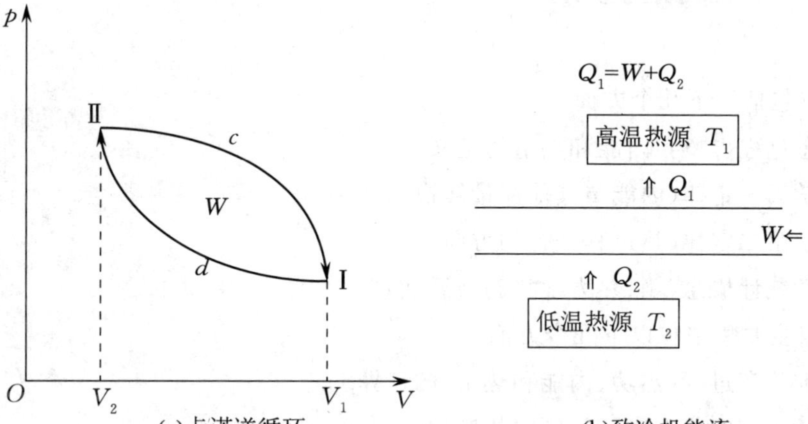

(a)卡诺逆循环　　(b)致冷机能流

图 13-4　卡诺逆循环与致冷机能流图

七、热力学第二定律

热力学第二定律的两种表述：

(1)开尔文表述：不可能制造出这样一种循环工作的热机，它只从单一热源吸收热量来做功而不放出热量给其他物体，或者说不使外界发生任何变化。

(2)克劳修斯表述：不可能把热量从低温物体自动向高温物体传递而不引起外界的变化。

热力学第二定律也可表述为：第二类永动机是不可能实现的。

热力学第二定律的统计意义:在一个不受外界影响的孤立系统中发生的一切实际过程,都是从概率小(微观态数少)的宏观态向概率大(微观态数多)的宏观态进行的。与之相反的过程,并非绝对不可能发生,只是由于概率极小,实际上是观察不到的。此外,其还表明了它的适用范围只能是由大量微观粒子组成的宏观系统,对于粒子很少的系统则是没有意义的。

八、熵

热力学第二定律还可表述为:在孤立系统中所进行的自然过程总是沿着熵增大的方向进行,它是不可逆的。平衡态对应的是熵最大的状态。这种表述称为熵增加原理,其表达式为

$$\Delta S>0$$

若孤立系统经历的是可逆过程,则意味着过程中任意两个状态的热力学概率都相等,因而熵保持不变,有 $\Delta S=0$,结合上述,有 $\Delta S\geqslant 0$。它表明:孤立系统内无论进行什么过程,系统的熵永不减小。

§13.3 重难点分析

本章重点包括以下几个方面。

1. 准静态过程、热功、内能和热量的定义。
2. 热力学第一定律(内能与其他能量转换)。
3. 热力学第二定律(热过程进行的方向)。
4. 热力学统计概念(熵、热力学状态与温度)。

本章难点主要集中在以下几个方面。

1. 各种准静态过程(热功、内能和热量)的计算。
2. 热力学第一定律在实际问题中的应用。
3. 热力学第二定律的本质与熵增加原理的本质。

§13.4 典型习题详解

一、单选题

1. 有两个相同的容器,容积固定不变,一个盛有氨气,另一个盛有氢气(均视为刚性分子理想气体),它们的压强和温度都相等,现将 5 J 的热量传给氢气,使氢气温度升高。如果要使氨气也升高同样的温度,则应向氨气传递的热量是(　　)。

(A)6 J　　(B)5 J　　(C)3 J　　(D)2 J

答案：A

解析：氢气分子是刚性双原子分子，自由度为 $i_{H_2}=5$，氨气分子是刚性多原子分子，自由度为 $i_{NH_3}=6$。依题意，两种气体的压强、温度、体积均相等，根据理想气体的物态方程

$$pV=\nu RT$$

可知二者的物质的量也相等。而容器的容积固定，所以气体的体积不变，为等容过程，气体不做功，根据热力学第一定律

$$\Delta U=Q-W$$

可知，外界传递给气体的热量全部用来增加气体的内能。而理想气体的内能为

$$U=\frac{i}{2}\nu RT$$

所以

$$\Delta U=\frac{i}{2}\nu R\Delta T=Q$$

$$\frac{Q_{H_2}}{Q_{NH_3}}=\frac{i_{H_2}}{i_{NH_3}}$$

$$Q_{NH_3}=\frac{i_{NH_3}}{i_{H_2}}Q_{H_2}=\frac{6}{5}\times 5\ \text{J}=6\ \text{J}$$

2. 1 mol 的单原子分子理想气体从状态 A 变到状态 B，如果不知道是什么气体，也不知道变化过程，但 A、B 两状态的压强、体积和温度都知道，则可求出（　　）。

(A)气体所做的功　　(B)气体内能的变化

(C)气体传递给外界的热量　　(D)气体的质量

答案：B

解析：根据理想气体的物态方程

$$pV=\nu RT$$

依题意，已知压强、温度、体积，则可以求出气体的物质的量。但不知道气体的类型，无法确定其摩尔质量，所以气体的质量无法确定。

题目给定的气体是单原子分子理想气体，所以其自由度为 $i=3$，内能为

$$U=\frac{3}{2}\nu RT$$

始末状态的温度已知，所以温度的变化量 ΔT 已知，内能的变化量 ΔU 也可求出。根据热力学第一定律

$$\Delta U=Q-W$$

由于过程未知，所以无法确定 Q 和 W。

3. 两个卡诺热机的循环曲线如图 13-5 所示，一个工作在温度分别为 T_1 与 T_3 的两个热源之间，另一个工作在温度分别为 T_2 与 T_3 的两个热源之间，已知这两个循环曲线所包围的面积相等。由此可知（　　）。

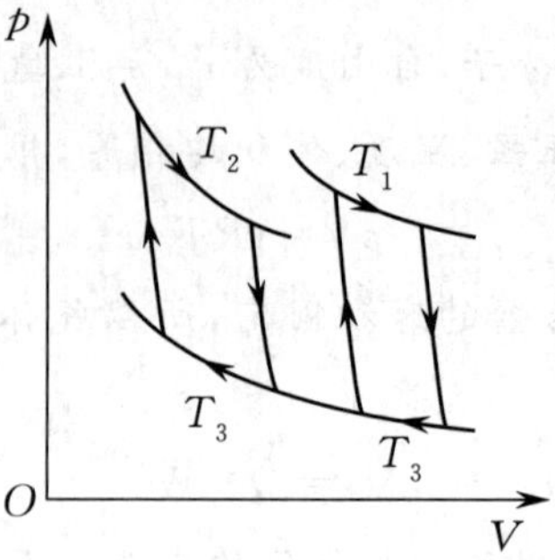

图 13-5 题 3 图

(A)两个热机的效率一定相等

(B)两个热机从高温热源所吸收的热量一定相等

(C)两个热机向低温热源所释放的热量一定相等

(D)两个热机吸收的热量与释放的热量(绝对值)的差值一定相等

答案: D

解析: 工作在高温热源(温度为 T_1)和低温热源(温度为 T_2)之间的卡诺热机,在一个循环过程中从高温热源处吸收了热量 Q_1,释放了热量 Q_2 到低温热源处,对外界做的功为 W,该热机的效率为

$$\eta=\frac{W}{Q_1}=\frac{Q_1-Q_2}{Q_1}=1-\frac{Q_2}{Q_1}=1-\frac{T_2}{T_1}$$

而在 p-V 图中,循环曲线所包围的面积表示循环过程中系统对外界所做的功,沿顺时针方向的为正循环,系统做正功;沿逆时针方向的为逆循环,系统做负功。依题意,两个循环曲线所包围的面积相等,所以在这两个循环过程中,系统对外界所做的功相等,此功等于系统从高温热源吸收的热量与释放到低温热源的热量的差值。而两个循环的低温热源的温度相等,均为 T_3,但高温热源的温度不等,分别为 T_1 和 T_2,所以两个热机的效率不等。

4. 根据热力学第二定律可知(　　)。

(A)功可以全部转换为热,但热不能全部转换为功

(B)热可以从高温物体传到低温物体,但不能从低温物体传到高温物体

(C)不可逆过程就是不能向相反方向进行的过程

(D)一切自发的宏观过程都是不可逆的

答案: D

解析: 在等温膨胀过程中,系统所吸收的热量全部转化成功。

热不能自动从低温物体传到高温物体,但在外界做功的条件下,可以实现,如致冷机。

不可逆过程并不是不能反向进行,而是反向进行的时候,系统和外界不能完全恢复原状。

一切自发的宏观过程都是不可逆的。

5. 若理想气体的体积为 V,压强为 p,温度为 T,一个分子的质量为 m,k 为玻尔兹曼常量,R 为普适气体常量,则该理想气体的分子数为(　　)。

(A) $\dfrac{pV}{m}$　　(B) $\dfrac{pV}{kT}$　　(C) $\dfrac{pV}{RT}$　　(D) $\dfrac{pV}{mT}$

答案：B

解析：由理想气体的物态方程

$$pV=\nu RT=\frac{N}{N_A}RT=NkT$$

可得

$$N=\frac{pV}{kT}$$

二、填空题

1. 已知一定量的理想气体经历图 13-6 所示的循环过程，图中各过程的吸热、放热情况为：(1) 在 1→2 过程中，气体________；(2) 在 2→3 过程中，气体________；(3) 在 3→1 过程中，气体________。

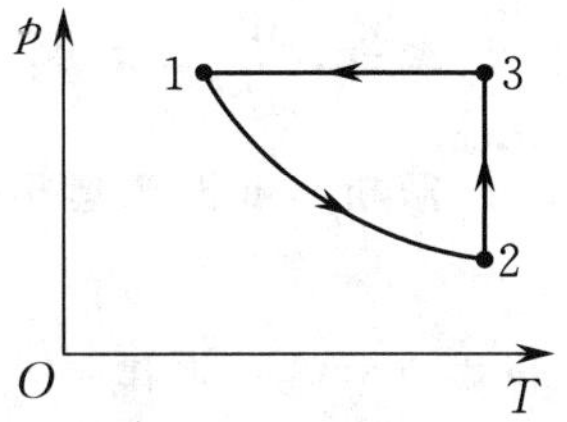

图 13-6　题 1 图

答案：吸热，放热，放热

解析：根据理想气体的物态方程

$$pV=\nu RT$$

和热力学第一定律

$$\Delta U=Q-W$$

可知，1→2 过程，温度升高，压强降低，所以体积一定膨胀。温度升高，内能增加，$\Delta U>0$；体积膨胀，气体对外界做功，$W>0$，从而 $Q=\Delta U+W>0$，气体吸热。2→3 过程，温度不变，压强升高，所以体积一定压缩。温度不变，内能不变，$\Delta U=0$；体积压缩，外界对气体做功，$W<0$，从而 $Q=\Delta U+W<0$，气体放热。3→1 过程，压强不变，温度降低，所以体积一定压缩。温度降低，内能减小，$\Delta U<0$。体积压缩，外界对气体做功，$W<0$，从而 $Q=\Delta U+W<0$，气体放热。

2. 一定量的某种理想气体在等压过程中对外界做的功为 200 J。若这种气体为单原子分子气体，则该过程中需吸热________ J；若为双原子分子气体，则需吸热________ J。

答案：500，700

解析：根据理想气体的物态方程

$$pV=\nu RT$$

和热力学第一定律

$$\Delta U=Q-W$$

可知，对于等压过程，有

$$W=p\Delta V=\nu R\Delta T$$

$$\Delta U=\frac{i}{2}\nu R\Delta T=\frac{i}{2}p\Delta V=\frac{i}{2}W$$

$$Q=\Delta U+W=\frac{i+2}{2}W$$

若气体为单原子分子气体，则 $i=3$，所以

$$Q=\frac{5}{2}W=500\ \mathrm{J}$$

若气体为刚性双原子分子气体，则 $i=5$，所以

$$Q=\frac{7}{2}W=700\ \mathrm{J}$$

在不是非常高的温度下，一般把气体分子看成刚性分子，题目不进行特殊说明时，一般认为气体分子是刚性分子。如果气体分子是弹性双原子分子，则 $i=6$，那么

$$Q=\frac{8}{2}W=800\ \mathrm{J}$$

3. 有 1 mol 刚性双原子分子理想气体，在等压膨胀过程中对外界做功 W，则其温度变化 $\Delta T=$________；从外界吸收的热量 $Q_p=$________。

答案： $\frac{W}{R}$，$\frac{7}{2}W$

解析： 根据理想气体的物态方程

$$pV=\nu RT$$

和热力学第一定律

$$\Delta U=Q-W$$

可知，对于等压过程，有

$$W=p\Delta V=\nu R\Delta T$$

$$\Delta T=\frac{W}{\nu R}$$

$$\Delta U=\frac{i}{2}\nu R\Delta T=\frac{i}{2}p\Delta V=\frac{i}{2}W$$

$$Q=\Delta U+W=\frac{i+2}{2}W$$

对于 1 mol 刚性双原子分子理想气体，$\nu=1$，$i=5$，所以

$$\Delta T=\frac{W}{R}$$

$$Q=\frac{7}{2}W$$

4. 一定量的理想气体，从 A 状态$(2p_1, V_1)$经历图 13-7 所示的直线过程变到 B 状态$(p_1, 2V_1)$，则在 $A\rightarrow B$ 过程中系统做的功 $W=$________；内能改变量 $\Delta U=$________。

图 13-7 题 4 图

答案： $\frac{3}{2}p_1V_1$，0

解析： 在 p-V 图中，过程曲线与 V 轴所围的面积就等于该过程中系统所做的功，所以在 $A\rightarrow B$ 过程中系统所做的功为

$$W=\frac{1}{2}(2p_1+p_1)(2V_1-V_1)=\frac{3}{2}p_1V_1$$

而根据理想气体的物态方程

$$pV=\nu RT$$

可得，A、B 两状态的温度相等；而理想气体的内能只与温度有关，所以 A、B 两状态的内能相等，即 $\Delta U=0$。

5. 一卡诺热机(可逆的)的低温热源的温度为 27 ℃，热机效率为 40%，其高温热源的温度为________ K。今欲将该热机的热机效率提高到 50%，若低温热源保持不变，则高温热源的温度应升高________ K。

答案： 500，100

解析： 卡诺热机的热机效率为

$$\eta=\frac{W}{Q_1}=1-\frac{Q_2}{Q_1}=1-\frac{T_2}{T_1}$$

依题意，$\eta=0.4$，$T_2=300$ K，所以

$$T_1=\frac{T_2}{1-\eta}=\frac{300}{1-0.4}\text{K}=500\text{ K}$$

若 $\eta'=0.5$，$T_2'=300$ K，则

$$T_1'=\frac{T_2'}{1-\eta'}=\frac{300}{1-0.5}\text{K}=600\text{ K}$$

$$\Delta T=T_1'-T_1=100\text{ K}$$

三、计算题

1. 0.02 kg 的氦气(视为理想气体)，温度由 17 ℃升为 27 ℃。若在升温过程中，(1)体积保持不变；(2)压强保持不变；(3)不与外界交换热量，试分别求出气体内能的变化量、吸收的热量、外界对气体做的功。

答案： 氦气是单原子分子理想气体，其内能为

$$U=\frac{3}{2}\nu RT$$

而内能是个态函数，且仅与温度有关，所以不管哪个过程，初、末态的温度是固定，内能固定，所以内能的变化量也固定，为

$$\Delta U=\frac{3}{2}\nu R\Delta T=1.5\times\frac{20}{4}\times8.31\times10\text{ J}=623.25\text{ J}$$

根据热力学第一定律

$$\Delta U=Q-W$$

可得

$$Q=\Delta U+W$$

升温过程中，气体对外界所做的功为

$$W=\int_{V_1}^{V_2} p\,\mathrm{d}V$$

外界对气体所做的功为$-W$。

(1)体积保持不变,$V_2=V_1$,$W=0$,所以$Q=\Delta U=623.25\ \mathrm{J}$。

(2)压强保持不变,由理想气体的物态方程

$$pV=\nu RT$$

可得

$$V=\frac{\nu RT}{p}$$

$$W=\int_{V_1}^{V_2} p\,\mathrm{d}V=p\Delta V=pV_2-pV_1=\nu R(T_2-T_1)=\frac{20}{4}\times 8.31\times 10\ \mathrm{J}=415.5\ \mathrm{J}$$

$$Q=\Delta U+W=(623.25+415.5)\mathrm{J}=1\ 038.75\ \mathrm{J}$$

(3)不与外界交换热量,$Q=0$,所以

$$W=-\Delta U=-623.25\ \mathrm{J}$$

2. 3 mol 温度为$T_0=273\ \mathrm{K}$的理想气体,先经等温过程使体积膨胀到原来的5倍,然后等容加热,使其末态的压强刚好等于初态的压强,整个过程中外界传递给气体的热量为$Q=8\times 10^4\ \mathrm{J}$。试画出此过程的$p$-$V$图,并求这种气体的比热容比$\gamma$。

答案:依题意,此过程的p-V图如图13-8所示。

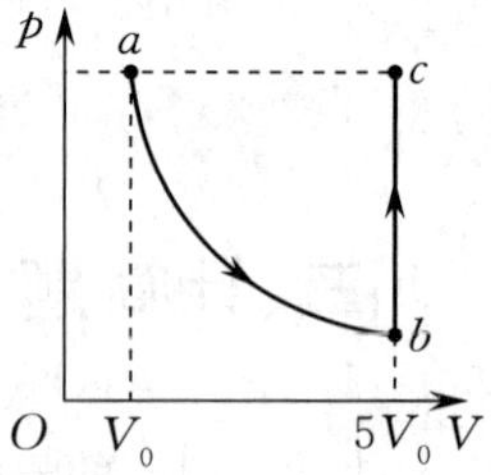

图 13-8 题2图

由理想气体的物态方程

$$pV=\nu RT$$

可得

$$T_c=\frac{p_cV_c}{\nu R}=\frac{p_a(5V_a)}{\nu R}=5\frac{p_aV_a}{\nu R}=5T_a=5T_0$$

$a\to b$过程是等温膨胀过程,内能不变,$\Delta U_{ab}=0$,系统对外界做的功为

$$W_{ab}=\int_{V_a}^{V_b} p\,\mathrm{d}V=\int_{V_a}^{V_b}\frac{\nu RT_a}{V}\,\mathrm{d}V=\nu RT_0\ln 5$$

根据热力学第一定律

$$\Delta U=Q-W$$

可知,在该过程中系统从外界吸收的热量为

$$Q_{ab}=\Delta U_{ab}+W_{ab}=\nu RT_0\ln 5$$

而$b\to c$过程是等容升温过程,体积不变,做的功为零,即$W_{bc}=0$。设气体的定容摩尔热容为$C_{V,\mathrm{m}}$,则该过程中系统从外界吸收的热量为

$$Q_{bc}=\nu C_{V,\mathrm{m}}\Delta T=\nu C_{V,\mathrm{m}}(5T_0-T_0)=4\nu C_{V,\mathrm{m}}T_0$$

依题意,整个过程中系统从外界吸收的热量为

$$Q=Q_{ab}+Q_{bc}=\nu RT_0\ln 5+4\nu C_{V,\mathrm{m}}T_0=\nu T_0(R\ln 5+4C_{V,\mathrm{m}})$$

$$R\ln 5+4C_{V,\mathrm{m}}=\frac{Q}{\nu T_0}$$

$$C_{V,\mathrm{m}}=\frac{Q}{4\nu T_0}-\frac{R\ln 5}{4}=\left(\frac{8\times10^4}{4\times3\times273}-\frac{8.31\times\ln 5}{4}\right)\mathrm{J/(mol\cdot k)}\approx21.1\ \mathrm{J/(mol\cdot K)}$$

$$\gamma=\frac{C_{p,\mathrm{m}}}{C_{V,\mathrm{m}}}=1+\frac{R}{C_{V,\mathrm{m}}}=1+\frac{8.31}{21.1}\approx1.39$$

3. 一定量的理想气体，由状态 a 经状态 b 到达状态 c，如图 13-9 所示，abc 为一直线。求此过程中：(1)气体对外界做的功；(2)气体内能的变化量；(3)气体吸收的热量。

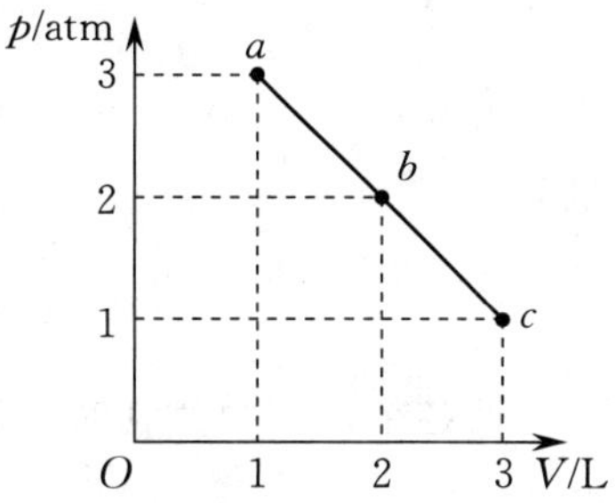

图 13-9　题 3 图

答案：(1)p-V 图中过程曲线与 V 轴所围的面积表示过程中气体对外界所做的功，所以

$$W=\frac{1}{2}\times(3+1)\times1.013\times10^5\times(3-1)\times10^{-3}\ \mathrm{J}=405.2\ \mathrm{J}$$

(2)由理想气体的物态方程

$$pV-\nu RT$$

可得

$$T_c=\frac{p_cV_c}{\nu R}=\frac{p_aV_a}{\nu R}=T_a$$

而理想气体的内能仅是温度的函数，初末状态温度相等，所以此过程中气体内能的变化量为零。

(3)根据热力学第一定律

$$\Delta U=Q-W$$

此过程中气体从外界吸收的热量为

$$Q=\Delta U+W=405.2\ \mathrm{J}$$

4. 一气缸内盛有 1 mol 温度为 27 ℃、压强为 1 atm 的氮气(视为刚性双原子分子理想气体)。先使它等压膨胀到原来体积的两倍，再等容升压使其压强变为 2 atm，最后使它等温膨胀到压强为 1 atm。求氮气在全部过程中对外界做的功、吸收的热量及内能的变化量。

答案：根据理想气体的物态方程

$$pV=\nu RT$$

可得

$$V_1=\frac{\nu R\,T_1}{p_1}$$

因为 $p_2=p_1$，$V_2=2V_1$，所以

$$T_2=\frac{p_2V_2}{\nu R}=2T_1$$

因为 $V_3=V_2=2V_1$，$p_3=2p_1$，所以

$$T_3=\frac{p_3V_3}{\nu R}=4T_1$$

因为 $T_4=T_3=4T_1$，$p_4=p_1$，所以

$$V_4=\frac{\nu RT_4}{p_4}=4V_1$$

因为将氮气视为刚性双原子分子理想气体,所以其内能为

$$U=\frac{5}{2}\nu RT$$

依题意知,$\nu=1\ \text{mol}$,$p_1=1\ \text{atm}=1.013\times10^5\ \text{Pa}$,$T_1=300\ \text{K}$。因此全部过程中内能的变化量为

$$\Delta U=\frac{5}{2}\nu R\Delta T=2.5\times1\times8.31\times3\times300\ \text{J}\approx1.87\times10^4\ \text{J}$$

而各个过程中氮气对外界做的功分别为

$$W_{12}=p_1(V_2-V_1)=p_1V_1=\nu RT_1$$

$$W_{23}=0$$

$$W_{34}=\int_{V_3}^{V_4}p\,\text{d}V=\nu RT_3\ln\frac{V_4}{V_3}=(4\ln 2)\nu RT_1$$

总功为

$$W=W_{12}+W_{23}+W_{34}=(4\ln 2+1)\nu RT_1=(4\ln 2+1)\times1\times8.31\times300\ \text{J}\approx9.41\times10^3\ \text{J}$$

所以全部过程中氮气吸收的热量为

$$Q=\Delta U+W=(1.87\times10^4+9.41\times10^3)\text{J}\approx2.81\times10^4\ \text{J}$$

5. 1 mol 理想气体在 $T_1=400\ \text{K}$ 的高温热源与 $T_2=300\ \text{K}$ 的低温热源间进行卡诺循环(可逆的),在 400 K 的等温线上起始体积为 $V_1=0.001\ \text{m}^3$,终止体积为 $V_2=0.005\ \text{m}^3$,试求此气体在每一循环过程中:(1)从高温热源吸收的热量 Q_1;(2)所做的净功 W;(3)传递给低温热源的热量 Q_2。

答案:(1)根据理想气体的物态方程

$$pV=\nu RT$$

可得,在等温过程中,有

$$p=\frac{\nu RT}{V}$$

在与高温热源接触的等温膨胀过程中,气体对外界做的功为

$$W_1=\int_{V_1}^{V_2}p\,\text{d}V=\nu RT\ln\frac{V_2}{V_1}=(400\ln 5)R\approx5.35\times10^3\ \text{J}$$

而等温过程中内能不变,即 $\Delta U_1=0$,根据热力学第一定律

$$\Delta U=Q-W$$

可知,气体从高温热源处吸收的热量为

$$Q_1=\Delta U_1+W_1=W_1=5.35\times10^3\ \text{J}$$

(2)根据卡诺热机的热机效率

$$\eta=\frac{W}{Q_1}=1-\frac{T_2}{T_1}$$

可得一个循环过程中气体所做的净功为

$$W=\left(1-\frac{T_2}{T_1}\right)Q_1=\left(1-\frac{300}{400}\right)\times5.35\times10^3\ \text{J}\approx1.34\times10^3\ \text{J}$$

(3)气体传递给低温热源的热量为

$$Q_2=Q_1-W=(5.35\times10^3-1.34\times10^3)\text{J}=4.01\times10^3\ \text{J}$$

6.一定量的某种理想气体进行如图 13-10 所示的循环过程。已知气体在状态 A 的温度为 $T_A=300$ K，求：(1)气体在状态 B、C 的温度；(2)在各过程中气体对外界所做的功；(3)经过整个循环过程，气体从外界吸收的总热量(各过程吸热的代数和)。

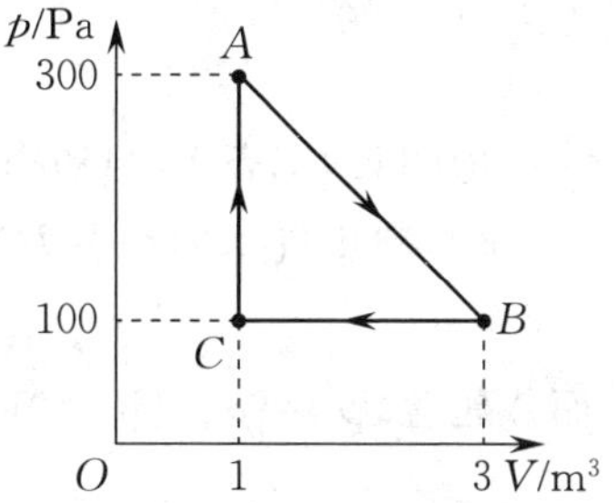

图 13-10　题 6 图

答案：(1)根据理想气体的物态方程

$$pV=\nu RT$$

可得

$$T_A=\frac{p_AV_A}{\nu R}=\frac{300}{\nu R}=300\ \text{K}$$

$$T_B=\frac{p_BV_B}{\nu R}=\frac{300}{\nu R}=300\ \text{K}$$

$$T_C=\frac{p_CV_C}{\nu R}=\frac{100}{\nu R}=100\ \text{K}$$

(2)在 p-V 图中，过程曲线与 V 轴所围面积就表示在过程中气体对外界所做的功，所以

$$W_{AB}=\frac{1}{2}\times(300+100)\times(3-1)\ \text{J}=400\ \text{J}$$

$$W_{BC}=100\times(1-3)\ \text{J}=-200\ \text{J}$$

$$W_{CA}=0$$

(3)在一个循环过程中，系统恢复原状态，内能不变，$\Delta U=0$。根据热力学第一定律

$$\Delta U=Q-W$$

可得一个循环过程中气体从外界吸收的总热量为

$$Q=W=W_{AB}+W_{BC}+W_{CA}=(400-200+0)\ \text{J}=200\ \text{J}$$

7. 一定量的某单原子分子理想气体装在封闭的气缸里。此气缸有可活动的活塞(活塞与气缸壁之间无摩擦且无漏气)。已知气体的初压强 $p_1=1$ atm，体积 $V_1=1$ L，现将该气体等压加热到体积为原来的两倍，然后等容加热到压强为原来的 2 倍，最后进行绝热膨胀，直到温度下降到初温为止，(1)在 p-V 图中将整个过程表示出来；(2)试求在整个过程中气体内能的变化量；(3)试求在整个过程中气体所吸收的热量；(4)试求在整个过程中气体对外界做的功。

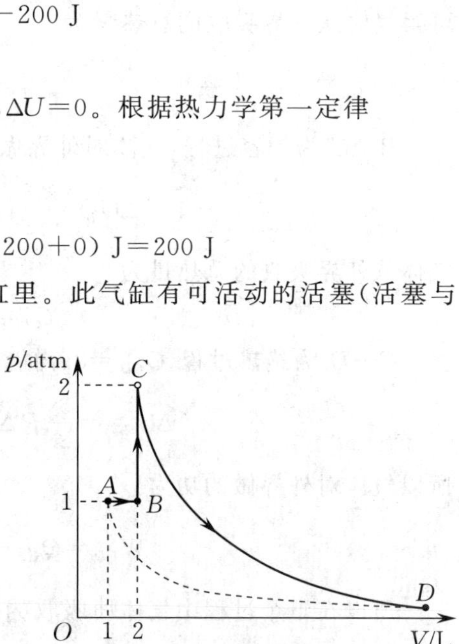

图 13-11　题 7 图

答案：(1)整个过程的 p-V 图如图 13-11 所示。

(2)单原子分子理想气体的内能为

$$U=\frac{3}{2}\nu RT$$

所以内能的变化量为

$$\Delta U=\frac{3}{2}\nu R\Delta T$$

依题意，末态 D 与初态 A 同温，所以整个过程中内能的变化量为零。

(3)理想气体的物态方程为

$$pV=\nu RT$$

而依题意，$p_B=p_A$，$V_B=2V_A$，$p_C=2p_B$，$V_C=V_B$，$p_C V_C^{\gamma}=p_D V_D^{\gamma}$，$p_D V_D=p_A V_A$，所以

$$T_A=\frac{p_A V_A}{\nu R}=\frac{p_1 V_1}{\nu R}=T_1$$

$$T_B=\frac{p_B V_B}{\nu R}=\frac{p_1(2V_1)}{\nu R}=2T_1$$

$$T_C=\frac{p_C V_C}{\nu R}=\frac{(2p_1)(2V_1)}{\nu R}=4T_1$$

$$T_D=T_1$$

$A\to B$ 为等压过程，气体对外界做的功 $W_{AB}=p_1(2V_1-V_1)=p_1V_1$，内能的变化量为

$$\Delta U_{AB}=\frac{3}{2}\nu R\Delta T_{AB}=\frac{3}{2}\nu RT_1=\frac{3}{2}p_1V_1$$

根据热力学第一定律

$$\Delta U=Q-W$$

可得气体从外界吸收的总热量为

$$Q_{AB}=\Delta U_{AB}+W_{AB}=\frac{5}{2}p_1V_1$$

$B\to C$ 为等容过程，气体对外界做的功 $W_{BC}=0$，内能的变化量为

$$\Delta U_{BC}=\frac{3}{2}\nu R\Delta T_{BC}=\frac{3}{2}\nu R(2T_1)=3p_1V_1$$

气体从外界吸收的总热量为

$$Q_{BC}=\Delta U_{BC}+W_{BC}=3p_1V_1$$

$C\to D$ 为绝热过程，$Q_{CD}=0$，内能的变化量为

$$\Delta U_{CD}=\frac{3}{2}\nu R\Delta T_{CD}=\frac{3}{2}\nu R(-3T_1)=-\frac{9}{2}p_1V_1$$

所以气体对外界做的功为

$$W_{CD}=Q_{CD}-\Delta U_{CD}=0+\frac{9}{2}p_1V_1=\frac{9}{2}p_1V_1$$

所以在整个过程中气体所吸收的热量为

$$Q=Q_{AB}+Q_{BC}+Q_{CD}=\frac{5}{2}p_1V_1+3p_1V_1+0=\frac{11}{2}p_1V_1$$

$$=5.5\times 1.013\times 10^5\times 10^{-3}\ \text{J}\approx 557\ \text{J}$$

(4)在整个过程中气体对外界做的功为

$$W=W_{AB}+W_{BC}+W_{CD}=p_1V_1+0+\frac{9}{2}p_1V_1=\frac{11}{2}p_1V_1$$
$$=5.5\times1.013\times10^5\times10^{-3}\ \mathrm{J}\approx557\ \mathrm{J}$$

8. 有 1 mol 刚性多原子分子理想气体，原来的压强为 1.0 atm，温度为 27 ℃，若经过一绝热过程，其压强增加到 16 atm。试求：(1)气体内能的变化量；(2)在该过程中气体对外界做的功；(3)末态时，气体的分子数密度。

答案：(1)刚性多原子分子理想气体的自由度 $i=6$，其内能为

$$U=\frac{i}{2}\nu RT=3\nu RT$$

所以气体内能的变化量为

$$\Delta U=3\nu R\Delta T$$

而其比热容比

$$\gamma=\frac{C_{p,\mathrm{m}}}{C_{V,\mathrm{m}}}=1+\frac{R}{C_{V,\mathrm{m}}}=1+\frac{2}{i}=\frac{4}{3}$$

依题意，$\nu=1\ \mathrm{mol}$，$p_1=1.0\ \mathrm{atm}=1.013\times10^5\ \mathrm{Pa}$，$T_1=300\ \mathrm{K}$，$p_2=16\ \mathrm{atm}$。过程是绝热过程，所以有

$$p_1V_1^\gamma=p_2V_2^\gamma$$
$$V_2=V_1\left(\frac{p_1}{p_2}\right)^{1/\gamma}=\frac{1}{8}V_1$$

根据理想气体的物态方程

$$pV=\nu RT$$

有

$$p_1V_1=RT_1$$
$$p_2V_2=RT_2$$
$$T_2=\frac{p_2V_2}{R}=\frac{16p_1\times\frac{1}{8}V_1}{R}=2T_1$$

所以内能的变化量为

$$\Delta U=3R\Delta T=3RT_1=3\times8.31\times300\ \mathrm{J}=7\ 479\ \mathrm{J}$$

(2)因为该过程为绝热过程，所以气体吸收的热量 $Q=0$，根据热力学第一定律

$$\Delta U=Q-W$$

可得在该过程中气体对外界做的功为

$$W=-\Delta U=-7\ 479\ \mathrm{J}$$

(3)由理想气体的物态方程

$$pV=\nu RT=NkT$$

可得，末态时，气体的分子数密度为

$$\frac{N}{V}=\frac{p_2}{kT_2}=\frac{16\times1.013\times10^5}{1.38\times10^{-23}\times600}\ \mathrm{m^{-3}}\approx1.96\times10^{26}\ \mathrm{m^{-3}}$$

9. 如图 13-12 所示，$abcda$ 过程为 1 mol 单原子分子理想气体的循环过程，求：(1)气体循环一次，在吸热过程中从外界吸收的总热量；(2)气体循环一次，对外界做的净功；(3)证明在 a、b、c、d 四个状态的气体温度满足 $T_aT_c=T_bT_d$。

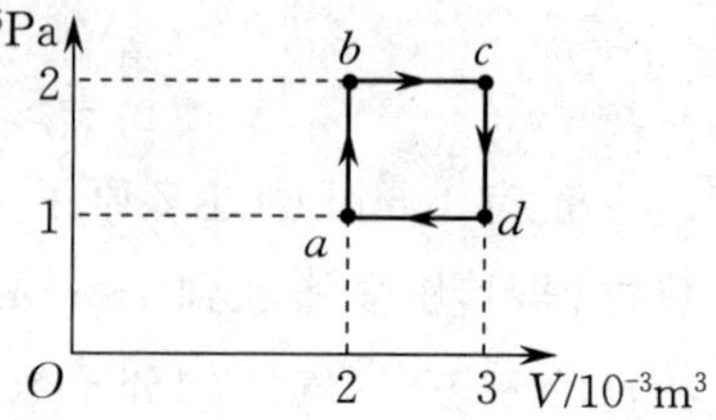

图 13-12　题 9 图

答案：(1)单原子分子理想气体的自由度 $i=3$，所以其内能为

$$U=\frac{i}{2}\nu RT=\frac{3}{2}\nu RT$$

内能的变化量为

$$\Delta U=\frac{3}{2}\nu R\Delta T$$

依题意，$\nu=1$ mol，根据理想气体的物态方程

$$pV=\nu RT$$

有

$$T_a=\frac{p_aV_a}{R}=\frac{1\times10^5\times2\times10^{-3}}{8.31}\mathrm{K}\approx24\ \mathrm{K}$$

$$T_b=\frac{p_bV_b}{R}=2T_a=48\ \mathrm{K}$$

$$T_c=\frac{p_cV_c}{R}=3T_a=72\ \mathrm{K}$$

$$T_d=\frac{p_dV_d}{R}=1.5T_a=36\ \mathrm{K}$$

$a\to b$ 为等容过程，气体对外界做的功 $W_{ab}=0$，内能的变化量为

$$\Delta U_{ab}=\frac{3}{2}R\Delta T_{ab}=\frac{3}{2}RT_a=\frac{3}{2}p_aV_a=1.5\times1\times10^5\times2\times10^{-3}\mathrm{J}=300\ \mathrm{J}$$

根据热力学第一定律

$$\Delta U=Q-W$$

可得气体吸收的热量 $Q_{ab}=\Delta U_{ab}=300$ J。

$b\to c$ 为等压过程，气体对外界做的功为

$$W_{bc}=p_b(V_c-V_b)=2\times10^5\times1\times10^{-3}\mathrm{J}=200\ \mathrm{J}$$

内能的变化量为

$$\Delta U_{bc}=\frac{3}{2}R\Delta T_{bc}=\frac{3}{2}RT_a=\frac{3}{2}p_aV_a=300\ \mathrm{J}$$

所以气体吸收的热量 $Q_{bc}=\Delta U_{bc}+W_{bc}=500$ J。

$c\to d$ 为等容过程，气体对外界做的功 $W_{cd}=0$，内能的变化量为

$$\Delta U_{cd}=\frac{3}{2}R\Delta T_{cd}=\frac{3}{2}R(-1.5)T_a=-\frac{9}{4}p_aV_a=-450\ \mathrm{J}$$

所以气体吸收的热量 $Q_{cd}=\Delta U_{cd}=-450$ J,气体放热。

$d\to a$ 为等压过程,气体对外界做的功为

$$W_{da}=p_d(V_a-V_d)=1\times10^5\times(-1\times10^{-3})\mathrm{J}=-100\ \mathrm{J}$$

内能的变化量为

$$\Delta U_{da}=\frac{3}{2}R\Delta T_{da}=\frac{3}{2}R(-0.5T_a)=-\frac{3}{4}p_aV_a=-150\ \mathrm{J}$$

所以气体吸收的热量 $Q_{da}=\Delta U_{da}+W_{da}=-250$ J,气体放热。

综上所述,气体循环一次,$a\to b$、$b\to c$ 两个过程吸热,吸收的总热量为 $Q_{ab}+Q_{bc}=800$ J。

(2)气体循环一次,对外界做的净功为

$$W=W_{ab}+W_{bc}+W_{cd}+W_{da}=(0+200+0-100)\mathrm{J}=100\ \mathrm{J}$$

当然,根据 p-V 图中循环过程的闭合曲线所围面积,也可以算出同样的结果。

(3)根据(1)中的过程可知

$$T_b=2T_a$$

$$T_c=3T_a$$

$$T_d=1.5T_a$$

所以,有

$$T_aT_c=3T_a^2=T_bT_d$$

10. 比热容比 $\gamma=1.40$ 的理想气体进行如图 13-13 所示的循环。已知状态 A 的温度为 300 K。求:(1)状态 B、C 的温度;(2)每一过程中气体吸收的热量。

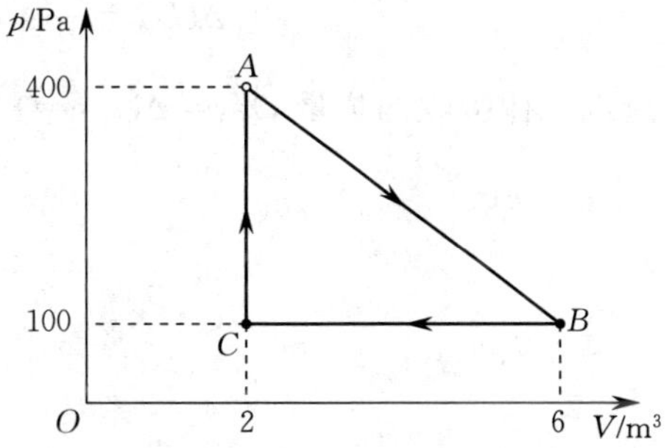

图 13-13　题 10 图

答案:(1)根据理想气体的物态方程

$$pV=\nu RT$$

有

$$T_A=\frac{p_AV_A}{\nu R}=\frac{800}{\nu R}=300\ \mathrm{K}\quad\Rightarrow\quad \nu R=\frac{8}{3}$$

$$T_B=\frac{p_BV_B}{\nu R}=\frac{600}{8/3}\ \mathrm{K}=225\ \mathrm{K}$$

$$T_C=\frac{p_CV_C}{\nu R}=\frac{200}{8/3}\ \mathrm{K}=75\ \mathrm{K}$$

(2)根据比热容比的公式

$$\gamma=\frac{C_{p,\mathrm{m}}}{C_{V,\mathrm{m}}}=1+\frac{R}{C_{V,\mathrm{m}}}=1+\frac{2}{i}=1.40\quad\Rightarrow\quad i=5$$

可知气体为刚性双原子分子理想气体,其内能为

$$U=\frac{i}{2}\nu RT=\frac{5}{2}\nu RT=\frac{5}{2}\times\frac{8}{3}T=\frac{20}{3}T$$

所以内能的变化量为

$$\Delta U=\frac{20}{3}\Delta T$$

p-V 图中过程曲线与 V 轴所围面积即为在该过程中气体对外界做的功，所以对于 $A\to B$ 过程，气体对外界做的功为

$$W_{AB}=\frac{1}{2}\times(400+100)\times(6-2)\text{J}=1\ 000\ \text{J}$$

气体内能的变化量为

$$\Delta U_{AB}=\frac{20}{3}\Delta T_{AB}=\frac{20}{3}\times(225-300)\text{J}=-500\ \text{J}$$

根据热力学第一定律

$$\Delta U=Q-W$$

可得气体吸收的热量 $Q_{AB}=\Delta U_{AB}+W_{AB}=500\ \text{J}$。

$B\to C$ 为等压过程，气体对外界做的功为

$$W_{BC}=p_B(V_C-V_B)=100\times(2-6)\text{J}=-400\ \text{J}$$

气体内能的变化量为

$$\Delta U_{BC}=\frac{20}{3}\Delta T_{BC}=\frac{20}{3}\times(75-225)\text{J}=-1\ 000\ \text{J}$$

所以气体吸收的热量 $Q_{BC}=\Delta U_{BC}+W_{BC}=-1\ 400\ \text{J}$，气体放热。

$C\to A$ 为等容过程，气体对外界做的功 $W_{CA}=0$，气体内能的变化量为

$$\Delta U_{CA}=\frac{20}{3}\Delta T_{CA}=\frac{20}{3}\times(300-75)\text{J}=1\ 500\ \text{J}$$

所以气体吸收的热量 $Q_{CA}=\Delta U_{CA}=1\ 500\ \text{J}$。

第 14 章　狭义相对论

§14.1　学习要求

1. 了解伽利略相对性原理和伽利略变换,了解经典力学的时空观。

2. 理解狭义相对论的两个基本假设,以及由此引出的狭义相对论的时空观。

3. 掌握洛伦兹变换,并能应用洛伦兹变换进行简单推理和计算。

4. 正确理解狭义相对论中所涉及的同时性的相对性,以及时间延缓和长度收缩效应,并能应用相关公式进行简单计算。

5. 理解相对论的质量与速度、质量与能量、动量与能量的关系,并能进行相关计算。

§14.2　内容提要

一、狭义相对论的两条基本假设

为解决电磁学(光速 c 为定值)与经典力学(伽利略变换)间的矛盾,爱因斯坦提出了狭义相对论的两条基本假设:

(1)基本物理定律在所有惯性系中都保持相同形式的数学表达式(推广了伽利略相对性原理);

(2)光速不变(无论如何观察,光在真空中的速度都为定值)。

二、洛伦兹变换

洛伦兹变换:设一事件在 S 系和 S'系中的坐标分别为(x,y,z,t)、(x',y',z',t'),则

$$\begin{cases} x=\dfrac{x'+ut'}{\sqrt{1-\dfrac{u^2}{c^2}}} \\ x'=\dfrac{x-ut}{\sqrt{1-\dfrac{u^2}{c^2}}} \end{cases}$$

两式消去 x、x'，分别得

$$\begin{cases} t=\dfrac{t'+\dfrac{ux'}{c^2}}{\sqrt{1-\dfrac{u^2}{c^2}}} \\ t'=\dfrac{t-\dfrac{ux}{c^2}}{\sqrt{1-\dfrac{u^2}{c^2}}} \end{cases}$$

洛伦兹变换的意义：

(1)揭示了空间、时间、物质运动间的联系；

(2)说明光速是一切运动速度的上限。

三、狭义相对论的时空观

同时性的相对性：

依然假设 S 系、S'系均是惯性系，S'系相对于 S 系有沿 x 轴正方向的速度 $\boldsymbol{u}$。在 S 系中测得事件 1、2 的坐标分别为(x_1,y_1,z_1,t_1)、(x_2,y_2,z_2,t_2)；在 S'系中测得事件 1、2 的坐标分别为(x'_1,y'_1,z'_1,t'_1)、(x'_2,y'_2,z'_2,t'_2)。

根据在 S 系中观察到的结论进行讨论。

(1)若 $t_2-t_1=\Delta t=0$，则

$$t'_2-t'_1=\frac{\Delta t+\dfrac{ux_1}{c^2}-\dfrac{ux_2}{c^2}}{\sqrt{1-\dfrac{u^2}{c^2}}}=\frac{u(x_2-x_1)}{c^2\sqrt{1-\dfrac{u^2}{c^2}}}$$

若 $x_2=x_1$，则有 $t'_2-t'_1=0$。

(2)若 $t_2-t_1=\Delta t\neq 0$，则

$$t'_2-t'_1=\frac{c^2(t_2-t_1)-u(x_2-x_1)}{c^2\sqrt{1-\dfrac{u^2}{c^2}}}$$

t_2-t_1 与 $\dfrac{u(x_2-x_1)}{c^2}$ 的大小关系决定了在 S'系中观察到两事件的先后。

因此，对于不相关的事件 1、2，在两个惯性系中分别观察它们发生的先后不太能直接认为它们是相关的，即 $t_2>t_1$ 不能直接说明 t'_2 和 t'_1 的关系。但对于因果事件，如射击与击中，无论如何观察，均是射击在前，击中在后。

时间延缓效应：

固有时间：把某一个惯性系中同一地点先后发生的两个事件的时间间隔称为固有时间，即在同一个惯性系的同一地点用同一个钟测出的时间差。

根据前面狭义相对论的“同时性的相对性”的讨论，可知

$$t'_2-t'_1=\frac{t_2-t_1-\frac{u}{c^2}(x_2-x_1)}{\sqrt{1-\frac{u^2}{c^2}}}$$

由于 $x_2-x_1=0$，因此 $t'_2-t'_1=\frac{t_2-t_1}{\sqrt{1-\frac{u^2}{c^2}}}>t_2-t_1$。

所以说在 S'系中观察 S 系中先后发生的两个事件的时间间隔比在 S 系中观察这两个事件的时间间隔长。例如，在飞船中看一场电影的时间比地面上的人看飞船里这场电影的时间短。

总结为：固有时间最短，任何惯性系中的观察者看别的惯性系的时间总会比本惯性系的时间慢（例如相对于自己静止的钟走 1 min，相对于自己运动的钟走 1 s）。

长度收缩效应：

固有长度：在相对于被测物体静止的惯性系 S'中以任意方式（无论是否同时）测得其首尾坐标并作差后得到的被测物体长度。

在相对于被测物体运动的另一个惯性系 S 中测量被测物体长度，要求同时测得其首尾坐标并作差，接下来取 S'系相对于 S 系沿 x 轴正方向的速度为 $\boldsymbol{u}$，S'系相对于被测物体静止。

由于

$$x'_2-x'_1=\frac{x_2-x_1-u(t_2-t_1)}{\sqrt{1-\left(\frac{u}{c}\right)^2}},\quad t_2=t_1$$

因此

$$x'_2-x'_1=\frac{x_2-x_1}{\sqrt{1-\left(\frac{u}{c}\right)^2}}>x_2-x_1$$

其中，$x'_2-x'_1$ 为固有长度。也就是说，在飞船中测得物体的长度为 1 m，地面上的人测得飞船中这个物体的长度小于 1 m。

总结为：固有长度最长，沿相对运动方向的物体的尺寸会收缩。

四、狭义相对论动力学基础

传统的经典力学不满足洛伦兹变换，所以要改造它，建立相对论力学，具体就是要重新定义质量、动量、能量，使它们相应的守恒定律仍成立。

质速关系：

狭义相对论中给出质速关系为

$$m=\frac{m_0}{\sqrt{1-\left(\frac{u}{c}\right)^2}}$$

其中，m_0 为静止质量(在相对物体静止的惯性系中测得的物体质量)，m 则为在相对于物体的速度为 $\boldsymbol{u}$ 的惯性系中测得的物体质量。

由此得光子的静止质量为 0，一切静止质量不为 0 的粒子的速度必须小于 c。

质能方程：

$$E=mc^2=\frac{m_0}{\sqrt{1-\left(\frac{u}{c}\right)^2}}c^2=m_0c^2+E_k=E_0+E_k$$

物体的能量由动能和静止能量构成，注意此时 E_k 不能写成$\frac{1}{2}mv^2$ 的形式。

§14.3 重难点分析

本章重点包括以下几个方面。

1. 狭义相对论的时空观。

2. 狭义相对论的两个基本原理。特别是“光速不变原理”，其内容是“在所有惯性系中，光在真空中传播的速度具有相同的数值”。任何物体的速度只要在一个惯性系中小于光速，则在其他任何惯性系中都不会大于光速，即光速是一个极限速度。

3. 相关问题的计算方法。大致可以分为三类：①利用洛伦兹坐标变换式进行时-空坐标的变换计算；②长度收缩效应和时间延缓效应的应用问题；③相对论动力学问题的研究。

本章难点主要集中在以下几个方面。

1. 光速不变原理。应注意：①光速不变原理只是说明光速在真空中的数值是不变的，光的运行方向在不同的惯性系中测量是可以不同的。②光速是极限速度只表明原来小于光速的物体不可能加速达到超光速，但其本身并不排斥超光速粒子的存在；对于超光速粒子，光速也是一个极限，表明超光速粒子的速度永远不能降到光速或小于光速，而且光速是极限速度只是指能量传播的速度不能超过光速，并没有要求非能量传播的速度。如探照灯由云层反射的亮点的速度，在探照灯快速转向时是可以超过光速的。

2. 洛伦兹变换。利用洛伦兹坐标变换式进行时-空坐标的变换计算时，应注意以下两点。①选择两个相对运动的惯性参考系，并建立坐标系；②确定事件在某个参考系中的时空坐标，由洛伦兹变换式(或逆变换式)求出事件在另一参考系中的时空坐标。这类问题的关键是要选好两个参考系，并正确确定事件的时空坐标。

3. 涉及长度收缩效应和时间延缓效应的应用问题。关键是要分清固有长度和非固有长度、固有时间和非固有时间，明确两者之间的区别及联系。在求解这类问题时，也可以从事件的观点入手，应用洛伦兹坐标变换，通过求出事件之间的空间坐标和时间坐标的变化来确定长度收缩和时间延缓。

4. 相对论动力学问题的研究。这类问题主要是讨论质量-速度关系、能量-速度关系，以及相对论动能表达式的应用。有些问题还涉及动量守恒定律与能量守恒定律的应用。解决这类问题时应注意以下两点。①应确立物质质量与运动有关的概念，习惯上容易忽略这一点；②相对论动能表达式和经典力学中的动能完全不同，相对论动能定义式包含了经典力学中的动能定义。

§ 14.4　典型习题详解

一、单选题

1. 一航天飞船相对于地面以速率 u 做匀速直线飞行，某一时刻飞船头部的航天员向飞船尾部发出一个光信号，经过 Δt 时间（由飞船上的钟测得时间）后，被尾部的接收器收到，则由此可知飞船的固有长度为（　　）（c 表示真空中的光速）。

(A) $c\Delta t$　　(B) $u\Delta t$　　(C) $\dfrac{c\Delta t}{\sqrt{1-(u/c)^2}}$　　(D) $c\Delta t\sqrt{1-(u/c)^2}$

答案： A

解析： 要应用光速不变原理求解。从航天飞船上看，光传播了 Δt 时间，光速大小为 c，所以光走过的路程为飞船的固有长度，为 $c\Delta t$。

2. 一火箭的固有长度为 L，相对于地面做匀速直线运动的速率为 u_1，火箭上有一个人从火箭的后端向火箭前端上的一个靶子发射一颗相对于火箭的速率为 u_2 的子弹。在火箭上测得子弹从射出到击中靶的时间间隔是（　　）（c 表示真空中的光速）。

(A) $\dfrac{L}{u_1+u_2}$　　(B) $\dfrac{L}{u_2}$　　(C) $\dfrac{L}{u_2-u_1}$　　(D) $\dfrac{L}{u_1\sqrt{1-(u_1/c)^2}}$

答案： B

解析： 从火箭上看，子弹的速率为 u_2，子弹运动的距离为 L，所以所用的时间为 $\Delta t = L/u_2$。

3. 有下列几种说法：(1)所有惯性系对物理基本规律都是等价的；(2)在真空中，光速与光的频率、光源的运动状态无关；(3)在任何惯性系中，光在真空中沿任何方向的传播速率都相同。在以上说法中（　　）。

(A)只有(1)、(2)是正确的　　(B)只有(1)、(3)是正确的

(C)只有(2)、(3)是正确的　　(D)三种说法都是正确的

答案： D

解析： 考查的是狭义相对论的基本原理：狭义相对性原理和光速不变原理。

4. 有下列几种说法：(1)一切运动物体相对于观察者的速度都不能大于真空中的光速；(2)质量、长度、时间的测量结果都是随物体与观察者的相对运动状态而改变的；(3)在一惯性系中发生于同一时刻、不同地点的两个事件在其他一切惯性系中也是同时发生的；(4)惯性系中的观察者观察一个相对于他做匀速直线运动的时钟时，会看到该时钟比相对于他静止的相

同的时钟走得慢些。其中正确的是(   )。

(A)(1),(3),(4)　　　　(B)(1),(2),(4)

(C)(1),(2),(3)　　　　(D)(2),(3),(4)

答案: B

解析: 考查的是相对论基本原理和基本效应。

在一个惯性系中,发生于同一时刻、不同地点的两个事件的时空坐标分别为(x_1,y_1,z_1,t_1)和(x_2,y_2,z_2,t_2),其中$t_1=t_2$,在另一个惯性系中这两个事件的时空坐标分别为(x'_1,y'_1,z'_1,t'_1)和(x'_2,y'_2,z'_2,t'_2),根据洛伦兹变换关系,有

$$t'_1=\frac{-\frac{u}{c^2}x_1+t_1}{\sqrt{1-\frac{u^2}{c^2}}}$$

$$t'_2=\frac{-\frac{u}{c^2}x_2+t_2}{\sqrt{1-\frac{u^2}{c^2}}}$$

所以,在另一个惯性系中观察到这两个事件的时间间隔为

$$t'_2-t'_1=\frac{-\frac{u}{c^2}x_2+t_2}{\sqrt{1-\frac{u^2}{c^2}}}-\frac{-\frac{u}{c^2}x_1+t_1}{\sqrt{1-\frac{u^2}{c^2}}}=\frac{\left(-\frac{u}{c^2}x_2+t_2\right)-\left(-\frac{u}{c^2}x_1+t_1\right)}{\sqrt{1-\frac{u^2}{c^2}}}$$

$$=\frac{-\frac{u}{c^2}(x_2-x_1)+t_2-t_1}{\sqrt{1-\frac{u^2}{c^2}}}=\frac{-\frac{u}{c^2}(x_2-x_1)}{\sqrt{1-\frac{u^2}{c^2}}}$$

这个时间间隔可能为零,也可能不为零,为零表示同时发生,不为零表示不同时发生。所以,这两个事件在另一个惯性系中观察时可能同时发生,也可能不同时发生,故(3)错误。

5. 在某地发生两个事件,静止位于该地的甲测得这两个事件的时间间隔为 4 s,若相对于甲做匀速直线运动的乙测得这两个事件的时间间隔为 5 s,则乙相对于甲的运动速度是(   )(c 表示真空中的光速)。

(A)$0.8c$　　(B)$0.6c$　　(C)$0.4c$　　(D)$0.2c$

答案: B

解析: 考查的是时间延缓效应。根据洛伦兹变换关系有

$$t'=\frac{-\frac{u}{c^2}x+t}{\sqrt{1-\frac{u^2}{c^2}}}$$

假定事件发生地为(x,y,z),甲测得的两个事件发生的时刻分别为t_1和t_2,则乙测得的两个事件发生的时刻分别为

$$t_1'=\frac{-\frac{u}{c^2}x+t_1}{\sqrt{1-\frac{u^2}{c^2}}}$$

$$t_2'=\frac{-\frac{u}{c^2}x+t_2}{\sqrt{1-\frac{u^2}{c^2}}}$$

依题意，$t_2-t_1=4\ \text{s}$，则

$$t_2'-t_1'=\frac{-\frac{u}{c^2}x+t_2}{\sqrt{1-\frac{u^2}{c^2}}}-\frac{-\frac{u}{c^2}x+t_1}{\sqrt{1-\frac{u^2}{c^2}}}=\frac{t_2-t_1}{\sqrt{1-\frac{u^2}{c^2}}}=\frac{4}{\sqrt{1-\frac{u^2}{c^2}}}=5\ \text{s}$$

$$\sqrt{1-\frac{u^2}{c^2}}=\frac{4}{5}$$

$$\frac{u}{c}=\frac{3}{5}$$

$$u=\frac{3}{5}c=0.6\ c$$

6. 一航天员要到离地球 5 光年的星球去旅行。如果他希望把这段路程缩短为 3 光年，则他所乘的火箭相对于地球的速度应是(　　)(c 表示真空中的光速)。

(A)$0.5c$　　(B)$0.6c$　　(C)$0.8c$　　(D)$0.9c$

答案：C

解析：考查的是长度收缩效应。1 光年(可简写为 1 l.y.)为光走 1 年所经过的路程。星球离地球 5 光年，是指地球上的观察者测得的二者之间的距离。而要使坐在火箭上的航天员测得的二者之间的距离为 3 光年，所以 5 光年是固有长度，3 光年是非固有长度，根据相对论的长度收缩效应，有

$$L=L_0\sqrt{1-\frac{u^2}{c^2}}$$

$$3=5\sqrt{1-\frac{u^2}{c^2}}$$

$$\sqrt{1-\frac{u^2}{c^2}}=\frac{L}{L_0}=\frac{3}{5}$$

$$1-\frac{u^2}{c^2}=\frac{9}{25}$$

$$\frac{u^2}{c^2}=1-\frac{9}{25}=\frac{16}{25}$$

$$u=\frac{4}{5}c=0.8\ c$$

7. 一匀质矩形薄板，在它静止时测得其长为 a、宽为 b、质量为 m_0。由此可算出其面密度为 $m_0/(ab)$。假定该薄板沿长度方向以接近光速的速率 u 做匀速直线运动，此时测算的该矩形薄板的面密度为（　　）。

(A) $\dfrac{m_0\sqrt{1-(u/c)^2}}{ab}$　　(B) $\dfrac{m_0}{ab\sqrt{1-(u/c)^2}}$

(C) $\dfrac{m_0}{ab\,[1-(u/c)^2]}$　　(D) $\dfrac{m_0}{ab\,[1-(u/c)^2]^{3/2}}$

答案：C

解析：考查的是长度收缩效应和相对论质量。

在狭义相对论中，物体的尺寸和质量都会随物体的运动状态而发生改变。

根据相对论效应，当薄板沿长度方向以速率 u 做匀速直线运动时，其运动质量为

$$m=\frac{m_0}{\sqrt{1-u^2/c^2}}$$

而其长度变为

$$a'=a\sqrt{1-u^2/c^2}$$

宽度保持不变，$b'=b$，所以其面密度变为

$$\sigma'=\frac{m}{a'b'}=\frac{\dfrac{m_0}{\sqrt{1-u^2/c^2}}}{a\sqrt{1-u^2/c^2}\times b}=\frac{m_0}{ab\,[1-(u/c)^2]}$$

8. 下列关于同时性的结论中，正确的是（　　）。

(A)在一惯性系中同时发生的两个事件，在另一惯性系中一定不同时发生

(B)在一惯性系中不同地点、同时发生的两个事件，在另一惯性系中一定同时发生

(C)在一惯性系中同一地点、同时发生的两个事件，在另一惯性系中一定同时发生

(D)在一惯性系中不同地点、不同时发生的两个事件，在另一惯性系中一定不同时发生

答案：C

解析：考查的是同时性的相对性。

两个事件的时空坐标在两个惯性系中分别如表 14-1 所示。

表 14-1　题 8 表

	事件 1	事件 2
S 系	(x_1,y_1,z_1,t_1)	(x_2,y_2,z_2,t_2)
S′系	(x_1',y_1',z_1',t_1')	(x_2',y_2',z_2',t_2')

对于在 S 系中同一地点、同时发生的两个事件，即 $x_1=x_2$，$y_1=y_2$，$z_1=z_2$，$t_1=t_2$，根据洛伦兹变换关系

$$t'=\frac{-\dfrac{u}{c^2}x+t}{\sqrt{1-\dfrac{u^2}{c^2}}}$$

可得

$$t'_1=\frac{-\frac{u}{c^2}x_1+t_1}{\sqrt{1-\frac{u^2}{c^2}}}$$

$$t'_2=\frac{-\frac{u}{c^2}x_2+t_2}{\sqrt{1-\frac{u^2}{c^2}}}=t'_1$$

所以，在某惯性系中同一地点、同时发生的两个事件，在任意惯性系中都是同时发生的。

对于在 S 系中不同地点、同时发生的两个事件，$t_1=t_2$，$(x_1,y_1,z_1)\neq(x_2,y_2,z_2)$。注意，两个不同的地点，可能 $x_1=x_2$，也可能 $x_1\neq x_2$，所以根据洛伦兹变换关系得到的 t'_1 和 t'_2，可能相等，也可能不等。如果 $x_1=x_2$，则 $t'_1=t'_2$；如果 $x_1\neq x_2$，则 $t'_1\neq t'_2$。

9. 两个惯性系 S 和 S'，沿 $x(x')$ 轴方向做匀速相对运动。设在 S' 系中某点先后发生两个事件，用固定在 S' 系的钟测出两个事件的时间间隔为 τ_0，而用固定在 S 系的钟测出这两个事件的时间间隔为 τ。又在 S' 系的 x' 轴上放置一固定在该系、长度为 l_0 的细杆，从 S 系测得此杆的长度为 l，则（　　）。

(A) $\tau<\tau_0, l<l_0$　　　　(B) $\tau<\tau_0, l>l_0$

(C) $\tau>\tau_0, l>l_0$　　　　(D) $\tau>\tau_0, l<l_0$

答案： D

解析： 根据时间延缓效应，

$$\tau=\frac{\tau_0}{\sqrt{1-u^2/c^2}}>\tau_0$$

根据长度收缩效应，

$$l=l_0\sqrt{1-u^2/c^2}<l_0$$

10. 设某微观粒子的总能量是它的静止能量的 K 倍，则其运动速度的大小为（　　）。

(A) $\frac{c}{K-1}$　　(B) $\frac{c}{K}\sqrt{1-K^2}$　　(C) $\frac{c}{K}\sqrt{K^2-1}$　　(D) $\frac{c}{K+1}\sqrt{K(K+2)}$

答案： C

解析： 根据相对论质能关系，

$$E=mc^2=Km_0c^2 \quad\Rightarrow\quad m=Km_0$$

根据相对论质速关系，

$$m=\frac{m_0}{\sqrt{1-u^2/c^2}}=Km_0$$

$$\sqrt{1-u^2/c^2}=\frac{1}{K}$$

$$1-\frac{u^2}{c^2}=\frac{1}{K^2}$$

$$\frac{u^2}{c^2}=1-\frac{1}{K^2}=\frac{K^2-1}{K^2}$$

$$u=c\sqrt{\frac{K^2-1}{K^2}}=\frac{c}{K}\sqrt{K^2-1}$$

11. α 粒子在加速器中被加速，当其质量为静止质量的 3 倍时，其动能为静止能量的(　　)。

(A)2 倍　　(B)3 倍　　(C)4 倍　　(D)5 倍

答案： A

解析： 根据相对论质能关系，

$$E_k=mc^2-m_0c^2=3m_0c^2-m_0c^2=2m_0c^2$$

二、填空题

1. 以速率 u 相对于地球做匀速直线运动的恒星所发射的光子，其相对于地球的速度的大小为________。

答案： c

解析： 考查的是光速不变原理。

2. 一观察者测得一沿米尺长度方向匀速运动着的米尺的长度为 0.5 m。则此米尺以速度 $u=$________ m/s 接近观察者。

答案： 2.598×10^8

解析： 考查的是长度收缩效应。

米尺的静止长度 $l_0=1$ m。根据长度收缩效应，有

$$l=l_0\sqrt{1-u^2/c^2}$$

$$u=c\sqrt{1-l^2/l_0^2}=c\sqrt{1-1/4}=\frac{\sqrt{3}}{2}c=0.866\times3\times10^8\ \text{m/s}=2.598\times10^8\ \text{m/s}$$

3. μ 子是一种基本粒子，在相对于 μ 子静止的坐标系中测得其寿命(称为固有寿命)为 $\tau_0=2\times10^{-6}$ s。如果 μ 子相对于地球的速率为 $u=0.988c$，则在地球坐标系中测得的 μ 子的寿命 $\tau=$________。

答案： 1.29×10^{-5} s

解析： 根据时间延缓效应，有

$$\tau=\frac{\tau_0}{\sqrt{1-u^2/c^2}}=\frac{2\times10^{-6}}{\sqrt{1-0.988^2}}\ \text{s}\approx1.29\times10^{-5}\ \text{s}$$

4. 两个惯性系中的观察者 O 和 O′以 0.6c(c 表示真空中的光速)的相对速度相互接近。如果 O 测得两者的初始距离是 20 m，则 O′测得两者经过时间 $\Delta t'=$________后相遇。

答案： 8.89×10^{-8} s

解析： 考查的是时间延缓效应、固有时间的概念。

固有时间是相对静止时同一地点相继发生的两个事件的时间间隔。以 O 来看，两者之间

的距离 $l=20$ m，两者靠近的速率为 $u=0.6c$，所以两者相遇所花的时间为 $\Delta t=l/u$。对 O 来说，这两个事件并不在同一地点发生，因此 $\Delta t=l/u$ 并不是这两个事件的固有时间。

而对于 O′来说，O 探测到 O′的初始位置（事件 1）和二者相遇（事件 2）发生在同一地点，因此 O′测得两者相遇所花的时间 $\Delta t'$ 才是这两个事件的固有时间。根据时间延缓效应，有

$$\Delta t=\frac{\Delta t'}{\sqrt{1-u^2/c^2}}$$

$$\Delta t'=\Delta t\sqrt{1-u^2/c^2}=\frac{20}{0.6\times3\times10^8}\times\sqrt{1-0.6^2}\ \text{s}\approx8.89\times10^{-8}\ \text{s}$$

5. 牛郎星距离地球约 16 光年，航天飞船若以________的速率匀速飞行，将用 4 年的时间（飞船上的钟指示的时间）抵达牛郎星。

答案： 2.91×10^8 m/s

解析： 考查的是时间延缓效应。

依题意，$\tau_0=4a$，$\tau=16c/ua$，根据时间延缓效应，有

$$\tau=\frac{\tau_0}{\sqrt{1-u^2/c^2}}$$

可得

$$\sqrt{1-u^2/c^2}=\frac{\tau_0}{\tau}=\frac{4}{16c/u}=\frac{u}{4c}$$

$$1-\frac{u^2}{c^2}=\frac{u^2}{16c^2}$$

$$16-16\frac{u^2}{c^2}=\frac{u^2}{c^2}$$

$$16=17\frac{u^2}{c^2}$$

$$\frac{u^2}{c^2}=\frac{16}{17}$$

$$u=c\sqrt{\frac{16}{17}}=\frac{4}{\sqrt{17}}c\approx2.91\times10^8\ \text{m/s}$$

6. 一列高速火车以速率 u 驶过车站时，固定在站台上的两只机械手在车厢上同时划出两个痕迹，静止在站台上的观察者同时测得两个痕迹之间的距离为 1 m，则车厢上的观察者应测得这两个痕迹之间的距离为________。

答案： $\dfrac{1}{\sqrt{1-u^2/c^2}}$ m

解析： 考查的是长度收缩效应、固有长度的概念。

本题所说的两只机械手所划出的两个痕迹之间的距离应该是沿着火车行驶方向的，否则此题无法求解。

固有长度是指相对于物体静止的观察者测得的物体的长度。

站台上的观察者测得的长度是在运动参考系中测得的长度，车厢上的观察者测得的长度

才是固有长度。因此根据长度收缩效应,有

$$l=l_0\sqrt{1-u^2/c^2}$$

$$l_0=\frac{l}{\sqrt{1-u^2/c^2}}=\frac{1}{\sqrt{1-u^2/c^2}}\text{m}$$

7. 设电子的静止质量为 m_e,将一个电子从静止加速到速率为 $0.6c$(c 为真空中的光速),外界需做功________。

答案: $0.25\ m_ec^2$

解析: 由相对论质速关系,

$$m=\frac{m_0}{\sqrt{1-u^2/c^2}}=\frac{m_e}{\sqrt{1-0.6^2}}=1.25m_e$$

由相对论质能关系,

$$E=mc^2=1.25m_ec^2=1.25E_0$$

所以电子的能量增加了

$$\Delta E=E-E_0=0.25m_ec^2$$

这个能量就是外界需要对电子做的功。

8. 当粒子的动能等于它的静止能量时,它的运动速度为________。

答案: $\frac{\sqrt{3}}{2}c$

解析: 由相对论质能关系,

$$E_k=mc^2-m_0c^2=m_0c^2$$

$$m=2m_0$$

由相对论质速关系,

$$m=\frac{m_0}{\sqrt{1-v^2/c^2}}=2m_0$$

$$\sqrt{1-v^2/c^2}=\frac{1}{2}$$

得

$$v=c\sqrt{1-\left(\frac{1}{2}\right)^2}=\frac{\sqrt{3}}{2}c$$

9. (1)在速率 $u=$________的情况下,粒子的动量等于非相对论动量的两倍;(2)在速率 $u=$________的情况下,粒子的动能等于它的静止能量。

答案: $\frac{\sqrt{3}}{2}c$;$\frac{\sqrt{3}}{2}c$

解析: 由相对论质速关系,

$$m=\frac{m_0}{\sqrt{1-u^2/c^2}}$$

于是粒子的相对论动量为

$$p=mu=\frac{m_0u}{\sqrt{1-u^2/c^2}}$$

非相对论动量为

$$p'=m_0u$$

依题意，有

$$\frac{m_0u}{\sqrt{1-u^2/c^2}}=2m_0u$$

$$\sqrt{1-u^2/c^2}=\frac{1}{2}$$

$$u=c\sqrt{1-\left(\frac{1}{2}\right)^2}=\frac{\sqrt{3}}{2}c$$

由相对论质能关系，

$$E_k=mc^2-m_0c^2$$

依题意，有

$$mc^2-m_0c^2=m_0c^2$$

$$m=2m_0=\frac{m_0}{\sqrt{1-u^2/c^2}}$$

$$\sqrt{1-u^2/c^2}=\frac{1}{2}$$

$$u=c\sqrt{1-\left(\frac{1}{2}\right)^2}=\frac{\sqrt{3}}{2}c$$

10. 质子在加速器中被加速，当其动能为静止能量的 3 倍时，其质量为静止质量的________倍。

答案：4

解析：由相对论质能关系，

$$E_k=mc^2-m_0c^2=3m_0c^2$$

$$m=4m_0$$

11. 某加速器将电子加速到能量 $E=2\times10^6$ eV 时，该电子的动能 $E_k=$________ eV。（电子的静止质量 $m_e=9.11\times10^{-31}$ kg，1 eV$=1.60\times10^{-19}$ J。）

答案：1.49×10^6

解析：由相对论质能关系

$$E_k=mc^2-m_0c^2=2\times10^6\,\text{eV}-\frac{9.11\times10^{-31}\times(3\times10^8)^2}{1.60\times10^{-19}}\text{eV}\approx1.49\times10^6\ \text{eV}$$

三、计算题

1. 一艘航天飞船的船身的固有长度为 $L_0=90$ m。飞船相对于地面以 $u=0.8c$（c 为真空中光速)的速率匀速在地面观测站的上空飞过。(1)观测站测得船身通过观测站的时间间隔是多少?(2)航天员测得船身通过观测站的时间间隔是多少?

答案:观测站测得船身的长度为

$$L=L_0\sqrt{1-u^2/c^2}=0.6L_0=54\ \text{m}$$

观测站测得船身的速度为 $u=0.8c$,所以观测站测得船身通过观测站的时间间隔为

$$\Delta t=\frac{L}{u}=\frac{54}{0.8\times3\times10^8}\ \text{s}=2.25\times10^{-7}\ \text{s}$$

而航天员测得船身的长度为 L_0,测得观测站相对于他的运动速度大小为 $u=0.8c$,所以他测得船身通过观测站的时间间隔为

$$\Delta t'=\frac{L_0}{u}=\frac{90}{0.8\times3\times10^8}\ \text{s}=3.75\times10^{-7}\ \text{s}$$

2. K 系与 K' 系是坐标轴相互平行的两个惯性系,K' 系相对于 K 系沿 x 轴正方向匀速运动。一根刚性尺静止在 K' 系中,与 x' 轴成 30°角。今在 K 系中测得该尺与 x 轴成 45°角,则 K' 系相对于 K 系的速率是多少?

解析:假定刚性尺的固有长度为 L_0,依题意,在 K' 系中观察,它沿 x' 轴方向的长度为 $l_0=L_0\cos 30°=\frac{\sqrt{3}}{2}L_0$,沿 y' 轴方向的长度为 $h'=L_0\sin 30°=\frac{1}{2}L_0$,在 K 系中观察,它沿 x 轴方向的长度为 $l=L\cos 45°=\frac{\sqrt{2}}{2}L$,沿 y 轴方向的长度为 $h=L\sin 45°=\frac{\sqrt{2}}{2}L$,而垂直运动方向的尺度保持不变,即 $h'=h$,所以有

$$\frac{1}{2}L_0=\frac{\sqrt{2}}{2}L$$

$$L_0=\sqrt{2}L$$

而根据相对论的长度收缩效应,有

$$l=l_0\sqrt{1-\frac{u^2}{c^2}}$$

$$\sqrt{1-\frac{u^2}{c^2}}=\frac{l}{l_0}=\frac{\frac{\sqrt{2}}{2}L}{\frac{\sqrt{3}}{2}L_0}=\frac{\sqrt{2}L}{\sqrt{3}L_0}=\frac{1}{\sqrt{3}}$$

$$1-\frac{u^2}{c^2}=\frac{1}{3}$$

$$\frac{u^2}{c^2}=\frac{2}{3}$$

故 K' 系相对于 K 系的速率为 $u=\sqrt{\frac{2}{3}}c$

3. 地球的半径约为 $R_0=6\ 376$ km,它绕太阳运动的速率约为 $u=30$ km/s,在太阳参考系中测量地球的半径在哪个方向上缩短得最多?缩短了多少?(假设地球相对于太阳系来说近

似为惯性系。)

答案：长度收缩效应是指运动物体沿运动方向的长度将发生变化，因此，地球半径沿地球绕太阳运动的方向上缩短得最多。根据长度收缩效应，有

$$L = L_0\sqrt{1-u^2/c^2}$$

可得在太阳参考系中测得地球沿运动方向的半径为

$$R = R_0\sqrt{1-u^2/c^2}$$

所以缩短了

$$\begin{aligned}\Delta R &= R_0 - R_0\sqrt{1-u^2/c^2} = R_0(1-\sqrt{1-u^2/c^2})\\ &= 6\ 376\times10^3\times[1-\sqrt{1-(3\times10^4/3\times10^8)^2}]\ \mathrm{m}\\ &\approx 0.032\ \mathrm{m} = 3.2\ \mathrm{cm}\end{aligned}$$

4. 假定在实验室中测得静止在实验室中的 μ^+ 子(不稳定的粒子)的寿命为 2.2×10^{-6} s，而当它相对于实验室运动时，在实验室中测得它的寿命为 1.63×10^{-5} s。试问：μ^+ 子相对于实验室的速度是真空中光速 c 的百分之多少？

答案：依题意，$\tau_0 = 2.2\times10^{-6}$ s，$\tau = 1.63\times10^{-5}$ s。根据时间延缓效应的公式

$$\tau = \frac{\tau_0}{\sqrt{1-u^2/c^2}}$$

可得，μ^+ 子相对于实验室的速度为

$$u = c\sqrt{1-\left(\frac{\tau_0}{\tau}\right)^2} = c\sqrt{1-\left(\frac{2.2\times10^{-6}}{1.63\times10^{-5}}\right)^2} \approx 0.990\ 8c$$

即 μ^+ 子相对于实验室的速度是真空中光速 c 的 99.08%。

5. 一电子以 $u = 0.99c$(c 为真空中光速)的速率运动。试求：(1)电子的总能量；(2)电子的经典力学动能与相对论动能之比。(电子的静止质量 $m_e = 9.11\times10^{-31}$ kg。)

答案：静止质量为 $m_0 = m_e$ 的电子以 $u = 0.99c$ 的速率运动时的相对论质量为

$$m = \frac{m_0}{\sqrt{1-u^2/c^2}} = \frac{m_0}{\sqrt{1-0.99^2}} \approx 7.09m_0$$

(1)电子的总能量为

$$E = mc^2 = 7.09m_0c^2 = 7.09\times9.11\times10^{-31}\times(3\times10^8)^2\ \mathrm{J} \approx 5.81\times10^{-13}\ \mathrm{J}$$

(2)因为电子的相对论动能为

$$E_k = mc^2 - m_0c^2 = 6.09m_0c^2 = 6.09\times9.11\times10^{-31}\times(3\times10^8)^2\ \mathrm{J} \approx 4.99\times10^{-13}\ \mathrm{J}$$

而电子的经典力学动能为

$$E_1 = \frac{1}{2}m_0u^2 = \frac{1}{2}m_0(0.99c)^2 = 0.5\times9.11\times10^{-31}\times(0.99\times3\times10^8)^2\ \mathrm{J} \approx 4.02\times10^{-14}\ \mathrm{J}$$

所以二者之比为

$$\frac{E_1}{E_k} = \frac{\frac{1}{2}m_0(0.99c)^2}{6.09m_0c^2} = \frac{(0.99)^2}{6.09\times2} \approx 0.080\ 5$$

6. 已知一静止质量为 m_0 的粒子，其固有寿命为在实验室测得的寿命的 $1/n$，则此粒子的相对论动能为多少？

答案： 由时间延缓效应，有

$$\tau=\frac{\tau_0}{\sqrt{1-u^2/c^2}}$$

$$\frac{\tau_0}{\tau}=\frac{1}{n}=\sqrt{1-u^2/c^2}$$

所以此粒子的相对论质量为

$$m=\frac{m_0}{\sqrt{1-u^2/c^2}}=nm_0$$

相对论动能为

$$E_k=mc^2-m_0c^2=(n-1)m_0c^2$$

7. 观察者甲和乙分别静止于两个惯性系 K 和 K' 中（K' 系相对于 K 系做平行于 x 轴的匀速运动）。甲测得在 x 轴上两点发生的两个事件的空间间隔和时间间隔分别为 500 m 和 2×10^{-7} s，而乙测得这两个事件是同时发生的。问：K' 系相对于 K 系以多大的速度运动？

答案： 设 K' 系相对于 K 系的运动速度为 u，则根据洛伦兹变换公式可得

$$t_1'=\frac{t_1-ux_1/c^2}{\sqrt{1-(u/c)^2}},\quad t_2'=\frac{t_2-ux_2/c^2}{\sqrt{1-(u/c)^2}}$$

乙测得两个事件同时发生，则

$$t_1'=t_2'$$

可得

$$t_2-t_1=u(x_2-x_1)/c^2$$

由题意知

$$t_2-t_1=2\times10^{-7}\ \text{s},\quad x_2-x_1=500\ \text{m}$$

则

$$u=(t_2-t_1)c^2/(x_2-x_1)=3.6\times10^7\ \text{m/s}$$

8. 两艘飞船相向运动，它们相对于地面的速率都是 u。在飞船 A 中有一根米尺，米尺沿着飞船的运动方向放置。飞船 B 中的观察者测得该米尺的长度是多少？

答案： 设地球为 K 系，飞船 B 为 K' 系。飞船 A 中的米尺则为运动物体。若 u 为 K' 系相对于 K 系的速率，则 $u_x=-u$ 是米尺相对于地球的速率，米尺在 K' 系中的速率为

$$u_x'=\frac{u_x-u}{1-uu_x/c^2}=\frac{-u-u}{1+u^2/c^2}=\frac{-2u}{1+u^2/c^2}$$

这就是米尺相对于飞船 B 的速率，用 u_{12} 表示，即

$$u_{12}=\frac{-2u}{1+u^2/c^2}$$

则飞船 B 中的观察者测得米尺的长度为

$$l=l_0\sqrt{1-u_{12}^2/c^2}=l_0\sqrt{1-\frac{4v^2}{(1+u^2/c^2)^2c^2}}$$

$$=\frac{c^2-u^2}{c^2+u^2}l_0$$

在上式中,令 $l_0=1$ m 可得米尺的长度,为$\frac{c^2-u^2}{c^2+u^2}$ m。

9. 要使电子的速率从 $u_1=1.2\times10^8$ m/s 增大到 $u_2=2.4\times10^8$ m/s,必须对它做多少功?(电子的静止质量 $m_e=9.11\times10^{-31}$ kg。)

答案: 根据功能原理,可得要做的功为

$$W=\Delta E$$

根据相对论质能关系可得

$$\Delta E=m_2c^2-m_1c^2$$

根据相对论质速关系可得

$$m_2=m_0/[1-(u_2/c)^2]^{1/2}$$

于是

$$m_1=m_0/[1-(u_1/c)^2]^{1/2}$$

$$W=m_0c^2\left(\frac{1}{\sqrt{1-\frac{u_2^2}{c^2}}}-\frac{1}{1-\sqrt{\frac{u_1^2}{c^2}}}\right)=4.72\times10^{-14}\text{ J}=2.95\times10^5\text{ eV}$$

10. 某一宇宙线中的介子的动能 $E_k=7M_0c^2$,其中 M_0 是介子的静止质量。在实验室中观察到它的寿命是它的固有寿命的多少倍?

答案: 在实验室参考系中,介子的能量为

$$E=E_k+E_0=7M_0c^2+M_0c^2=8E_0$$

设介子的速率为 u,又有

$$E=Mc^2=\frac{M_0c^2}{\sqrt{1-u^2/c^2}}=\frac{E_0}{\sqrt{1-u^2/c^2}}$$

可得

$$\frac{E}{E_0}=\frac{1}{\sqrt{1-u^2/c^2}}=8$$

令介子的固有寿命为 τ_0,则在实验室中观察到它的寿命为

$$\tau=\frac{\tau_0}{\sqrt{1-u^2/c^2}}=8\tau_0$$

为其固有寿命的 8 倍。

第 15 章 量子物理

§15.1 学习要求

1. 了解热辐射的基本概念，以及经典物理在解释黑体辐射现象时所遇到的困难。
2. 理解黑体模型，以及普朗克的能量子假设。
3. 理解光电效应及其实验规律，能应用爱因斯坦光子理论分析解决相关问题。
4. 理解光的波粒二象性、康普顿效应及其实验规律，能应用光子理论分析解决相关问题。
5. 理解氢原子光谱的形成，以及玻尔的氢原子理论。
6. 理解实物粒子的波粒二象性，并能够应用德布罗意公式求解相关问题。
7. 理解不确定关系的物理意义。
8. 理解波函数的概念及其统计解释。
9. 理解一维定态薛定谔方程，并能够处理一维无限深势阱等微观问题。

§15.2 内容提要

一、黑体辐射与能量子假设

热辐射：组成物体的分子中都包含着带电粒子，当分子做热运动时物体将会向外辐射电磁波。由于这种电磁波辐射与物体的温度有关，因此也称为热辐射。

单色辐出度：物体单位表面积在单位时间内发射的、波长在 $\lambda \sim \lambda + d\lambda$ 范围内的辐射能 dM_λ 与波长间隔 $d\lambda$ 的比值，即

$$M_\lambda(T) = \frac{dM_\lambda}{d\lambda}$$

黑体：若一个物体对于一切波长的入射电磁波辐射都能全部吸收，而无丝毫反射，则这个物体称为黑体。

白体：若一个物体能完全反射一切波长的入射电磁波辐射，而无丝毫吸收，则这个物体称为白体。

黑体辐射的基本规律：

(1)斯特藩-玻尔兹曼定律:黑体的辐出度 $M(T)$ 与其热力学温度 T 的四次方成正比,即

$$M(T)=\int_0^{\infty} M_{\lambda}(T)\mathrm{d}\lambda=\sigma T^4$$

(2)维恩位移律:黑体单色辐出度的最大值对应的波长 λ_{m} 与其热力学温度 T 成反比,即

$$\lambda_{\mathrm{m}} T=b$$

普朗克的能量子假设:黑体辐射时振动的分子、原子可看作线性谐振子,这些谐振子发射或吸收辐射能,与周围的电磁场交换能量。这些谐振子具有的能量不能连续变化,只能取一些离散的值,这些离散的值是最小能量 ε 的整数倍,即

$$\varepsilon,2\varepsilon,3\varepsilon,\cdots,n\varepsilon,\cdots$$

其中,n 为正整数,称为量子数。对频率为 ν 的谐振子来说,其最小能量为 $\varepsilon=h\nu$,这个最小能量单位就是能量子,物体所发射或吸收的电磁辐射能量总是这个能量子的整数倍,即

$$E=n\varepsilon=nh\nu,\quad n=1,2,3,\cdots$$

其中,h 为普朗克常量。

普朗克公式:黑体的单色辐出度为

$$M_{\lambda}(T)=\frac{2\pi hc^2}{\lambda^5}\frac{1}{\mathrm{e}^{hc/(\lambda kT)}-1}$$

二、光的量子性

光电效应:金属在光的照射下,有电子从表面逸出的现象。光电效应中逸出金属表面的电子称为光电子。光电子在电场的作用下所形成的电流称为光电流。

截止频率:对某一种金属的阴极来说,只有当入射光的频率大于某一频率 ν_0 时,电子才能从金属表面逸出,电路才有光电流。这个最小频率 ν_0 称为该金属的截止频率。

遏止电压:在保持入射光不变的条件下改变两电极的电势差 U_{AK},发现当 $U_{\mathrm{AK}}=0$ 时,仍有光电流。这显然是因为光电子逸出时就具有一定的初动能。改变电压极性,使 $U_{\mathrm{AK}}<0$,当反向电压增大到一定值时,光电流才降为零。此时反向电压的绝对值称为遏止电压 U_{a},有

$$\frac{1}{2}mv_0^2=eU_{\mathrm{a}}$$

光量子:光在空间传播时,也具有粒子性,一束光就是一束以光速运动的粒子流,这些粒子称为光量子,简称光子。

爱因斯坦的光电效应方程:用频率为 ν 的光照射金属表面时,金属中一个电子吸收一个光子后,获得 $h\nu$ 的能量,若 $h\nu$ 大于电子逸出金属表面所需要的功 A(称为逸出功,也称功函数),这个电子就从金属表面逸出,剩余的那部分能量则转变为逸出电子的初动能,即

$$h\nu=\frac{1}{2}mv_0^2+A$$

波粒二象性:光既是粒子,也是波,是波和粒子的统一。光是由具有一定能量、动量和质量的粒子组成的,在它们运动的过程中,在空间某处发现它们的概率遵从波动的规律。

一个光子的能量为

$$\varepsilon = h\nu$$

由相对论质能关系，可得一个光子的质量为

$$m = \frac{E}{c^2} = \frac{h}{\lambda c}$$

由相对论质速关系得

$$m = \frac{m_0}{\sqrt{1 - \frac{v^2}{c^2}}}$$

根据相对论能量和动量的关系式，可得光子的动量为

$$p = \frac{\varepsilon}{c} = \frac{hv}{c} = \frac{h}{\lambda}$$

康普顿效应：X射线被较轻物质（石墨、石蜡等）散射后，散射谱线中除了有波长与原波长相同的成分，还有波长较长的成分。

波长的偏移量 $\Delta\lambda$ 与散射物的种类及入射光的波长 λ_0 无关，只与散射角 φ 有关，随着 φ 增大，$\Delta\lambda$ 也增大，有

$$\Delta\lambda = \lambda - \lambda_0 = \frac{2h}{m_0 c}\sin^2\frac{\varphi}{2} = 2\lambda_C \sin^2\frac{\varphi}{2}$$

式中，$\lambda_C = \frac{h}{m_0 c} = 2.43\times10^{-12}$ m，称为电子的康普顿波长。

三、玻尔的氢原子理论

玻尔在卢瑟福的原子有核模型的基础上，将量子化理论应用于原子系统，提出了三条基本假设。

(1)定态假设：原子系统只能处在一系列不连续的能量状态，这些状态称为原子系统的稳定状态，简称定态。

(2)频率假设：当原子从一个有较高能量 E_k 的定态跃迁到另一个有较低能量 E_n 的定态时，会发射一个频率为 ν_{kn} 的光子，且

$$E_k - E_n = h\nu_{kn}$$

(3)轨道角动量量子化假设：原子中电子绕核运动的轨道角动量 L 只能是 $\frac{h}{2\pi}$ 的整数倍，即

$$L = mvr = \frac{nh}{2\pi},\quad n = 1,2,3,\cdots$$

玻尔将上述假设应用于氢原子，计算了氢原子的电子在定态中的轨道半径和能量。

原子处于第 n 个定态时电子的轨道半径为

$$r_n = n^2\frac{\varepsilon_0 h^2}{\pi m e^2},\quad n = 1,2,3,\cdots$$

当原子以 r_n 为半径绕核运动时，氢原子的能量应等于电子的动能和原子核与电子系统的势能之和，即

$$E_n=\frac{1}{2}mv_n^2-\frac{1}{4\pi\varepsilon_0}\cdot\frac{e^2}{r_n}=-\frac{1}{n^2}\cdot\frac{me^4}{8\varepsilon_0^2h^2},\quad n=1,2,3,\cdots$$

根据玻尔的频率条件和能量公式，当原子从较高能态 E_n 向较低能态 $E_k(n>k)$ 跃迁时，发射一个光子，其频率为

$$\nu_{nk}=\frac{E_n-E_k}{h}=\frac{me^4}{8\varepsilon_0^2h^3}\left(\frac{1}{k^2}-\frac{1}{n^2}\right)$$

四、实物粒子的波粒二象性

德布罗意波：对于质量为 m、速度为 v 的自由粒子，一方面可用能量 E 和动量 p 来描述它的粒子性；另一方面还可用频率 ν 和波长 λ 来描述它的波动性。并且这些物理量满足如下关系：

$$E=h\nu=mc^2$$

$$p=\frac{h}{\lambda}=mv$$

对于静止质量为 m_0 的实物粒子(包括宏观粒子和微观粒子)，当其速度 v 远小于光速 c 时，它的德布罗意波长为

$$\lambda=\frac{h}{p}=\frac{h}{m_0v}\sqrt{1-v^2/c^2}$$

五、不确定关系

德国物理学家海森伯提出微观粒子不能同时具有确定的位置和动量，同一时刻位置的不确定量 Δx 与该方向的动量的不确定量 Δp_x 的乘积大于或等于 $\frac{\hbar}{2}$，即

$$\Delta x\cdot\Delta p_x\geqslant\frac{\hbar}{2}$$

微观粒子的位置坐标和同一方向的动量不可能同时具有确定值，减小 Δx，将使 Δp_x 增大，即位置越准确，动量就越不准确。

不确定关系不仅存在于位置和动量之间，也存在于能量和时间之间。如果微观粒子处于某一状态的时间为 Δt，则其能量必有一个不确定量 ΔE，由量子力学可推出二者之间有如下关系：

$$\Delta E\cdot\Delta t\geqslant\frac{\hbar}{2}$$

六、量子力学的基本概念和基本原理

在量子力学中，自由粒子的德布罗意波的波函数可表示为

$$\Psi(x,t)=\Psi_0 e^{-i(Et-px)/\hbar}$$

其中，Ψ_0 是一个待定常数，$\Psi_0 e^{ipx/\hbar}$ 相当于 x 处波函数的复振幅，而 $\Psi_0 e^{-iEt/\hbar}$ 则反映波函数随时间的变化。

实物粒子的德布罗意波是一种概率波；波函数的模方 $|\Psi(\boldsymbol{r},t)|^2$ 代表 t 时刻粒子在空间 $\boldsymbol{r}$ 处的单位体积中出现的概率，即 t 时刻粒子在空间 $\boldsymbol{r}$ 处附近的体积元 dV 中出现的概率 dP 与该处波函数的模方成正比，可表示为

$$dP=|\Psi(\boldsymbol{r},t)|^2\,dV=\Psi^*(\boldsymbol{r},t)\Psi(\boldsymbol{r},t)dV$$

既然波函数与粒子在空间出现的概率有联系，那么波函数必定是单值的、连续的和有限的，这是波函数的标准条件。又因为粒子必定要在空间中的某一点出现，所以粒子在空间各点出现的概率的总和应等于1，即

$$\iiint|\Psi(\boldsymbol{r},t)|^2\,dV=1$$

态叠加原理：如果波函数 $\Psi_1(\boldsymbol{r},t)$，$\Psi_2(\boldsymbol{r},t)$，…都是描述系统的可能的量子态，那么它们的线性叠加为

$$\Psi(\boldsymbol{r},t)=c_1\Psi_1(\boldsymbol{r},t)+c_2\Psi_2(\boldsymbol{r},t)+\cdots$$

薛定谔方程：

一维运动粒子的含时薛定谔方程为

$$i\hbar\frac{\partial\Psi}{\partial t}=-\frac{\hbar^2}{2m}\frac{\partial^2\Psi}{\partial x^2}$$

外场中一维运动粒子的含时薛定谔方程为

$$i\hbar\frac{\partial\Psi}{\partial t}=-\frac{\hbar^2}{2m}\frac{\partial^2\Psi}{\partial x^2}+U\Psi$$

若粒子在三维势场中运动，则薛定谔方程为

$$i\hbar\frac{\partial\Psi}{\partial t}=-\frac{\hbar^2}{2m}\nabla^2\Psi+U(\boldsymbol{r},t)\Psi$$

定义哈密顿算符 $\hat{H}=-\frac{\hbar^2}{2m}\nabla^2+U(\boldsymbol{r},t)$。于是，薛定谔方程可写为

$$i\hbar\frac{\partial\Psi(\boldsymbol{r},t)}{\partial t}=\hat{H}\Psi(\boldsymbol{r},t)$$

定态薛定谔方程可写为

$$\hat{H}\Psi(\boldsymbol{r})=E\Psi(\boldsymbol{r})$$

§15.3 重难点分析

本章重点包括以下几个方面。

1.量子理论建立的实验基础，如黑体辐射实验、光电效应实验、康普顿效应实验、氢原子光谱实验，以及与之相关的普朗克的量子假设、玻尔的氢原子理论、德布罗意的物质波假设和不

确定关系。

2.与黑体辐射研究相关联的热辐射的两个基本定律:斯特藩-玻尔兹曼定律和维恩位移律。

3.光电效应。光电效应是物质在可见光到紫外线范围内的光子作用下,金属逸出光电子的效应。光子的能量与原子中束缚能相差不大,光子的能量全部传递给束缚电荷,使其逸出并具有初动能。此过程可视为非弹性碰撞,仅满足能量守恒定律,而动量不守恒。

4.康普顿效应。康普顿效应是入射光子与物质中的自由电子相互作用的效应。入射光是X 射线,光子的能量远大于电子的束缚能。光子的能量只被自由电子吸收了一部分后发生散射,此过程可视为弹性碰撞,不仅能量守恒,而且动量也守恒,从而进一步证实了光的粒子性。

5.玻尔的氢原子理论。虽然该理论没有完全摆脱经典理论的某些束缚,但在量子理论创立的早期起到了重要的作用。“定态能级”和“能级跃迁决定谱线频率”的假设仍然是现代量子力学的两个基本概念和基本规律。

本章难点集中在以下几个方面。

1.光子假设。光子假设认为光是由一束光子组成的光子流,光的能量等于组成光波的所有光子的能量的总和。光子的能量与其频率成正比,光子不仅具有能量,而且具有动量。

2.量子假设。量子假设抛弃了经典理论的能量连续取值的概念,认为微观粒子能量的改变是非连续的,不能取任意值,只能取一系列分立值。量子假设揭示了微观世界中能量量子化的重要规律,开创了物理学研究的一个重要领域。

3.物质波的概念。在经典物理中,人们对宏观物体的粒子性已研究得相当完善,但当人们机械地把这种理论用到微观粒子上,而忽视了其波动性时,就无法解释复杂原子光谱以及放射性等许多问题。

4.不确定关系。在理解不确定关系时应当明确,不确定关系的本质源于微观粒子的波粒二象性,而不是测量技术和主观能力的问题。

§15.4　典型习题详解

一、单选题

1. 如果两种不同质量的粒子的德布罗意波长相同,则这两种粒子的(　　)。

(A)动量相同　　(B)能量相同

(C)能量相同　　(D)动能相同

答案: A

解析: 德布罗意波长 $\lambda=\frac{h}{p}$,h 是常数,当 λ 相同时,动量 p 相同。

2. 普朗克的量子假设是为解释(　　)而提出来的。

(A)光电效应实验规律

(B)康普顿效应实验规律

(C)黑体辐射的实验规律

(D)原子光谱的规律性

答案：C

解析：普朗克量子假设是普朗克在解决黑体辐射现象的时候提出的一种假设。他抛弃了经典理论的能量连续取值的概念，认为微观粒子能量的改变是非连续的，不能取任意值，只能取一系列分立值。量子假设揭示了微观世界中能量量子化的重要规律，开创了物理学研究的一个重要领域。

3. 保持光电管上电压不变，若入射的单色光光强增大，则从阴极逸出的光电子的最大初动能 E_0 和飞到阳极的电子的最大动能 E_k 的变化分别是（　　）。

(A)E_0 增大，E_k 增大　　(B)E_0 不变，E_k 减小

(C)E_0 增大，E_k 不变　　(D)E_0 不变，E_k 不变

答案：D

解析：爱因斯坦光电效应方程为 $E_k=h\nu-A$，其中 $A=h\nu-E_k$ 为逸出功，表示从金属表面直接逸出的光电子克服金属中正电荷引力做的功，是所有逸出的光电子克服引力做的功的最小值。对应的光电子的初动能是所有光电子中最大的。可以看出从阴极逸出的光电子的最大初动能只和入射光的频率有关。若从阴极逸出的光电子的最大初动能 E_0 不变，则飞到阳极的电子的最大动能 E_k 也不变。

4. 用频率为 ν 的单色光照射某种金属时，逸出光电子的最大动能为 E_k；若改用频率为 2ν 的单色光照射此种金属时，则逸出光电子的最大动能为（　　）。

(A)$2E_k$　　(B)$2h\nu-E_k$　　(C)$h\nu-E_k$　　(D)$h\nu+E_k$

答案：D

解析：用频率为 ν 的单色光照射某种金属时，由光电效应方程得 $E_k=h\nu-A$，则该金属的逸出功为 $A=h\nu-E_k$，若改用频率为 2ν 的单色光照射此种金属时，则有 $E'_k=2h\nu-A=h\nu+E_k$。

5.已知氢原子从基态（对应能量为 -13.6 eV）激发到某一定态所需能量为 10.19 eV，当氢原子从能量为 -0.85 eV 的状态跃迁到上述定态时，所发射的光子的能量为（　　）。

(A)2.56 eV　　(B)3.41 eV　　(C)4.25 eV　　(D)9.95 eV

答案：A

解析：氢原子基态是 -13.6 eV，激发能为 10.19 eV 的量子态能量是 $-13.6+10.19=-3.41$ eV。从能量为 -0.85 eV 的状态跃迁到这个量子态，发射光子的能量是 $-0.85-(-3.41)=2.56$ eV。

6. 波长 $\lambda=5\ 000$ nm 的光沿 x 轴正方向传播，若光的波长的不确定量 $\Delta\lambda=10^{-4}$ nm，则利用不确定关系式 $\Delta p_x\Delta x\geqslant h$ 可得光子的 x 坐标的不确定量至少为（　　）。

(A)25 cm　　(B)50 cm　　(C)250 cm　　(D)500 cm

答案：C

解析：因为 $p=h/\lambda$，所以 $\Delta p_x=h\Delta\lambda/\lambda^2$，于是

$$\Delta x \geqslant \lambda^2/\Delta\lambda$$

$$\Delta x_{\min} = \frac{\lambda^2}{\Delta\lambda} = 500\times10^{-9}\times500\times10^4\ \text{m} = 2.5\ \text{m} = 250\ \text{cm}$$

7. 由氢原子理论知，当大量氢原子处于 $n=3$ 的激发态时，原子跃迁将发出(　　)。

(A)一种波长的光　　(B)两种波长的光

(C)三种波长的光　　(D)连续光谱

答案：C

解析：由氢原子理论知，当大量氢原子处于 $n=3$ 的激发态时，原子跃迁将发出三种波长的光。

8. 光电效应和康普顿效应都包含电子与光子的相互作用过程。对此，在以下几种理解中，正确的是(　　)。

(A)两种效应中电子与光子组成的系统都服从动量守恒定律和能量守恒定律

(B)两种效应都相当于电子与光子的弹性碰撞过程

(C)两种效应都属于电子吸收光子的过程

(D)光电效应是电子吸收光子的过程，而康普顿效应则相当于光子和电子的弹性碰撞过程

答案：D

解析：光电效应和康普顿效应都包含电子与光子的相互作用过程。光电效应是物质在可见光到紫外线范围内的光子作用下金属逸出光电子的效应，其光子的能量与原子中束缚能相差不远，光子的能量全部交给了束缚电荷使之逸出，并具有初动能，证实了此过程可视为非弹性碰撞，仅满足能量守恒定律，动量不守恒。康普顿效应是入射光子与物质中的自由电子相互作用的效应，入射光是 X 射线，光子的能量远大于电子的束缚能，光子的能量只被自由电子吸收了一部分后散射，并证实了此过程可视为弹性碰撞，不仅能量守恒，而且动量也守恒，从而进一步证实了光的粒子性。

9. 所谓黑体是指(　　)。

(A)不能反射任何可见光的物体

(B)不能发射任何电磁辐射的物体

(C)能够全部吸收外来的任何电磁辐射的物体

(D)完全不透明的物体

答案：C

解析：所谓黑体，就是指这样一种物体，它能够在任何温度下将辐射到它表面上的任何波长的能量全部吸收。

10. 根据玻尔的氢原子理论，氢原子中的电子在第一和第三轨道上运动时速度的大小之比 v_1/v_3 是(　　)。

(A)1/9　　(B)1/3　　(C)3　　(D)9

答案：C

解析：由玻尔的原子理论知，核外电子在第一和第三可绕轨道运动时半径之比为 1∶9。电子在半径为 r 的定态圆轨道上以速率 v 绕核做圆周运动，向心力就是库仑力，应用库仑定律

和牛顿第二定律，由$\frac{1}{4\pi\varepsilon_0}\cdot\frac{e^2}{r^2}=m\frac{v^2}{r}$得速率之比为 3∶1。

二、填空题

1. 隧道效应是微观粒子具有________性的必然表现，已被大量实验所证实，原子核的________衰变，就是隧道效应的典型例证。

答案：波动，α

解析：粒子能穿过比其能量更大的势垒的现象称为隧道效应。量子力学的隧道效应来源于微观粒子的波粒二象性，是微观粒子具有波动性的必然表现，已被大量实验所证实。原子核的 α 衰变就是隧道效应的典型例证。

2. 低速运动的质子和 α 粒子，若它们的德布罗意波长相同，则它们的动量之比 $p_p:p_\alpha=$________；动能之比 $E_p:E_\alpha=$________。

答案：1∶1，4∶1

解析：根据德布罗意波长公式 $\lambda=\frac{h}{p}$，因为质子和粒子的德布罗意波长相同，所以它们的动量相等，即动量之比为 $p_p:p_\alpha=1:1$，动能之比为

$$\frac{E_p}{E_\alpha}=\frac{\frac{1}{2}m_p v_p^2}{\frac{1}{2}m_\alpha v_\alpha^2}=\frac{\frac{p_p^2}{2m_p}}{\frac{p_\alpha^2}{2m_\alpha}}=\frac{m_\alpha}{m_p}=\frac{4}{1}$$

3. 在玻尔的氢原子理论中，电子轨道角动量的最小值为________；而在量子力学理论中，电子轨道角动量的最小值为________。实验证明________理论的结果是正确的。

答案：$h/(2\pi)$，0，量子力学

解析：玻尔量子化理论其中一条基本假设为轨道角动量量子化假设：原子中电子绕核运动的轨道角动量 L 只能是$\frac{h}{2\pi}$的整数倍，即

$$L=mvr=\frac{nh}{2\pi}\quad(n=1,2,3,\cdots)$$

当 $n=1$ 时，电子轨道角动量取最小值为 $h/(2\pi)$。

量子力学理论中，氢原子中电子的角动量是量子化的，其取值为 $L=\sqrt{l(l+1)}\hbar$，$0\leqslant l\leqslant(n-1)$。上式中 l 称为轨道角动量量子数，其可能取值是量子化的，受主量子数的限制为 $l=0,1,2,\cdots,(n-1)$，共有 n 个可能的取值。当 $n=0$ 时，电子轨道角动量取最小值为 0。

可见量子力学的结果与玻尔理论不同，虽然两者都说明角动量的大小是量子化的，但按量子力学的结果，角动量的最小值为零，而玻尔理论的最小值为 $h/(2\pi)$。实验证明，量子力学的结果是正确的。

4. 若太阳(看成黑体)的半径由 R 增大为 $2R$，温度由 T 升高为 $2T$，则其辐射总功率为原来的________倍。

答案：64

解析：根据斯特藩-玻尔兹曼定律

$$M_0(T)=\int_0^{\infty} M_{\lambda 0}(T)\mathrm{d}\lambda=\sigma T^4$$

太阳辐射总功率为

$$M=4\pi R^2\cdot M_0=4\pi R^2\cdot \sigma T^4$$

代入题中数量关系，可知辐射总功率为原来的 64 倍。

5. 根据泡利不相容原理，在主量子数 $n=4$ 的电子壳层上最多可能有________个电子。

答案：32

解析：每层的轨道数等于电子层数的平方（n^2），每个轨道最多放两个电子，故电子数为 $2n^2$。在主量子数 $n=4$ 的电子壳层上最多可能有 32 个电子。

6. 氢原子从能量为 -0.85 eV 的状态跃迁到能量为 -3.4 eV 的状态时，所发射的光子能量是________ eV，这是电子从 $n=$________的能级到 $n=2$ 的能级的跃迁。

答案：2.55，4

解析：高能级向低能级跃迁，释放能量为 $-0.85-(-3.4)=2.55$ eV，即为发射的光子能量。

氢原子基态能量($n-1$)是 $E_1=-13.6$ eV，激发态能量($n>1$)为 $E_n=\dfrac{E_1}{n^2}$。能量为 -0.85 eV 的状态对应 $n=4$。

7. 在磁感应强度大小 $B=1.25\times10^{-2}$ T 的均匀磁场中沿半径为 $R=1.66$ cm 的圆轨道运动的 α 粒子的德布罗意波长是________。

答案：0.01 nm

解析：做圆轨道运动，有 $R=\dfrac{mv}{qB}$，即 $mv=qBR$，从而有

$$p=mv=\frac{h}{\lambda}=qBR \quad\Rightarrow\quad \lambda=\frac{h}{qBR}=0.01\ \text{nm}$$

三、计算题

1. 若不考虑相对论效应，则波长为 550 nm 的电子的动能是多少电子伏特？（普朗克常量 $h=6.63\times10^{-34}$ J·s，电子的静止质量 $m_e=9.11\times10^{-31}$ kg。）

答案：电子的非相对论动能为

$$E_k=\frac{1}{2}m_e v^2$$

而 $p=m_e v$，故有

$$E_k=\frac{p^2}{2m_e}$$

又根据德布罗意关系，有 $p=h/\lambda$，代入上式，得

$$E_k=\frac{1}{2}h^2/(m_e\lambda^2)=4.98\times10^{-6}\ \text{eV}$$

2. 处于基态的氢原子被外来单色光激发后发出的光仅有三条谱线，则此外来光的频率为多少？

答案：发出的光仅有三条谱线，根据

$$\nu=c\cdot\tilde{\nu}=cR\left(\frac{1}{k^2}-\frac{1}{n^2}\right)$$

令 $n=3,k=2$，得一条谱线；

令 $n=3,k=1$，得一条谱线；

令 $n=2,k=1$，得一条谱线。

可见氢原子吸收外来光子后，处于 $n=3$ 的激发态。以上三条谱线中，频率最大是

$$\nu=cR\left(\frac{1}{1^2}-\frac{1}{3^2}\right)=2.92\times10^{15}\ \text{Hz}$$

这也就是外来光的频率。

3. 已知垂直射到地球表面每单位面积的日光功率（称太阳常数）为 $1.37\times10^3\ \text{W/m}^2$。(1)求太阳辐射的总功率。(2)把太阳看作黑体，试计算太阳表面的温度。[地球与太阳的平均距离 R_{SE} 为 1.5×10^8 km，太阳的半径 r_S 为 6.76×10^5 km，斯特藩-玻尔兹曼常量 $\sigma=5.67\times10^{-8}\ \text{W/(m}^2\cdot\text{K}^4)$。]

答案：(1)太阳辐射的总功率为

$$P=1.37\times10^3\times4\pi(R_{SE})^2=3.87\times10^{26}\ \text{W}$$

(2)太阳的辐出度为

$$M=\frac{P}{4\pi r_S^2}=6.74\times10^7\ \text{W/m}^2$$

由斯特藩-玻尔兹曼定律

$$M(T)=\sigma T^4$$

可得太阳表面的温度为

$$T=\sqrt[4]{M/\sigma}=5\ 872\ \text{K}$$

4. 已知粒子在宽度为 a 的一维无限深方势阱中运动的波函数为

$$\Psi_n(x)=\sqrt{\frac{2}{a}}\sin\frac{n\pi x}{a},\quad n=1,2,3,\cdots$$

试计算 $n=1$ 时，在 $x_1=a/4\sim x_2=3a/4$ 区间内找到粒子的概率。

答案：找到粒子的概率为

$$\begin{aligned}\int_{a/4}^{3a/4}\Psi_1^*(x)\Psi_1(x)\mathrm{d}x&=\int_{a/4}^{3a/4}\frac{2}{a}\sin^2\frac{\pi x}{a}\,\mathrm{d}x\\&=\frac{1}{\pi}\left(\frac{\pi}{2}+1\right)=\frac{1}{2}+\frac{1}{\pi}\\&=0.818\end{aligned}$$

5. 对于动能是 1 keV 的电子，要确定其某一时刻的位置和动量，如果位置限制在 10^{-10} m 范围内，试估算其动量不确定量的百分比。(普朗克常量 $h=6.63\times10^{-34}$ J·s，电子质量 $m_e=9.11\times10^{-31}$ kg。)

答案：由不确定关系式 $\Delta x\Delta p_x\geqslant h$ 知

$$\Delta p\geqslant h/\Delta x=6.63\times10^{-24}\ \mathrm{kg\cdot m/s}$$

又由经典的动能关系式

$$E_k=\frac{1}{2}mv^2=p^2/(2m)$$

得电子的动量为

$$p=\sqrt{2mE_k}=1.71\times10^{-23}\ \mathrm{kg\cdot m/s}$$

于是动量不确定量的百分比为

$$\Delta p/p\geqslant38.8\%$$

6. 一光子的波长为 $\lambda=300$ nm，如果确定此波长的精确度 $\Delta\lambda/\lambda=10^{-6}$，试求此光子位置的不确定量。

答案：光子的动量为

$$p=h/\lambda$$

按题意，动量的不确定量为

$$\Delta p=|-h/\lambda^2|\Delta\lambda=(h/\lambda)(\Delta\lambda/\lambda)$$

根据不确定关系式得

$$\Delta x\geqslant h/(2\pi\Delta p)=\frac{h\lambda}{2\pi h(\Delta\lambda/\lambda)}=\frac{\lambda}{2\pi(\Delta\lambda/\lambda)}$$

故

$$\Delta x\geqslant0.048\ \mathrm{m}=48\ \mathrm{mm}$$

7. 用单色光照射某一金属产生光电效应，如果入射光的波长从 $\lambda_1=400$ nm 减小到 $\lambda_2=360$ nm，遏止电压改变多少？数值增大还是减小？(普朗克常量 $h=6.63\times10^{-34}$ J·s，基本电荷 $e=1.60\times10^{-19}$ C)

答案：由光电效应方程

$$h\nu=\frac{1}{2}mv^2+A \text{ 和 } \frac{1}{2}mv^2=e|U_a|$$

得

$$e|U_a|=hc/\lambda-A$$

所以

$$e(|U_{a2}|-|U_{a1}|)=hc\left(\frac{1}{\lambda_2}-\frac{1}{\lambda_1}\right)$$

遏止电压的改变量为

$$\Delta|U_a|=\frac{hc}{e}\left(\frac{1}{\lambda_2}-\frac{1}{\lambda_1}\right)=0.345\ \mathrm{V}$$

数值增大。

8. 一粒子在一维无限深方势阱中运动，其定态波函数为

$$\psi_n(x)=\sqrt{\frac{2}{a}}\sin\frac{n\pi x}{a},\ 0<x<a,\ n=1,2,3,\cdots$$

若粒子处于 $n=1$ 的状态，则它在 $0\sim a/4$ 区间内的概率是多少？$\left[\text{提示：}\int\sin^2 x\,\mathrm{d}x=\frac{1}{2}x-\frac{1}{4}\sin 2x+C\text{。}\right]$

答案： $\mathrm{d}P=|\psi|^2\,\mathrm{d}x=\frac{2}{a}\sin^2\frac{\pi x}{a}\,\mathrm{d}x$，则粒子在 $0\sim a/4$ 区间内的概率为

$$\begin{aligned}P&=\int_0^{a/4}\frac{2}{a}\sin^2\frac{\pi x}{a}\,\mathrm{d}x=\int_0^{a/4}\frac{2}{a}\frac{a}{\pi}\sin^2\frac{\pi x}{a}\,\mathrm{d}\left(\frac{\pi x}{a}\right)\\&=\frac{2}{\pi}\left[\frac{\frac{1}{2}\pi x}{a}-\frac{1}{4}\sin\frac{2\pi x}{a}\right]_0^{a/4}\\&=\frac{2}{\pi}\left[\frac{\frac{1}{2}\pi}{a}\frac{a}{4}-\frac{1}{4}\sin\left(\frac{2\pi}{a}\frac{a}{4}\right)\right]\\&=0.091\end{aligned}$$